細說 Java 8 II

異常處理與圖形介面程式設計

李剛 著

作　　者：李剛
責任編輯：沈睿哖

發 行 人：詹亢戎
董 事 長：蔡金崑
顧　　問：鍾英明
總 經 理：古成泉

出　　版：博碩文化股份有限公司
地　　址：221 新北市汐止區新台五路一段 112 號 10 樓 A 棟
電話 (02) 2696-2869 傳真 (02) 2696-2867

郵撥帳號：17484299　　戶名：博碩文化股份有限公司
博碩網站：http://www.drmaster.com.tw
讀者服務信箱：DrService@drmaster.com.tw
讀者服務專線：(02) 2696-2869 分機 216、238
（週一至週五 09:30 ～ 12:00；13:30 ～ 17:00）

版　　次：2015 年 10 月初版一刷
建議零售價：新台幣 660 元
博碩書號：MP11531
I S B N：978-986-434-060-6（平裝）
律師顧問：鳴權法律事務所 陳曉鳴律師

國家圖書館出版品預行編目資料

細說Java 8. 中：異常處理與圖形介面 / 李剛
著. -- 初版. -- 新北市：博碩文化, 2015.10
面；　公分
ISBN 978-986-434-060-6(平裝)

1.Java(電腦程式語言)

312.32J3　　104019740

Printed in Taiwan

如何學習Java

——謹以此文獻給打算以程式設計為職業、並願意為之瘋狂的人

經常看到有些學生、求職者捧著一本類似 JBuilder 入門、Eclipse 指南之類的圖書學習 Java，當他們學會了在這些工具中拖出表單、安裝按鈕之後，就覺得自己掌握、甚至精通了 Java；又或是找來一本類似 JSP 動態網站程式設計之類的圖書，學會使用 JSP 腳本編寫一些頁面後，就自我感覺掌握了 Java 開發。

還有一些學生、求職者聽說 J2EE、Spring 或 EJB 很有前途，於是立即跑到書店或圖書館找來一本相關圖書。希望立即學會它們，然後進入軟體開發業、大顯身手。

還有一些學生、求職者非常希望找到一本既速成、又大而全的圖書，比如突擊 J2EE 開發、一本書精通 J2EE 之類的圖書（包括筆者曾出版的《輕量級 J2EE 企業應用實戰》一書，據說銷量不錯），希望這樣一本圖書就可以打通自己的「任督二脈」，一躍成為 J2EE 開發高手。

也有些學生、求職者非常喜歡 J2EE 專案實戰、專案大全之類的圖書，他們的想法很單純：我按照書上介紹，按圖索驥、依葫蘆畫瓢，應該很快就可學會 J2EE，很快就能成為一個受人羨慕的 J2EE 程式設計師了。

……

凡此種種，不一而足。但最後的結果往往是失敗，因為這種學習沒有積累、沒有根基，學習過程中困難重重，每天都被一些相同、類似的問題所困擾，起初熱情十足，經常上討論區詢問，按別人的說法解決問題之後很高興，既不知道為什麼錯？也不知道為什麼對？只是盲目地抄襲別人的說法。最後的結果有兩種：

久而久之，熱情喪失，最後放棄學習。

大部分常見問題都問遍了，最後也可以從事一些重複性開發，但一旦遇到新問題，又將束手無策。

第二種情形在普通程式設計師中占了極大的比例，筆者多次聽到、看到（在網路上）有些程式設計師抱怨：我做了 2 年多 Java 程式設計師了，工資還是 3000 多點。偶爾筆者會與他們聊聊工作相關內容，他們會告訴筆者：我也用 Spring 了啊，我也用 EJB 了啊……他們感到非常不平衡，為什麼我的工資這麼低？其實筆者很想告訴他們：你們太浮躁了！你們確實是用了 Spring、Hibernate 又或是 EJB，但你們未想過為什麼要用這些技術？用這些技術有什麼好處？如果不用這些技術行不行？

很多時候，我們的程式設計師把 Java 當成一種腳本，而不是一門物件導向的語言。他們習慣了在 JSP 腳本中使用 Java，但從不去想 JSP 如何運行，Web 伺服器裡的網路通訊、多執行緒機制，為何一個 JSP 頁面能同時向多個請求者提供服務？更不會想如何開發 Web 伺服器；他們像程式碼產生器一樣編寫 Spring Bean 程式碼，但從不去理解 Spring 容器的作用，更不會想如何開發 Spring 容器。

有時候，筆者的學生在編寫五子棋、梭哈等作業感到困難時，會向他們的大學師兄、朋友求救，這些程式設計師告訴他：不用寫了，網上有下載的！聽到這樣回答，筆者不禁感到啞然：網上還有 Windows 下載呢！網上下載和自己編寫是兩碼事。偶爾，筆者會懷念以前黑色螢幕、綠熒熒字元時代，那時候程式設計師很單純：當我們想偷懶時，習慣思維是寫一個小工具；現在程式設計師很聰明：當他們想偷懶時，習慣思維是從網上下一個小工具。但是，誰更幸福？

當筆者的學生把他們完成的小作業放上網路之後，然後就有許多人稱他們為「高手」！這個稱呼卻讓他們萬分慚愧；慚愧之餘，他們也感到萬分欣喜，非常有成就感，這就是程式設計的快樂。程式設計的過程，與尋寶的過程完全一樣：歷經辛苦，終於找到心中的夢想，這是何等的快樂？

如果真的打算將程式設計當成職業，那就不應該如此浮躁，而是應該扎扎實實先學好 Java 語言，然後按 Java 本身的學習規律，踏踏實實一步一個腳印地學習，把基本功練扎實了才可獲得更大的成功。

實際情況是，有多少程式設計師真正掌握了 Java 的物件導向？真正掌握了 Java 的多執行緒、網路通訊、反射等內容？有多少 Java 程式設計師真正理解了類別初始化時記憶體運行過程？又有多少程式設計師理解 Java 物件從建立到消失的全部細節？有幾個程式設計師真正獨立地編寫過五子棋、梭哈、桌面彈球這種小遊戲？又有幾個 Java 程式設計師敢說：我可以開發 Struts ？我可以開發 Spring ？我可以開發

Tomcat？很多人又會說：這些都是許多人開發出來的！實際情況是：許多開源框架的核心最初完全是由一個人開發的。現在這些優秀程式已經出來了！你，是否深入研究過它們，是否深入掌握了它們？

如果要真正掌握 Java，包括後期的 Java EE 相關技術（例如 Struts、Spring、Hibernate 和 EJB 等），一定要記住筆者的話：絕不要從 IDE（如 JBuilder、Eclipse 和 NetBeans）工具開始學習！ IDE 工具的功能很強大，初學者學起來也很容易上手，但也非常危險：因為 IDE 工具已經為我們做了許多事情，而軟體開發者要全部瞭解軟體開發的全部步驟。

2011年12月17日

《細說Java 8》系列全書內容

第1章　Java語言概述與開發環境	第10章　異常處理
第2章　理解物件導向	第11章　AWT程式設計
第3章　資料類型與運算子	第12章　Swing程式設計
第4章　流程控制與陣列	第13章　MySQL資料庫與JDBC程式設計
第5章　物件導向（上）	第14章　Annotation（註文）
第6章　物件導向（下）	第15章　輸入/輸出
第7章　Java基礎類別庫	第16章　多執行緒
第8章　Java集合	第17章　網路程式設計
第9章　泛型	第18章　類別載入機制與反射

＊ 編註：「異常」（exception）一詞又稱為「例外」，但由於前者較後者更符合其情境，故全書皆採「異常」，如同《Effective Java》中文版（侯捷 譯）之作法。

推薦語

北京大學信息科學技術學院副教授 劉揚

我在 Java 程式設計教學中把《瘋狂 Java 講義》列為重要的中文參考資料。它覆蓋了「夠用」的 Java 語言和技術，作者有實際的程式設計和教學經驗，也盡力把相關問題講解明白、分析清楚，這在同類書籍中是比較難得的。

前 言

2014 年 3 月 18 日，Oracle 發佈了 Java 8 正式版。Java 8 是自 Java 5 以來最重要的版本更新，Java 8 引入了大量新特性——重新設計的介面語法、Lambda 運算式、方法參照、建構子參照、函數式程式設計、串流式程式設計、新的日期、時間 API 等，這些新特性進一步增強了 Java 語言的功能。

為了向廣大工作者、學習者介紹最新、最前沿的 Java 知識，在 Java 8 正式發佈之前，筆者已經深入研究過 Java 8 絕大部分可能新增的功能；當 Java 8 正式發佈之後，筆者在第一時間開始了《瘋狂 Java 講義（第 2 版）》的升級：使用 Java 8 改寫了全書所有程式，全面介紹了 Java 8 的各種新特性。

在以「瘋狂 Java 體系」圖書為教材的瘋狂軟件教育中心（www.fkjava.org），經常有學生詢問：為什麼叫瘋狂 Java 這個名字？也有一些讀者通過網路、郵件來詢問這個問題。其實這個問題的答案可以在本書第 1 版的前言中找到。瘋狂的本質是一種「享受程式設計」的狀態。在一些不瞭解程式設計的人看來：程式設計的人總面對著電腦，在鍵盤上敲打，這種生活實在太枯燥了，但實際上是因為他們並未真正瞭解程式設計，並未真正走進程式設計。在外人眼中：程式設計師不過是在敲打鍵盤；但在程式設計師心中：程式設計師敲出的每個字元，都是程式的一部分。

程式是什麼呢？程式是對現實世界的數位化模擬。開發一個程式，實際是創造一個或大或小的「模擬世界」。在這個過程中，程式設計師享受著「創造」的樂趣，程式設計師沉醉在他所創造的「模擬世界」裡：瘋狂地設計、瘋狂地撰寫實作。實作過程不斷地遇到問題，然後解決它；不斷地發現程式的缺陷，然後重新設計、修復它——這個過程本身就是一種享受。一旦完全沉浸到程式設計世界裡，程式設計師是「物我兩忘」的，眼中看到的、心中想到的，只有他正在創造的「模擬世界」。

在學會享受程式設計之前，程式設計學習者都應該採用「案例驅動」的方式，學習者需要明白程式的作用是：解決問題——如果你的程式不能解決你自己的問題，如何期望你的程式去解決別人的問題呢？那你的程式的價值何在？——知道一個知識點能解決什麼問題，才去學這個知識點，而不是盲目學習！因此本書強調程式設計實戰，強調以專案激發程式設計興趣。

僅僅只是看完這本書，你不會成為高手！在程式設計領域裡，沒有所謂的「武林秘笈」，再好的書一定要配合大量練習，否則書裡的知識依然屬於作者，而讀者則彷彿身入寶山而一無所獲的笨漢。本書配合了大量高強度的練習，希望讀者強迫自己去完成這些專案。如果需要獲得程式設計思路和交流，可以登入 http://www.crazyit.org 與廣大讀者和筆者交流。

本書前兩版面市的近 6 年時間裡，無數讀者已經通過本書步入了 Java 程式設計世界，而且第 2 版的年銷量比第 1 版的年銷量大幅提升，這說明「青山遮不住」，優秀的作品，經過時間的沉澱，往往歷久彌新。

廣大讀者對瘋狂 Java 的肯定，讀者認同、讚譽既讓筆者十分欣慰，也鞭策筆者以更高的熱情、更嚴謹的方式創作圖書。時至今日，每次筆者創作或升級圖書時，總有一種誠惶誠恐、如履薄冰的感覺，惟恐辜負廣大讀者的厚愛。

筆者非常歡迎所有熱愛程式設計、願意推動中國軟體業的學習者、工作者對本書提出寶貴的意見，非常樂意與大家交流。中國軟體業還處於發展階段，所有熱愛程式設計、願意推動中國軟體業的人應該聯合起來，共同為中國軟體行業貢獻自己的綿薄之力。

本書有什麼特點

本書並不是一本簡單的 Java 入門教材，也不是一門「閉門造車」式的 Java 讀物。本書來自於筆者 8 年多的 Java 培訓經歷，凝結了筆者近 8000 個小時的授課經驗，總結了幾千個 Java 學員學習過程中的典型錯誤。

因此，本書具有如下三個特點：

1. 案例驅動，引爆程式設計激情

本書不再是知識點的鋪陳，而是致力於將知識點融入實際專案的開發中，所以本書中涉及了大量 Java 案例：仿 QQ 的遊戲大廳、MySQL 企業管理器、仿 EditPlus 的文字編輯器、多執行緒、續傳下載工具……希望讀者通過編寫這些程式找到程式設計的樂趣。

2. 再現李剛老師課堂氛圍

◆ 本書的內容是筆者8年多授課經歷的總結，知識體系取自瘋狂Java實戰的課程體系。

◆ 本書力求再現筆者的課堂氛圍：以淺顯比喻代替乏味的講解，以瘋狂實戰代替空洞的理論。

◆ 書中包含了大量「注意」、「學生提問」部分，這些正是幾千個Java學員所犯錯誤的匯總。

3. 註解詳細，輕鬆上手

為了降低讀者閱讀的難度，書中程式碼的註解非常詳細，幾乎每兩行程式碼就有一行註解。不僅如此，本書甚至還把一些簡單理論作為註解穿插到程式碼中，力求讓讀者能輕鬆上手。

本書所有程式中關鍵程式碼以粗體字標出，也是為了幫助讀者能迅速找到這些程式的關鍵點。

本書寫給誰看

如果你僅僅想對 Java 有所涉獵，那麼本書並不適合你；如果你想全面掌握 Java 語言，並使用 Java 來解決問題、開發專案，或者希望以 Java 程式設計作為你的職業，那麼本書將非常適合你。希望本書能引爆你內心潛在的程式設計激情，如果本書能讓你產生廢寢忘食的感覺，那筆者就非常欣慰了。

2014-06-15

目 錄

CHAPTER 7 Java基礎類別庫

CHAPTER 8 Java集合

CHAPTER 9 泛型

CHAPTER 10 異常處理

CHAPTER 11 AWT程式設計

CHAPTER 12 Swing程式設計

CHAPTER

7

Java基礎類別庫

- Java程式的參數
- 程式運行過程中接收使用者輸入
- System類別相關用法
- Runtime類別的相關用法
- Object與Objects類別
- 使用String、StringBuffer、StringBuilder類別
- 使用Math類別進行數學運算
- 使用BigDecimal存放精確浮點數
- 使用Random類別產生各種偽隨機數
- Date、Calendar的用法及之間的聯繫
- Java 8新增的日期、時間API的功能和用法
- 建立正規運算式
- 通過Pattern和Matcher使用正規運算式
- 通過String類別使用正規運算式
- 程式國際化的思路
- 程式國際化
- 使用NumberFormat格式化數字
- 使用DateTimeFormatter解析日期、時間字串
- 使用DateTimeFormatter格式化日期、時間
- 使用DateFormat、SimpleDateFormat格式化日期

Oracle 為 Java 提供了豐富的基礎類別庫，Java 8 提供了 4000 多個基礎類別（包括下一章將要介紹的集合框架），通過這些基礎類別庫可以提高開發效率，降低開發難度。對於合格的 Java 程式設計師而言，至少要熟悉 Java SE 中 70% 以上的類別（當然本書並不是讓讀者去背誦 Java API 文件），但在反覆查閱 API 文件的過程中，會自動記住大部分類別的功能、方法，因此程式設計師一定要多練，多敲程式碼。

Java 提供了 String、StringBuffer 和 StringBuilder 來處理字串，它們之間存在少許差別，本章會詳細介紹它們之間的差別，以及如何選擇合適的字串類別。Java 還提供了 Date 和 Calendar 來處理日期、時間，其中 Date 是一個已經過時的 API，通常推薦使用 Calendar 來處理日期、時間。

正規運算式是一個強大的文字處理工具，通過正規運算式可以對文字內容進行尋找、取代、分割等操作。從 JDK 1.4 以後，Java 也增加了對正規運算式的支援，包括新增的 Pattern 和 Matcher 兩個類別，並改寫了 String 類別，讓 String 類別增加了正規運算式支援，增加了正規運算式功能後的 String 類別更加強大。

Java 還提供了非常簡單的國際化支援，Java 使用 Locale 物件封裝一個國家、語言環境，再使用 ResourceBundle 根據 Locale 載入語言資源套件，當 ResourceBundle 載入了指定 Locale 對應的語言資源檔後，ResourceBundle 物件就可呼叫 getString() 方法來取出指定 key 所對應的訊息字串。

7.1 與使用者互動

如果一個程式總是按既定的流程運行，無須處理使用者動作，這個程式總是比較簡單的。實際上，絕大部分程式都需要處理使用者動作，包括接收使用者的鍵盤輸入、滑鼠動作等。因為現在還未涉及圖形使用者介面（GUI）程式設計，故本節主要介紹程式如何獲得使用者的鍵盤輸入。

7.1.1 運行Java程式的參數

回憶 Java 程式的入口——main() 方法的方法簽名：

```
// Java程式入口：main()方法
public static void main(String[] args){....}
```

下面詳細講解 main() 方法為什麼採用這個方法簽名。

- public修飾詞：Java類別由JVM呼叫，為了讓JVM可以自由呼叫這個main()方法，所以使用public修飾詞把這個方法公開出來。
- static修飾詞：JVM呼叫這個主方法時，不會先建立該主類別的物件，然後通過物件來呼叫該主方法。JVM直接通過該類別來呼叫主方法，因此使用static修飾該主方法。
- void返回值：因為主方法被JVM呼叫，該方法的返回值將返回給JVM，這沒有任何意義，因此main()方法沒有返回值。

上面方法中還包括一個字串陣列形式參數，根據方法呼叫的規則：誰呼叫方法，誰負責為形式參數賦值。也就是說，main() 方法由 JVM 呼叫，即 args 形式參數應該由 JVM 負責賦值。但 JVM 怎麼知道如何為 args 陣列賦值呢？先看下面程式。

程式清單：codes\07\7.1\ArgsTest.java

```
public class ArgsTest
{
    public static void main(String[] args)
    {
        // 輸出args陣列的長度
        System.out.println(args.length);
        // 遍歷args陣列的每個元素
        for (String arg : args)
        {
            System.out.println(arg);
        }
    }
}
```

上面程式幾乎是最簡單的「HelloWorld」程式，只是這個程式增加了輸出 args 陣列的長度，遍歷 args 陣列元素的程式碼。使用 java ArgsTest 命令運行上面程式，看到程式僅僅輸出一個 0，這表明 args 陣列是一個長度為 0 的陣列——這是合理的。因為電腦是沒有思考能力的，它只能忠實地執行使用者交給它的任務，既然程式沒有給 args 陣列設定參數值，那麼 JVM 就不知道 args 陣列的元素，所以 JVM 將 args 陣列設置成一個長度為 0 的陣列。

改為如下命令來運行上面程式：

```
java ArgsTest Java Spring
```

將看到如圖 7.1 所示的運行結果。

圖7.1　為main()方法的形式參數陣列賦值

從圖 7.1 中可以看出，如果運行 Java 程式時在類別名稱後緊跟一個或多個字串（多個字串之間以空格隔開），JVM 就會把這些字串依次賦給 args 陣列元素。運行 Java 程式時的參數與 args 陣列之間的對應關係如圖 7.2 所示。

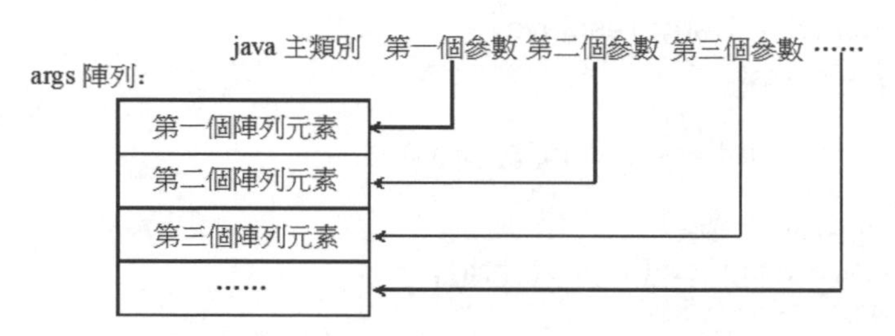

圖7.2　運行Java程式時參數與args陣列的關係

如果某參數本身包含了空格，則應該將該參數用雙引號（""）括起來，否則 JVM 會把這個空格當成參數分隔符，而不是當成參數本身。例如，採用如下命令來運行上面程式：

```
java ArgsTest "Java Spring"
```

看到 args 陣列的長度是 1，只有一個陣列元素，其值是 Java Spring。

7.1.2 使用Scanner獲取鍵盤輸入

運行 Java 程式時傳入參數只能在程式開始運行之前就設定幾個固定的參數。對於更複雜的情形，程式需要在運行過程中取得輸入，例如，前面介紹的五子棋遊戲、梭哈遊戲都需要在程式運行過程中獲得使用者的鍵盤輸入。

使用 Scanner 類別可以很方便地獲取使用者的鍵盤輸入，Scanner 是一個基於正規運算式的文字掃描器，它可以從檔案、輸入串流、字串中解析出基本類型值和字串值。Scanner 類別提供了多個建構子，不同的建構子可以接收檔案、輸入串流、字串作為資料源，用於從檔案、輸入串流、字串中解析資料。

Scanner 主要提供了兩個方法來掃描輸入。

- hasNextXxx()：是否還有下一個輸入項，其中Xxx可以是Int、Long等代表基本資料類型的字串。如果只是判斷是否包含下一個字串，則直接使用hasNext()。
- nextXxx()：獲取下一個輸入項。Xxx的含義與前一個方法中的Xxx相同。

在預設情況下，Scanner 使用空白（包括空格、Tab 空白、Enter）作為多個輸入項之間的分隔符。下面程式使用 Scanner 來獲得使用者的鍵盤輸入。

程式清單：codes\07\7.1\ScannerKeyBoardTest.java

```
public class ScannerKeyBoardTest
{
    public static void main(String[] args)
    {
        // System.in代表標準輸入，就是鍵盤輸入
        Scanner sc = new Scanner(System.in);
        // 增加下面一行將只把Enter作為分隔符
        // sc.useDelimiter("\n");
        // 判斷是否還有下一個輸入項
        while(sc.hasNext())
        {
            // 輸出輸入項
            System.out.println("鍵盤輸入的內容是："
                + sc.next());
        }
    }
}
```

運行上面程式，程式通過 Scanner 不斷從鍵盤讀取鍵盤輸入，每次讀到鍵盤輸入後，直接將輸入內容列印在主控台。上面程式的運行效果如圖 7.3 所示。

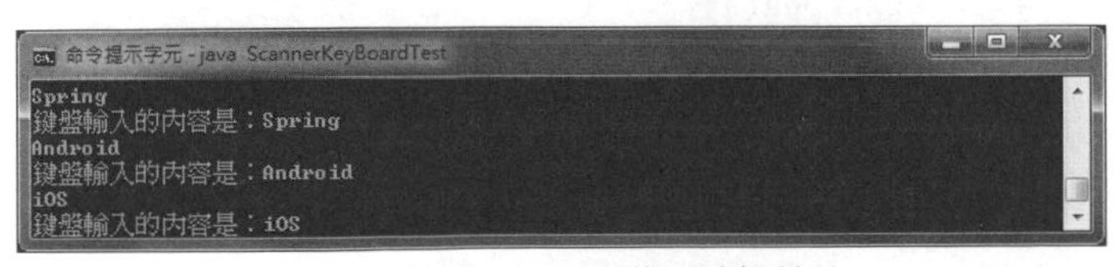

圖7.3　使用Scanner獲取鍵盤輸入

如果希望改變 Scanner 的分隔符（不使用空白作為分隔符），例如，程式需要每次讀取一行，不管這一行中是否包含空格，Scanner 都把它當成一個輸入項。在這種需求下，可以把 Scanner 的分隔符設置為輸入字元，不再使用預設的空白作為分隔符。

Scanner 的讀取操作可能被阻擋（當前執行順序串流暫停）來等待資訊的輸入。如果輸入源沒有結束，Scanner 又讀不到更多輸入項時（尤其在鍵盤輸入時比較常見），Scanner 的 hasNext() 和 next() 方法都有可能阻擋，hasNext() 方法是否阻擋與和其相關的 next() 方法是否阻擋無關。

為 Scanner 設置分隔符使用 useDelimiter(String pattern) 方法即可，該方法的參數應該是一個正規運算式，關於正規運算式的介紹請參考本章後面的內容。只要把上面程式中粗體字程式碼行的註解去掉，該程式就會把鍵盤的每行輸入當成一個輸入項，不會以空格、Tab 空白等作為分隔符。

事實上，Scanner 提供了兩個簡單的方法來逐行讀取。

- boolean hasNextLine()：返回輸入源中是否還有下一行。
- String nextLine()：返回輸入源中下一行的字串。

Scanner 不僅可以獲取字串輸入項，也可以獲取任何基本類型的輸入項，如下程式所示。

程式清單：codes\07\7.1\ScannerLongTest.java

```
public class ScannerLongTest
{
    public static void main(String[] args)
    {
        // System.in代表標準輸入，就是鍵盤輸入
        Scanner sc = new Scanner(System.in);
        // 判斷是否還有下一個long型整數
        while(sc.hasNextLong())
        {
            // 輸出輸入項
            System.out.println("鍵盤輸入的內容是："
                + sc.nextLong());
        }
    }
}
```

注意上面程式中粗體字程式碼部分，正如通過 hasNextLong() 和 nextLong() 兩個方法，Scanner 可以直接從輸入串流中獲得 long 型整數輸入項。與此類似的是，如果需要獲取其他基本類型的輸入項，則可以使用相應的方法。

注意

上面程式不如ScannerKeyBoardTest程式適應性強，因為ScannerLongTest程式要求鍵盤輸入必須是整數，否則程式就會結束。

Scanner 不僅能讀取使用者的鍵盤輸入，還可以讀取檔案輸入。只要在建立 Scanner 物件時傳入一個 File 物件作為參數，就可以讓 Scanner 讀取該檔案的內容。例如如下程式。

程式清單：codes\07\7.1\ScannerFileTest.java

```
public class ScannerFileTest
{
    public static void main(String[] args)
        throws Exception
    {
        // 將一個File物件作為Scanner的建構子參數，Scanner讀取檔案內容
        Scanner sc = new Scanner(new File("ScannerFileTest.java"));
        System.out.println("ScannerFileTest.java檔案內容如下：");
        // 判斷是否還有下一行
        while(sc.hasNextLine())
        {
            // 輸出檔案中的下一行
            System.out.println(sc.nextLine());
        }
    }
}
```

上面程式建立 Scanner 物件時傳入一個 File 物件作為參數（如粗體字程式碼所示），這表明該程式將會讀取 ScannerFileTest.java 檔案中的內容。上面程式使用了 hasNextLine() 和 nextLine() 兩個方法來讀取檔案內容（如粗體字程式碼所示），這表明該程式將逐行讀取 ScannerFileTest.java 檔案的內容。

因為上面程式涉及檔案輸入，可能引發檔案 IO 相關異常，故主程式宣告 throws Exception 表明 main 方法不處理任何異常。關於異常處理請參考第 10 章內容。

7.2 系統相關

Java 程式在不同作業系統上運行時，可能需要取得平台相關的屬性，或者呼叫平台命令來完成特定功能。Java 提供了 System 類別和 Runtime 類別來與程式的運行平台進行交互。

7.2.1 System類別

System 類別代表當前 Java 程式的運行平台，程式不能建立 System 類別的物件，System 類別提供了一些類別變數和類別方法，允許直接通過 System 類別來呼叫這些類別變數和類別方法。

System 類別提供了代表標準輸入、標準輸出和錯誤輸出的類別變數，並提供了一些靜態方法用於存取環境變數、系統屬性的方法，還提供了載入檔案和動態連結庫的方法。下面程式通過 System 類別來存取操作的環境變數和系統屬性。

注意

載入檔案和動態連結庫主要對native方法有用，對於一些特殊的功能（如存取作業系統底層硬體裝置等）Java程式無法實作，必須借助C語言來完成，此時需要使用C語言為Java方法提供實作。其實作步驟如下：

1. Java程式中宣告native修飾的方法，類似於abstract方法，只有方法簽名，沒有實作。編譯該Java程式，產生一個class檔。
2. 用javah編譯第1步產生的class檔，將產生一個.h檔。
3. 寫一個.cpp檔實作native方法，這一步需要包含第2步產生的.h檔（這個.h檔中又包含了JDK附帶的jni.h檔）。
4. 將第3步的.cpp檔案編譯成動態連結庫檔。
5. 在Java中用System類別的loadLibrary..()方法或Runtime類別的loadLibrary()方法載入第4步產生的動態連結庫檔，Java程式中就可以呼叫這個native方法了。

程式清單：codes\07\7.2\SystemTest.java

```
public class SystemTest
{
    public static void main(String[] args) throws Exception
    {
```

```
        // 獲取系統所有的環境變數
        Map<String,String> env = System.getenv();
        for (String name : env.keySet())
        {
            System.out.println(name + " ---> " + env.get(name));
        }
        // 獲取指定環境變數的值
        System.out.println(System.getenv("JAVA_HOME"));
        // 獲取所有的系統屬性
        Properties props = System.getProperties();
        // 將所有的系統屬性存放到props.txt檔案中
        props.store(new FileOutputStream("props.txt")
            , "System Properties");
        // 輸出特定的系統屬性
        System.out.println(System.getProperty("os.name"));
    }
}
```

上面程式通過呼叫 System 類別的 getenv()、getProperties()、getProperty() 等方法來存取程式所在平台的環境變數和系統屬性，程式運行的結果會輸出作業系統所有的環境變數值，並輸出 JAVA_HOME 環境變數，以及 os.name 系統屬性的值，運行結果如圖 7.4 所示。

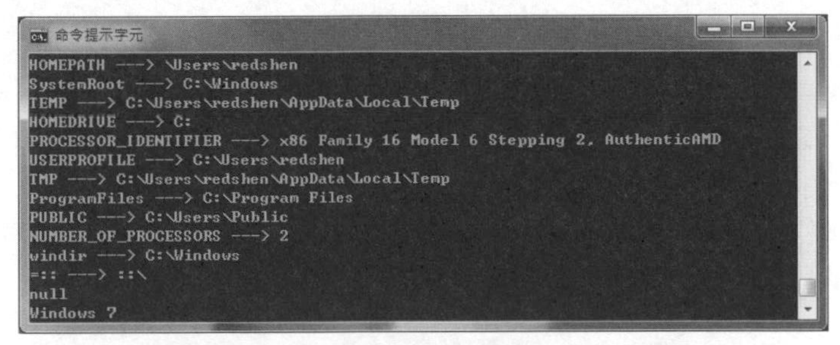

圖7.4　存取環境變數和系統屬性的效果

該程式運行結束後還會在當前路徑下產生一個 props.txt 檔，該檔案中記錄了當前平台的所有系統屬性。

提示

System類別提供了通知系統進行垃圾回收的gc()方法，以及通知系統進行資源清理的runFinalization()方法。關於這兩個方法的用法請參考本書6.10節的內容。

System 類別還有兩個獲取系統當前時間的方法：currentTimeMillis() 和 nanoTime()，它們都返回一個 long 型整數。實際上它們都返回當前時間與 UTC 1970 年 1 月 1 日午夜的時間差，前者以毫秒作為單位，後者以奈秒作為單位。必須指出的是，這兩個方法返回的時間粒度取決於底層作業系統，可能所在的作業系統根本不支援以毫秒、奈秒作為計時單位。例如，許多作業系統以幾十毫秒為單位測量時間，currentTimeMillis() 方法不可能返回精確的毫秒數；而 nanoTime() 方法很少用，因為大部分作業系統都不支援使用奈秒作為計時單位。

除此之外，System 類別的 in、out 和 err 分別代表系統的標準輸入（通常是鍵盤）、標準輸出（通常是顯示器）和錯誤輸出串流，並提供了 setIn()、setOut() 和 setErr() 方法來改變系統的標準輸入、標準輸出和標準錯誤輸出串流。

提示

關於如何改變系統的標準輸入、輸出的方法，可以參考本書第15章的內容。

System 類別還提供了一個 identityHashCode(Object x) 方法，該方法返回指定物件的精確 hashCode 值，也就是根據該物件的位址運算得到的 hashCode 值。當某個類別的 hashCode() 方法被覆寫後，該類別實例的 hashCode() 方法就不能唯一地標識該物件；但通過 identityHashCode() 方法返回的 hashCode 值，依然是根據該物件的位址運算得到的 hashCode 值。所以，如果兩個物件的 identityHashCode 值相同，則兩個物件絕對是同一個物件。如下程式所示。

程式清單：codes\07\7.2\IdentityHashCodeTest.java

```
public class IdentityHashCodeTest
{
    public static void main(String[] args)
    {
        // 下面程式中s1和s2是兩個不同的物件
        String s1 = new String("Hello");
        String s2 = new String("Hello");
        // String覆寫了hashCode()方法——改為根據字元序列運算hashCode值
        // 因為s1和s2的字元序列相同，所以它們的hashCode()方法返回值相同
        System.out.println(s1.hashCode()
            + "----" + s2.hashCode());
        // s1和s2是不同的字串物件，所以它們的identityHashCode值不同
        System.out.println(System.identityHashCode(s1)
            + "----" + System.identityHashCode(s2));
        String s3 = "Java";
```

```
        String s4 = "Java";
        // s3和s4是相同的字串物件，所以它們的identityHashCode值相同
        System.out.println(System.identityHashCode(s3)
            + "----" + System.identityHashCode(s4));
    }
}
```

通過 identityHashCode(Object x) 方法可以獲得物件的 identityHashCode 值，這個特殊的 identityHashCode 值可以唯一地標識該物件。因為 identityHashCode 值是根據物件的位址運算得到的，所以任何兩個物件的 identityHashCode 值總是不相等。

7.2.2 Runtime類別

Runtime 類別代表 Java 程式的執行環境，每個 Java 程式都有一個與之對應的 Runtime 實例，應用程式通過該物件與其執行環境相連。應用程式不能建立自己的 Runtime 實例，但可以通過 getRuntime() 方法獲取與之關聯的 Runtime 物件。

與 System 類似的是，Runtime 類別也提供了 gc() 方法和 runFinalization() 方法來通知系統進行垃圾回收、清理系統資源，並提供了 load(String filename) 和 loadLibrary(String libname) 方法來載入檔案和動態連結庫。

Runtime 類別代表 Java 程式的執行環境，可以存取 JVM 的相關資訊，如處理器數量、記憶體資訊等。如下程式所示。

程式清單：codes\07\7.2\RuntimeTest.java

```
public class RuntimeTest
{
    public static void main(String[] args)
    {
        // 獲取Java程式關聯的運行時物件
        Runtime rt = Runtime.getRuntime();
        System.out.println("處理器數量："
            + rt.availableProcessors());
        System.out.println("空閒記憶體數："
            + rt.freeMemory());
        System.out.println("總記憶體數："
            + rt.totalMemory());
        System.out.println("可用最大記憶體數："
            + rt.maxMemory());
    }
}
```

上面程式中粗體字程式碼就是 Runtime 類別提供的存取 JVM 相關資訊的方法。除此之外，Runtime 類別還有一個功能——它可以直接單獨啟動一個處理序來運行作業系統的命令，如下程式所示。

程式清單：codes\07\7.2\ExecTest.java

```
public class ExecTest
{
    public static void main(String[] args)
        throws Exception
    {
        Runtime rt = Runtime.getRuntime();
        // 運行記事本程式
        rt.exec("notepad.exe");
    }
}
```

上面程式中粗體字程式碼將啟動 Windows 系統裡的「記事本」程式。Runtime 提供了一系列 exec() 方法來運行作業系統命令，關於它們之間的細微差別，請讀者自行查閱 API 文件。

7.3 常用類別

本節將介紹 Java 提供的一些常用類別，如 String、Math、BigDecimal 等的用法。

7.3.1 Object類別

Object 類別是所有類別、陣列、列舉類別的父類別，也就是說，Java 允許把任何類型的物件賦給 Object 類型的變數。當定義一個類別時沒有使用 extends 關鍵字為它顯式指定父類別，則該類別預設繼承 Object 父類別。

因為所有的 Java 類別都是 Object 類別的子類別，所以任何 Java 物件都可以呼叫 Object 類別的方法。Object 類別提供了如下幾個常用方法。

- boolean equals(Object obj)：判斷指定物件與該物件是否相等。此處相等的標準是，兩個物件是同一個物件，因此該equals()方法通常沒有太大的實用價值。
- protected void finalize()：當系統中沒有參照變數參照到該物件時，垃圾回收器呼叫此方法來清理該物件的資源。

◆ Class<?> getClass()：返回該物件的運行時類別，該方法在本書第18章還有更詳細的介紹。

◆ int hashCode()：返回該物件的hashCode值。在預設情況下，Object類別的hashCode()方法根據該物件的位址來運算（即與System.identityHashCode(Object x)方法的運算結果相同）。但很多類別都覆寫了Object類別的hashCode()方法，不再根據位址來運算其hashCode()方法值。

◆ String toString()：返回該物件的字串表示，當程式使用System.out.println()方法輸出一個物件，或者把某個物件和字串進行連接運算時，系統會自動呼叫該物件的toString()方法返回該物件的字串表示。Object類別的toString()方法返回「運行時類別名稱@十六進位hashCode值」格式的字串，但很多類別都覆寫了Object類別的toString()方法，用於返回可以表述該物件資訊的字串。

除此之外，Object 類別還提供了 wait()、notify()、notifyAll() 幾個方法，通過這幾個方法可以控制執行緒的暫停和運行。本書將在第 16 章介紹這幾個方法的詳細用法。

Java 還提供了一個 protected 修飾的 clone() 方法，該方法用於幫助其他物件來實作「自我複製」，所謂「自我複製」就是得到一個當前物件的副本，而且二者之間完全隔離。由於 Object 類別提供的 clone() 方法使用了 protected 修飾，因此該方法只能被子類別覆寫或呼叫。

自訂類別實作「複製」的步驟如下。

① 自訂類別實作Cloneable介面。這是一個標記性的介面，實作該介面的物件可以實作「自我複製」，介面裡沒有定義任何方法。

② 自訂類別實作自己的clone()方法。

③ 實作clone()方法時通過super.clone()；呼叫Object實作的clone()方法來得到該物件的副本，並返回該副本。如下程式示範了如何實作「自我複製」。

程式清單：codes\07\7.3\CloneTest.java

```
class Address
{
    String detail;
    public Address(String detail)
    {
        this.detail = detail;
    }
}
```

```
// 實作Cloneable介面
class User implements Cloneable
{
    int age;
    Address address;
    public User(int age)
    {
        this.age = age;
        address = new Address("廣州天河");
    }
    // 通過呼叫super.clone()來實作clone()方法
    public User clone()
        throws CloneNotSupportedException
    {
        return (User)super.clone();
    }
}
public class CloneTest
{
    public static void main(String[] args)
        throws CloneNotSupportedException
    {
        User u1 = new User(29);
        // clone得到u1物件的副本
        User u2 = u1.clone();
        // 判斷u1、u2是否相同
        System.out.println(u1 == u2);     // ①
        // 判斷u1、u2的address是否相同
        System.out.println(u1.address == u2.address);     // ②
    }
}
```

上面程式讓 User 類別實作了 Cloneable 介面，而且實作了 clone() 方法，因此 User 物件就可實作「自我複製」——複製出來的物件只是原有物件的副本。程式在①號粗體字程式碼處判斷原有的 User 物件與複製出來的 User 物件是否相同，程式返回 false。

Object 類別提供的 Clone 機制只對物件裡各實例變數進行「簡單複製」，如果實例變數的類型是參照類型，Object 的 Clone 機制也只是簡單地複製這個參照變數，這樣原有物件的參照類型的實例變數與複製物件的參照類型的實例變數依然指向記憶體中的同一個實例，所以上面程式在②號程式碼處輸出 true。上面程式「複製」出來的 u1、u2 所指向的物件在記憶體中的儲存示意圖如圖 7.5 所示。

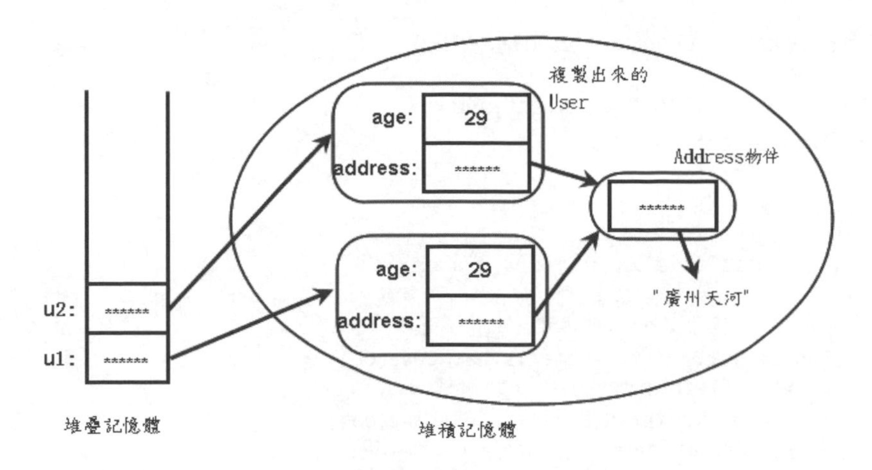

圖7.5　Object類別提供的複製機制

Object 類別提供的 clone() 方法不僅能簡單地處理「複製」物件的問題，而且這種「自我複製」機制十分高效。比如 clone 一個包含 100 個元素的 int[] 陣列，用系統預設的 clone 方法比靜態 copy 方法快近 2 倍。

需要指出的是，Object 類別的 clone() 方法雖然簡單、易用，但它只是一種「淺複製」——它只複製該物件的所有成員變數值，不會對參照類型的成員變數值所參照的物件進行複製。如果開發者需要對物件進行「深複製」，則需要開發者自己進行「遞迴」複製，保證所有參照類型的成員變數值所參照的物件都被複製了。

7.3.2 Java 7新增的Objects類別

Java 7 新增了一個 Objects 工具類別，它提供了一些工具方法來操作物件，這些工具方法大多是「空指位器」安全的。比如你不能確定一個參照變數是否為 null，如果貿然地呼叫該變數的 toString() 方法，則可能引發 NullPointerExcetpion 異常；但如果使用 Objects 類別提供的 toString(Object o) 方法，就不會引發空指位器異常，當 o 為 null 時，程式將返回一個 "null" 字串。

提示 

Java為工具類別的命名習慣是添加一個字母s，比如操作陣列的工具類別是Arrays，操作集合的工具類別是Collections。

如下程式示範了 Objects 工具類別的用法。

程式清單：codes\07\7.3\ObjectsTest.java

```
public class ObjectsTest
{
    // 定義一個obj變數，它的預設值是null
    static ObjectsTest obj;
    public static void main(String[] args)
    {
        // 輸出一個null物件的hashCode值，輸出0
        System.out.println(Objects.hashCode(obj));
        // 輸出一個null物件的toString，輸出null
        System.out.println(Objects.toString(obj));
        // 要求obj不能為null，如果obj為null則引發異常
        System.out.println(Objects.requireNonNull(obj
            , "obj參數不能是null！"));
    }
}
```

上面程式還示範了 Objects 提供的 requireNonNull() 方法，當傳入的參數不為 null 時，該方法返回參數本身；否則將會引發 NullPointerException 異常。該方法主要用來對方法形式參數進行輸入校驗，例如如下程式碼：

```
public Foo(Bar bar)
{
    // 校驗bar參數，如果bar參數為null將引發異常；否則this.bar被賦值為bar參數
    this.bar = Objects.requireNonNull(bar);
}
```

7.3.3 String、StringBuffer和StringBuilder類別

字串就是一連串的字元序列，Java 提供了 String 和 StringBuffer 兩個類別來封裝字串，並提供了一系列方法來操作字串物件。

String 類別是不可變類別，即一旦一個 String 物件被建立以後，包含在這個物件中的字元序列是不可改變的，直至這個物件被銷毀。

StringBuffer 物件則代表一個字元序列可變的字串，當一個 StringBuffer 被建立以後，通過 StringBuffer 提供的 append()、insert()、reverse()、setCharAt()、setLength() 等方法可以改變這個字串物件的字元序列。一旦通過 StringBuffer 產生了最終想要的字串，就可以呼叫它的 toString() 方法將其轉換為一個 String 物件。

JDK 1.5 又新增了一個 StringBuilder 類別，它也代表字串物件。實際上，StringBuilder 和 StringBuffer 基本相似，兩個類別的建構子和方法也基本相同。不同的是，StringBuffer 是執行緒安全的，而 StringBuilder 則沒有實作執行緒安全功能，所以效能略高。因此在通常情況下，如果需要建立一個內容可變的字串物件，則應該優先考慮使用 StringBuilder 類別。

提示　String、StringBuilder、StringBuffer都實作了CharSequence介面，因此CharSequence可認為是一個字串的協定介面。

String 類別提供了大量建構子來建立 String 物件，其中如下幾個有特殊用途。

- String()：建立一個包含0個字串序列的 String 物件（並不是返回null）。
- String(byte[] bytes, Charset charset)：使用指定的字元集將指定的byte[]陣列解碼成一個新的String物件。
- String(byte[] bytes, int offset, int length)：使用平台的預設字元集將指定的byte[]陣列從offset開始、長度為length的子陣列解碼成一個新的String物件。
- String(byte[] bytes, int offset, int length, String charsetName)：使用指定的字元集將指定的byte[]陣列從offset開始、長度為length的子陣列解碼成一個新的String物件。
- String(byte[] bytes, String charsetName)：使用指定的字元集將指定的byte[]陣列解碼成一個新的String物件。
- String(char[] value, int offset, int count)：將指定的字元陣列從offset開始、長度為count的字元元素連綴成字串。
- String(String original)：根據字串字面常數來建立一個String物件。也就是說，新增立的String物件是該參數字串的副本。
- String(StringBuffer buffer)：根據StringBuffer物件來建立對應的String物件。
- String(StringBuilder builder)：根據StringBuilder物件來建立對應的String物件。

String 類別也提供了大量方法來操作字串物件，下面詳細介紹這些常用方法。

- char charAt(int index)：獲取字串中指定位置的字元。其中，參數index指的是字串的序數，字串的序數從0開始到length()－1。如下程式碼所示。

```
String s = new String("fkit.org");
System.out.println("s.charAt(5): " + s.charAt(5) );
```

結果為：

```
s.charAt(5): o
```

- int compareTo(String anotherString)：比較兩個字串的大小。如果兩個字串的字元序列相等，則返回0；不相等時，從兩個字串第0個字元開始比較，返回第一個不相等的字元差。另一種情況，較長字串的前面部分恰巧是較短的字串，則返回它們的長度差。

```
String s1 = new String("abcdefghijklmn");
String s2 = new String("abcdefghij");
String s3 = new String("abcdefghijalmn");
System.out.println("s1.compareTo(s2): " + s1.compareTo(s2) );// 返回長度差
System.out.println("s1.compareTo(s3): " + s1.compareTo(s3) );// 返回'k'-'a'的差
```

結果為：

```
s1.compareTo(s2): 4
s1.compareTo(s3): 10
```

- String concat(String str)：將該String物件與str連接在一起。與Java提供的字串連接運算子「+」的功能相同。
- boolean contentEquals(StringBuffer sb)：將該String物件與StringBuffer物件sb進行比較，當它們包含的字元序列相同時返回true。
- static String copyValueOf(char[] data)：將字元陣列連綴成字串，與String(char[] content)建構子的功能相同。
- static String copyValueOf(char[] data, int offset, int count)：將char陣列的子陣列中的元素連綴成字串，與String(char[] value, int offset, int count)建構子的功能相同。

◆ boolean endsWith(String suffix)：返回該String物件是否以suffix結尾。

```
String s1 = "fkit.org"; String s2 = ".org";
System.out.println("s1.endsWith(s2): " + s1.endsWith(s2) );
```

結果為：

```
s1.endsWith(s2): true
```

◆ boolean equals(Object anObject)：將該字串與指定物件比較，如果二者包含的字元序列相等，則返回true；否則返回false。

◆ boolean equalsIgnoreCase(String str)：與前一個方法基本相似，只是忽略字元的大小寫。

◆ byte[] getBytes()：將該String物件轉換成byte陣列。

◆ void getChars(int srcBegin, int srcEnd, char[] dst, int dstBegin)：該方法將字串中從srcBegin開始，到srcEnd結束的字元複製到dst字元陣列中，其中dstBegin為目標字元陣列的起始複製位置。

```
char[] s1 = {'I',' ','l','o','v','e',' ','j','a','v','a'}; // s1=I love java
String s2 = new String("ejb");
s2.getChars(0,3,s1,7);    // s1=I love ejba
System.out.println( s1 );
```

結果為：

```
I love ejba
```

◆ int indexOf(int ch)：找出ch字元在該字串中第一次出現的位置。

◆ int indexOf(int ch, int fromIndex)：找出ch字元在該字串中從fromIndex開始後第一次出現的位置。

◆ int indexOf(String str)：找出str子字串在該字串中第一次出現的位置。

◆ int indexOf(String str, int fromIndex)：找出str子字串在該字串中從fromIndex開始後第一次出現的位置。

```
String s = "www.fkit.org"; String ss = "it";
System.out.println("s.indexOf('r'): " + s.indexOf('r') );
System.out.println("s.indexOf('r',2): " + s.indexOf('r',2) );
System.out.println("s.indexOf(ss): " + s.indexOf(ss));
```

結果為：

```
s.indexOf('r'): 10
s.indexOf('r',2): 10
s.indexOf(ss): 6
```

- int lastIndexOf(int ch)：找出ch字元在該字串中最後一次出現的位置。
- int lastIndexOf(int ch, int fromIndex)：找出ch字元在該字串中從fromIndex開始後最後一次出現的位置。
- int lastIndexOf(String str)：找出str子字串在該字串中最後一次出現的位置。
- int lastIndexOf(String str, int fromIndex)：找出str子字串在該字串中從fromIndex開始後最後一次出現的位置。
- int length()：返回當前字串長度。
- String replace(char oldChar, char newChar)：將字串中的第一個oldChar替換成newChar。
- boolean startsWith(String prefix)：該String物件是否以prefix開始。
- boolean startsWith(String prefix, int toffset)：該String物件從toffset位置算起，是否以prefix開始。

```
String s = "www.fkit.org"; String ss = "www"; String sss = "fkit";
System.out.println("s.startsWith(ss): " + s.startsWith(ss));
System.out.println("s.startsWith(sss,4): " + s.startsWith(sss,4));
```

結果為：

```
s.startsWith(ss): true
s.startsWith(sss,4): true
```

- String substring(int beginIndex)：獲取從beginIndex位置開始到結束的子字串。
- String substring(int beginIndex, int endIndex)：獲取從beginIndex位置開始到endIndex位置的子字串。
- char[] toCharArray()：將該String物件轉換成char陣列。
- String toLowerCase()：將字串轉換成小寫。

◆ String toUpperCase()：將字串轉換成大寫。

```
String s = "fkjava.org";
System.out.println("s.toUpperCase(): " + s.toUpperCase());
System.out.println("s.toLowerCase(): " + s.toLowerCase());
```

結果為：

```
s.toUpperCase(): FKJAVA.ORG
s.toLowerCase(): fkjava.org
```

◆ static String valueOf(X x)：一系列用於將基本類型值轉換為String物件的方法。

本書詳細列出 String 類別的各種方法時，有讀者可能會覺得煩瑣，因為這些方法都可以從 API 文件中找到，所以後面介紹各常用類別時不會再列出每個類別裡所有方法的詳細用法了，讀者應該自行查閱 API 文件來掌握各方法的用法。

String 類別是不可變的，String 的實例一旦產生就不會再改變了，例如如下程式碼。

```
String str1 = "java";
str1 = str1 + "struts";
str1 = str1 + "spring"
```

上面程式除了使用了 3 個字串字面常數之外，還會額外產生 2 個字串字面常數——"java" 和 "struts" 連接產生的 "javastruts"，接著 "javastruts" 與 "spring" 連接產生的 "javastrutsspring"，程式中的 str1 依次指向 3 個不同的字串物件。

因為 String 是不可變的，所以會額外產生很多暫時變數，使用 StringBuffer 或 StringBuilder 就可以避免這個問題。

StringBuilder 提供了一系列插入、附加、改變該字串裡包含的字元序列的方法。而 StringBuffer 與其用法完全相同，只是 StringBuffer 是執行緒安全的。

StringBuilder、StringBuffer 有兩個屬性：length 和 capacity，其中 length 屬性表示其包含的字元序列的長度。與 String 物件的 length 不同的是，StringBuilder、StringBuffer 的 length 是可以改變的，可以通過 length()、setLength(int len) 方法來存取和修改其字元序列的長度。capacity 屬性表示 StringBuilder 的容量，capacity 通常比 length 大，程式通常無須關心 capacity 屬性。如下程式示範了 StringBuilder 類別的用法。

程式清單：codes\07\7.3\StringBuilderTest.java

```
public class StringBuilderTest
{
    public static void main(String[] args)
    {
        StringBuilder sb = new StringBuilder();
        // 附加字串
        sb.append("java");// sb = "java"
        // 插入
        sb.insert(0 , "hello "); // sb="hello java"
        // 取代
        sb.replace(5, 6, ","); // sb="hello, java"
        // 刪除
        sb.delete(5, 6); // sb="hellojava"
        System.out.println(sb);
        // 反轉
        sb.reverse(); // sb="avajolleh"
        System.out.println(sb);
        System.out.println(sb.length()); // 輸出9
        System.out.println(sb.capacity()); // 輸出16
        // 改變StringBuilder的長度，將只保留前面部分
        sb.setLength(5); // sb="avajo"
        System.out.println(sb);
    }
}
```

上面程式中粗體字部分示範了 StringBuilder 類別的附加、插入、取代、刪除等操作，這些操作改變了 StringBuilder 裡的字元序列，這就是 StringBuilder 與 String 之間最大的區別：StringBuilder 的字元序列是可變的。從程式看到 StringBuilder 的 length() 方法返回其字元序列的長度，而 capacity() 返回值則比 length() 返回值大。

7.3.4 Math類別

Java 提供了基本的 +、－、*、/、% 等基本算術運算的運算子，但對於更複雜的數學運算，例如，三角函數、對數運算、指數運算等則無能為力。Java 提供了 Math 工具類別來完成這些複雜的運算，Math 類別是一個工具類別，它的建構子被定義成 private 的，因此無法建立 Math 類別的物件；Math 類別中的所有方法都是類別方法，可以直接通過類別名稱來呼叫它們。Math 類別除了提供了大量靜態方法之外，還提供了兩個類別變數：PI 和 E，正如它們名字所暗示的，它們的值分別等於 和 e。

Math 類別的所有方法名都明確標識了該方法的作用，讀者可自行查閱 API 來瞭解 Math 類別各方法的說明。下面程式示範了 Math 類別的用法。

程式清單：codes\07\7.3\MathTest.java

```
public class MathTest
{
    public static void main(String[] args)
    {
        /*---------下面是三角運算---------*/
        // 將弧度轉換成角度
        System.out.println("Math.toDegrees(1.57)："
            + Math.toDegrees(1.57));
        // 將角度轉換為弧度
        System.out.println("Math.toRadians(90)："
            + Math.toRadians(90));
        // 運算反餘弦，返回的角度範圍在 0.0 到 pi 之間
        System.out.println("Math.acos(1.2)：" + Math.acos(1.2));
        // 運算反正弦，返回的角度範圍在 -pi/2 到 pi/2 之間
        System.out.println("Math.asin(0.8)：" + Math.asin(0.8));
        // 運算反正切，返回的角度範圍在 -pi/2 到 pi/2 之間
        System.out.println("Math.atan(2.3)：" + Math.atan(2.3));
        // 運算三角餘弦
        System.out.println("Math.cos(1.57)：" + Math.cos(1.57));
        // 運算雙曲餘弦
        System.out.println("Math.cosh(1.2 )：" + Math.cosh(1.2 ));
        // 運算正弦
        System.out.println("Math.sin(1.57 )：" + Math.sin(1.57 ));
        // 運算雙曲正弦
        System.out.println("Math.sinh(1.2 )：" + Math.sinh(1.2 ));
        // 運算三角正切
        System.out.println("Math.tan(0.8 )：" + Math.tan(0.8 ));
        // 運算雙曲正切
        System.out.println("Math.tanh(2.1 )：" + Math.tanh(2.1 ));
        // 將矩形座標 (x, y) 轉換成極座標 (r, thet))
        System.out.println("Math.atan2(0.1, 0.2)：" + Math.atan2(0.1, 0.2));
        /*---------下面是取整運算---------*/
        // 取整，返回小於目標數的最大整數
        System.out.println("Math.floor(-1.2 )：" + Math.floor(-1.2 ));
        // 取整，返回大於目標數的最小整數
        System.out.println("Math.ceil(1.2)：" + Math.ceil(1.2));
        // 四捨五入取整
        System.out.println("Math.round(2.3 )：" + Math.round(2.3 ));
        /*---------下面是乘方、開方、指數運算---------*/
        // 運算平方根
        System.out.println("Math.sqrt(2.3 )：" + Math.sqrt(2.3 ));
        // 運算立方根
        System.out.println("Math.cbrt(9)：" + Math.cbrt(9));
```

```
        // 返回歐拉數 e 的n次冪
        System.out.println("Math.exp(2)：" + Math.exp(2));
        // 返回 sqrt(x2 +y2)，沒有中間溢出或下溢
        System.out.println("Math.hypot(4 , 4)：" + Math.hypot(4 , 4));
        // 按照 IEEE 754 標準的規定，對兩個參數進行餘數運算
        System.out.println("Math.IEEEremainder(5 , 2)："
            + Math.IEEEremainder(5 , 2));
        // 運算乘方
        System.out.println("Math.pow(3, 2)：" + Math.pow(3, 2));
        // 運算自然對數
        System.out.println("Math.log(12)：" + Math.log(12));
        // 運算底數為10的對數
        System.out.println("Math.log10(9)：" + Math.log10(9));
        // 返回參數與1之和的自然對數
        System.out.println("Math.log1p(9)：" + Math.log1p(9));
        /*---------下面是符號相關的運算---------*/
        // 運算絕對值
        System.out.println("Math.abs(-4.5)：" + Math.abs(-4.5));
        // 符號賦值，返回帶有第二個浮點數符號的第一個浮點參數
        System.out.println("Math.copySign(1.2, -1.0)："
            + Math.copySign(1.2, -1.0));
        // 符號函數，如果參數為 0，則返回 0；如果參數大於 0
        // 則返回 1.0；如果參數小於 0，則返回 -1.0
        System.out.println("Math.signum(2.3)：" + Math.signum(2.3));
        /*---------下面是大小相關的運算---------*/
        // 找出最大值
        System.out.println("Math.max(2.3 , 4.5)：" + Math.max(2.3 , 4.5));
        // 運算最小值
        System.out.println("Math.min(1.2 , 3.4)：" + Math.min(1.2 , 3.4));
        // 返回第一個參數和第二個參數之間與第一個參數相鄰的浮點數
        System.out.println("Math.nextAfter(1.2, 1.0)："
            + Math.nextAfter(1.2, 1.0));
        // 返回比目標數略大的浮點數
        System.out.println("Math.nextUp(1.2 )：" + Math.nextUp(1.2 ));
        // 返回一個偽隨機數，該值大於等於 0.0 且小於 1.0
        System.out.println("Math.random()：" + Math.random());
    }
}
```

上面程式中關於 Math 類別的用法幾乎覆蓋了 Math 類別的所有數學運算功能，讀者可參考上面程式來學習 Math 類別的用法。

7.3.5 Java 7的ThreadLocalRandom與Random

Random 類別專門用於產生一個偽隨機數，它有兩個建構子：一個建構子使用預設的種子（以當前時間作為種子），另一個建構子需要程式設計師顯式傳入一個 long 型整數的種子。

ThreadLocalRandom 類別是 Java 7 新增的一個類別，它是 Random 的增強版。在並行存取的環境下，使用 ThreadLocalRandom 來代替 Random 可以減少多執行緒資源競爭，最終保證系統具有更好的執行緒安全性。

提示

關於多執行緒程式設計的知識，請參考本書第16章的內容。

ThreadLocalRandom 類別的用法與 Random 類別的用法基本相似，它提供了一個靜態的 current() 方法來獲取 ThreadLocalRandom 物件，獲取該物件之後即可呼叫各種 nextXxx() 方法來獲取偽隨機數了。

ThreadLocalRandom 與 Random 都比 Math 的 random() 方法提供了更多的方式來產生各種偽隨機數，可以產生浮點類型的偽隨機數，也可以產生整數類型的偽隨機數，還可以指定產生隨機數的範圍。關於 Random 類別的用法如下程式所示。

程式清單：codes\07\7.3\RandomTest.java

```
public class RandomTest
{
    public static void main(String[] args)
    {
        Random rand = new Random();
        System.out.println("rand.nextBoolean()："
            + rand.nextBoolean());
        byte[] buffer = new byte[16];
        rand.nextBytes(buffer);
        System.out.println(Arrays.toString(buffer));
        // 產生0.0~1.0之間的偽隨機double數
        System.out.println("rand.nextDouble()："
            + rand.nextDouble());
        // 產生0.0~1.0之間的偽隨機float數
        System.out.println("rand.nextFloat()："
            + rand.nextFloat());
        // 產生平均值是 0.0，標準差是 1.0的偽高斯數
        System.out.println("rand.nextGaussian()："
```

```
            + rand.nextGaussian());
        // 產生一個處於int整數取值範圍的偽隨機整數
        System.out.println("rand.nextInt()：" + rand.nextInt());
        // 產生0~26之間的偽隨機整數
        System.out.println("rand.nextInt(26)：" + rand.nextInt(26));
        // 產生一個處於long整數取值範圍的偽隨機整數
        System.out.println("rand.nextLong()：" +  rand.nextLong());
    }
}
```

從上面程式中可以看出，Random 可以提供很多選項來產生偽隨機數。

Random 使用一個 48 位元的種子，如果這個類別的兩個實例是用同一個種子建立的，對它們以同樣的順序呼叫方法，則它們會產生相同的數字序列。

下面就對上面的介紹做一個實驗，可以看到當兩個 Random 物件種子相同時，它們會產生相同的數字序列。值得指出的，當使用預設的種子構造 Random 物件時，它們屬於同一個種子。

程式清單：codes\07\7.3\SeedTest.java

```
public class SeedTest
{
    public static void main(String[] args)
    {
        Random r1 = new Random(50);
        System.out.println("第一個種子為50的Random物件");
        System.out.println("r1.nextBoolean():\t" + r1.nextBoolean());
        System.out.println("r1.nextInt():\t\t" + r1.nextInt());
        System.out.println("r1.nextDouble():\t" + r1.nextDouble());
        System.out.println("r1.nextGaussian():\t" + r1.nextGaussian());
        System.out.println("---------------------------");
        Random r2 = new Random(50);
        System.out.println("第二個種子為50的Random物件");
        System.out.println("r2.nextBoolean():\t" + r2.nextBoolean());
        System.out.println("r2.nextInt():\t\t" + r2.nextInt());
        System.out.println("r2.nextDouble():\t" + r2.nextDouble());
        System.out.println("r2.nextGaussian():\t" + r2.nextGaussian());
        System.out.println("---------------------------");
        Random r3 = new Random(100);
        System.out.println("種子為100的Random物件");
        System.out.println("r3.nextBoolean():\t" + r3.nextBoolean());
        System.out.println("r3.nextInt():\t\t" + r3.nextInt());
        System.out.println("r3.nextDouble():\t" + r3.nextDouble());
        System.out.println("r3.nextGaussian():\t" + r3.nextGaussian());
    }
}
```

運行上面程式，看到如下結果：

```
第一個種子為50的Random物件
r1.nextBoolean():        true
r1.nextInt():            -1727040520
r1.nextDouble():         0.6141579720626675
r1.nextGaussian():       2.377650302287946
---------------------------
第二個種子為50的Random物件
r2.nextBoolean():        true
r2.nextInt():            -1727040520
r2.nextDouble():         0.6141579720626675
r2.nextGaussian():       2.377650302287946
---------------------------
種子為100的Random物件
r3.nextBoolean():        true
r3.nextInt():            -1139614796
r3.nextDouble():         0.19497605734770518
r3.nextGaussian():       0.6762208162903859
```

從上面運行結果來看，只要兩個 Random 物件的種子相同，而且方法的呼叫順序也相同，它們就會產生相同的數字序列。也就是說，Random 產生的數字並不是真正隨機的，而是一種偽隨機。

為了避免兩個 Random 物件產生相同的數字序列，通常推薦使用當前時間作為 Random 物件的種子，如下程式碼所示。

```
Random rand = new Random(System.currentTimeMillis());
```

在多執行緒環境下使用 ThreadLocalRandom 的方式與使用 Random 基本類似，如下程式片段示範了 ThreadLocalRandom 的用法。

```
ThreadLocalRandom rand = ThreadLocalRandom.current();
// 產生一個4~20之間的偽隨機整數
int val1 = rand.nextInt(4 , 20);
// 產生一個2.0~10.0之間的偽隨機浮點數
int val2 = rand.nextDouble(2.0, 10.0);
```

7.3.6 BigDecimal類別

前面在介紹 float、double 兩種基本浮點類型時已經指出，這兩個基本類型的浮點數容易引起精度遺失。先看如下程式。

程式清單：codes\07\7.3\DoubleTest.java

```
public class DoubleTest
{
    public static void main(String args[])
    {
        System.out.println("0.05 + 0.01 = " + (0.05 + 0.01));
        System.out.println("1.0 - 0.42 = " + (1.0 - 0.42));
        System.out.println("4.015 * 100 = " + (4.015 * 100));
        System.out.println("123.3 / 100 = " + (123.3 / 100));
    }
}
```

程式輸出結果是：

```
0.05 + 0.01 = 0.060000000000000005
1.0 - 0.42 = 0.5800000000000001
4.015 * 100 = 401.49999999999994
123.3 / 100 = 1.2329999999999999
```

上面程式運行結果表明，Java 的 double 類型會發生精度遺失，尤其在進行算術運算時更容易發生這種情況。不僅是 Java，很多程式設計語言也存在這樣的問題。

為了能精確表示、運算浮點數，Java 提供了 BigDecimal 類別，該類別提供了大量的建構子用於建立 BigDecimal 物件，包括把所有的基本數值型變數轉換成一個 BigDecimal 物件，也包括利用數字字串、數字字元陣列來建立 BigDecimal 物件。

查看 BigDecimal 類別的 BigDecimal(double val) 建構子的詳細說明時，可以看到不推薦使用該建構子的說明，主要是因為使用該建構子時有一定的不可預知性。當程式使用 new BigDecimal(0.1) 來建立一個 BigDecimal 物件時，它的值並不是 0.1，它實際上等於一個近似 0.1 的數。這是因為 0.1 無法準確地表示為 double 浮點數，所以傳入 BigDecimal 建構子的值不會正好等於 0.1（雖然表面上等於該值）。

如果使用 BigDecimal(String val) 建構子的結果是可預知的——寫入 new BigDecimal("0.1") 將建立一個 BigDecimal，它正好等於預期的 0.1。因此通常建議優先使用基於 String 的建構子。

如果必須使用 double 浮點數作為 BigDecimal 建構子的參數時，不要直接將該 double 浮點數作為建構子參數建立 BigDecimal 物件，而是應該通過 BigDecimal.valueOf(double value) 靜態方法來建立 BigDecimal 物件。

BigDecimal 類別提供了 add()、subtract()、multiply()、divide()、pow() 等方法對精確浮點數進行常規算術運算。下面程式示範了 BigDecimal 的基本運算。

程式清單：codes\07\7.3\BigDecimalTest.java

```
public class BigDecimalTest
{
    public static void main(String[] args)
    {
        BigDecimal f1 = new BigDecimal("0.05");
        BigDecimal f2 = BigDecimal.valueOf(0.01);
        BigDecimal f3 = new BigDecimal(0.05);
        System.out.println("使用String作為BigDecimal建構子參數：");
        System.out.println("0.05 + 0.01 = " + f1.add(f2));
        System.out.println("0.05 - 0.01 = " + f1.subtract(f2));
        System.out.println("0.05 * 0.01 = " + f1.multiply(f2));
        System.out.println("0.05 / 0.01 = " + f1.divide(f2));
        System.out.println("使用double作為BigDecimal建構子參數：");
        System.out.println("0.05 + 0.01 = " + f3.add(f2));
        System.out.println("0.05 - 0.01 = " + f3.subtract(f2));
        System.out.println("0.05 * 0.01 = " + f3.multiply(f2));
        System.out.println("0.05 / 0.01 = " + f3.divide(f2));
    }
}
```

上面程式中 f1 和 f3 都是基於 0.05 建立的 BigDecimal 物件，其中 f1 是基於 "0.05" 字串，但 f3 是基於 0.05 的 double 浮點數。運行上面程式，看到如下運行結果：

```
使用String作為BigDecimal建構子參數：
0.05 + 0.01 = 0.06
0.05 - 0.01 = 0.04
0.05 * 0.01 = 0.0005
0.05 / 0.01 = 5
使用double作為BigDecimal建構子參數：
0.05 + 0.01 = 0.06000000000000000277555756156289135105907917022705078125
0.05 - 0.01 = 0.04000000000000000277555756156289135105907917022705078125
0.05 * 0.01 = 0.0005000000000000000277555756156289135105907917022705078125
0.05 / 0.01 = 5.000000000000000277555756156289135105907917022705078125
```

從上面運行結果可以看出 BigDecimal 進行算術運算的效果，而且可以看出建立 BigDecimal 物件時，一定要使用 String 物件作為建構子參數，而不是直接使用 double 數字。

注意

建立BigDecimal物件時，不要直接使用double浮點數作為建構子參數來呼叫BigDecimal建構子，否則同樣會發生精度遺失的問題。

如果程式中要求對 double 浮點數進行加、減、乘、除基本運算，則需要先將 double 類型數值包裝成 BigDecimal 物件，呼叫 BigDecimal 物件的方法執行運算後再將結果轉換成 double 型變數。這是比較煩瑣的過程，可以考慮以 BigDecimal 為基礎定義一個 Arith 工具類別，該工具類別程式碼如下。

程式清單：codes\07\7.3\Arith.java

```
public class Arith
{
    // 預設除法運算精度
    private static final int DEF_DIV_SCALE = 10;
    // 建構子私有，讓這個類別不能實例化
    private Arith()    {}
    // 提供精確的加法運算
    public static double add(double v1,double v2)
    {
        BigDecimal b1 = BigDecimal.valueOf(v1);
        BigDecimal b2 = BigDecimal.valueOf(v2);
        return b1.add(b2).doubleValue();
    }
    // 提供精確的減法運算
    public static double sub(double v1,double v2)
    {
        BigDecimal b1 = BigDecimal.valueOf(v1);
        BigDecimal b2 = BigDecimal.valueOf(v2);
        return b1.subtract(b2).doubleValue();
    }
    // 提供精確的乘法運算
    public static double mul(double v1,double v2)
    {
        BigDecimal b1 = BigDecimal.valueOf(v1);
        BigDecimal b2 = BigDecimal.valueOf(v2);
        return b1.multiply(b2).doubleValue();
    }
    // 提供（相對）精確的除法運算，當發生除不盡的情況時
    // 精確到小數點以後10位的數字四捨五入
```

```
    public static double div(double v1,double v2)
    {
        BigDecimal b1 = BigDecimal.valueOf(v1);
        BigDecimal b2 = BigDecimal.valueOf(v2);
        return b1.divide(b2 , DEF_DIV_SCALE
            , BigDecimal.ROUND_HALF_UP).doubleValue();
    }
    public static void main(String[] args)
    {
        System.out.println("0.05 + 0.01 = "
            + Arith.add(0.05 , 0.01));
        System.out.println("1.0 - 0.42 = "
            + Arith.sub(1.0 , 0.42));
        System.out.println("4.015 * 100 = "
            + Arith.mul(4.015 , 100));
        System.out.println("123.3 / 100 = "
            + Arith.div(123.3 , 100));
    }
}
```

Arith 工具類別還提供了 main 方法用於測試加、減、乘、除等運算。運行上面程式將看到如下運行結果：

```
0.05 + 0.01 = 0.06
1.0 - 0.42 = 0.58
4.015 * 100 = 401.5
123.3 / 100 = 1.233
```

上面的運行結果才是期望的結果，這也正是使用 BigDecimal 類別的作用。

7.4 Java 8的日期、時間類別

Java 原本提供了 Date 和 Calendar 用於處理日期、時間的類別，包括建立日期、時間物件，獲取系統當前日期、時間等操作。但 Date 不僅無法實作國際化，而且它對不同屬性也使用了前後矛盾的偏移量，比如月份與小時都是從 0 開始的，月份中的天數則是從 1 開始的，年又是從 1900 開始的，而 java.util.Calendar 則顯得過於複雜，從下面介紹中會看到傳統 Java 對日期、時間處理的不足。Java 8 吸取了 Joda-Time 函數庫（一個被廣泛使用的日期、時間函數庫）的經驗，提供了一套全新的日期時間函數庫。

7.4.1 Date類別

Java 提供了 Date 類別來處理日期、時間（此處的 Date 是指 java.util 套件下的 Date 類別，而不是 java.sql 套件下的 Date 類別），Date 物件既包含日期，也包含時間。Date 類別從 JDK 1.0 起就開始存在了，但正因為它歷史悠久，所以它的大部分建構子、方法都已經過時，不再推薦使用了。

Date 類別提供了 6 個建構子，其中 4 個已經 Deprecated（Java 不再推薦使用，使用不再推薦的建構子時編譯器會提出警告資訊，並導致程式效能、安全性等方面的問題），剩下的兩個建構子如下。

- Date()：產生一個代表當前日期時間的Date物件。該建構子在底層呼叫System.currentTimeMillis()獲得long整數作為日期參數。
- Date(long date)：根據指定的long型整數來產生一個Date物件。該建構子的參數表示建立的Date物件和GMT 1970年1月1日00:00:00之間的時間差，以毫秒作為計時單位。

與 Date 建構子相同的是，Date 物件的大部分方法也 Deprecated 了，剩下為數不多的幾個方法。

- boolean after(Date when)：測試該日期是否在指定日期when之後。
- boolean before(Date when)：測試該日期是否在指定日期when之前。
- long getTime()：返回該時間對應的long型整數，即從GMT 1970-01-01 00:00:00到該Date物件之間的時間差，以毫秒作為計時單位。
- void setTime(long time)：設置該Date物件的時間。

下面程式示範了 Date 類別的用法。

程式清單：codes\07\7.4\DateTest.java

```
public class DateTest
{
    public static void main(String[] args)
    {
        Date d1 = new Date();
        // 獲取當前時間之後100ms的時間
        Date d2 = new Date(System.currentTimeMillis() + 100);
        System.out.println(d2);
        System.out.println(d1.compareTo(d2));
```

```
        System.out.println(d1.before(d2));
    }
}
```

總體來說，Date 是一個設計相當糟糕的類別，因此 Java 官方推薦儘量少用 Date 的建構子和方法。如果需要對日期、時間進行加減運算，或獲取指定時間的年、月、日、時、分、秒資訊，可使用 Calendar 工具類別。

7.4.2 Calendar類別

因為 Date 類別在設計上存在一些缺陷，所以 Java 提供了 Calendar 類別來更好地處理日期和時間。Calendar 是一個抽象類別，它用於表示日曆。

歷史上有著許多種紀年方法，它們的差異實在太大了，比如說一個人的生日是「七月七日」，那麼一種可能是陽（公）曆的七月七日，但也可以是陰（農）曆的日期。為了統一計時，全世界通常選擇最普及、最通用的日曆：Gregorian Calendar，也就是日常介紹年份時常用的「西元幾幾年」。

Calendar 類別本身是一個抽象類別，它是所有日曆類別的範本，並提供了一些所有日曆通用的方法；但它本身不能直接實例化，程式只能建立 Calendar 子類別的實例，Java 本身提供了一個 GregorianCalendar 類別，一個代表格列高里日曆的子類別，它代表了通常所說的西曆。

當然，也可以建立自己的 Calendar 子類別，然後將它作為 Calendar 物件使用（這就是多型）。在 IBM 的 alphaWorks 站點（http://www.alphaworks.ibm.com/tech/calendars）上，IBM 的開發人員實作了多種日曆。在 Internet 上，也有對中國農曆的實作。因為篇幅關係，本章不會詳細介紹如何擴展 Calendar 子類別，讀者可以查看上述 Calendar 的原始碼來學習。

Calendar 類別是一個抽象類別，所以不能使用建構子來建立 Calendar 物件。但它提供了幾個靜態 getInstance() 方法來獲取 Calendar 物件，這些方法根據 TimeZone，Locale 類別來獲取特定的 Calendar，如果不指定 TimeZone、Locale，則使用預設的 TimeZone、Locale 來建立 Calendar。

提示

關於TimeZone、Locale的介紹請參考本章後面知識。

Calendar 與 Date 都是表示日期的工具類別，它們直接可以自由轉換，如下程式碼所示。

```
// 建立一個預設的Calendar物件
Calendar calendar = Calendar.getInstance();
// 從Calendar 物件中取出Date 物件
Date date = calendar.getTime();
// 通過Date物件獲得對應的Calendar物件
// 因為Calendar/GregorianCalendar沒有構造函數可以接收Date物件
// 所以必須先獲得一個Calendar實例，然後呼叫其setTime()方法
Calendar calendar2 = Calendar.getInstance();
calendar2.setTime(date);
```

Calendar 類別提供了大量存取、修改日期時間的方法，常用方法如下。

- void add(int field, int amount)：根據日曆的規則，為給定的日曆欄位添加或減去指定的時間量。
- int get(int field)：返回指定日曆欄位的值。
- int getActualMaximum(int field)：返回指定日曆欄位可能擁有的最大值。例如月，最大值為11。
- int getActualMinimum(int field)：返回指定日曆欄位可能擁有的最小值。例如月，最小值為0。
- void roll(int field, int amount)：與add()方法類似，區別在於加上amount後超過了該欄位所能表示的最大範圍時，也不會向上一個欄位進位。
- void set(int field, int value)：將給定的日曆欄位設置為給定值。
- void set(int year, int month, int date)：設置Calendar物件的年、月、日三個欄位的值。
- void set(int year, int month, int date, int hourOfDay, int minute, int second)：設置Calendar物件的年、月、日、時、分、秒6個欄位的值。

上面的很多方法都需要一個 int 類型的 field 參數，field 是 Calendar 類別的類別變數，如 Calendar.YEAR、Calendar.MONTH 等分別代表了年、月、日、小時、分鐘、秒等時間欄位。需要指出的是，Calendar.MONTH 欄位代表月份，月份的起始值不是 1，而是 0，所以要設置 8 月時，用 7 而不是 8。如下程式示範了 Calendar 類別的常規用法。

程式清單：codes\07\7.4\CalendarTest.java

```
public class CalendarTest
{
    public static void main(String[] args)
    {
        Calendar c = Calendar.getInstance();
        // 取出年
        System.out.println(c.get(YEAR));
        // 取出月份
        System.out.println(c.get(MONTH));
        // 取出日
        System.out.println(c.get(DATE));
        // 分別設置年、月、日、小時、分鐘、秒
        c.set(2003 , 10 , 23 , 12, 32, 23); // 2003-11-23 12:32:23
        System.out.println(c.getTime());
        // 將Calendar的年前推1年
        c.add(YEAR , -1); // 2002-11-23 12:32:23
        System.out.println(c.getTime());
        // 將Calendar的月前推8個月
        c.roll(MONTH , -8); // 2002-03-23 12:32:23
        System.out.println(c.getTime());
    }
}
```

上面程式中粗體字程式碼示範了 Calendar 類別的用法，Calendar 可以很靈活地改變它對應的日期。

提示

上面程式使用了靜態匯入，它匯入了Calendar類別裡的所有類別變數，所以上面程式可以直接使用Calendar類別的YEAR、MONTH、DATE等類別變數。

Calendar 類別還有如下幾個注意點。

1. add與roll的區別

add(int field, int amount) 的功能非常強大，add 主要用於改變 Calendar 的特定欄位的值。如果需要增加某欄位的值，則讓 amount 為正數；如果需要減少某欄位的值，則讓 amount 為負數即可。

add(int field, int amount) 有如下兩條規則。

- ◆ 當被修改的欄位超出它允許的範圍時，會發生進位，即上一級欄位也會增大。例如：

```
Calendar cal1 = Calendar.getInstance();
cal1.set(2003, 7, 23, 0, 0 , 0); // 2003-8-23
cal1.add(MONTH, 6); // 2003-8-23 => 2004-2-23
```

- ◆ 如果下一級欄位也需要改變，那麼該欄位會修正到變化最小的值。例如：

```
Calendar cal2 = Calendar.getInstance();
cal2.set(2003, 7, 31, 0, 0 , 0); // 2003-8-31
// 因為進位後月份改為2月，2月沒有31日，自動變成29日
cal2.add(MONTH, 6); // 2003-8-31 => 2004-2-29
```

對於上面的例子，8-31 就會變成 2-29。因為 MONTH 的下一級欄位是 DATE，從 31 到 29 改變最小。所以上面 2003-8-31 的 MONTH 欄位增加 6 後，不是變成 2004-3-2，而是變成 2004-2-29。

roll() 的規則與 add() 的處理規則不同：當被修改的欄位超出它允許的範圍時，上一級欄位不會增大。

```
Calendar cal3 = Calendar.getInstance();
cal3.set(2003, 7, 23, 0, 0 , 0); // 2003-8-23
// MONTH欄位「進位」，但YEAR欄位並不增加
cal3.roll(MONTH, 6); // 2003-8-23 => 2003-2-23
```

下一級欄位的處理規則與 add() 相似：

```
Calendar cal4 = Calendar.getInstance();
cal4.set(2003, 7, 31, 0, 0 , 0); // 2003-8-31
// MONTH欄位「進位」後變成2，2月沒有31日
// YEAR欄位不會改變，2003年2月只有28天
cal4.roll(MONTH, 6); // 2003-8-31 => 2003-2-28
```

2. 設置Calendar的容錯性

呼叫 Calendar 物件的 set() 方法來改變指定時間欄位的值時，有可能傳入一個不合法的參數，例如為 MONTH 欄位設置 13，這將會導致怎樣的後果呢？看如下程式。

程式清單：codes\07\7.4\LenientTest.java

```
public class LenientTest
{
    public static void main(String[] args)
    {
        Calendar cal = Calendar.getInstance();
        // 結果是YEAR欄位加1，MONTH欄位為1（2月）
        cal.set(MONTH , 13);   // ①
        System.out.println(cal.getTime());
        // 關閉容錯性
        cal.setLenient(false);
        // 導致運行時異常
        cal.set(MONTH , 13);   // ②
        System.out.println(cal.getTime());
    }
}
```

上面程式①②兩處的程式碼完全相似，但它們運行的結果不一樣：①處程式碼可以正常運行，因為設置 MONTH 欄位的值為 13，將會導致 YEAR 欄位加 1；②處程式碼將會導致運行時異常，因為設置的 MONTH 欄位值超出了 MONTH 欄位允許的範圍。關鍵在於程式中粗體字程式碼行，Calendar 提供了一個 setLenient() 用於設置它的容錯性，Calendar 預設支援較好的容錯性，通過 setLenient(false) 可以關閉 Calendar 的容錯性，讓它進行嚴格的參數檢查。

Calendar 有兩種解釋日曆欄位的模式：lenient 模式和 non-lenient 模式。當 Calendar 處於 lenient 模式時，每個時間欄位可接受超出它允許範圍的值；當 Calendar 處於 non-lenient 模式時，如果為某個時間欄位設置的值超出了它允許的取值範圍，程式將會拋出異常。

3. set()方法延遲修改

set(f, value) 方法將日曆欄位 f 更改為 value，此外它還設置了一個內部成員變數，以指示日曆欄位 f 已經被更改。儘管日曆欄位 f 是立即更改的，但該 Calendar 所代表的時間卻不會立即修改，直到下次呼叫 get()、getTime()、getTimeInMillis()、add() 或 roll() 時才會重新運算日曆的時間。這被稱為 set() 方法的延遲修改，採用延遲修改的優勢是多次呼叫 set() 不會觸發多次不必要的運算（需要運算出一個代表實際時間的 long 型整數）。

下面程式展示了 set() 方法延遲修改的效果。

程式清單：codes\07\7.4\LazyTest.java

```
public class LazyTest
{
    public static void main(String[] args)
    {
        Calendar cal = Calendar.getInstance();
        cal.set(2003 , 7 , 31);  // 2003-8-31
        // 將月份設為9，但9月31日不存在
        // 如果立即修改，系統將會把cal自動調整到10月1日
        cal.set(MONTH , 8);
        // 下面程式碼輸出10月1日
        // System.out.println(cal.getTime());    // ①
        // 設置DATE欄位為5
        cal.set(DATE , 5);    // ②
        System.out.println(cal.getTime());    // ③
    }
}
```

上面程式中建立了代表 2003-8-31 的 Calendar 物件，當把這個物件的 MONTH 欄位加 1 後應該得到 2003-10-1（因為 9 月沒有 31 日），如果程式在①號程式碼處輸出當前 Calendar 裡的日期，也會看到輸出 2003-10-1，③號程式碼處將輸出 2003-10-5。

如果程式將①處程式碼註解起來，因為 Calendar 的 set() 方法具有延遲修改的特性，即呼叫 set() 方法後 Calendar 實際上並未運算真實的日期，它只是使用內部成員變數表記錄 MONTH 欄位被修改為 8，接著程式設置 DATE 欄位值為 5，程式內部再次記錄 DATE 欄位為 5——就是 9 月 5 日，因此看到③處輸出 2003-9-5。

7.4.3 Java 8新增的日期、時間套件

Java 8 專門新增了一個 java.time 套件，該套件下包含了如下常用的類別。

- Clock：該類別用於獲取指定時區的當前日期、時間。該類別可取代System類別的currentTimeMillis()方法，而且提供了更多方法來獲取當前日期、時間。該類別提供了大量靜態方法來獲取Clock物件。
- Duration：該類別代表持續時間。該類別可以非常方便地獲取一段時間。

◆ Instant：代表一個具體的時刻，可以精確到奈秒。該類別提供了靜態的now()方法來獲取當前時刻，也提供了靜態的now(Clock clock)方法來獲取clock對應的時刻。除此之外，它還提供了一系列minusXxx()方法在當前時刻基礎上減去一段時間，也提供了plusXxx()方法在當前時刻基礎上加上一段時間。

◆ LocalDate：該類別代表不帶時區的日期，例如2007-12-03。該類別提供了靜態的now()方法來獲取當前日期，也提供了靜態的now(Clock clock)方法來獲取clock對應的日期。除此之外，它還提供了minusXxx()方法在當前年份基礎上減去幾年、幾月、幾周或幾日等，也提供了plusXxx()方法在當前年份基礎上加上幾年、幾月、幾周或幾日等。

◆ LocalTime：該類別代表不帶時區的時間，例如10:15:30。該類別提供了靜態的now()方法來獲取當前時間，也提供了靜態的now(Clock clock)方法來獲取clock對應的時間。除此之外，它還提供了minusXxx()方法在當前年份基礎上減去幾小時、幾分、幾秒等，也提供了plusXxx()方法在當前年份基礎上加上幾小時、幾分、幾秒等。

◆ LocalDateTime：該類別代表不帶時區的日期、時間，例如2007-12-03T10:15:30。該類別提供了靜態的now()方法來獲取當前日期、時間，也提供了靜態的now(Clock clock)方法來獲取clock對應的日期、時間。除此之外，它還提供了minusXxx()方法在當前年份基礎上減去幾年、幾月、幾日、幾小時、幾分、幾秒等，也提供了plusXxx()方法在當前年份基礎上加上幾年、幾月、幾日、幾小時、幾分、幾秒等。

◆ MonthDay：該類別僅代表月日，例如--04-12。該類別提供了靜態的now()方法來獲取當前月日，也提供了靜態的now(Clock clock)方法來獲取clock對應的月日。

◆ Year：該類別僅代表年，例如2014。該類別提供了靜態的now()方法來獲取當前年份，也提供了靜態的now(Clock clock)方法來獲取clock對應的年份。除此之外，它還提供了minusYears()方法在當前年份基礎上減去幾年，也提供了plusYears()方法在當前年份基礎上加上幾年。

◆ YearMonth：該類別僅代表年月，例如2014-04。該類別提供了靜態的now()方法來獲取當前年月，也提供了靜態的now(Clock clock)方法來獲取clock對應的年月。除此之外，它還提供了minusXxx()方法在當前年月基礎上減去幾年、幾月，也提供了plusXxx()方法在當前年月基礎上加上幾年、幾月。

- ZonedDateTime：該類別代表一個時區化的日期、時間。
- ZoneId：該類別代表一個時區。
- DayOfWeek：這是一個列舉類別，定義了周日到週六的列舉值。
- Month：這也是一個列舉類別，定義了一月到十二月的列舉值。

下面通過一個簡單的程式來示範這些類別的用法。

程式清單：codes\07\7.4\NewDatePackageTest.java

```
public class NewDatePackageTest
{
    public static void main(String[] args)
    {
        // -----下面是關於Clock的用法-----
        // 獲取當前Clock
        Clock clock = Clock.systemUTC();
        // 通過Clock獲取當前時刻
        System.out.println("當前時刻為：" + clock.instant());
        // 獲取clock對應的毫秒數，與System.currentTimeMillis()輸出相同
        System.out.println(clock.millis());
        System.out.println(System.currentTimeMillis());
        // -----下面是關於Duration的用法-----
        Duration d = Duration.ofSeconds(6000);
        System.out.println("6000秒相當於" + d.toMinutes() + "分");
        System.out.println("6000秒相當於" + d.toHours() + "小時");
        System.out.println("6000秒相當於" + d.toDays() + "天");
        // 在clock基礎上增加6000秒，返回新的Clock
        Clock clock2 = Clock.offset(clock, d);
        // 可以看到clock2與clock1相差1小時40分
        System.out.println("當前時刻加6000秒為：" +clock2.instant());
        // -----下面是關於Instant的用法-----
        // 獲取當前時間
        Instant instant = Instant.now();
        System.out.println(instant);
        // instant添加6000秒（即100分鐘），返回新的Instant
        Instant instant2 = instant.plusSeconds(6000);
        System.out.println(instant2);
        // 根據字串解析Instant物件
        Instant instant3 = Instant.parse("2014-02-23T10:12:35.342Z");
        System.out.println(instant3);
        // 在instant3的基礎上添加5小時4分鐘
        Instant instant4 = instant3.plus(Duration
            .ofHours(5).plusMinutes(4));
        System.out.println(instant4);
        // 獲取instant4的5天以前的時刻
        Instant instant5 = instant4.minus(Duration.ofDays(5));
```

```
        System.out.println(instant5);
        // -----下面是關於LocalDate的用法-----
        LocalDate localDate = LocalDate.now();
        System.out.println(localDate);
        // 獲得2014年的第146天
        localDate = LocalDate.ofYearDay(2014, 146);
        System.out.println(localDate); // 2014-05-26
        // 設置為2014年5月21日
        localDate = LocalDate.of(2014, Month.MAY, 21);
        System.out.println(localDate); // 2014-05-21
        // -----下面是關於LocalTime的用法-----
        // 獲取當前時間
        LocalTime localTime = LocalTime.now();
        // 設置為22點33分
        localTime = LocalTime.of(22, 33);
        System.out.println(localTime); // 22:33
        // 返回一天中的第5503秒
        localTime = LocalTime.ofSecondOfDay(5503);
        System.out.println(localTime); // 01:31:43
        // -----下面是關於localDateTime的用法-----
        // 獲取當前日期、時間
        LocalDateTime localDateTime = LocalDateTime.now();
        // 當前日期、時間加上25小時 3 分鐘
        LocalDateTime future = localDateTime.plusHours(25).plusMinutes(3);
        System.out.println("當前日期、時間的25小時3分之後：" + future);
        // -----下面是關於Year、YearMonth、MonthDay的用法範例-----
        Year year = Year.now(); // 獲取當前的年份
        System.out.println("當前年份：" + year); // 輸出當前年份
        year = year.plusYears(5); // 當前年份再加5年
        System.out.println("當前年份再過5年：" + year);
        // 根據指定月份獲取YearMonth
        YearMonth ym = year.atMonth(10);
        System.out.println("year年10月：" + ym); // 輸出XXXX-10，XXXX代表當前年份
        // 當前年月再加5年、減3個月
        ym = ym.plusYears(5).minusMonths(3);
        System.out.println("year年10月再加5年、減3個月：" + ym);
        MonthDay md = MonthDay.now();
        System.out.println("當前月日：" + md); // 輸出--XX-XX，代表幾月幾日
        // 設置為5月23日
        MonthDay md2 = md.with(Month.MAY).withDayOfMonth(23);
        System.out.println("5月23日為：" + md2); // 輸出--05-23
    }
}
```

該程式就是這些常見類別的用法範例，這些 API 和它們的方法都非常簡單，而且程式中註解也很清楚，此處不再贅述。

7.5 正規運算式

正規運算式是一個強大的字串處理工具，可以對字串進行尋找、提取、分割、取代等操作。 String 類別裡也提供了如下幾個特殊的方法。

- boolean matches(String regex)：判斷該字串是否匹配指定的正規運算式。
- String replaceAll(String regex, String replacement)：將該字串中所有匹配regex的子串取代成replacement。
- String replaceFirst(String regex, String replacement)：將該字串中第一個匹配regex的子串取代成replacement。
- String[] split(String regex)：以regex作為分隔符，把該字串分割成多個子串。

上面這些特殊的方法都依賴於 Java 提供的正規運算式支援，除此之外，Java 還提供了 Pattern 和 Matcher 兩個類別專門用於提供正規運算式支援。

很多讀者都會覺得正規運算式是一個非常神奇、高階的知識，其實正規運算式是一種非常簡單而且非常實用的工具。正規運算式是一個用於匹配字串的範本。實際上，任意字串都可以當成正規運算式使用，例如 "abc"，它也是一個正規運算式，只是它只能匹配 "abc" 字串。

如果正規運算式僅能匹配 "abc" 這樣的字串，那麼正規運算式也就不值得學習了。下面開始學習如何建立正規運算式。

7.5.1 建立正規運算式

前面已經介紹了，正規運算式就是一個用於匹配字串的範本，可以匹配一批字串，所以建立正規運算式就是建立一個特殊的字串。正規運算式所支援的合法字元如表 7.1 所示。

表7.1　正規運算式所支援的合法字元

字　元	解　釋
x	字元 x（x可代表任何合法的字元）
\0mnn	八進位數0mnn所表示的字元
\xhh	十六進位值0xhh所表示的字元
\uhhhh	十六進位值0xhhhh所表示的Unicode字元
\t	Tab（'\u0009'）
\n	新行（換行）符（'\u000A'）
\r	輸入字元（'\u000D'）
\f	換頁符（'\u000C'）
\a	嗶聲（bell）符（'\u0007'）
\e	Escape符（'\u001B'）
\cx	x對應的的控制詞。例如，\cM 匹配Ctrl-M。x值必須為A~Z或a~z之一

除此之外，正規運算式中有一些特殊字元，這些特殊字元在正規運算式中有其特殊的用途，比如前面介紹的反斜線（\）。如果需要匹配這些特殊字元，就必須首先將這些字元跳脫，也就是在前面添加一個反斜線（\）。正規運算式中的特殊字元如表 7.2 所示。

表7.2　正規運算式中的特殊字元

<table>
<tr><th>特殊字元</th><th>說　明</th></tr>
<tr><td>$</td><td>匹配一行的結尾。要匹配 $ 字元本身，請使用 \$</td></tr>
<tr><td>^</td><td>匹配一行的開頭。要匹配 ^ 字元本身，請使用 \^</td></tr>
<tr><td>( )</td><td>標記子運算式的開始和結束位置。要匹配這些字元，請使用 \(和 \)</td></tr>
<tr><td>[ ]</td><td>用於確定中括號運算式的開始和結束位置。要匹配這些字元，請使用 \[和 \]</td></tr>
<tr><td>{ }</td><td>用於標記前面子運算式的出現頻率。要匹配這些字元，請使用 \{ 和 \}</td></tr>
<tr><td>*</td><td>指定前面子運算式可以出現零次或多次。要匹配 * 字元本身，請使用 *</td></tr>
<tr><td>+</td><td>指定前面子運算式可以出現一次或多次。要匹配 + 字元本身，請使用 \+</td></tr>
<tr><td>?</td><td>指定前面子運算式可以出現零次或一次。要匹配 ? 字元本身，請使用 \?</td></tr>
<tr><td>.</td><td>匹配除換行字元 \n之外的任何單字元。要匹配 . 字元本身，請使用 \.</td></tr>
<tr><td>\</td><td>用於跳脫下一個字元，或指定八進位、十六進位字元。如果需匹配 \ 字元，請用\\</td></tr>
<tr><td>|</td><td>指定兩項之間任選一項。如果要匹配 | 字元本身，請使用 \|</td></tr>
</table>

將上面多個字元拼起來，就可以建立一個正規運算式。例如：

```
"\u0041\\\\"  // 匹配A\
"\u0061\t"    // 匹配a<Tab>
"\\?\\["    // 匹配?[
```

注意

可能有讀者覺得第一個正規運算式中怎麼有那麼多反斜線啊？這是由於Java字串中反斜線本身需要跳脫，因此兩個反斜線（\\）實際上相當於一個（前一個用於跳脫）。

上面的正規運算式依然只能匹配單個字元，這是因為還未在正規運算式中使用「萬用字元」，「萬用字元」是可以匹配多個字元的特殊字元。正規運算式中的「萬用字元」遠遠超出了普通萬用字元的功能，它被稱為預定義字元，正規運算式支援如表 7.3 所示的預定義字元。

表7.3　預定義字元

預定義字元	說　明
.	可以匹配任何字元
\d	匹配0~9的所有數字
\D	匹配非數字
\s	匹配所有的空白字元，包括空格、Tab、輸入字元、換頁符、換行字元等
\S	匹配所有的非空白字元
\w	匹配所有的單詞字元，包括0~9所有數字、26個英文字母和底線（_）
\W	匹配所有的非單詞字元

提示

上面的7個預定義字元其實很容易記憶—d是digit的意思，代表數字；s是space的意思，代表空白；w是word的意思，代表單詞。d、s、w的大寫形式恰好匹配與之相反的字元。

有了上面的預定義字元後，接下來就可以建立更強大的正規運算式了。例如：

```
c\\wt  //可以匹配cat、cbt、cct、c0t、c9t等一批字串
\\d\\d\\d-\\d\\d\\d-\\d\\d\\d\\d  //匹配如000-000-0000形式的電話號碼
```

在一些特殊情況下，例如，若只想匹配 a ～ f 的字母，或者匹配除了 ab 之外的所有小寫字母，或者匹配中文字元，上面這些預定義字元就無能為力了，此時就需要使

用方括號運算式，方括號運算式有如表 7.4 所示的幾種形式。

表7.4 方括號運算式

方括號運算式	說　明
表示列舉	例如[abc]，表示a、b、c其中任意一個字元；[gz]，表示g、z其中任意一個字元
表示範圍：-	例如[a-f]，表示a~f範圍內的任意字元；[\\u0041-\\u0056]，表示十六進位字元\u0041到\u0056範圍的字元。範圍可以和列舉結合使用，如[a-cx-z]，表示a~c、x~z範圍內的任意字元
表示求否：^	例如[^abc]，表示非a、b、c的任意字元；[^a-f]，表示不是a~f範圍內的任意字元
表示「與」運算：&&	例如[a-z&&[def]]，求a~z和[def]的交集，表示d、e 或 f [a-z&&[^bc]]，a~z範圍內的所有字元，除了b和c之外，即[ad-z] [a-z&&[^m-p]]，a~z範圍內的所有字元，除了m~p範圍之外的字元，即[a-lq-z]
表示「並」運算	並運算與前面的列舉類似。例如[a-d[m-p]]，表示[a-dm-p]

提示 方括號運算式比前面的預定義字元靈活多了，幾乎可以匹配任何字元。例如，若需要匹配所有的中文字元，就可以利用[\\u0041-\\u0056]形式一因為所有中文字元的Unicode值是連續的，只要找出所有中文字元中最小、最大的Unicode值，就可以利用上面形式來匹配所有的中文字元。

正規表示還支援圓括號運算式，用於將多個運算式組成一個子運算式，圓括號中可以使用或運算子（|）。例如，正規運算式 "((public)|(protected)|(private))" 用於匹配 Java 的三個存取控制詞其中之一。

除此之外，Java 正規運算式還支援如表 7.5 所示的幾個邊界匹配符。

表7.5 邊界匹配符

邊界匹配符	說　明
^	行的開頭
$	行的結尾
\b	單詞的邊界
\B	非單詞的邊界
\A	輸入的開頭
\G	前一個匹配的結尾
\Z	輸入的結尾，僅用於最後的結束符
\z	輸入的結尾

前面例子中需要建立一個匹配 000-000-0000 形式的電話號碼時，使用了 \\d\\d\\d-\\d\\d\\d-\\d\\d\\d\\d 正規運算式，這看起來比較煩瑣。實際上，正規運算式還提供了數量識別子，正規運算式支援的數量識別子有如下幾種模式。

- ◆ Greedy（貪婪模式）：數量表示符預設採用貪婪模式，除非另有表示。貪婪模式的運算式會一直匹配下去，直到無法匹配為止。如果你發現運算式匹配的結果與預期的不符，很有可能是因為——你以為運算式只會匹配前面幾個字元，而實際上它是貪婪模式，所以會一直匹配下去。
- ◆ Reluctant（勉強模式）：用問號後綴（?）表示，它只會匹配最少的字元。也稱為最小匹配模式。
- ◆ Possessive（佔有模式）：用加號後綴（+）表示，目前只有Java支援佔有模式，通常比較少用。

三種模式的數量表示符如表 7.6 所示。

表7.6 三種模式的數量表示符

貪婪模式	勉強模式	佔用模式	說　明
X?	X??	X??	X運算式出現零次或一次
X*	X*?	X*?	X運算式出現零次或多次
X+	X+?	X+?	X運算式出現一次或多次
X{n}	X{n}?	X{n}?	X運算式出現n次
X{n,}	X{n,}?	X{n,}?	X運算式最少出現n次
X{n,m}	X{n,m}?	X{n,m}?	X運算式最少出現n次，最多出現m次

關於貪婪模式和勉強模式的對比，看如下程式碼：

```
String str = "hello , java!";
// 貪婪模式的正規運算式
System.out.println(str.replaceFirst("\\w*" , "■"));      //輸出■ , java!
// 勉強模式的正規運算式
System.out.println(str.replaceFirst("\\w*?" , "■"));     //輸出■hello , java!
```

當從 "hello , java!" 字串中尋找匹配 "\\w*" 子串時，因為 "\w*" 使用了貪婪模式，數量表示符（*）會一直匹配下去，所以該字串前面的所有單詞字元都被它匹配到，直到遇到空格，所以取代後的效果是「■ , java!」；如果使用勉強模式，數量表示符（*）會儘量匹配最少字元，即匹配 0 個字元，所以取代後的結果是「■ hello , java!」。

7.5.2 使用正規運算式

一旦在程式中定義了正規運算式，就可以使用 Pattern 和 Matcher 來使用正規運算式。

Pattern 物件是正規運算式編譯後在記憶體中的表示形式，因此，正規運算式字串必須先被編譯為 Pattern 物件，然後再利用該 Pattern 物件建立對應的 Matcher 物件。執行匹配所涉及的狀態保留在 Matcher 物件中，多個 Matcher 物件可共享同一個 Pattern 物件。

因此，典型的呼叫順序如下：

```
// 將一個字串編譯成Pattern物件
Pattern p = Pattern.compile("a*b");
// 使用Pattern物件建立Matcher物件
Matcher m = p.matcher("aaaaab");
boolean b = m.matches(); // 返回true
```

上面定義的 Pattern 物件可以多次重複使用。如果某個正規運算式僅需一次使用，則可直接使用 Pattern 類別的靜態 matches() 方法，此方法自動把指定字串編譯成匿名的 Pattern 物件，並執行匹配，如下所示。

```
boolean b = Pattern.matches("a*b", "aaaaab");  // 返回true
```

上面語句等效於前面的三條語句。但採用這種語句每次都需要重新編譯新的 Pattern 物件，不能重複利用已編譯的 Pattern 物件，所以效率不高。

Pattern 是不可變類別，可供多個並行執行緒安全使用。

Matcher 類別提供了如下幾個常用方法。

- find()：返回目標字串中是否包含與Pattern匹配的子串。
- group()：返回上一次與Pattern匹配的子串。
- start()：返回上一次與Pattern匹配的子串在目標字串中的開始位置。
- end()：返回上一次與Pattern匹配的子串在目標字串中的結束位置加1。
- lookingAt()：返回目標字串前面部分與Pattern是否匹配。
- matches()：返回整個目標字串與Pattern是否匹配。
- reset()，將現有的Matcher物件應用於一個新的字元序列。

注意 在Pattern、Matcher類別的介紹中經常會看到一個CharSequence介面，該介面代表一個字元序列，其中CharBuffer、String、StringBuffer、StringBuilder都是它的實作類別。簡單地說，CharSequence代表一個各種表示形式的字串。

通過 Matcher 類別的 find() 和 group() 方法可以從目標字串中依次取出特定子串（匹配正規運算式的子串），例如網際網路的網路爬蟲，它們可以自動從網頁中識別出所有的電話號碼。下面程式示範了如何從大段的字串中找出電話號碼。

程式清單：codes\07\7.5\FindGroup.java

```
public class FindGroup
{
    public static void main(String[] args)
    {
        // 使用字串模擬從網路上得到的網頁原始碼
        String str = "我想求購一本《瘋狂Java講義》，儘快聯繫我13500006666"
            + "交朋友，電話號碼是13611125565"
            + "出售二手電腦，聯繫方式15899903312";
        // 建立一個Pattern物件，並用它建立一個Matcher物件
        // 該正規運算式只抓取13X和15X段的手機號
        // 實際要抓取哪些電話號碼，只要修改正規運算式即可
        Matcher m = Pattern.compile("((13\\d)|(15\\d))\\d{8}")
            .matcher(str);
        // 將所有符合正規運算式的子串（電話號碼）全部輸出
        while(m.find())
        {
            System.out.println(m.group());
        }
    }
}
```

運行上面程式，看到如下運行結果：

```
13500006666
13611125565
15899903312
```

從上面運行結果可以看出，find() 方法依次尋找字串中與 Pattern 匹配的子串，一旦找到對應的子串，下次呼叫 find() 方法時將接著向下尋找。

提示 通過程式運行結果可以看出，使用正規運算式可以提取網頁上的電話號碼，也可以提取郵件地址等資訊。如果程式再進一步，可以從網頁上提取超連結資訊，再根據超連結開啟其他網頁，然後在其他網頁上重複這個過程就可以實作簡單的網路爬蟲了。

find() 方法還可以傳入一個 int 類型的參數，帶 int 參數的 find() 方法將從該 int 索引處向下搜尋。

start() 和 end() 方法主要用於確定子串在目標字串中的位置，如下程式所示。

程式清單：codes\07\7.5\StartEnd.java

```
public class StartEnd
{
    public static void main(String[] args)
    {
        // 建立一個Pattern物件，並用它建立一個Matcher物件
        String regStr = "Java is very easy!";
        System.out.println("目標字串是：" + regStr);
        Matcher m = Pattern.compile("\\w+")
            .matcher(regStr);
        while(m.find())
        {
            System.out.println(m.group() + "子串的起始位置："
                + m.start() + "，其結束位置：" + m.end());
        }
    }
}
```

上面程式使用 find()、group() 方法逐項取出目標字串中與指定正規運算式匹配的子串，並使用 start()、end() 方法返回子串在目標字串中的位置。運行上面程式，看到如下運行結果：

```
目標字串是：Java is very easy!
Java子串的起始位置：0，其結束位置：4
is子串的起始位置：5，其結束位置：7
very子串的起始位置：8，其結束位置：12
easy子串的起始位置：13，其結束位置：17
```

matches() 和 lookingAt() 方法有點相似，只是 matches() 方法要求整個字串和 Pattern 完全匹配時才返回 true，而 lookingAt() 只要字串以 Pattern 開頭就會返回 true。reset() 方法可將現有的 Matcher 物件應用於新的字元序列。看如下例子程式。

程式清單：codes\07\7.5\MatchesTest.java

```
public class MatchesTest
{
    public static void main(String[] args)
    {
        String[] mails =
        {
            "kongyeeku@163.com" ,
            "kongyeeku@gmail.com",
            "ligang@crazyit.org",
            "wawa@abc.xx"
        };
        String mailRegEx = "\\w{3,20}@\\w+\\.(com|org|cn|net|gov)";
        Pattern mailPattern = Pattern.compile(mailRegEx);
        Matcher matcher = null;
        for (String mail : mails)
        {
            if (matcher == null)
            {
                matcher = mailPattern.matcher(mail);
            }
            else
            {
                matcher.reset(mail);
            }
            String result = mail + (matcher.matches() ? "是" : "不是")
                + "一個有效的郵件地址！";
            System.out.println(result);
        }
    }
}
```

上面程式建立了一個郵件地址的 Pattern，接著用這個 Pattern 與多個郵件地址進行匹配。當程式中的 Matcher 為 null 時，程式呼叫 matcher() 方法來建立一個 Matcher 物件，一旦 Matcher 物件被建立，程式就呼叫 Matcher 的 reset() 方法將該 Matcher 應用於新的字元序列。

從某個角度來看，Matcher 的 matches()、lookingAt() 和 String 類別的 equals()、startsWith() 有點相似。區別是 String 類別的 equals() 和 startsWith() 都是與字串進行比較，而 Matcher 的 matches() 和 lookingAt() 則是與正規運算式進行匹配。

事實上，String 類別裡也提供了 matches() 方法，該方法返回該字串是否匹配指定的正規運算式。例如：

```
"kongyeeku@163.com".matches("\\w{3,20}@\\w+\\.(com|org|cn|net|gov)"); // 返回true
```

除此之外，還可以利用正規運算式對目標字串進行分割、尋找、取代等操作，看如下例子程式。

程式清單：codes\07\7.5\ReplaceTest.java

```
public class ReplaceTest
{
    public static void main(String[] args)
    {
        String[] msgs =
        {
            "Java has regular expressions in 1.4",
            "regular expressions now expressing in Java",
            "Java represses oracular expressions"
        };
        Pattern p = Pattern.compile("re\\w*");
        Matcher matcher = null;
        for (int i = 0 ; i < msgs.length ; i++)
        {
            if (matcher == null)
            {
                matcher = p.matcher(msgs[i]);
            }
            else
            {
                matcher.reset(msgs[i]);
            }
            System.out.println(matcher.replaceAll("哈哈:)"));
        }
    }
}
```

上面程式使用了 Matcher 類別提供的 replaceAll() 把字串中所有與正規運算式匹配的子串取代成 " 哈哈 :)"，實際上，Matcher 類別還提供了一個 replaceFirst()，該方法只取代第一個匹配的子串。運行上面程式，會看到字串中所有以「re」開頭的單詞都會被取代成「哈哈 :)」。

實際上，String 類別中也提供了 replaceAll()、replaceFirst()、split() 等方法。下面的例子程式直接使用 String 類別提供的正規運算式功能來進行取代和分割。

程式清單：codes\07\7.5\StringReg.java

```
public class StringReg
{
    public static void main(String[] args)
    {
        String[] msgs =
        {
            "Java has regular expressions in 1.4",
            "regular expressions now expressing in Java",
            "Java represses oracular expressions"
        };
        for (String msg : msgs)
        {
            System.out.println(msg.replaceFirst("re\\w*" , "哈哈:)"));
            System.out.println(Arrays.toString(msg.split(" ")));
        }
    }
}
```

上面程式只使用 String 類別的 replaceFirst() 和 split() 方法對目標字串進行了一次取代和分割。運行上面程式，會看到如圖 7.6 所示的運行效果。

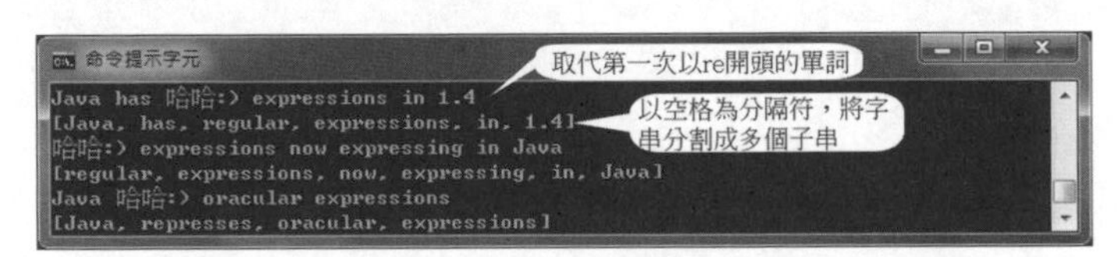

圖7.6　直接使用String類別提供的正規運算式支援

正規運算式是一個功能非常靈活的文字處理工具，增加了正規運算式支援後的 Java，可以不再使用 StringTokenizer 類別（也是一個處理字串的工具，但功能遠不如正規運算式強大）即可進行複雜的字串處理。

7.6 國際化與格式化

全球化的 Internet 需要全球化的軟體。全球化軟體，意味著同一種版本的產品能夠容易地適用於不同地區的市場，軟體的全球化意味著國際化和本地化。當一個應用程式需要在全球範圍使用時，就必須考慮在不同的地域和語言環境下的使用情況，最簡單的要求就是使用者介面上的資訊可以用本地化語言來顯示。

國際化是指應用程式運行時，可根據客戶端請求來自的國家 / 地區、語言的不同而顯示不同的介面。例如，如果請求來自於中文作業系統的客戶端，則應用程式中的各種提示資訊錯誤和幫助等都使用中文文字；如果客戶端使用英文作業系統，則應用程式能自動識別，並做出英文的回應。

引入國際化的目的是為了提供自適應、更友好的使用者介面，並不需要改變程式的邏輯功能。國際化的英文單詞是 Internationalization，因為這個單詞太長了，有時也簡稱 I18N，其中 I 是這個單詞的第一個字母，18 表示中間省略的字母個數，而 N 代表這個單詞的最後一個字母。

一個國際化支援很好的應用程式，在不同的區域使用時，會呈現出本地語言的提示。這個過程也被稱為 Localization，即本地化。類似於國際化可以稱為 I18N，本地化也可以稱為 L10N。

Java 8 國際化支援升級到了 Unicode 6.2.0 字元集，因此提供了對不同國家、不同語言的支援，它已經具有了國際化和本地化的特徵及 API，因此 Java 程式的國際化相對比較簡單。儘管 Java 開發工具為國際化和本地化的工作提供了一些基本的類別，但還是有一些對於 Java 應用程式的本地化和國際化來說較困難的工作，例如：訊息獲取，編碼轉換，顯示佈局和數字、日期、貨幣的格式等。

當然，一個優秀的全球化軟體產品，對國際化和本地化的要求遠遠不止於此，甚至還包括使用者提交資料的國際化和本地化。

7.6.1 Java國際化的思路

Java 程式的國際化思路是將程式中的標籤、提示等資訊放在資源檔中，程式需要支援哪些國家、語言環境，就對應提供相應的資源檔。資源檔是 key-value 對，每個資源檔中的 key 是不變的，但 value 則隨不同的國家、語言而改變。圖 7.7 顯示了 Java 程式國際化的思路。

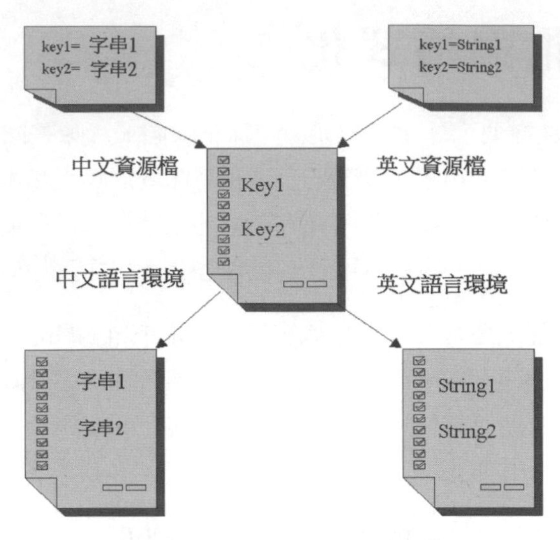

圖7.7 Java程式國際化的思路

Java 程式的國際化主要通過如下三個類別完成。

- java.util.ResourceBundle：用於載入國家、語言資源套件。
- java.util.Locale：用於封裝特定的國家/區域、語言環境。
- java.text.MessageFormat：用於格式化帶占位符的字串。

為了實作程式的國際化，必須先提供程式所需要的資源檔。資源檔的內容是很多 key-value 對，其中 key 是程式使用的部分，而 value 則是程式介面的顯示字串。

資源檔的命名可以有如下三種形式。

- baseName_language_country.properties
- baseName_language.properties
- baseName.properties

其中 baseName 是資源檔的基本名稱，使用者可隨意指定；而 language 和 country 都不可隨意變化，必須是 Java 所支援的語言和國家。

7.6.2 Java支援的國家和語言

事實上，Java 不可能支援所有的國家和語言，如果需要獲取 Java 所支援的國家和語言，則可呼叫 Locale 類別的 getAvailableLocales() 方法，該方法返回一個 Locale 陣列，該陣列裡包含了 Java 所支援的國家和語言。

下面的程式簡單地示範了如何獲取 Java 所支援的國家和語言。

程式清單：codes\07\7.6\LocaleList.java

```
public class LocaleList
{
    public static void main(String[] args)
    {
        // 返回Java所支援的全部國家和語言的陣列
        Locale[] localeList = Locale.getAvailableLocales();
        // 遍歷陣列的每個元素，依次獲取所支援的國家和語言
        for (int i = 0; i < localeList.length ; i++ )
        {
            // 輸出所支援的國家和語言
            System.out.println(localeList[i].getDisplayCountry()
                + "=" + localeList[i].getCountry()+ " "
                + localeList[i].getDisplayLanguage()
                + "=" + localeList[i].getLanguage());
        }
    }
}
```

程式的運行結果如圖 7.8 所示。

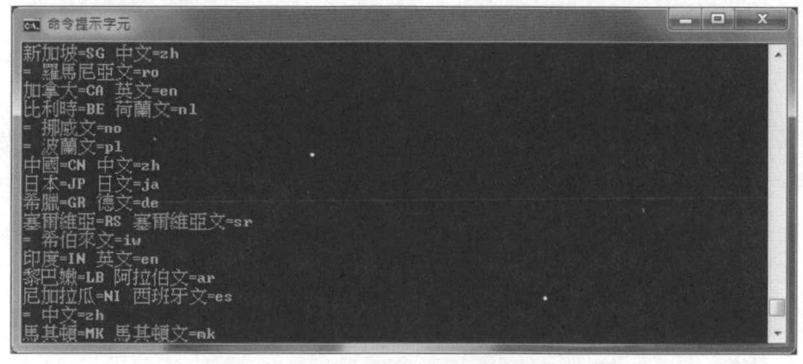

圖7.8 Java所支援的國家和語言

通過該程式就可獲得 Java 所支援的國家 / 語言環境。

提示　雖然可以通過查閱相關資料來獲取Java語言所支援的國家/語言環境，但如果這些資料不能隨手可得，則可以通過上面程式來獲得Java語言所支援的國家/語言環境。

7.6.3 完成程式國際化

對於如下最簡單的程式：

```
public class RawHello
{
    public static void main(String[] args)
    {
        System.out.println("Hello World");
    }
}
```

這個程式的執行結果也很簡單——肯定是列印出簡單的「Hello World」字串，不管在哪裡執行都不會有任何改變！為了讓該程式支援國際化，肯定不能讓程式直接輸出「Hello World」字串，這種寫法直接輸出一個字串常數，永遠不會有任何改變。為了讓程式可以輸出不同的字串，此處絕不可使用該字串常數。

為了讓上面輸出的字串常數可以改變，可以將需要輸出的各種字串（不同的國家/語言環境對應不同的字串）定義在資源套件中。

為上面程式提供如下兩個檔案。

第一個檔案：mess.properties，該檔案的內容為：

```
#資源檔的內容是key-value對
hello=你好！
```

第二個檔案：mess_en_US.properties，該檔案的內容為：

```
#資源檔的內容是key-value對
hello=Welcome You!
```

對於包含非西歐字元的資源檔，Java 提供了一個工具來處理該檔案：native2ascii，這個工具可以在 %JAVA_HOME%/bin 路徑下找到。使用該工具的語法格式如下：

```
native2ascii 來源資源檔 目的資源檔
```

在命令視窗輸入如下命令：

```
native2ascii mess.properties mess_zh_CN.properties
```

上面的命令將產生一個 mess_zh_CN.properties 檔案，該檔案才是程式需要的資源檔，該檔案看上去包含很多亂碼，其實是非西歐字元的 Unicode 編碼方式。

看到這兩份檔名的 baseName 是相同的：mess。前面已經介紹了資源檔的三種命名方式，其中 baseName 後面的國家、語言必須是 Java 所支援的國家、語言組合。將上面的 Java 程式修改成如下形式。

程式清單：codes\07\7.6\Hello.java

```
public class Hello
{
    public static void main(String[] args)
    {
        // 取得系統預設的國家/語言環境
        Locale myLocale = Locale.getDefault(Locale.Category.FORMAT);
        // 根據指定的國家/語言環境載入資源檔
        ResourceBundle bundle = ResourceBundle
            .getBundle("mess" , myLocale);
        // 列印從資源檔中取得的訊息
        System.out.println(bundle.getString("hello"));
    }
}
```

上面程式中的列印語句不再是直接列印「Hello World」字串，而是列印從資源套件中讀取的資訊。如果在中文環境下運行該程式，將列印「你好！」；如果在「控制台」中將機器的語言環境設置成美國，然後再次運行該程式，將列印「Welcome You!」字串。

從上面程式可以看出，如果希望程式完成國際化，只需要將不同的國家 / 語言（Locale）的提示資訊分別以不同的檔案存放即可。例如，簡體中文的語言資源檔就是 Xxx_zh_CN.properties 檔案，而美國英語的語言資源檔就是 Xxx_en_US.properties 檔案。

Java 程式國際化的關鍵類別是 ResourceBundle，它有一個靜態方法：getBundle(String baseName，Locale locale)，該方法將根據 Locale 載入資源檔，而 Locale 封裝了一個國家、語言，例如，簡體中文環境可以用簡體中文的 Locale 代表，美國英語環境可以用美國英語的 Locale 代表。

從上面資源檔的命名中可以看出，不同國家、語言環境的資源檔的 baseName 是相同的，即 baseName 為 mess 的資源檔有很多個，不同的國家、語言環境對應不同的資源檔。

例如，通過如下程式碼來載入資源檔。

```
// 根據指定的國家/語言環境載入資源檔
ResourceBundle bundle = ResourceBundle.getBundle("mess" , myLocale);
```

上面程式碼將會載入 baseName 為 mess 的系列資源檔之一，到底載入其中的哪個資源檔，則取決於 myLocale；對於簡體中文的 Locale，則載入 mess_zh_CN.properties 檔案。

一旦載入了該檔案後，該資源檔的內容就是多個 key-value 對，程式就根據 key 來獲取指定的資訊，例如獲取 key 為 hello 的訊息，該訊息是「你好！」——這就是 Java 程式國際化的過程。

如果對於美國英語的 Locale，則載入 mess_en_US.properties 檔案，該檔案中 key 為 hello 的訊息是「Welcome You!」。

Java 程式國際化的關鍵類別是 ResourceBundle 和 Locale，ResourceBundle 根據不同的 Locale 載入語言資源檔，再根據指定的 key 取得已載入語言資源檔中的字串。

7.6.4 使用MessageFormat處理包含占位符的字串

上面程式中輸出的訊息是一個簡單訊息，如果需要輸出的訊息中必須包含動態的內容，例如，這些內容必須是從程式中取得的。比如如下字串：

```
你好，yeeku！今天是2014-5-30 下午11:55。
```

在上面的輸出字串中，yeeku 是瀏覽者的名字，必須動態改變，後面的時間也必須動態改變。在這種情況下，可以使用帶占位符的訊息。例如，提供一個 myMess_en_US.properties 檔，該檔案的內容如下：

```
msg=Hello,{0}!Today is {1}.
```

提供一個 myMess.properties 檔，該檔案的內容如下：

```
msg=你好，{0}！今天是{1}。
```

上面的資源檔必須使用native2ascii命令來處理，將處理後的檔案存放為myMess_zh_CN.properties。

當程式直接使用 ResourceBundle 的 getString() 方法來取出 msg 對應的字串時，在簡體中文環境下得到「你好，{0} ！今天是 {1}。」字串，這顯然不是需要的結果，程式還需要為 {0} 和 {1} 兩個占位符賦值。此時需要使用 MessageFormat 類別，該類別包含一個有用的靜態方法。

format(String pattern , Object... values)：返回後面的多個參數值填充前面的 pattern 字串，其中 pattern 字串不是正規運算式，而是一個帶占位符的字串。

借助於上面的 MessageFormat 類別的幫助，將國際化程式修改成如下形式。

程式清單：codes\07\7.6\HelloArg.java

```
public class HelloArg
{
    public static void main(String[] args)
    {
        // 定義一個Locale變數
        Locale currentLocale = null;
        // 如果運行程式指定了兩個參數
        if (args.length == 2)
        {
            // 使用運行程式的兩個參數構造Locale實例
            currentLocale = new Locale(args[0] , args[1]);
        }
        else
        {
            // 否則直接使用系統預設的Locale
            currentLocale = Locale.getDefault(Locale.Category.FORMAT);
        }
        // 根據Locale載入語言資源
        ResourceBundle bundle = ResourceBundle
            .getBundle("myMess" , currentLocale);
```

```
        // 取得已載入的語言資源檔中msg對應訊息
        String msg = bundle.getString("msg");
        // 使用MessageFormat為帶占位符的字串傳入參數
        System.out.println(MessageFormat.format(msg
            , "yeeku" , new Date()));
    }
}
```

從上面的程式中可以看出，對於帶占位符的訊息字串，只需要使用 MessageFormat 類別的 format() 方法為訊息中的占位符指定參數即可。

7.6.5 使用類別檔代替資源檔

除了使用屬性檔案作為資源檔外，Java 也允許使用類別檔代替資源檔，即將所有的 key-value 對存入 class 檔案，而不是屬性檔案。

使用類別檔來代替資源檔必須滿足如下條件。

- 該類別的類別名稱必須是baseName_language_country，這與屬性檔案的命名相似。
- 該類別必須繼承ListResourceBundle，並覆寫getContents()方法，該方法返回Object陣列，該陣列的每一項都是key-value 對。

下面的類別檔可以代替上面的屬性檔案。

程式清單：codes\07\7.6\myMess_zh_CN.java

```
public class myMess_zh_CN extends ListResourceBundle
{
    // 定義資源
    private final Object myData[][]=
    {
        {"msg","{0}，你好！今天的日期是{1}"}
    };
    // 覆寫getContents()方法
    public Object[][] getContents()
    {
        // 該方法返回資源的key-value對
        return myData;
    }
}
```

上面檔案是一個簡體中文語言環境的資源檔，該檔案可以代替 myMess_zh_CN.properties 檔案；如果需要代替美國英語語言環境的資源檔，則還應該提供一個 myMess_en_US 類別。

如果系統同時存在資源檔、類別檔，系統將以類別檔為主，而不會呼叫資源檔。對於簡體中文的 Locale，ResourceBundle 搜尋資源檔的順序是：

（1）baseName_zh_CN.class

（2）baseName_zh_CN.properties

（3）baseName_zh.class

（4）baseName_zh.properties

（5）baseName.class

（6）baseName.properties

系統按上面的順序搜尋資源檔，如果前面的檔案不存在，才會使用下一個檔案。如果一直找不到對應的檔案，系統將拋出異常。

7.6.6 使用NumberFormat格式化數字

MessageFormat 是抽象類別 Format 的子類別，Format 抽象類別還有兩個子類別：NumberFormat 和 DateFormat，它們分別用以實作數值、日期的格式化。NumberFormat、DateFormat 可以將數值、日期轉換成字串，也可以將字串轉換成數值、日期。圖 7.9 顯示了 NumberFormat 和 DateFormat 的主要功能。

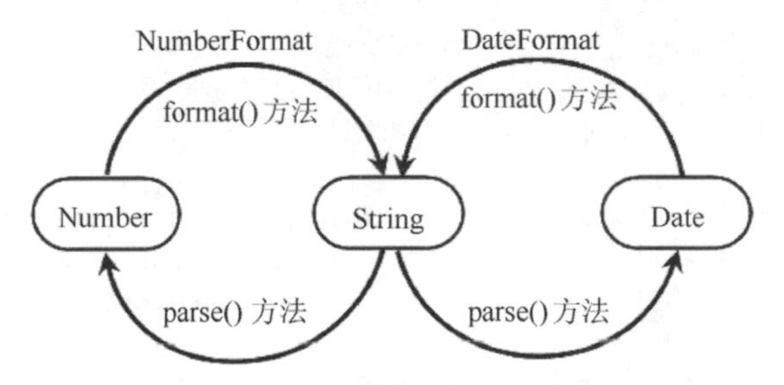

圖7.9　NumberFormat和DateFormat的主要功能

NumberFormat 和 DateFormat 都包含了 format() 和 parse() 方法，其中 format() 用於將數值、日期格式化成字串，parse() 用於將字串解析成數值、日期。

NumberFormat 也是一個抽象基底類別，所以無法通過它的建構子來建立 NumberFormat 物件，它提供了如下幾個類別方法來得到 NumberFormat 物件。

- getCurrencyInstance()：返回預設Locale的貨幣格式器。也可以在呼叫該方法時傳入指定的Locale，則獲取指定Locale的貨幣格式器。
- getIntegerInstance()：返回預設Locale的整數格式器。也可以在呼叫該方法時傳入指定的Locale，則獲取指定Locale的整數格式器。
- getNumberInstance()：返回預設Locale的通用數值格式器。也可以在呼叫該方法時傳入指定的Locale，則獲取指定Locale的通用數值格式器。
- getPercentInstance()：返回預設Locale的百分數格式器。也可以在呼叫該方法時傳入指定的Locale，則獲取指定Locale的百分數格式器。

一旦取得了 NumberFormat 物件後，就可以呼叫它的 format() 方法來格式化數值，包括整數和浮點數。如下例子程式示範了 NumberFormat 的三種數字格式化器的用法。

程式清單：codes\07\7.6\NumberFormatTest.java

```
public class NumberFormatTest
{
    public static void main(String[] args)
    {
        // 需要被格式化的數字
        double db = 1234000.567;
        // 建立四個Locale，分別代表中國、日本、德國、美國
        Locale[] locales = {Locale.CHINA, Locale.JAPAN
            , Locale.GERMAN,  Locale.US};
        NumberFormat[] nf = new NumberFormat[12];
        // 為上面四個Locale建立12個NumberFormat物件
        // 每個Locale分別有通用數值格式器、百分數格式器、貨幣格式器
        for (int i = 0 ; i < locales.length ; i++)
        {
            nf[i * 3] = NumberFormat.getNumberInstance(locales[i]);
            nf[i * 3 + 1] = NumberFormat.getPercentInstance(locales[i]);
            nf[i * 3 + 2] = NumberFormat.getCurrencyInstance(locales[i]);
        }
        for (int i = 0 ; i < locales.length ; i++)
        {
            String tip = i == 0 ? "----中國的格式----" :
                i == 1 ? "----日本的格式----" :
                i == 2 ? "----德國的格式----" :"----美國的格式----";
            System.out.println(tip);
```

```
            System.out.println("通用數值格式："
                + nf[i * 3].format(db));
            System.out.println("百分比數值格式："
                + nf[i * 3 + 1].format(db));
            System.out.println("貨幣數值格式："
                + nf[i * 3 + 2].format(db));
        }
    }
}
```

運行上面程式，將看到如圖 7.10 所示的結果。

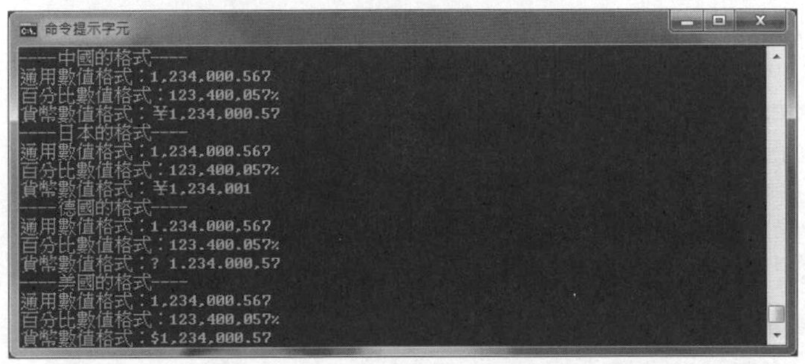

圖7.10　不同Locale、不同類型的NumberFormat

從圖 7.10 中可以看出，德國的小數點比較特殊，它們採用逗號（，）作為小數點；中國、日本使用￥作為貨幣符號，而美國則採用 $ 作為貨幣符號。細心的讀者可能會發現，NumberFormat 其實也有國際化的作用！沒錯，同樣的數值在不同國家的寫法是不同的，而 NumberFormat 的作用就是把數值轉換成不同國家的本地寫法。

至於使用 NumberFormat 類別將字串解析成數值的意義不大（因為可以使用 Integer、Double 等包裝類別完成這種解析），故此處不再贅述。

7.6.7　使用DateFormat格式化日期、時間

與 NumberFormat 相似的是，DateFormat 也是一個抽象類別，它也提供了如下幾個類別方法用於獲取 DateFormat 物件。

- getDateInstance()：返回一個日期格式器，它格式化後的字串只有日期，沒有時間。該方法可以傳入多個參數，用於指定日期樣式和Locale等參數；如果不指定這些參數，則使用預設參數。

◆ getTimeInstance()：返回一個時間格式器，它格式化後的字串只有時間，沒有日期。該方法可以傳入多個參數，用於指定時間樣式和Locale等參數；如果不指定這些參數，則使用預設參數。

◆ getDateTimeInstance()：返回一個日期、時間格式器，它格式化後的字串既有日期，也有時間。該方法可以傳入多個參數，用於指定日期樣式、時間樣式和Locale等參數；如果不指定這些參數，則使用預設參數。

上面三個方法可以指定日期樣式、時間樣式參數，它們是 DateFormat 的 4 個靜態常數：FULL、LONG、MEDIUM 和 SHORT，通過這 4 個樣式參數可以控制產生的格式化字串。看如下例子程式。

程式清單：codes\07\7.6\DateFormatTest.java

```
public class DateFormatTest
{
    public static void main(String[] args)
        throws ParseException
    {
        // 需要被格式化的時間
        Date dt = new Date();
        // 建立兩個Locale，分別代表中國、美國
        Locale[] locales = {Locale.CHINA, Locale.US};
        DateFormat[] df = new DateFormat[16];
        // 為上面兩個Locale建立16個DateFormat物件
        for (int i = 0 ; i < locales.length ; i++)
        {
            df[i * 8] = DateFormat.getDateInstance(SHORT, locales[i]);
            df[i * 8 + 1] = DateFormat.getDateInstance(MEDIUM, locales[i]);
            df[i * 8 + 2] = DateFormat.getDateInstance(LONG, locales[i]);
            df[i * 8 + 3] = DateFormat.getDateInstance(FULL, locales[i]);
            df[i * 8 + 4] = DateFormat.getTimeInstance(SHORT, locales[i]);
            df[i * 8 + 5] = DateFormat.getTimeInstance(MEDIUM , locales[i]);
            df[i * 8 + 6] = DateFormat.getTimeInstance(LONG , locales[i]);
            df[i * 8 + 7] = DateFormat.getTimeInstance(FULL , locales[i]);
        }
        for (int i = 0 ; i < locales.length ; i++)
        {
            String tip = i == 0 ? "----中國日期格式----":"----美國日期格式----";
            System.out.println(tip);
            System.out.println("SHORT格式的日期格式："
                + df[i * 8].format(dt));
            System.out.println("MEDIUM格式的日期格式："
                + df[i * 8 + 1].format(dt));
            System.out.println("LONG格式的日期格式："
```

```
                + df[i * 8 + 2].format(dt));
            System.out.println("FULL格式的日期格式："
                + df[i * 8 + 3].format(dt));
            System.out.println("SHORT格式的時間格式："
                + df[i * 8 + 4].format(dt));
            System.out.println("MEDIUM格式的時間格式："
                + df[i * 8 + 5].format(dt));
            System.out.println("LONG格式的時間格式："
                + df[i * 8 + 6].format(dt));
            System.out.println("FULL格式的時間格式："
                + df[i * 8 + 7].format(dt));
        }
    }
}
```

上面程式共建立了 16 個 DateFormat 物件，分別為中國、美國兩個 Locale 各建立 8 個 DateFormat 物件，分別是 SHORT、MEDIUM、LONG、FULL 四種樣式的日期格式器、時間格式器。運行上面程式，會看到如圖 7.11 所示的效果。

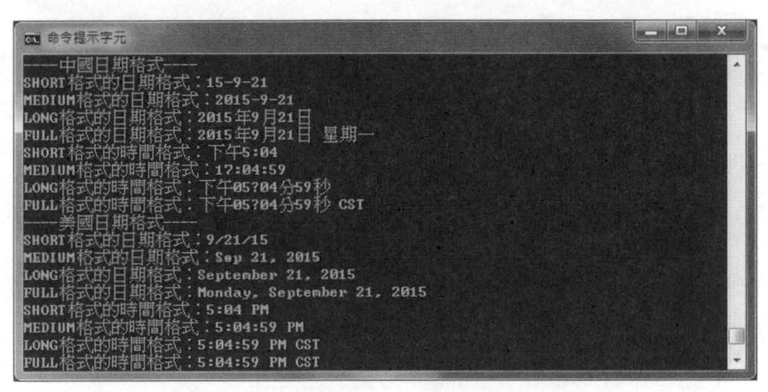

圖7.11　16種DateFormat格式化的效果

從圖 7.11 中可以看出，正如 NumberFormat 提供了國際化的能力一樣，DateFormat 也具有國際化的能力，同一個日期使用不同的 Locale 格式器格式化的效果完全不同，格式化後的字串正好符合 Locale 對應的本地習慣。

獲得了 DateFormat 之後，還可以呼叫它的 setLenient(boolean lenient) 方法來設置該格式器是否採用嚴格語法。舉例來說，如果採用不嚴格的日期語法（該方法的參數為 true），對於字串 "2004-2-31" 將會轉換成 2004 年 3 月 2 日；如果採用嚴格的日期語法，解析該字串時將拋出異常。

DateFormat 的 parse() 方法可以把一個字串解析成 Date 物件，但它要求被解析的字串必須符合日期字串的要求，否則可能拋出 ParseException 異常。例如，如下程式碼片段：

```
String str1 = "2014-12-12";
String str2 = "2014年12月10日";
// 下面輸出 Fri Dec 12 00:00:00 CST 2014
System.out.println(DateFormat.getDateInstance().parse(str1));
// 下面輸出 Wed Dec 10 00:00:00 CST 2014
System.out.println(DateFormat.getDateInstance(LONG).parse(str2));
// 下面拋出 ParseException異常
System.out.println(DateFormat.getDateInstance().parse(str2));
```

上面程式碼中最後一行程式碼解析日期字串時引發 ParseException 異常，因為 "2014 年 12 月 10 日 " 是一個 LONG 樣式的日期字串，必須用 LONG 樣式的 DateFormat 實例解析，否則將拋出異常。

7.6.8 使用SimpleDateFormat格式化日期

前面介紹的 DateFormat 的 parse() 方法可以把字串解析成 Date 物件，但實際上 DateFormat 的 parse() 方法不夠靈活——它要求被解析的字串必須滿足特定的格式！為了更好地格式化日期、解析日期字串，Java 提供了 SimpleDateFormat 類別。

SimpleDateFormat 是 DateFormat 的子類別，正如它的名字所暗示的，它是「簡單」的日期格式器。很多讀者對「簡單」的日期格式器不屑一顧，實際上 SimpleDateFormat 比 DateFormat 更簡單，功能更強大。

提示 有一封讀者來信讓筆者記憶很深刻，他說：「相對於有些人喜歡深奧的圖書，他更喜歡「簡單」的IT圖書，「簡單」的東西很清晰、明確，下一步該怎麼做，為什麼這樣做，一切都清清楚楚，無須任何猜測、想像一正好符合電腦哲學一0就是0，1就是1，中間沒有任何回旋的餘地。如果喜歡深奧的書籍，那就看《老子》吧！夠深奧，幾乎可以包羅萬象，但有人是通過《老子》開始學習程式設計的嗎……」

SimpleDateFormat 可以非常靈活地格式化 Date，也可以用於解析各種格式的日期字串。建立 SimpleDateFormat 物件時需要傳入一個 pattern 字串，這個 pattern 不是正規運算式，而是一個日期範本字串。

程式清單：codes\07\7.6\SimpleDateFormatTest.java

```
public class SimpleDateFormatTest
{
    public static void main(String[] args)
        throws ParseException
    {
        Date d = new Date();
        // 建立一個SimpleDateFormat物件
        SimpleDateFormat sdf1 = new SimpleDateFormat("Gyyyy年中第D天");
        // 將d格式化成日期，輸出：西元2014年中第101天
        String dateStr = sdf1.format(d);
        System.out.println(dateStr);
        // 一個非常特殊的日期字串
        String str = "14###三月##21";
        SimpleDateFormat sdf2 = new SimpleDateFormat("y###MMM##d");
        // 將日期字串解析成日期，輸出：Fri Mar 21 00:00:00 CST 2014
        System.out.println(sdf2.parse(str));
    }
}
```

從上面程式中可以看出，使用 SimpleDateFormat 可以將日期格式化成形如「西元 2014 年中第 101 天」這樣的字串，也可以把形如「14### 三月 ##21」這樣的字串解析成日期，功能非常強大。SimpleDateFormat 把日期格式化成怎樣的字串，以及能把怎樣的字串解析成 Date，完全取決於建立該物件時指定的 pattern 參數，pattern 是一個使用日期欄位占位符的日期範本。

如果讀者想知道 SimpleDateFormat 支援哪些日期、時間占位符，可以查閱 API 文件中 SimpleDateFormat 類別的說明，此處不再贅述。

7.7 Java 8新增的日期、時間格式器

Java 8 新增的日期、時間 API 裡不僅包括了 Instant、LocalDate、LocalDateTime、LocalTime 等代表日期、時間的類別，而且在 java.time.format 套件下提供了一個 DateTimeFormatter 格式器類別，該類別相當於前面介紹的 DateFormat 和 SimpleDateFormat 的合體，功能非常強大。

與 DateFormat、SimpleDateFormat 類似，DateTimeFormatter 不僅可以將日期、時間物件格式化成字串，也可以將特定格式的字串解析成日期、時間物件。

為了使用 DateTimeFormatter 進行格式化或解析，必須先獲取 DateTimeFormatter 物件，獲取 DateTimeFormatter 物件有如下三種常見的方式。

◆ 直接使用靜態常數建立DateTimeFormatter格式器。DateTimeFormatter類別中包含了大量形如ISO_LOCAL_DATE、ISO_LOCAL_TIME、ISO_LOCAL_DATE_TIME等靜態常數，這些靜態常數本身就是DateTimeFormatter實例。

◆ 使用代表不同風格的列舉值來建立DateTimeFormatter格式器。在FormatStyle列舉類別中定義了FULL、LONG、MEDIUM、SHORT四個列舉值，它們代表日期、時間的不同風格。

◆ 根據模式字串來建立DateTimeFormatter格式器。類似於SimpleDateFormat，可以採用模式字串來建立DateTimeFormatter，如果需要瞭解DateTimeFormatter支援哪些模式字串，則需要參考該類別的API文件。

注意

在DateTimeFormatter的官方API文件中，會看到如下兩行範例程式碼：

```
String text = date.toString(formatter);
LocalDate date = LocalDate.parse(text, formatter);
```

上面第一行程式碼使用了一個date物件，但該date物件到底是哪個類別的實例？該文件語焉不詳，而java.util.Date、LocalDate、LocalTime、LocalDateTime等類別似乎都沒有帶參數的toString()方法，官方文件似乎有錯誤，讀者請小心。

7.7.1 使用DateTimeFormatter完成格式化

使用 DateTimeFormatter 將日期、時間（LocalDate、LocalDateTime、LocalTime 等實例）格式化為字串，可通過如下兩種方式。

◆ 呼叫DateTimeFormatter的format(TemporalAccessor temporal)方法執行格式化，其中LocalDate、LocalDateTime、LocalTime等類別都是TemporalAccessor介面的實作類別。

◆ 呼叫LocalDate、LocalDateTime、LocalTime等日期、時間物件的format(DateTimeFormatter formatter)方法執行格式化。

上面兩種方式功能相同，用法也基本相似，如下程式示範了使用 DateTimeFormatter 來格式化日期、時間。

程式清單：codes\07\7.7\NewFormatterTest.java

```
public class NewFormatterTest
{
    public static void main(String[] args)
    {
        DateTimeFormatter[] formatters = new DateTimeFormatter[]{
            // 直接使用常數建立DateTimeFormatter格式器
            DateTimeFormatter.ISO_LOCAL_DATE,
            DateTimeFormatter.ISO_LOCAL_TIME,
            DateTimeFormatter.ISO_LOCAL_DATE_TIME,
            // 使用本地化的不同風格來建立DateTimeFormatter格式器
            DateTimeFormatter.ofLocalizedDateTime(FormatStyle.FULL, FormatStyle.MEDIUM),
            DateTimeFormatter.ofLocalizedTime(FormatStyle.LONG),
            // 根據模式字串來建立DateTimeFormatter格式器
            DateTimeFormatter.ofPattern("Gyyyy%%MMM%%dd HH:mm:ss")
        };
        LocalDateTime date = LocalDateTime.now();
        // 依次使用不同的格式器對LocalDateTime進行格式化
        for(int i = 0 ; i < formatters.length ; i++)
        {
            // 下面兩行程式碼的作用相同
            System.out.println(date.format(formatters[i]));
            System.out.println(formatters[i].format(date));
        }
    }
}
```

上面程式使用三種方式建立了 6 個 DateTimeFormatter 物件，然後程式中兩行粗體字程式碼分別使用不同方式來格式化日期。運行上面程式，會看到如圖 7.12 所示的效果。

圖7.12　DateTimeFormatter格式化的效果

從圖 7.12 可以看出，使用 DateTimeFormatter 進行格式化時不僅可按系統預置的格式對日期、時間進行格式化，也可使用模式字串對日期、時間進行自訂格式化，由此可見，DateTimeFormatter 的功能完全覆蓋了傳統的 DateFormat、SimpleDateFormate 的功能。

提示 有些時候，讀者可能還需要使用傳統的DateFormat執行格式化，DateTimeFormatter則提供了一個toFormat()方法，該方法可以獲取DateTimeFormatter對應的Format物件。

7.7.2 使用DateTimeFormatter解析字串

為了使用 DateTimeFormatter 將指定格式的字串解析成日期、時間物件（LocalDate、LocalDateTime、LocalTime 等實例），可通過日期、時間物件提供的 parse(CharSequence text, DateTimeFormatter formatter) 方法進行解析。

如下程式示範了使用 DateTimeFormatter 解析日期、時間字串。

程式清單：codes\07\7.7\NewFormatterParse.java

```
public class NewFormatterParse
{
    public static void main(String[] args)
    {
        // 定義一個任意格式的日期、時間字串
        String str1 = "2014==04==12 01時06分09秒";
        // 根據需要解析的日期、時間字串定義解析所用的格式器
        DateTimeFormatter fomatter1 = DateTimeFormatter
            .ofPattern("yyyy==MM==dd HH時mm分ss秒");
        // 執行解析
        LocalDateTime dt1 = LocalDateTime.parse(str1, fomatter1);
        System.out.println(dt1); // 輸出 2014-04-12T01:06:09
        // ---下面程式碼再次解析另一個字串---
        String str2 = "2014$$$四月$$$13 20小時";
        DateTimeFormatter fomatter2 = DateTimeFormatter
            .ofPattern("yyy$$$MMM$$$dd HH小時");
        LocalDateTime dt2 = LocalDateTime.parse(str2, fomatter2);
        System.out.println(dt2); // 輸出 2014-04-13T20:00
    }
}
```

上面程式中定義了兩個不同格式的日期、時間字串，為了解析它們，程式分別使用對應的格式字串建立了 DateTimeFormatter 物件，這樣 DateTimeFormatter 即可按該格式字串將日期、時間字串解析成 LocalDateTime 物件。編譯、運行該程式，即可看到兩個日期、時間字串都被成功地解析成 LocalDateTime。

7.8 本章小結

本章介紹了運行 Java 程式時的參數，並詳細解釋了 main 方法簽名的含義。為了實作字元介面程式與使用者交互功能，本章介紹了兩種讀取鍵盤輸入的方法。本章還介紹了 System、Runtime、String、StringBuffer、StringBuilder、Math、BigDecimal、Random、Date、Calendar 和 TimeZone 等常用類別的用法。本章重點介紹了 JDK 1.4 所新增的正規運算式支援，包括如何建立正規運算式，以及使用 Pattern、Matcher、String 等類別來使用正規運算式。本章還詳細介紹了程式國際化的相關知識，包括訊息、日期、時間國際化以及格式化等內容。除此之外，本章詳細介紹了 Java 8 新增的日期、時間套件，以及 Java 8 新增的日期、時間格式器。

本章練習

1. 定義一個長度為10的整數陣列，可用於存放使用者通過主控台輸入的10個整數。並運算它們的平均值、最大值、最小值。
2. 將字串"ABCDEFG"中的"CD"截取出來；再將"B"、"F"截取出來。
3. 將A1B2C3D4E5F6G7H8拆分開來，並分別存入int[]和String[]陣列。得到的結果為[1,2,3,4,5,6,7,8]和[A,B,C,D,E,F,G,H]。
4. 改寫第4章練習中的五子棋遊戲，通過正規運算式保證使用者輸入必須合法。
5. 改寫第4章練習中的五子棋遊戲，為該程式增加國際化功能。

MEMO

CHAPTER

8

Java集合

- 集合的概念和作用
- 使用Lambda運算式遍歷集合
- Collection集合的常規用法
- 使用Predicate操作集合
- 使用Iterator和foreach迴圈遍歷Collection集合
- HashSet、LinkedHashSet的用法
- 對集合使用Stream進行串流式程式設計
- EnumSet的用法
- TreeSet的用法
- ArrayList和Vector
- List集合的常規用法
- Queue介面與Deque介面
- 固定長度的List集合
- ArrayDeque的用法
- PriorityQueue的用法
- Map的概念和常規用法
- LinkedList集合的用法
- TreeMap的用法
- HashMap和Hashtable
- 幾種特殊的Map實作類別
- Hash演算法對HashSet、HashMap效能的影響
- Collections工具類別的用法
- Enumeration迭代器的用法
- Java的集合體系

Java 集合類別是一種特別有用的工具類別，可用於儲存數量不等的物件，並可以實作常用的資料結構，如堆疊、佇列等。除此之外，Java 集合還可用於存放具有對應關係的關聯陣列。Java 集合大致可分為 Set、List、Queue 和 Map 四種體系，其中 Set 代表無序、不可重複的集合；List 代表有序、重複的集合；而 Map 則代表具有對應關係的集合，Java 5 又增加了 Queue 體系集合，代表一種佇列集合實作。

Java 集合就像一種容器，可以把多個物件（實際上是物件的參照，但習慣上都稱物件）「丟進」該容器中。在 Java 5 之前，Java 集合會遺失容器中所有物件的資料類型，把所有物件都當成 Object 類型處理；從 Java 5 增加了泛型以後，Java 集合可以記住容器中物件的資料類型，從而可以編寫出更簡潔、健壯的程式碼。本章不會介紹泛型的知識，本章重點介紹 Java 的 4 種集合體系的功能和用法。本章將詳細介紹 Java 的 4 種集合體系的常規功能，深入介紹各集合實作類別所提供的獨特功能，深入分析各實作類別的實作機制，以及用法上的細微差別，並給出不同應用場景選擇哪種集合實作類別的建議。

8.1 Java集合概述

在程式設計時，常常需要集中存放多個資料，例如第 6 章練習題中梭哈遊戲裡剩下的牌。可以使用陣列來存放多個物件，但陣列長度不可變化，一旦在初始化陣列時指定了陣列長度，這個陣列長度就是不可變的，如果需要存放數量變化的資料，陣列就有點無能為力了；而且陣列無法存放具有對應關係的資料，如成績表：語文—79，數學—80，這種資料看上去像兩個陣列，但這兩個陣列的元素之間有一定的關聯關係。

為了存放數量不確定的資料，以及存放具有對應關係的資料（也被稱為關聯陣列），Java 提供了集合類別。集合類別主要負責存放、盛裝其他資料，因此集合類別也被稱為容器類別。所有的集合類別都位於 java.util 套件下，後來為了處理多執行緒環境下的並行安全問題，Java 5 還在 java.util.concurrent 套件下提供了一些多執行緒支援的集合類別。

集合類別和陣列不一樣，陣列元素既可以是基本類型的值，也可以是物件（實際上存放的是物件的參照變數）；而集合裡只能存放物件（實際上只是存放物件的參照變數，但通常習慣上認為集合裡存放的是物件）。

Java 的集合類別主要由兩個介面衍生而出：Collection 和 Map，Collection 和 Map 是 Java 集合框架的根介面，這兩個介面又包含了一些子介面或實作類別。如圖 8.1 所示是 Collection 介面、子介面及其實作類別的繼承樹。

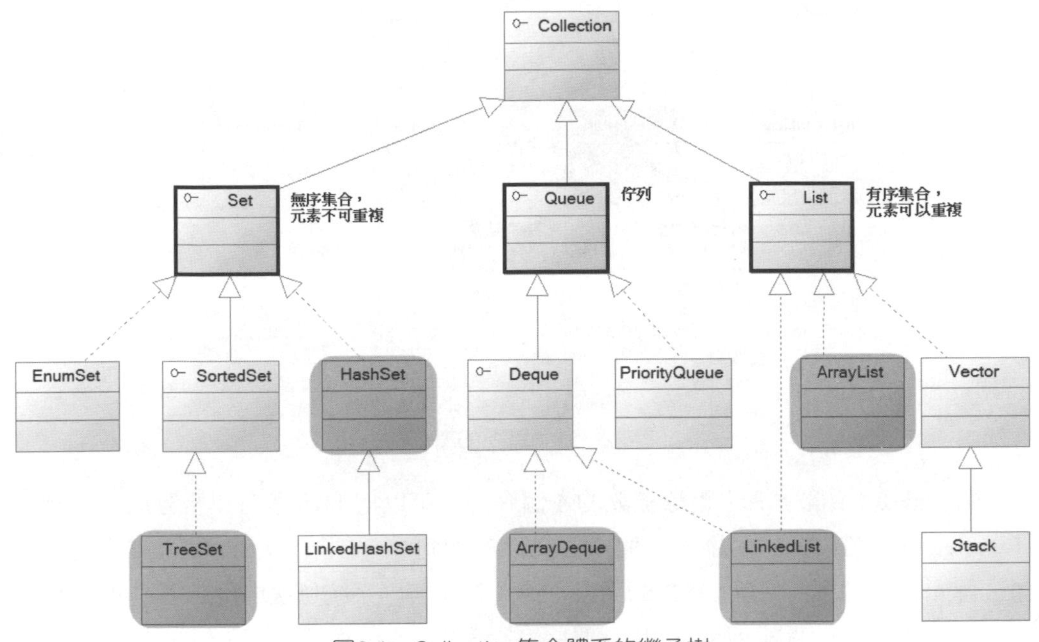

圖8.1　Collection集合體系的繼承樹

圖 8.1 顯示了 Collection 體系裡的集合，其中粗線圈出的 Set 和 List 介面是 Collection 介面衍生的兩個子介面，它們分別代表了無序集合和有序集合；Queue 是 Java 提供的佇列實作，有點類似於 List，後面章節還會有更詳細的介紹，此處不再贅述。

如圖 8.2 所示是 Map 體系的繼承樹，所有的 Map 實作類別用於存放具有對應關係的資料（也就是前面介紹的關聯陣列）。

圖 8.2 顯示了 Map 介面的眾多實作類別，這些實作類別在功能、用法上存在一定的差異，但它們都有一個功能特徵：Map 存放的每項資料都是 key-value 對，也就是由 key 和 value 兩個值組成。就像前面介紹的成績單：語文—79，數學—80，每項成績都由兩個值組成，即科目名和成績。對於一張成績表而言，科目通常不會重複，而成績是可重複的，通常習慣根據科目來查閱成績，而不會根據成績來查閱科目。Map 與此類似，Map 裡的 key 是不可重複的，key 用於標識集合裡的每項資料，如果需要查閱 Map 中的資料時，總是根據 Map 的 key 來獲取。

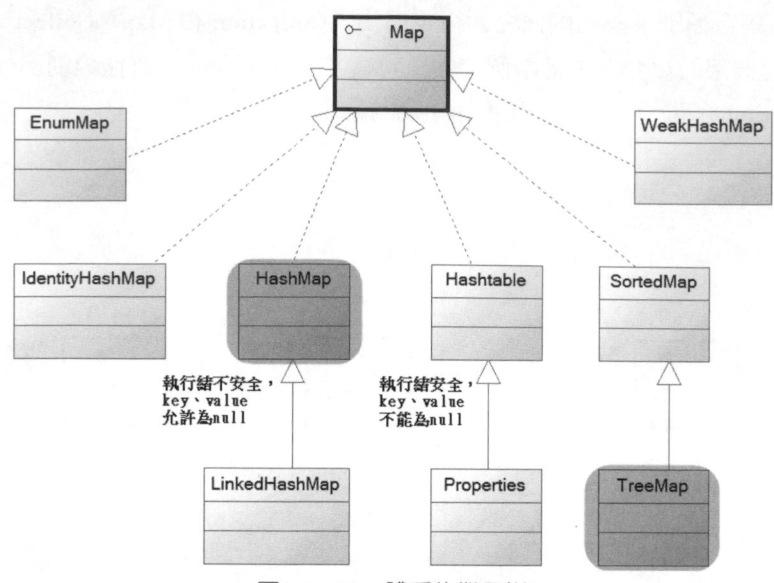

圖8.2　Map體系的繼承樹

對於圖 8.1 和圖 8.2 中粗線標識的 4 個介面，可以把 Java 所有集合分成三大類，其中 Set 集合類似於一個罐子，把一個物件添加到 Set 集合時，Set 集合無法記住添加這個元素的順序，所以 Set 裡的元素不能重複（否則系統無法準確識別這個元素）；List 集合非常像一個陣列，它可以記住每次添加元素的順序、且 List 的長度可變。Map 集合也像一個罐子，只是它裡面的每項資料都由兩個值組成。圖 8.3 顯示了這三種集合的示意圖。

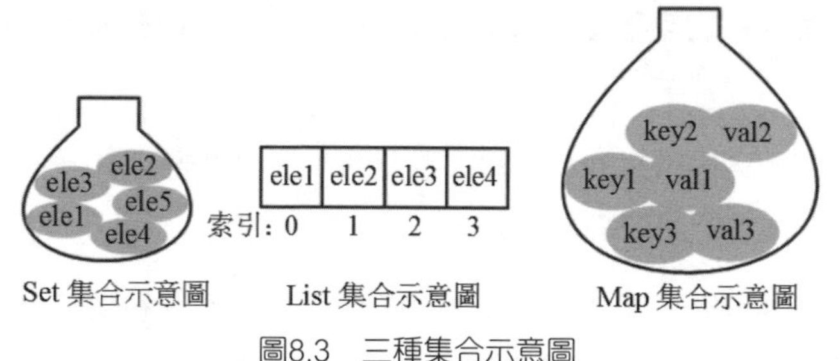

圖8.3　三種集合示意圖

從圖 8.3 中可以看出，如果存取 List 集合中的元素，可以直接根據元素的索引來存取；如果存取 Map 集合中的元素，可以根據每項元素的 key 來存取其 value；如果存取 Set 集合中的元素，則只能根據元素本身來存取（這也是 Set 集合裡元素不允許重複的原因）。

對於 Set、List、Queue 和 Map 四種集合，最常用的實作類別在圖 8.1、圖 8.2 中以灰色背景色覆蓋，分別是 HashSet、TreeSet、ArrayList、ArrayDeque、LinkedList 和 HashMap、TreeMap 等實作類別。

本章主要講解沒有涉及並行控制的集合類別，對於Java 5新增的具有並行控制的集合類別，以及Java 7新增的TransferQueue及其實作類別LinkedTransferQueue，將在第16章與多執行緒一起介紹。

8.2 Collection和Iterator介面

Collection 介面是 List、Set 和 Queue 介面的父介面，該介面裡定義的方法既可用於操作 Set 集合，也可用於操作 List 和 Queue 集合。Collection 介面裡定義了如下操作集合元素的方法。

- boolean add(Object o)：該方法用於向集合裡添加一個元素。如果集合物件被添加操作改變了，則返回true。
- boolean addAll(Collection c)：該方法把集合c裡的所有元素添加到指定集合裡。如果集合物件被添加操作改變了，則返回true。
- void clear()：清除集合裡的所有元素，將集合長度變為0。
- boolean contains(Object o)：返回集合裡是否包含指定元素。
- boolean containsAll(Collection c)：返回集合裡是否包含集合c裡的所有元素。
- boolean isEmpty()：返回集合是否為空。當集合長度為0時返回true，否則返回false。
- Iterator iterator()：返回一個Iterator物件，用於遍歷集合裡的元素。
- boolean remove(Object o)：刪除集合中的指定元素o，當集合中包含了一個或多個元素o時，該方法只刪除第一個符合條件的元素，該方法將返回true。
- boolean removeAll(Collection c)：從集合中刪除集合c裡包含的所有元素（相當於用呼叫該方法的集合減集合c），如果刪除了一個或一個以上的元素，則該方法返回true。

- boolean retainAll(Collection c)：從集合中刪除集合c裡不包含的元素（相當於把呼叫該方法的集合變成該集合和集合c的交集），如果該操作改變了呼叫該方法的集合，則該方法返回true。
- int size()：該方法返回集合裡元素的個數。
- Object[] toArray()：該方法把集合轉換成一個陣列，所有的集合元素變成對應的陣列元素。

這些方法完全來自於 Java API 文件，讀者可自行參考 API 文件來查閱這些方法的詳細資訊。實際上，讀者無須硬性記憶這些方法，只要牢記一點：集合類別就像容器，現實生活中容器的功能，無非就是添加物件、刪除物件、清空容器、判斷容器是否為空等，集合類別就為這些功能提供了對應的方法。

下面程式示範了如何通過上面方法來操作 Collection 集合裡的元素。

程式清單：codes\08\8.2\CollectionTest.java

```
public class CollectionTest
{
    public static void main(String[] args)
    {
        Collection c = new ArrayList();
        // 添加元素
        c.add("孫悟空");
        // 雖然集合裡不能放基本類型的值，但Java支援自動裝箱
        c.add(6);
        System.out.println("c集合的元素個數為:" + c.size()); // 輸出2
        // 刪除指定元素
        c.remove(6);
        System.out.println("c集合的元素個數為:" + c.size()); // 輸出1
        // 判斷是否包含指定字串
        System.out.println("c集合是否包含\"孫悟空\"字串:"
            + c.contains("孫悟空")); // 輸出true
        c.add("輕量級Java EE企業應用實戰");
        System.out.println("c集合的元素：" + c);
        Collection books = new HashSet();
        books.add("輕量級Java EE企業應用實戰");
        books.add("瘋狂Java講義");
        System.out.println("c集合是否完全包含books集合？"
            + c.containsAll(books)); // 輸出false
        // 用c集合減去books集合裡的元素
        c.removeAll(books);
        System.out.println("c集合的元素：" + c);
        // 刪除c集合裡的所有元素
```

```
        c.clear();
        System.out.println("c集合的元素：" + c);
        // 控制books集合裡只剩下c集合裡也包含的元素
        books.retainAll(c);
        System.out.println("books集合的元素:" + books);
    }
}
```

上面程式中建立了兩個 Collection 物件，一個是 c 集合，一個是 books 集合，其中 c 集合是 ArrayList，而 books 集合是 HashSet。雖然它們使用的實作類別不同，但當把它們當成 Collection 來使用時，使用 add、remove、clear 等方法來操作集合元素時沒有任何區別。

編譯和運行上面程式，看到如下運行結果：

```
c集合的元素個數為:2
c集合的元素個數為:1
c集合是否包含"孫悟空"字串:true
c集合的元素：[孫悟空, 輕量級Java EE企業應用實戰]
c集合是否完全包含books集合？false
c集合的元素：[孫悟空]
c集合的元素：[]
books集合的元素:[]
```

把運行結果和粗體字標識的程式碼結合在一起看，可以看出 Collection 的用法有：添加元素、刪除元素、返回 Collection 集合的元素個數以及清空整個集合等。

提示 編譯上面程式時，系統可能輸出一些警告（warning）提示，這些警告提醒使用者沒有使用泛型（Generic）來限制集合裡的元素類型，讀者現在暫時不要理會這些警告，第9章會詳細介紹泛型程式設計。

當使用 System.out 的 println() 方法來輸出集合物件時，將輸出 [ele1,ele2,...] 的形式，這顯然是因為所有的 Collection 實作類別都覆寫了 toString() 方法，該方法可以一次性地輸出集合中的所有元素。

如果想依次存取集合裡的每一個元素，則需要使用某種方式來遍歷集合元素，下面介紹遍歷集合元素的兩種方法。

注意

在傳統模式下，把一個物件「丟進」集合中後，集合會忘記這個物件的類型一也就是說，系統把所有的集合元素都當成Object類型。從JDK 1.5以後，這種狀態得到了改進：可以使用泛型來限制集合裡元素的類型，並讓集合記住所有集合元素的類型。關於泛型的介紹，請參考本書第9章。

8.2.1 使用Lambda運算式遍歷集合

Java 8 為 Iterable 介面新增了一個 forEach(Consumer action) 預設方法，該方法所需參數的類型是一個函數式介面，而 Iterable 介面是 Collection 介面的父介面，因此 Collection 集合也可直接呼叫該方法。

當程式呼叫 Iterable 的 forEach(Consumer action) 遍歷集合元素時，程式會依次將集合元素傳給 Consumer 的 accept(T t) 方法（該介面中唯一的抽象方法）。正因為 Consumer 是函數式介面，因此可以使用 Lambda 運算式來遍歷集合元素。

如下程式示範了使用 Lambda 運算式來遍歷集合元素。

程式清單：codes\08\8.2\CollectionEach.java

```
public class CollectionEach
{
    public static void main(String[] args)
    {
        // 建立一個集合
        Collection books = new HashSet();
        books.add("輕量級Java EE企業應用實戰");
        books.add("瘋狂Java講義");
        books.add("瘋狂Android講義");
        // 呼叫forEach()方法遍歷集合
        books.forEach(obj -> System.out.println("迭代集合元素：" + obj));
    }
}
```

上面程式中粗體字程式碼呼叫了 Iterable 的 forEach() 預設方法來遍歷集合元素，傳給該方法的參數是一個 Lambda 運算式，該 Lambda 運算式的目標類型是 Comsumer。forEach() 方法會自動將集合元素逐個地傳給 Lambda 運算式的形式參數，這樣 Lambda 運算式的程式碼體即可遍歷到集合元素了。

8.2.2 使用Java 8增強的Iterator遍歷集合元素

Iterator 介面也是 Java 集合框架的成員，但它與 Collection 系列、Map 系列的集合不一樣：Collection 系列集合、Map 系列集合主要用於盛裝其他物件，而 Iterator 則主要用於遍歷（即迭代存取）Collection 集合中的元素，Iterator 物件也被稱為迭代器。

Iterator 介面隱藏了各種 Collection 實作類別的底層細節，向應用程式提供了遍歷 Collection 集合元素的統一程式設計介面。Iterator 介面裡定義了如下 4 個方法。

- boolean hasNext()：如果被迭代的集合元素還沒有被遍歷完，則返回true。
- Object next()：返回集合裡的下一個元素。
- void remove()：刪除集合裡上一次next方法返回的元素。
- void forEachRemaining(Consumer action)，這是Java 8為Iterator新增的預設方法，該方法可使用Lambda運算式來遍歷集合元素。

下面程式示範了通過 Iterator 介面來遍歷集合元素。

程式清單：codes\08\8.2\IteratorTest.java

```
public class IteratorTest
{
    public static void main(String[] args)
    {
        // 建立集合、添加元素的程式碼與前一個程式相同
        ...
        // 獲取books集合對應的迭代器
        Iterator it = books.iterator();
        while(it.hasNext())
        {
            // it.next()方法返回的資料類型是Object類型，因此需要強制類型轉換
            String book = (String)it.next();
            System.out.println(book);
            if (book.equals("瘋狂Java講義"))
            {
                // 從集合中刪除上一次next()方法返回的元素
                it.remove();
            }
            // 對book變數賦值，不會改變集合元素本身
            book = "測試字串";    //①
        }
        System.out.println(books);
    }
}
```

從上面程式碼中可以看出，Iterator 僅用於遍歷集合，Iterator 本身並不提供盛裝物件的能力。如果需要建立 Iterator 物件，則必須有一個被迭代的集合。沒有集合的 Iterator 仿佛無本之木，沒有存在的價值。

注意 Iterator必須依附於Collection物件，若有一個Iterator物件，則必然有一個與之關聯的Collection物件。Iterator提供了兩個方法來迭代存取Collection集合裡的元素，並可通過remove()方法來刪除集合中上一次next()方法返回的集合元素。

上面程式中①行程式碼對迭代變數 book 進行賦值，但當再次輸出 books 集合時，會看到集合裡的元素沒有任何改變。這就可以得到一個結論：當使用 Iterator 對集合元素進行迭代時，Iterator 並不是把集合元素本身傳給了迭代變數，而是把集合元素的值傳給了迭代變數，所以修改迭代變數的值對集合元素本身沒有任何影響。

當使用 Iterator 迭代存取 Collection 集合元素時，Collection 集合裡的元素不能被改變，只有通過 Iterator 的 remove() 方法刪除上一次 next() 方法返回的集合元素才可以；否則將會引發 java.util.Concurrent ModificationException 異常。下面程式示範了這一點。

程式清單：codes\08\8.2\IteratorErrorTest.java

```
public class IteratorErrorTest
{
    public static void main(String[] args)
    {
        // 建立集合、添加元素的程式碼與前一個程式相同
        ...
        // 獲取books集合對應的迭代器
        Iterator it = books.iterator();
        while(it.hasNext())
        {
            String book = (String)it.next();
            System.out.println(book);
            if (book.equals("瘋狂Android講義"))
            {
                // 使用Iterator迭代過程中，不可修改集合元素，下面程式碼引發異常
                books.remove(book);
            }
        }
    }
}
```

上面程式中粗體字標識的程式碼位於 Iterator 迭代區塊內，也就是在 Iterator 迭代 Collection 集合過程中修改了 Collection 集合，所以程式將在運行時引發異常。

Iterator 迭代器採用的是快速失敗（fail-fast）機制，一旦在迭代過程中檢測到該集合已經被修改（通常是程式中的其他執行緒修改），程式立即引發 ConcurrentModificationException 異常，而不是顯示修改後的結果，這樣可以避免共享資源而引發的潛在問題。

注意

上面程式如果改為刪除「瘋狂Java講義」字串，則不會引發異常，這樣可能有些讀者會「心存僥倖」地想：在迭代時好像也可以刪除集合元素啊。實際上這是一種危險的行為：對於HashSet以及後面的ArrayList等，迭代時刪除元素都會導致異常一只有在刪除集合中的某個特定元素時才不會拋出異常，這是由集合類別的實作程式碼決定的，程式設計師不應該這麼做。

8.2.3 使用Lambda運算式遍歷Iterator

Java 8 為 Iterator 新增了一個 forEachRemaining(Consumer action) 方法，該方法所需的 Consumer 參數同樣也是函數式介面。當程式呼叫 Iterator 的 forEachRemaining(Consumer action) 遍歷集合元素時，程式會依次將集合元素傳給 Consumer 的 accept(T t) 方法（該介面中唯一的抽象方法）。

如下程式示範了使用 Lambda 運算式來遍歷集合元素。

程式清單：codes\08\8.2\IteratorEach.java

```
public class IteratorEach
{
    public static void main(String[] args)
    {
        // 建立集合、添加元素的程式碼與前一個程式相同
        ...
        // 獲取books集合對應的迭代器
        Iterator it = books.iterator();
        // 使用Lambda運算式（目標類型是Comsumer）來遍歷集合元素
        it.forEachRemaining(obj -> System.out.println("迭代集合元素：" + obj));
    }
}
```

上面程式中粗體字程式碼呼叫了 Iterator 的 forEachRemaining() 方法來遍歷集合元素，傳給該方法的參數是一個 Lambda 運算式，該 Lambda 運算式的目標類型是 Comsumer，因此上面程式碼也可用於遍歷集合元素。

8.2.4 使用foreach迴圈遍歷集合元素

除了可以使用 Iterator 介面迭代存取 Collection 集合裡的元素之外，使用 Java 5 提供的 foreach 迴圈迭代存取集合元素更加便捷。如下程式示範了使用 foreach 迴圈來迭代存取集合元素。

程式清單：codes\08\8.2\ForeachTest.java

```
public class ForeachTest
{
    public static void main(String[] args)
    {
        // 建立集合、添加元素的程式碼與前一個程式相同
        ...
        for (Object obj : books)
        {
            // 此處的book變數也不是集合元素本身
            String book = (String)obj;
            System.out.println(book);
            if (book.equals("瘋狂Android講義"))
            {
                // 下面程式碼會引發ConcurrentModificationException異常
                books.remove(book);      //①
            }
        }
        System.out.println(books);
    }
}
```

上面程式碼使用 foreach 迴圈來迭代存取 Collection 集合裡的元素更加簡潔，這正是 JDK 1.5 的 foreach 迴圈帶來的優勢。與使用 Iterator 介面迭代存取集合元素類似的是，foreach 迴圈中的迭代變數也不是集合元素本身，系統只是依次把集合元素的值賦給迭代變數，因此在 foreach 迴圈中修改迭代變數的值也沒有任何實際意義。

同樣，當使用 foreach 迴圈迭代存取集合元素時，該集合也不能被改變，否則將引發 Concurrent ModificationException 異常。所以上面程式中①行程式碼處將引發該異常。

8.2.5 使用Java 8新增的Predicate操作集合

Java 8 為 Collection 集合新增了一個 removeIf(Predicate filter) 方法，該方法將會批量刪除符合 filter 條件的所有元素。該方法需要一個 Predicate（謂詞）物件作為參數，Predicate 也是函數式介面，因此可使用 Lambda 運算式作為參數。

如下程式示範了使用 Predicate 來過濾集合。

程式清單：codes\08\8.2\PredicateTest.java

```java
// 建立一個集合
Collection books = new HashSet();
books.add(new String("輕量級Java EE企業應用實戰"));
books.add(new String("瘋狂Java講義"));
books.add(new String("瘋狂iOS講義"));
books.add(new String("瘋狂Ajax講義"));
books.add(new String("瘋狂Android講義"));
// 使用Lambda運算式（目標類型是Predicate）過濾集合
books.removeIf(ele -> ((String)ele).length() < 10);
System.out.println(books);
```

上面程式中粗體字程式碼呼叫了 Collection 集合的 removeIf() 方法批量刪除集合中符合條件的元素，程式傳入一個 Lambda 運算式作為過濾條件：所有長度小於 10 的字串元素都會被刪除。編譯、運行這段程式碼，可以看到如下輸出：

```
[瘋狂Android講義, 輕量級Java EE企業應用實戰]
```

使用 Predicate 可以充分簡化集合的運算，假設依然有上面程式所示的 books 集合，如果程式有如下三個統計需求：

- 統計書名中出現「瘋狂」字串的圖書數量。
- 統計書名中出現「Java」字串的圖書數量。
- 統計書名長度大於10的圖書數量。

此處只是一個假設，實際上還可能有更多的統計需求。如果採用傳統的程式設計方式來完成這些需求，則需要執行三次迴圈，但採用 Predicate 只需要一個方法即可。如下程式示範了這種用法。

程式清單：codes\08\8.2\PredicateTest2.java

```
public class PredicateTest2
{
    public static void main(String[] args)
    {
        // 建立books集合、為books集合添加元素的程式碼與前一個程式相同
        ...
        // 統計書名包含「瘋狂」子串的圖書數量
        System.out.println(calAll(books , ele->((String)ele).contains("瘋狂")));
        // 統計書名包含「Java」子串的圖書數量
        System.out.println(calAll(books , ele->((String)ele).contains("Java")));
        // 統計書名字串長度大於10的圖書數量
        System.out.println(calAll(books , ele->((String)ele).length() > 10));
    }
    public static int calAll(Collection books , Predicate p)
    {
        int total = 0;
        for (Object obj : books)
        {
            // 使用Predicate的test()方法判斷該物件是否滿足Predicate指定的條件
            if (p.test(obj))
            {
                total ++;
            }
        }
        return total;
    }
}
```

上面程式先定義了一個 calAll() 方法，該方法將會使用 Predicate 判斷每個集合元素是否符合特定條件——該條件將通過 Predicate 參數動態傳入。從上面程式中三行粗體字程式碼可以看到，程式傳入了三個 Lambda 運算式（其目標類型都是 Predicate），這樣 calAll() 方法就只會統計滿足 Predicate 條件的圖書。

8.2.6 使用Java 8新增的Stream操作集合

Java 8 還新增了 Stream、IntStream、LongStream、DoubleStream 等串流式 API，這些 API 代表多個支援串行和平行聚合操作的元素。上面 4 個介面中，Stream 是一個通用的串流介面，而 IntStream、LongStream、DoubleStream 則代表元素類型為 int、long、double 的串流。

Java 8 還為上面每個串流式 API 提供了對應的 Builder，例如 Stream.Builder、IntStream.Builder、LongStream.Builder、DoubleStream.Builder，開發者可以通過這些 Builder 來建立對應的串流。

獨立使用 Stream 的步驟如下：

1. 使用Stream或XxxStream的builder()類別方法建立該Stream對應的Builder。
2. 重複呼叫Builder的add()方法向該串流中添加多個元素。
3. 呼叫Builder的build()方法獲取對應的Stream。
4. 呼叫Stream的聚合方法。

在上面 4 個步驟中，第 4 步可以根據具體需求來呼叫不同的方法，Stream 提供了大量的聚合方法供使用者呼叫，具體可參考 Stream 或 XxxStream 的 API 文件。對於大部分聚合方法而言，每個 Stream 只能執行一次。例如如下程式。

程式清單：codes\08\8.2\IntStreamTest.java

```
public class IntStreamTest
{
    public static void main(String[] args)
    {
        IntStream is = IntStream.builder()
            .add(20)
            .add(13)
            .add(-2)
            .add(18)
            .build();
        // 下面呼叫聚合方法的程式碼每次只能執行一行
        System.out.println("is所有元素的最大值：" + is.max().getAsInt());
        System.out.println("is所有元素的最小值：" + is.min().getAsInt());
        System.out.println("is所有元素的總和：" + is.sum());
        System.out.println("is所有元素的總數：" + is.count());
        System.out.println("is所有元素的平均值：" + is.average());
        System.out.println("is所有元素的平方是否都大於20:"
            + is.allMatch(ele -> ele * ele > 20));
        System.out.println("is是否包含任何元素的平方大於20:"
            + is.anyMatch(ele -> ele * ele > 20));
        // 將is對應成一個新Stream，新Stream的每個元素是原Stream元素的2倍+1
        IntStream newIs = is.map(ele -> ele * 2 + 1);
        // 使用方法參照的方式來遍歷集合元素
        newIs.forEach(System.out::println); // 輸出41 27 -3 37
    }
}
```

上面程式先建立了一個 IntStream，接下來分別多次呼叫 IntStream 的聚合方法執行操作，這樣即可獲取該串流的相關資訊。注意：上面粗體字程式碼每次只能執行一行，因此需要把其他粗體字程式碼註解掉。

Stream 提供了大量的方法進行聚合操作，這些方法既可以是「中間的」（intermediate），也可以是「末端的」（terminal）。

- 中間方法：中間操作允許串流保持開啟狀態，並允許直接呼叫後續方法。上面程式中的map()方法就是中間方法。中間方法的返回值是另外一個串流。
- 末端方法：末端方法是對串流的最終操作。當對某個Stream執行末端方法後，該串流將會被「消耗」且不再可用。上面程式中的sum()、count()、average()等方法都是末端方法。

除此之外，關於串流的方法還有如下兩個特徵。

- 有狀態的方法：這種方法會給串流增加一些新的屬性，比如元素的唯一性、元素的最大數量、保證元素以排序的方式被處理等。有狀態的方法往往需要更大的效能開銷。
- 短路方法：短路方法可以儘早結束對串流的操作，不必檢查所有的元素。

下面簡單介紹一下 Stream 常用的中間方法。

- filter(Predicate predicate)：過濾Stream中所有不符合predicate的元素。
- mapToXxx(ToXxxFunction mapper)：使用ToXxxFunction對串流中的元素執行一對一的轉換，該方法返回的新串流中包含了ToXxxFunction轉換產生的所有元素。
- peek(Consumer action)：依次對每個元素執行一些操作，該方法返回的串流與原有串流包含相同的元素。該方法主要用於除錯。
- distinct()：該方法用於排序串流中所有重複的元素（判斷元素重複的標準是使用equals()比較返回true）。這是一個有狀態的方法。
- sorted()：該方法用於保證串流中的元素在後續的存取中處於有序狀態。這是一個有狀態的方法。
- limit(long maxSize)：該方法用於保證對該串流的後續存取中最大允許存取的元素個數。這是一個有狀態的、短路方法。

下面簡單介紹一下 Stream 常用的末端方法。

- forEach(Consumer action)：遍歷串流中所有元素，對每個元素執行action。
- toArray()：將串流中所有元素轉換為一個陣列。
- reduce()：該方法有三個多載的版本，都用於通過某種操作來合併串流中的元素。
- min()：返回串流中所有元素的最小值。
- max()：返回串流中所有元素的最大值。
- count()：返回串流中所有元素的數量。
- anyMatch(Predicate predicate)：判斷串流中是否至少包含一個元素符合Predicate條件。
- allMatch(Predicate predicate)：判斷串流中是否每個元素都符合Predicate條件。
- noneMatch(Predicate predicate)：判斷串流中是否所有元素都不符合Predicate條件。
- findFirst()：返回串流中的第一個元素。
- findAny()：返回串流中的任意一個元素。

除此之外，Java 8 允許使用串流式 API 來操作集合，Collection 介面提供了一個 stream() 預設方法，該方法可返回該集合對應的串流，接下來即可通過串流式 API 來操作集合元素。由於 Stream 可以對集合元素進行整體的聚合操作，因此 Stream 極大地豐富了集合的功能。

例如，對於 8.2.5 節介紹的範例程式，該程式需要額外定義一個 calAll() 方法來遍歷集合元素，然後依次對每個集合元素進行判斷——這太麻煩了。如果使用 Stream，即可直接對集合中所有元素進行批量操作。下面使用 Stream 來改寫這個程式。

程式清單：codes\08\8.2\CollectionStream.java

```
public class CollectionStream
{
    public static void main(String[] args)
    {
        // 建立books集合、為books集合添加元素的程式碼與8.2.5節的程式相同
        ...
        // 統計書名包含「瘋狂」子串的圖書數量
        System.out.println(books.stream()
```

```
            .filter(ele->((String)ele).contains("瘋狂"))
            .count()); // 輸出4
        // 統計書名包含「Java」子串的圖書數量
        System.out.println(books.stream()
            .filter(ele->((String)ele).contains("Java") )
            .count()); // 輸出2
        // 統計書名字串長度大於10的圖書數量
        System.out.println(books.stream()
            .filter(ele->((String)ele).length() > 10)
            .count()); // 輸出2
        // 先呼叫Collection物件的stream()方法將集合轉換為Stream
        // 再呼叫Stream的mapToInt()方法獲取原有的Stream對應的IntStream
        books.stream().mapToInt(ele -> ((String)ele).length())
            // 呼叫forEach()方法遍歷IntStream中每個元素
            .forEach(System.out::println);// 輸出8  11  16  7  8
    }
}
```

從上面程式中粗體字程式碼可以看出，程式只要呼叫 Collection 的 stream() 方法即可返回該集合對應的 Stream，接下來就可通過 Stream 提供的方法對所有集合元素進行處理，這樣大大地簡化了集合程式設計的程式碼，這也是 Stream 程式設計帶來的優勢。

上面程式中最後一段粗體字程式碼先呼叫 Collection 物件的 stream() 方法將集合轉換為 Stream 物件，然後呼叫 Stream 物件的 mapToInt() 方法將其轉換為 IntStream——這個 mapToInt() 方法就是一個中間方法，因此程式可繼續呼叫 IntStream 的 forEach() 方法來遍歷串流中的元素。

8.3 Set集合

前面已經介紹過 Set 集合，它類似於一個罐子，程式可以依次把多個物件「丟進」Set 集合，而 Set 集合通常不能記住元素的添加順序。Set 集合與 Collection 基本相同，沒有提供任何額外的方法。實際上 Set 就是 Collection，只是行為略有不同（Set 不允許包含重複元素）。

Set 集合不允許包含相同的元素，如果試圖把兩個相同的元素加入同一個 Set 集合中，則添加操作失敗，add() 方法返回 false，且新元素不會被加入。

上面介紹的是 Set 集合的通用知識，因此完全適合後面介紹的 HashSet、TreeSet 和 EnumSet 三個實作類別，只是三個實作類別還各有特色。

8.3.1 HashSet類別

HashSet 是 Set 介面的典型實作，大多數時候使用 Set 集合時就是使用這個實作類別。HashSet 按 Hash 演算法來儲存集合中的元素，因此具有很好的存取和尋找效能。

HashSet 具有以下特點。

- 不能保證元素的排列順序，順序可能與添加順序不同，順序也有可能發生變化。
- HashSet不是同步的，如果多個執行緒同時存取一個HashSet，假設有兩個或者兩個以上執行緒同時修改了HashSet集合時，則必須通過程式碼來保證其同步。
- 集合元素值可以是null。

當向 HashSet 集合中存入一個元素時，HashSet 會呼叫該物件的 hashCode() 方法來得到該物件的 hashCode 值，然後根據該 hashCode 值決定該物件在 HashSet 中的儲存位置。如果有兩個元素通過 equals() 方法比較返回 true，但它們的 hashCode() 方法返回值不相等，HashSet 將會把它們儲存在不同的位置，依然可以添加成功。

也就是說，HashSet 集合判斷兩個元素相等的標準是兩個物件通過 equals() 方法比較相等，並且兩個物件的 hashCode() 方法返回值也相等。

下面程式分別提供了三個類別 A、B 和 C，它們分別覆寫了 equals()、hashCode() 兩個方法的一個或全部，通過此程式可以讓讀者看到 HashSet 判斷集合元素相同的標準。

程式清單：codes\08\8.3\HashSetTest.java

```
// 類別A的equals()方法總是返回true，但沒有覆寫其hashCode()方法
class A
{
    public boolean equals(Object obj)
    {
        return true;
    }
}
// 類別B的hashCode()方法總是返回1，但沒有覆寫其equals()方法
class B
{
    public int hashCode()
    {
        return 1;
```

```
    }
}
// 類別C的hashCode()方法總是返回2，且覆寫其equals()方法總是返回true
class C
{
    public int hashCode()
    {
        return 2;
    }
    public boolean equals(Object obj)
    {
        return true;
    }
}
public class HashSetTest
{
    public static void main(String[] args)
    {
        HashSet books = new HashSet();
        // 分別向books集合中添加兩個A物件、兩個B物件、兩個C物件
        books.add(new A());
        books.add(new A());
        books.add(new B());
        books.add(new B());
        books.add(new C());
        books.add(new C());
        System.out.println(books);
    }
}
```

上面程式中向 books 集合中分別添加了兩個 A 物件、兩個 B 物件和兩個 C 物件，其中 C 類別覆寫了 equals() 方法總是返回 true，hashCode() 方法總是返回 2，這將導致 HashSet 把兩個 C 物件當成同一個物件。運行上面程式，看到如下運行結果：

```
[B@1, B@1, C@2, A@5483cd, A@9931f5]
```

從上面程式可以看出，即使兩個 A 物件通過 equals() 方法比較返回 true，但 HashSet 依然把它們當成兩個物件；即使兩個 B 物件的 hashCode() 返回相同值（都是 1），但 HashSet 依然把它們當成兩個物件。

這裡有一個注意點：當把一個物件放入 HashSet 中時，如果需要覆寫該物件對應類別的 equals() 方法，則也應該覆寫其 hashCode() 方法。規則是：如果兩個物件通過 equals() 方法比較返回 true，這兩個物件的 hashCode 值也應該相同。

如果兩個物件通過 equals() 方法比較返回 true，但這兩個物件的 hashCode() 方法返回不同的 hashCode 值時，這將導致 HashSet 會把這兩個物件存放在 Hash 表的不同位置，從而使兩個物件都可以添加成功，這就與 Set 集合的規則衝突了。

如果兩個物件的 hashCode() 方法返回的 hashCode 值相同，但它們通過 equals() 方法比較返回 false 時將更麻煩：因為兩個物件的 hashCode 值相同，HashSet 將試圖把它們存放在同一個位置，但又不行（否則將只剩下一個物件），所以實際上會在這個位置用鏈式結構來存放多個物件；而 HashSet 存取集合元素時也是根據元素的 hashCode 值來快速尋找的，如果 HashSet 中兩個以上的元素具有相同的 hashCode 值，將會導致效能下降。

注意

如果需要把某個類別的物件存放到HashSet集合中，覆寫這個類別的equals()方法和hashCode()方法時，應該儘量保證兩個物件通過equals()方法比較返回true時，它們的hashCode()方法返回值也相等。

學生提問：hashCode()方法對於HashSet是不是十分重要？

答：hash（也被翻譯為雜湊、散列）演算法的功能是，它能保證快速尋找被檢索的物件，hash演算法的價值在於速度。當需要查詢集合中某個元素時，hash演算法可以直接根據該元素的hashCode值運算出該元素的儲存位置，從而快速找出該元素。為了理解這個概念，可以先看陣列（陣列是所有能儲存一組元素裡最快的資料結構）。陣列可以包含多個元素，每個元素都有索引，如果需要存取某個陣列元素，只需提供該元素的索引，接下來即可根據該索引運算該元素在記憶體裡的儲存位置。

表面上看起來，HashSet集合裡的元素都沒有索引，實際上當程式向HashSet集合中添加元素時，HashSet會根據該元素的hashCode值來運算它的儲存位置，這樣也可快速找出該元素。

為什麼不直接使用陣列、還需要使用HashSet呢？因為陣列元素的索引是連續的，而且陣列的長度是固定的，無法自由增加陣列的長度。而HashSet就不一樣了，HashSet採用每個元素的hashCode值來運算其儲存位置，從而可以自由增加HashSet的長度，並可以根據元素的hashCode值來存取元素。因此，當從HashSet中存取元素時，HashSet先運算該元素的hashCode值（也就是呼叫該物件的hashCode()方法的返回值），然後直接到該hashCode值對應的位置去取出該元素——這就是HashSet速度很快的原因。

HashSet 中每個能儲存元素的「槽位」(slot) 通常稱為「桶」(bucket)，如果有多個元素的 hashCode 值相同，但它們通過 equals() 方法比較返回 false，就需要在一個「桶」裡放多個元素，這樣會導致效能下降。

前面介紹了 hashCode() 方法對於 HashSet 的重要性（實際上，物件的 hashCode 值對於後面的 HashMap 同樣重要)，下面給出覆寫 hashCode() 方法的基本規則。

- ◆ 在程式運行過程中，同一個物件多次呼叫hashCode()方法應該返回相同的值。
- ◆ 當兩個物件通過equals()方法比較返回true時，這兩個物件的hashCode()方法應返回相等的值。
- ◆ 物件中用作equals()方法比較標準的實例變數，都應該用於運算hashCode值。

下面給出覆寫 hashCode() 方法的一般步驟。

① 把物件內每個有意義的實例變數（即每個參與equals()方法比較標準的實例變數）運算出一個int類型的hashCode值。運算方式如表8.1所示。

表8.1　hashCode值的運算方式

實例變數類型	運算方式
boolean	hashCode = (f ? 0 : 1);
整數類型（byte、short、char、int）	hashCode = (int)f;
long	hashCode = (int) (f ^ (f >>>32));
float	hashCode = Float.floatToIntBits(f);
double	long l = Double.doubleToLongBits(f); hashCode = (int) (l ^ (l >>> 32));
參照類型	hashCode = f.hashCode();

② 用第1步運算出來的多個hashCode值組合運算出一個hashCode值返回。例如如下程式碼：

```
return f1.hashCode() + (int)f2;
```

為了避免直接相加產生偶然相等（兩個物件的 f1、f2 實例變數並不相等，但它們的 hashCode 的和恰好相等），可以通過為各實例變數的 hashCode 值乘以任意一個質數後再相加。例如如下程式碼：

```
return f1.hashCode() * 19 + (int)f2 * 31;
```

如果向 HashSet 中添加一個可變物件後，後面程式修改了該可變物件的實例變數，則可能導致它與集合中的其他元素相同（即兩個物件通過 equals() 方法比較返回 true，兩個物件的 hashCode 值也相等），這就有可能導致 HashSet 中包含兩個相同的物件。下面程式展示了這種情況。

程式清單：codes\08\8.3\HashSetTest2.java

```
class R
{
    int count;
    public R(int count)
    {
        this.count = count;
    }
    public String toString()
    {
        return "R[count:" + count + "]";
    }
    public boolean equals(Object obj)
    {
        if(this == obj)
            return true;
        if (obj != null && obj.getClass() == R.class)
        {
            R r = (R)obj;
            return this.count == r.count;
        }
        return false;
    }
    public int hashCode()
    {
        return this.count;
    }
}
public class HashSetTest2
{
    public static void main(String[] args)
    {
        HashSet hs = new HashSet();
        hs.add(new R(5));
        hs.add(new R(-3));
        hs.add(new R(9));
        hs.add(new R(-2));
        // 列印HashSet集合，集合元素沒有重複
        System.out.println(hs);
```

```
        // 取出第一個元素
        Iterator it = hs.iterator();
        R first = (R)it.next();
        // 為第一個元素的count實例變數賦值
        first.count = -3;       // ①
        // 再次輸出HashSet集合，集合元素有重複元素
        System.out.println(hs);
        // 刪除count為-3的R物件
        hs.remove(new R(-3));     // ②
        // 可以看到被刪除了一個R元素
        System.out.println(hs);
        System.out.println("hs是否包含count為-3的R物件？"
            + hs.contains(new R(-3))); // 輸出false
        System.out.println("hs是否包含count為-2的R物件？"
            + hs.contains(new R(-2))); // 輸出false
    }
}
```

上面程式中提供了 R 類別，R 類別覆寫了 equals(Object obj) 方法和 hashCode() 方法，這兩個方法都是根據 R 物件的 count 實例變數來判斷的。上面程式的①號粗體字程式碼處改變了 Set 集合中第一個 R 物件的 count 實例變數的值，這將導致該 R 物件與集合中的其他物件相同。程式運行結果如圖 8.4 所示。

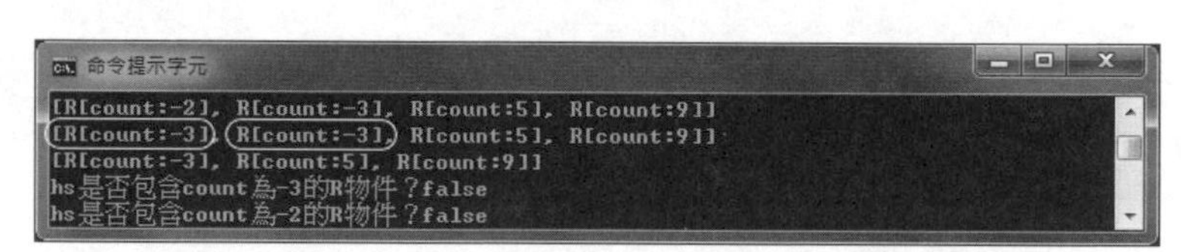

圖8.4　HashSet集合中出現重複的元素

正如圖 8.4 中所見到的，HashSet 集合中的第 1 個元素和第 2 個元素完全相同，這表明兩個元素已經重複。此時 HashSet 會比較混亂：當試圖刪除 count 為 -3 的 R 物件時，HashSet 會運算出該物件的 hashCode 值，從而找出該物件在集合中的存放位置，然後把此處的物件與 count 為 -3 的 R 物件通過 equals() 方法進行比較，如果相等則刪除該物件——HashSet 只有第 2 個元素才滿足該條件（第 1 個元素實際上存放在 count 為 -2 的 R 物件對應的位置），所以第 2 個元素被刪除。至於第一個 count 為 -3 的 R 物件，它存放在 count 為 -2 的 R 物件對應的位置，但使用 equals() 方法拿它和 count 為 -2 的 R 物件比較時又返回 false——這將導致 HashSet 不可能準確存取該元素。

由此可見，當程式把可變物件添加到 HashSet 中之後，儘量不要去修改該集合元素中參與運算 hashCode()、equals() 的實例變數，否則將會導致 HashSet 無法正確操作這些集合元素。

當向HashSet中添加可變物件時，必須十分小心。如果修改HashSet集合中的物件，有可能導致該物件與集合中的其他物件相等，從而導致HashSet無法準確存取該物件。

8.3.2 LinkedHashSet類別

HashSet 還有一個子類別 LinkedHashSet，LinkedHashSet 集合也是根據元素的 hashCode 值來決定元素的儲存位置，但它同時使用鏈接串列維護元素的次序，這樣使得元素看起來是以插入的順序存放的。也就是說，當遍歷 LinkedHashSet 集合裡的元素時，LinkedHashSet 將會按元素的添加順序來存取集合裡的元素。

LinkedHashSet 需要維護元素的插入順序，因此效能略低於 HashSet 的效能，但在迭代存取 Set 裡的全部元素時將有很好的效能，因為它以鏈接串列來維護內部順序。

程式清單：codes\08\8.3\LinkedHashSetTest.java

```
public class LinkedHashSetTest
{
    public static void main(String[] args)
    {
        LinkedHashSet books = new LinkedHashSet();
        books.add("瘋狂Java講義");
        books.add("輕量級Java EE企業應用實戰");
        System.out.println(books);
        // 刪除 瘋狂Java講義
        books.remove("瘋狂Java講義");
        // 重新添加 瘋狂Java講義
        books.add("瘋狂Java講義");
        System.out.println(books);
    }
}
```

編譯、運行上面程式，看到如下輸出：

```
[瘋狂Java講義, 輕量級Java EE企業應用實戰]
[輕量級Java EE企業應用實戰, 瘋狂Java講義]
```

輸出 LinkedHashSet 集合的元素時，元素的順序總是與添加順序一致。

注意

雖然LinkedHashSet使用了鏈接串列記錄集合元素的添加順序，但LinkedHashSet依然是HashSet，因此它依然不允許集合元素重複。

8.3.3 TreeSet類別

TreeSet 是 SortedSet 介面的實作類別，正如 SortedSet 名字所暗示的，TreeSet 可以確保集合元素處於排序狀態。與 HashSet 集合相比，TreeSet 還提供了如下幾個額外的方法。

- Comparator comparator()：如果TreeSet採用了自訂排序，則該方法返回自訂排序所使用的Comparator；如果TreeSet採用了自然排序，則返回null。
- Object first()：返回集合中的第一個元素。
- Object last()：返回集合中的最後一個元素。
- Object lower(Object e)：返回集合中位於指定元素之前的元素（即小於指定元素的最大元素，參考元素不需要是TreeSet集合裡的元素）。
- Object higher (Object e)：返回集合中位於指定元素之後的元素（即大於指定元素的最小元素，參考元素不需要是TreeSet集合裡的元素）。
- SortedSet subSet(Object fromElement, Object toElement)：返回此Set的子集合，範圍從fromElement（包含）到toElement（不包含）。
- SortedSet headSet(Object toElement)：返回此Set的子集，由小於toElement的元素組成。
- SortedSet tailSet(Object fromElement)：返回此Set的子集，由大於或等於fromElement的元素組成。

表面上看起來這些方法很多，其實它們很簡單：因為 TreeSet 中的元素是有序的，所以增加了存取第一個、前一個、後一個、最後一個元素的方法，並提供了三個從 TreeSet 中截取子 TreeSet 的方法。

下面程式測試了 TreeSet 的通用用法。

程式清單：codes\08\8.3\TreeSetTest.java

```
public class TreeSetTest
{
    public static void main(String[] args)
    {
        TreeSet nums = new TreeSet();
        // 向TreeSet中添加四個Integer物件
        nums.add(5);
        nums.add(2);
        nums.add(10);
        nums.add(-9);
        // 輸出集合元素，看到集合元素已經處於排序狀態
        System.out.println(nums);
        // 輸出集合裡的第一個元素
        System.out.println(nums.first()); // 輸出-9
        // 輸出集合裡的最後一個元素
        System.out.println(nums.last());  // 輸出10
        // 返回小於4的子集，不包含4
        System.out.println(nums.headSet(4)); // 輸出[-9, 2]
        // 返回大於5的子集，如果Set中包含5，子集中還包含5
        System.out.println(nums.tailSet(5)); // 輸出 [5, 10]
        // 返回大於等於-3、小於4的子集
        System.out.println(nums.subSet(-3 , 4)); // 輸出[2]
    }
}
```

根據上面程式的運行結果即可看出，TreeSet 並不是根據元素的插入順序進行排序的，而是根據元素實際值的大小來進行排序的。

與 HashSet 集合採用 hash 演算法來決定元素的儲存位置不同，TreeSet 採用紅黑樹的資料結構來儲存集合元素。那麼 TreeSet 進行排序的規則是怎樣的呢？ TreeSet 支援兩種排序方法：自然排序和自訂排序。在預設情況下，TreeSet 採用自然排序。

1. 自然排序

TreeSet 會呼叫集合元素的 compareTo(Object obj) 方法來比較元素之間的大小關係，然後將集合元素按遞增排列，這種方式就是自然排序。

Java 提供了一個 Comparable 介面，該介面裡定義了一個 compareTo(Object obj) 方法，該方法返回一個整數值，實作該介面的類別必須實作該方法，實作了該介面的類別的物件就可以比較大小。當一個物件呼叫該方法與另一個物件進行比較時，例如 obj1.compareTo(obj2)，如果該方法返回 0，則表明這兩個物件相等；如果該方法返回一個正整數，則表明 obj1 大於 obj2；如果該方法返回一個負整數，則表明 obj1 小於 obj2。

Java 的一些常用類別已經實作了 Comparable 介面，並提供了比較大小的標準。下面是實作了 Comparable 介面的常用類別。

- BigDecimal、BigInteger以及所有的數值型對應的包裝類別：按它們對應的數值大小進行比較。
- Character：按字元的UNICODE值進行比較。
- Boolean：true對應的包裝類別實例大於false對應的包裝類別實例。
- String：按字串中字元的UNICODE值進行比較。
- Date、Time：後面的時間、日期比前面的時間、日期大。

如果試圖把一個物件添加到 TreeSet 時，則該物件的類別必須實作 Comparable 介面，否則程式將會拋出異常。如下程式示範了這個錯誤。

程式清單：codes\08\8.3\TreeSetErrorTest.java

```
class Err { }
public class TreeSetErrorTest
{
    public static void main(String[] args)
    {
        TreeSet ts = new TreeSet();
        //向TreeSet集合中添加兩個Err物件
        ts.add(new Err());
        ts.add(new Err());  // ①
    }
}
```

上面程式試圖向 TreeSet 集合中添加兩個 Err 物件，添加第一個物件時，TreeSet 裡沒有任何元素，所以不會出現任何問題；當添加第二個 Err 物件時，TreeSet 就會呼叫該物件的 compareTo(Object obj) 方法與集合中的其他元素進行比較—如果其對應的類別沒有實作 Comparable 介面，則會引發 ClassCastException 異常。因此，上面程式將會在①程式碼處引發該異常。

注意

向TreeSet集合中添加元素時，只有第一個元素無須實作Comparable介面，後面添加的所有元素都必須實作Comparable介面。當然這也不是一種好做法，當試圖從TreeSet中取出元素時，依然會引發ClassCastException異常。

還有一點必須指出：大部分類別在實作 compareTo(Object obj) 方法時，都需要將被比較物件 obj 強制類型轉換成相同類型，因為只有相同類別的兩個實例才會比較大小。當試圖把一個物件添加到 TreeSet 集合時，TreeSet 會呼叫該物件的 compareTo(Object obj) 方法與集合中的其他元素進行比較——這就要求集合中的其他元素與該元素是同一個類別的實例。也就是說，向 TreeSet 中添加的應該是同一個類別的物件，否則也會引發 ClassCastException 異常。如下程式示範了這個錯誤。

程式清單：codes\08\8.3\TreeSetErrorTest2.java

```
public class TreeSetErrorTest2
{
    public static void main(String[] args)
    {
        TreeSet ts = new TreeSet();
        // 向TreeSet集合中添加兩個物件
        ts.add(new String("瘋狂Java講義"));
        ts.add(new Date());   // ①
    }
}
```

上面程式先向 TreeSet 集合中添加了一個字串物件，這個操作完全正常。當添加第二個 Date 物件時，TreeSet 就會呼叫該物件的 compareTo(Object obj) 方法與集合中的其他元素進行比較——Date 物件的 compareTo(Object obj) 方法無法與字串物件比較大小，所以上面程式將在①程式碼處引發異常。

如果向 TreeSet 中添加的物件是程式設計師自訂類別的物件，則可以向 TreeSet 中添加多種類型的物件，前提是使用者自訂類別實作了 Comparable 介面，且實作 compareTo(Object obj) 方法沒有進行強制類型轉換。但當試圖取出 TreeSet 裡的集合元素時，不同類型的元素依然會發生 ClassCastException 異常。

總結起來一句話：如果希望 TreeSet 能正常運作，TreeSet 只能添加同一種類型的物件。

當把一個物件加入 TreeSet 集合中時，TreeSet 呼叫該物件的 compareTo(Object obj) 方法與容器中的其他物件比較大小，然後根據紅黑樹結構找到它的儲存位置。如果兩個物件通過 compareTo(Object obj) 方法比較相等，新物件將無法添加到 TreeSet 集合中。

對於 TreeSet 集合而言，它判斷兩個物件是否相等的唯一標準是：兩個物件通過 compareTo(Object obj) 方法比較是否返回 0——如果通過 compareTo(Object obj) 方法比較返回 0，TreeSet 則會認為它們相等；否則就認為它們不相等。

程式清單：codes\08\8.3\TreeSetTest2.java

```
class Z implements Comparable
{
    int age;
    public Z(int age)
    {
        this.age = age;
    }
    // 覆寫equals()方法，總是返回true
    public boolean equals(Object obj)
    {
        return true;
    }
    // 覆寫了compareTo(Object obj)方法，總是返回1
    public int compareTo(Object obj)
    {
        return 1;
    }
}
public class TreeSetTest2
{
    public static void main(String[] args)
    {
        TreeSet set = new TreeSet();
        Z z1 = new Z(6);
        set.add(z1);
        // 第二次添加同一個物件，輸出true，表明添加成功
        System.out.println(set.add(z1));    //①
        // 下面輸出set集合，將看到有兩個元素
        System.out.println(set);
        // 修改set集合的第一個元素的age變數
         ((Z)(set.first())).age = 9;
        // 輸出set集合的最後一個元素的age變數，將看到也變成了9
        System.out.println(((Z)(set.last())).age);
    }
}
```

程式中①程式碼行把同一個物件再次添加到 TreeSet 集合中，因為 z1 物件的 compareTo(Object obj) 方法總是返回 1，雖然它的 equals() 方法總是返回 true，但 TreeSet 會認為 z1 物件和它自己也不相等，因此 TreeSet 可以添加兩個 z1 物件。圖 8.5 顯示了 TreeSet 及 Z 物件在記憶體中的儲存示意圖。

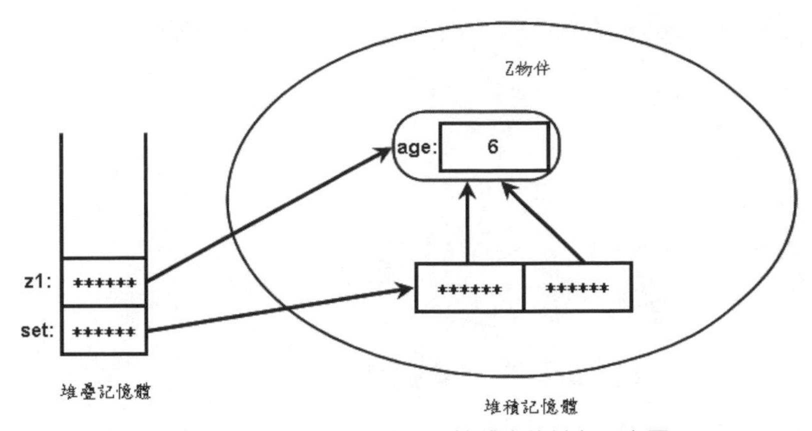

圖8.5　TreeSet及Z物件在記憶體中的儲存示意圖

從圖 8.5 可以看到 TreeSet 物件存放的兩個元素（集合裡的元素總是參照，但習慣上把被參照的物件稱為集合元素），實際上是同一個元素。所以當修改 TreeSet 集合裡第一個元素的 age 變數後，該 TreeSet 集合裡最後一個元素的 age 變數也隨之改變了。

由此應該注意一個問題：當需要把一個物件放入 TreeSet 中，覆寫該物件對應類別的 equals() 方法時，應保證該方法與 compareTo(Object obj) 方法有一致的結果，其規則是：如果兩個物件通過 equals() 方法比較返回 true 時，這兩個物件通過 compareTo(Object obj) 方法比較應返回 0。

如果兩個物件通過 compareTo(Object obj) 方法比較返回 0 時，但它們通過 equals() 方法比較返回 false 將很麻煩，因為兩個物件通過 compareTo(Object obj) 方法比較相等，TreeSet 不會讓第二個元素添加進去，這就會與 Set 集合的規則產生衝突。

如果向 TreeSet 中添加一個可變物件後，並且後面程式修改了該可變物件的實例變數，這將導致它與其他物件的大小順序發生了改變，但 TreeSet 不會再次調整它們的順序，甚至可能導致 TreeSet 中存放的這兩個物件通過 compareTo(Object obj) 方法比較返回 0。下面程式展示了這種情況。

程式清單：codes\08\8.3\TreeSetTest3.java

```
class R implements Comparable
{
    int count;
    public R(int count)
    {
        this.count = count;
    }
```

```
    public String toString()
    {
        return "R[count:" + count + "]";
    }
    // 覆寫equals()方法，根據count來判斷是否相等
    public boolean equals(Object obj)
    {
        if (this == obj)
        {
            return true;
        }
        if(obj != null && obj.getClass() == R.class)
        {
            R r = (R)obj;
            return r.count == this.count;
        }
        return false;
    }
    // 覆寫compareTo()方法，根據count來比較大小
    public int compareTo(Object obj)
    {
        R r = (R)obj;
        return count > r.count ? 1 :
            count < r.count ? -1 : 0;
    }
}
public class TreeSetTest3
{
    public static void main(String[] args)
    {
        TreeSet ts = new TreeSet();
        ts.add(new R(5));
        ts.add(new R(-3));
        ts.add(new R(9));
        ts.add(new R(-2));
        // 列印TreeSet集合，集合元素是有序排列的
        System.out.println(ts);     // ①
        // 取出第一個元素
        R first = (R)ts.first();
        // 對第一個元素的count賦值
        first.count = 20;
        // 取出最後一個元素
        R last = (R)ts.last();
        // 對最後一個元素的count賦值，與第二個元素的count相同
        last.count = -2;
        // 再次輸出將看到TreeSet裡的元素處於無序狀態，且有重複元素
        System.out.println(ts);    // ②
```

```
        // 刪除實例變數被改變的元素，刪除失敗
        System.out.println(ts.remove(new R(-2)));    // ③
        System.out.println(ts);
        // 刪除實例變數沒有被改變的元素，刪除成功
        System.out.println(ts.remove(new R(5)));     // ④
        System.out.println(ts);
    }
}
```

上面程式中的 R 物件對應的類別正常覆寫了 equals() 方法和 compareTo() 方法，這兩個方法都以 R 物件的 count 實例變數作為判斷的依據。當程式執行①行程式碼時，看到程式輸出的 Set 集合元素處於有序狀態；因為 R 類別是一個可變類別，因此可以改變 R 物件的 count 實例變數的值，程式通過粗體字程式碼行改變了該集合裡第一個元素和最後一個元素的 count 實例變數的值。當程式執行②行程式碼輸出時，將看到該集合處於無序狀態，而且集合中包含了重複元素。運行上面程式，看到如圖 8.6 所示的結果。

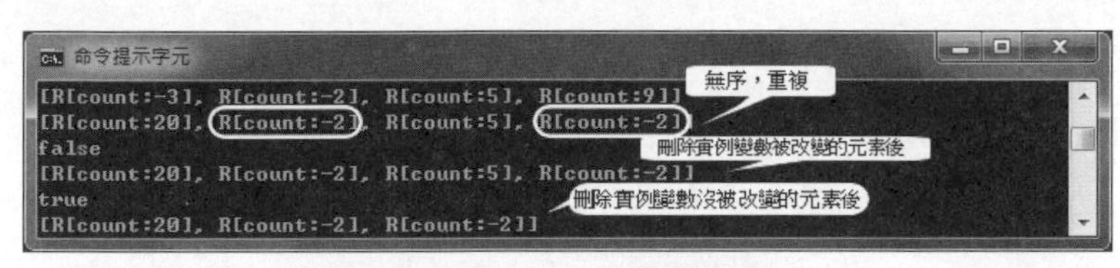

圖8.6　TreeSet中出現重複元素

一旦改變了 TreeSet 集合裡可變元素的實例變數，當再試圖刪除該物件時，TreeSet 也會刪除失敗（甚至集合中原有的、實例變數沒被修改但與修改後元素相等的元素也無法刪除），所以在上面程式的③程式碼處，刪除 count 為 -2 的 R 物件時，沒有任何元素被刪除；程式執行④程式碼時，可以看到刪除了 count 為 5 的 R 物件，這表明 TreeSet 可以刪除沒有被修改實例變數、且不與其他被修改實例變數的物件重複的物件。

注意

當執行了④程式碼後，TreeSet會對集合中的元素重新索引（不是重新排序），接下來就可以刪除TreeSet中的所有元素了，包括那些被修改過實例變數的元素。與HashSet類似的是，如果TreeSet中包含了可變物件，當可變物件的實例變數被修改時，TreeSet在處理這些物件時將非常複雜，而且容易出錯。為了讓程式更加健壯，推薦不要修改放入HashSet和TreeSet集合中元素的關鍵實例變數。

2. 自訂排序

TreeSet 的自然排序是根據集合元素的大小，TreeSet 將它們以遞增排列。如果需要實作自訂排序，例如以遞減排列，則可以通過 Comparator 介面的幫助。該介面裡包含一個 int compare(T o1, T o2) 方法，該方法用於比較 o1 和 o2 的大小：如果該方法返回正整數，則表明 o1 大於 o2；如果該方法返回 0，則表明 o1 等於 o2；如果該方法返回負整數，則表明 o1 小於 o2。

如果需要實作自訂排序，則需要在建立 TreeSet 集合物件時，提供一個 Comparator 物件與該 TreeSet 集合關聯，由該 Comparator 物件負責集合元素的排序邏輯。由於 Comparator 是一個函數式介面，因此可使用 Lambda 運算式來代替 Comparator 物件。

程式清單：codes\08\8.3\TreeSetTest4.java

```
class M
{
    int age;
    public M(int age)
    {
        this.age = age;
    }
    public String toString()
    {
        return "M[age:" + age + "]";
    }
}
public class TreeSetTest4
{
    public static void main(String[] args)
    {
        // 此處Lambda運算式的目標類型是Comparator
        TreeSet ts = new TreeSet((o1 , o2) ->
        {
            M m1 = (M)o1;
            M m2 = (M)o2;
            // 根據M物件的age屬性來決定大小，age越大，M物件反而越小
            return m1.age > m2.age ? -1
                : m1.age < m2.age ? 1 : 0;
        });
        ts.add(new M(5));
        ts.add(new M(-3));
        ts.add(new M(9));
        System.out.println(ts);
    }
}
```

上面程式中粗體字部分使用了目標類型為 Comparator 的 Lambda 運算式，它負責 ts 集合的排序。所以當把 M 物件添加到 ts 集合中時，無須 M 類別實作 Comparable 介面，因為此時 TreeSet 無須通過 M 物件本身來比較大小，而是由與 TreeSet 關聯的 Lambda 運算式來負責集合元素的排序。運行程式，看到如下運行結果：

```
[M物件(age:9), M物件(age:5), M物件(age:-3)]
```

注意

當通過Comparator物件（或Lambda運算式）來實作TreeSet的自訂排序時，依然不可以向TreeSet中添加類型不同的物件，否則會引發ClassCastException異常。使用自訂排序時，TreeSet對集合元素排序不管集合元素本身的大小，而是由Comparator物件（或Lambda運算式）負責集合元素的排序規則。TreeSet判斷兩個集合元素相等的標準是：通過Comparator（或Lambda運算式）比較兩個元素返回了0，這樣TreeSet不會把第二個元素添加到集合中。

8.3.4 EnumSet類別

EnumSet 是一個專為列舉類別設計的集合類別，EnumSet 中的所有元素都必須是指定列舉類型的列舉值，該列舉類型在建立 EnumSet 時顯式或隱式地指定。EnumSet 的集合元素也是有序的，EnumSet 以列舉值在 Enum 類別內的定義順序來決定集合元素的順序。

EnumSet 在內部以位元向量的形式儲存，這種儲存形式非常緊湊、高效，因此 EnumSet 物件佔用記憶體很小，而且運行效率很好。尤其是進行批次操作（如呼叫 containsAll() 和 retainAll() 方法）時，如果其參數也是 EnumSet 集合，則該批次操作的執行速度也非常快。

EnumSet 集合不允許加入 null 元素，如果試圖插入 null 元素，EnumSet 將拋出 NullPointerException 異常。如果只是想判斷 EnumSet 是否包含 null 元素或試圖刪除 null 元素都不會拋出異常，只是刪除操作將返回 false，因為沒有任何 null 元素被刪除。

EnumSet 類別沒有公開任何建構子來建立該類別的實例，程式應該通過它提供的類別方法來建立 EnumSet 物件。EnumSet 類別它提供了如下常用的類別方法來建立 EnumSet 物件。

- EnumSet allOf(Class elementType)：建立一個包含指定列舉類別裡所有列舉值的EnumSet集合。
- EnumSet complementOf(EnumSet s)：建立一個其元素類型與指定EnumSet裡元素類型相同的EnumSet集合，新EnumSet集合包含原EnumSet集合所不包含的、此列舉類別剩下的列舉值（即新EnumSet集合和原EnumSet集合的集合元素加起來就是該列舉類別的所有列舉值）。
- EnumSet copyOf(Collection c)：使用一個普通集合來建立EnumSet集合。
- EnumSet copyOf(EnumSet s)：建立一個與指定EnumSet具有相同元素類型、相同集合元素的EnumSet集合。
- EnumSet noneOf(Class elementType)：建立一個元素類型為指定列舉類型的空EnumSet。
- EnumSet of(E first, E... rest)：建立一個包含一個或多個列舉值的EnumSet集合，傳入的多個列舉值必須屬於同一個列舉類別。
- EnumSet range(E from, E to)：建立一個包含從from列舉值到to列舉值範圍內所有列舉值的EnumSet集合。

下面程式示範了如何使用 EnumSet 來存放列舉類別的多個列舉值。

程式清單：codes\08\8.3\EnumSetTest.java

```
enum Season
{
    SPRING,SUMMER,FALL,WINTER
}
public class EnumSetTest
{
    public static void main(String[] args)
    {
        // 建立一個EnumSet集合，集合元素就是Season列舉類別的全部列舉值
        EnumSet es1 = EnumSet.allOf(Season.class);
        System.out.println(es1); // 輸出[SPRING,SUMMER,FALL,WINTER]
        // 建立一個EnumSet空集合，指定其集合元素是Season類別的列舉值
        EnumSet es2 = EnumSet.noneOf(Season.class);
        System.out.println(es2); // 輸出[]
        // 手動添加兩個元素
        es2.add(Season.WINTER);
        es2.add(Season.SPRING);
        System.out.println(es2); // 輸出[SPRING,WINTER]
```

```
        // 以指定列舉值建立EnumSet集合
        EnumSet es3 = EnumSet.of(Season.SUMMER , Season.WINTER);
        System.out.println(es3); // 輸出[SUMMER,WINTER]
        EnumSet es4 = EnumSet.range(Season.SUMMER , Season.WINTER);
        System.out.println(es4); // 輸出[SUMMER,FALL,WINTER]
        // 新增立的EnumSet集合元素和es4集合元素有相同的類型
        // es5集合元素 + es4集合元素 = Season列舉類別的全部列舉值
        EnumSet es5 = EnumSet.complementOf(es4);
        System.out.println(es5); // 輸出[SPRING]
    }
}
```

上面程式中粗體字標識的程式碼示範了 EnumSet 集合的常規用法。除此之外，還可以複製另一個 EnumSet 集合中的所有元素來建立新的 EnumSet 集合，或者複製另一個 Collection 集合中的所有元素來建立新的 EnumSet 集合。當複製 Collection 集合中的所有元素來建立新的 EnumSet 集合時，要求 Collection 集合中的所有元素必須是同一個列舉類別的列舉值。下面程式示範了這個用法。

程式清單：codes\08\8.3\EnumSetTest2.java

```
public class EnumSetTest2
{
    public static void main(String[] args)
    {
        Collection c = new HashSet();
        c.clear();
        c.add(Season.FALL);
        c.add(Season.SPRING);
        // 複製Collection集合中的所有元素來建立EnumSet集合
        EnumSet enumSet = EnumSet.copyOf(c);    // ①
        System.out.println(enumSet); // 輸出[SPRING,FALL]
        c.add("瘋狂Java講義");
        c.add("輕量級Java EE企業應用實戰");
        // 下面程式碼出現異常：因為c集合裡的元素不是全部都為列舉值
        enumSet = EnumSet.copyOf(c);  // ②
    }
}
```

上面程式中兩處粗體字標識的程式碼沒有任何區別，只是因為執行②行程式碼時，c 集合中的元素不全是列舉值，而是包含了兩個字串物件，所以在②行程式碼處拋出 ClassCastException 異常。

當試圖複製一個Collection集合裡的元素來建立EnumSet集合時，必須保證Collection集合裡的所有元素都是同一個列舉類別的列舉值。

8.3.5 各Set實作類別的效能分析

HashSet 和 TreeSet 是 Set 的兩個典型實作，到底如何選擇 HashSet 和 TreeSet 呢？ HashSet 的效能總是比 TreeSet 好（特別是最常用的添加、查詢元素等操作），因為 TreeSet 需要額外的紅黑樹演算法來維護集合元素的次序。只有當需要一個保持排序的 Set 時，才應該使用 TreeSet，否則都應該使用 HashSet。

HashSet 還有一個子類別：LinkedHashSet，對於普通的插入、刪除操作，LinkedHashSet 比 HashSet 要略微慢一點，這是由維護鏈接串列所帶來的額外開銷造成的，但由於有了鏈接串列，遍歷 LinkedHashSet 會更快。

EnumSet 是所有 Set 實作類別中效能最好的，但它只能存放同一個列舉類別的列舉值作為集合元素。

必須指出的是，Set 的三個實作類別 HashSet、TreeSet 和 EnumSet 都是執行緒不安全的。如果有多個執行緒同時存取一個 Set 集合，並且有超過一個執行緒修改了該 Set 集合，則必須手動保證該 Set 集合的同步性。通常可以通過 Collections 工具類別的 synchronizedSortedSet 方法來「包裝」該 Set 集合。此操作最好在建立時進行，以防止對 Set 集合的意外非同步存取。例如：

```
SortedSet s = Collections.synchronizedSortedSet(new TreeSet(...));
```

關於 Collections 工具類別的更進一步用法，可以參考 8.8 節的內容。

8.4 List集合

List 集合代表一個元素有序、可重複的集合，集合中每個元素都有其對應的順序索引。List 集合允許使用重複元素，可以通過索引來存取指定位置的集合元素。List 集合預設按元素的添加順序設置元素的索引，例如第一次添加的元素索引為 0，第二次添加的元素索引為 1……

8.4.1 Java 8改進的List介面和ListIterator介面

List 作為 Collection 介面的子介面，當然可以使用 Collection 介面裡的全部方法。而且由於 List 是有序集合，因此 List 集合裡增加了一些根據索引來操作集合元素的方法。

- void add(int index, Object element)：將元素element插入到List集合的index處。

  boolean addAll(int index, Collection c)：將集合c 所包含的所有元素都插入到List集合的index處。
- Object get(int index)：返回集合index索引處的元素。
- int indexOf(Object o)：返回物件o在List集合中第一次出現的位置索引。
- int lastIndexOf(Object o)：返回物件o在List集合中最後一次出現的位置索引。
- Object remove(int index)：刪除並返回index索引處的元素。
- Object set(int index, Object element)：將index索引處的元素替換成element物件，返回被取代的舊元素。
- List subList(int fromIndex, int toIndex)：返回從索引fromIndex（包含）到索引toIndex（不包含）處所有集合元素組成的子集合。

所有的 List 實作類別都可以呼叫這些方法來操作集合元素。與 Set 集合相比，List 增加了根據索引來插入、取代和刪除集合元素的方法。除此之外，Java 8 還為 List 介面添加了如下兩個預設方法。

- void replaceAll(UnaryOperator operator)：根據operator指定的運算規則重新設置List集合的所有元素。
- void sort(Comparator c)：根據Comparator參數對List集合的元素排序。

下面程式示範了 List 集合的常規用法。

程式清單：codes\08\8.4\ListTest.java

```
public class ListTest
{
    public static void main(String[] args)
    {
        List books = new ArrayList();
```

```
        // 向books集合中添加三個元素
        books.add(new String("輕量級Java EE企業應用實戰"));
        books.add(new String("瘋狂Java講義"));
        books.add(new String("瘋狂Android講義"));
        System.out.println(books);
        // 將新字串物件插入在第二個位置
        books.add(1 , new String("瘋狂Ajax講義"));
        for (int i = 0 ; i < books.size() ; i++ )
        {
            System.out.println(books.get(i));
        }
        // 刪除第三個元素
        books.remove(2);
        System.out.println(books);
        // 判斷指定元素在List集合中的位置：輸出1，表明位於第二位
        System.out.println(books.indexOf(new String("瘋狂Ajax講義"))); //①
        //將第二個元素取代成新的字串物件
        books.set(1, new String("瘋狂Java講義"));
        System.out.println(books);
        //將books集合的第二個元素（包括）
        //到第三個元素（不包括）截取成子集合
        System.out.println(books.subList(1 , 2));
    }
}
```

上面程式中粗體字程式碼示範了 List 集合的獨特用法，List 集合可以根據位置索引來存取集合中的元素，因此 List 增加了一種新的遍歷集合元素的方法：使用普通的 for 迴圈來遍歷集合元素。運行上面程式，將看到如下運行結果：

```
[輕量級Java EE企業應用實戰, 瘋狂Java講義, 瘋狂Android講義]
輕量級Java EE企業應用實戰
瘋狂Ajax講義
瘋狂Java講義
瘋狂Android講義
[輕量級Java EE企業應用實戰, 瘋狂Ajax講義, 瘋狂Android講義]
1
[輕量級Java EE企業應用實戰, 瘋狂Java講義, 瘋狂Android講義]
[瘋狂Java講義]
```

從上面運行結果清楚地看出 List 集合的用法。注意①行程式碼處，程式試圖返回新字串物件在 List 集合中的位置，實際上 List 集合中並未包含該字串物件。因為 List 集合添加字串物件時，添加的是通過 new 關鍵字建立的新字串物件，①行程式碼處也是通過 new 關鍵字建立的新字串物件，兩個字串顯然不是同一個物件，但 List 的

indexOf 方法依然可以返回 1。List 判斷兩個物件相等的標準是什麼呢？ List 判斷兩個物件相等只要通過 equals() 方法比較返回 true 即可。看下面程式。

程式清單：codes\08\8.4\ListTest2.java

```
class A
{
    public boolean equals(Object obj)
    {
        return true;
    }
}
public class ListTest2
{
    public static void main(String[] args)
    {
        List books = new ArrayList();
        books.add(new String("輕量級Java EE企業應用實戰"));
        books.add(new String("瘋狂Java講義"));
        books.add(new String("瘋狂Android講義"));
        System.out.println(books);
        // 刪除集合中的A物件，將導致第一個元素被刪除
        books.remove(new A());      // ①
        System.out.println(books);
        // 刪除集合中的A物件，再次刪除集合中的第一個元素
        books.remove(new A());      // ②
        System.out.println(books);
    }
}
```

編譯、運行上面程式，看到如下運行結果：

```
[輕量級Java EE企業應用實戰, 瘋狂Java講義, 瘋狂Android講義]
[瘋狂Java講義, 瘋狂Android講義]
[瘋狂Android講義]
```

從上面運行結果可以看出，執行①行程式碼時，程式試圖刪除一個 A 物件，List 將會呼叫該 A 物件的 equals() 方法依次與集合元素進行比較，如果該 equals() 方法以某個集合元素作為參數時返回 true，List 將會刪除該元素——A 類別覆寫了 equals() 方法，該方法總是返回 true。所以每次從 List 集合中刪除 A 物件時，總是刪除 List 集合中的第一個元素。

當呼叫List的set(int index, Object element)方法來改變List集合指定索引處的元素時，指定的索引必須是List集合的有效索引。例如集合長度是4，就不能指定取代索引為4處的元素一也就是說，set(int index, Object element)方法不會改變List集合的長度。

Java 8 為 List 集合增加了 sort() 和 replaceAll() 兩個常用的預設方法，其中 sort() 方法需要一個 Comparator 物件來控制元素排序，程式可使用 Lambda 運算式來作為參數；而 replaceAll() 方法則需要一個 UnaryOperator 來取代所有集合元素，UnaryOperator 也是一個函數式介面，因此程式也可使用 Lambda 運算式作為參數。如下程式示範了 List 集合的兩個預設方法的功能。

程式清單：codes\08\8.4\ListTest3.java

```
public class ListTest3
{
    public static void main(String[] args)
    {
        List books = new ArrayList();
        // 向books集合中添加4個元素
        books.add(new String("輕量級Java EE企業應用實戰"));
        books.add(new String("瘋狂Java講義"));
        books.add(new String("瘋狂Android講義"));
        books.add(new String("瘋狂iOS講義"));
        // 使用目標類型為Comparator的Lambda運算式對List集合排序
        books.sort((o1, o2)->((String)o1).length() - ((String)o2).length());
        System.out.println(books);
        // 使用目標類型為UnaryOperator的Lambda運算式來取代集合中所有元素
        // 該Lambda運算式控制使用每個字串的長度作為新的集合元素
        books.replaceAll(ele->((String)ele).length());
        System.out.println(books); // 輸出[7, 8, 11, 16]
    }
}
```

上面程式中第一行粗體字程式碼控制對 List 集合進行排序，傳給 sort() 方法的 Lambda 運算式指定的排序規則是：字串長度越長，字串越大，因此執行完第一行粗體字程式碼之後，List 集合中的字串會按由短到長的順序排列。

程式中第二行粗體字程式碼傳給 replaceAll() 方法的 Lambda 運算式指定了取代集合元素的規則：直接用集合元素（字串）的長度作為新的集合元素。執行該方法後，集合元素被取代為 [7, 8, 11, 16]。

與 Set 只提供了一個 iterator() 方法不同，List 還額外提供了一個 listIterator() 方法，該方法返回一個 ListIterator 物件，ListIterator 介面繼承了 Iterator 介面，提供了專門操作 List 的方法。ListIterator 介面在 Iterator 介面基礎上增加了如下方法。

- boolean hasPrevious()：返回該迭代器關聯的集合是否還有上一個元素。
- Object previous()：返回該迭代器的上一個元素。
- void add(Object o)：在指定位置插入一個元素。

拿 ListIterator 與普通的 Iterator 進行對比，不難發現 ListIterator 增加了向前迭代的功能（Iterator 只能向後迭代），而且 ListIterator 還可通過 add() 方法向 List 集合中添加元素（Iterator 只能刪除元素）。下面程式示範了 ListIterator 的用法。

程式清單：codes\08\8.4\ListIteratorTest.java

```
public class ListIteratorTest
{
    public static void main(String[] args)
    {
        String[] books = {
            "瘋狂Java講義", "瘋狂iOS講義",
            "輕量級Java EE企業應用實戰"
        };
        List bookList = new ArrayList();
        for (int i = 0; i < books.length ; i++ )
        {
            bookList.add(books[i]);
        }
        ListIterator lit = bookList.listIterator();
        while (lit.hasNext())
        {
            System.out.println(lit.next());
            lit.add("-------分隔符-------");
        }
        System.out.println("=======下面開始反向迭代=======");
        while(lit.hasPrevious())
        {
            System.out.println(lit.previous());
        }
    }
}
```

從上面程式中可以看出，使用 ListIterator 迭代 List 集合時，開始也需要採用正向迭代，即先使用 next() 方法進行迭代，在迭代過程中可以使用 add() 方法向上一次迭代元素的後面添加一個新元素。運行上面程式，看到如下結果：

```
瘋狂Java講義
瘋狂iOS講義
輕量級Java EE企業應用實戰
=======下面開始反向迭代=======
-------分隔符-------
輕量級Java EE企業應用實戰
-------分隔符-------
瘋狂iOS講義
-------分隔符-------
瘋狂Java講義
```

8.4.2 ArrayList和Vector實作類別

ArrayList 和 Vector 作為 List 類別的兩個典型實作，完全支援前面介紹的 List 介面的全部功能。

ArrayList 和 Vector 類別都是基於陣列實作的 List 類別，所以 ArrayList 和 Vector 類別封裝了一個動態的、允許再分配的 Object[] 陣列。ArrayList 或 Vector 物件使用 initialCapacity 參數來設置該陣列的長度，當向 ArrayList 或 Vector 中添加元素超出了該陣列的長度時，它們的 initialCapacity 會自動增加。

對於通常的程式設計場景，程式設計師無須關心 ArrayList 或 Vector 的 initialCapacity。但如果向 ArrayList 或 Vector 集合中添加大量元素時，可使用 ensureCapacity(int minCapacity) 方法一次性地增加 initialCapacity。這可以減少重分配的次數，從而提高效能。

如果開始就知道 ArrayList 或 Vector 集合需要存放多少個元素，則可以在建立它們時就指定 initialCapacity 大小。如果建立空的 ArrayList 或 Vector 集合時不指定 initialCapacity 參數，則 Object[] 陣列的長度預設為 10。

除此之外，ArrayList 和 Vector 還提供了如下兩個方法來重新分配 Object[] 陣列。

- void ensureCapacity(int minCapacity)：將ArrayList或Vector集合的Object[]陣列長度增加大於或等於minCapacity值。

◆ void trimToSize()：調整ArrayList或Vector集合的Object[]陣列長度為當前元素的個數。呼叫該方法可減少ArrayList或Vector集合物件佔用的儲存空間。

ArrayList 和 Vector 在用法上幾乎完全相同，但由於 Vector 是一個古老的集合（從 JDK 1.0 就有了），那時候 Java 還沒有提供系統的集合框架，所以 Vector 裡提供了一些方法名很長的方法，例如 addElement(Object obj)，實際上這個方法與 add (Object obj) 沒有任何區別。從 JDK 1.2 以後，Java 提供了系統的集合框架，就將 Vector 改為實作 List 介面，作為 List 的實作之一，從而導致 Vector 裡有一些功能重複的方法。

Vector 的系列方法中方法名更短的方法屬於後來新增的方法，方法名更長的方法則是 Vector 原有的方法。Java 改寫了 Vector 原有的方法，將其方法名縮短是為了簡化程式設計。而 ArrayList 開始就作為 List 的主要實作類別，因此沒有那些方法名很長的方法。實際上，Vector 具有很多缺點，通常儘量少用 Vector 實作類別。

除此之外，ArrayList 和 Vector 的顯著區別是：ArrayList 是執行緒不安全的，當多個執行緒存取同一個 ArrayList 集合時，如果有超過一個執行緒修改了 ArrayList 集合，則程式必須手動保證該集合的同步性；但 Vector 集合則是執行緒安全的，無須程式保證該集合的同步性。因為 Vector 是執行緒安全的，所以 Vector 的效能比 ArrayList 的效能要低。實際上，即使需要保證 List 集合執行緒安全，也同樣不推薦使用 Vector 實作類別。後面會介紹一個 Collections 工具類別，它可以將一個 ArrayList 變成執行緒安全的。

Vector 還提供了一個 Stack 子類別，它用於模擬「堆疊」這種資料結構，「堆疊」通常是指「後進先出」（LIFO）的容器。最後「push」進堆疊的元素，將最先被「pop」出堆疊。與 Java 中的其他集合一樣，進堆疊出堆疊的都是 Object，因此從堆疊中取出元素後必須進行類型轉換，除非你只是使用 Object 具有的操作。所以 Stack 類別裡提供了如下幾個方法。

◆ Object peek()：返回「堆疊」的第一個元素，但並不將該元素「pop」出堆疊。

◆ Object pop()：返回「堆疊」的第一個元素，並將該元素「pop」出堆疊。

◆ void push(Object item)：將一個元素「push」進堆疊，最後一個進「堆疊」的元素總是位於「堆疊」頂。

需要指出的是，由於 Stack 繼承了 Vector，因此它也是一個非常古老的 Java 集合類別，它同樣是執行緒安全的、效能較差的，因此應該儘量少用 Stack 類別。如果程式需要使用「堆疊」這種資料結構，則可以考慮使用後面將要介紹的 ArrayDeque。

提示 ArrayDeque也是List的實作類別，ArrayDeque既實作了List介面，也實作了Deque介面，由於實作了Deque介面，因此可以作為堆疊來使用；而且ArrayDeque底層也是基於陣列的實作，因此效能也很好。本書將在8.5節詳細介紹ArrayDeque。

8.4.3 固定長度的List

前面講陣列時介紹了一個操作陣列的工具類別：Arrays，該工具類別裡提供了asList(Object... a) 方法，該方法可以把一個陣列或指定個數的物件轉換成一個 List 集合，這個 List 集合既不是 ArrayList 實作類別的實例，也不是 Vector 實作類別的實例，而是 Arrays 的內部類別 ArrayList 的實例。

Arrays.ArrayList 是一個固定長度的 List 集合，程式只能遍歷存取該集合裡的元素，不可增加、刪除該集合裡的元素。如下程式所示。

程式清單：codes\08\8.4\FixedSizeList.java

```
public class FixedSizeList
{
    public static void main(String[] args)
    {
        List fixedList = Arrays.asList("瘋狂Java講義"
            , "輕量級Java EE企業應用實戰");
        // 獲取fixedList的實作類別，將輸出Arrays$ArrayList
        System.out.println(fixedList.getClass());
        // 使用方法參照遍歷集合元素
        fixedList.forEach(System.out::println);
        // 試圖增加、刪除元素都會引發UnsupportedOperationException異常
        fixedList.add("瘋狂Android講義");
        fixedList.remove("瘋狂Java講義");
    }
}
```

上面程式中粗體字標識的兩行程式碼對於普通的 List 集合完全正常，但如果試圖通過這兩個方法來增加、刪除 Arrays$ArrayList 集合裡的元素，將會引發異常。所以上面程式在編譯時完全正常，但會在運行第一行粗體字標識的程式碼行處引發 UnsupportedOperationException 異常。

8.5 Queue集合

Queue 用於模擬佇列這種資料結構，佇列通常是指「先進先出」(FIFO) 的容器。佇列的首部存放在佇列中存放時間最長的元素，佇列的尾部存放在佇列中存放時間最短的元素。新元素插入（offer）到佇列的尾部，存取元素（poll）操作會返回佇列首部的元素。通常，佇列不允許隨機存取佇列中的元素。

Queue 介面中定義了如下幾個方法。

- void add(Object e)：將指定元素加入此佇列的尾部。
- Object element()：獲取佇列首部的元素，但是不刪除該元素。
- boolean offer(Object e)：將指定元素加入此佇列的尾部。當使用有容量限制的佇列時，此方法通常比add(Object e)方法更好。
- Object peek()：獲取佇列首部的元素，但是不刪除該元素。如果此佇列為空，則返回null。
- Object poll()：獲取佇列首部的元素，並刪除該元素。如果此佇列為空，則返回null。
- Object remove()：獲取佇列首部的元素，並刪除該元素。

Queue 介面有一個 PriorityQueue 實作類別。除此之外，Queue 還有一個 Deque 介面，Deque 代表一個「雙端佇列」，雙端佇列可以同時從兩端來添加、刪除元素，因此 Deque 的實作類別既可當成佇列使用，也可當成堆疊使用。Java 為 Deque 提供了 ArrayDeque 和 LinkedList 兩個實作類別。

8.5.1 PriorityQueue實作類別

PriorityQueue 是一個比較標準的佇列實作類別。之所以說它是比較標準的佇列實作，而不是絕對標準的佇列實作，是因為 PriorityQueue 存放佇列元素的順序並不是按加入佇列的順序，而是按佇列元素的大小進行重新排序。因此當呼叫 peek() 方法或者 poll() 方法取出佇列中的元素時，並不是取出最先進入佇列的元素，而是取出佇列中最小的元素。從這個意義上來看，PriorityQueue 已經違反了佇列的最基本規則：先進先出（FIFO）。下面程式示範了 PriorityQueue 佇列的用法。

程式清單：codes\08\8.5\PriorityQueueTest.java

```
public class PriorityQueueTest
{
    public static void main(String[] args)
    {
        PriorityQueue pq = new PriorityQueue();
        // 下面程式碼依次向pq中加入四個元素
        pq.offer(6);
        pq.offer(-3);
        pq.offer(20);
        pq.offer(18);
        // 輸出pq佇列，並不是按元素的加入順序排列
        System.out.println(pq); // 輸出[-3, 6, 20, 18]
        // 存取佇列的第一個元素，其實就是佇列中最小的元素：-3
        System.out.println(pq.poll());
    }
}
```

運行上面程式直接輸出 PriorityQueue 集合時，可能看到該佇列裡的元素並沒有很好地按大小進行排序，但這只是受到 PriorityQueue 的 toString() 方法的返回值的影響。實際上，程式多次呼叫 PriorityQueue 集合物件的 poll() 方法，即可看到元素按從小到大的順序「移出佇列」。

PriorityQueue 不允許插入 null 元素，它還需要對佇列元素進行排序，PriorityQueue 的元素有兩種排序方式。

◆ 自然排序：採用自然順序的PriorityQueue集合中的元素必須實作了Comparable介面，而且應該是同一個類別的多個實例，否則可能導致 ClassCastException異常。

◆ 自訂排序：建立PriorityQueue佇列時，傳入一個Comparator物件，該物件負責對佇列中的所有元素進行排序。採用自訂排序時不要求佇列元素實作Comparable介面。

PriorityQueue 佇列對元素的要求與 TreeSet 對元素的要求基本一致，因此關於使用自然排序和自訂排序的詳細介紹請參考 8.3.3 節。

8.5.2 Deque介面與ArrayDeque實作類別

Deque 介面是 Queue 介面的子介面，它代表一個雙端佇列，Deque 介面裡定義了一些雙端佇列的方法，這些方法允許從兩端來操作佇列的元素。

- void addFirst(Object e)：將指定元素插入該雙端佇列的開頭。
- void addLast(Object e)：將指定元素插入該雙端佇列的末尾。
- Iterator descendingIterator()：返回該雙端佇列對應的迭代器，該迭代器將以逆向順序來迭代佇列中的元素。
- Object getFirst()：獲取但不刪除雙端佇列的第一個元素。
- Object getLast()：獲取但不刪除雙端佇列的最後一個元素。
- boolean offerFirst(Object e)：將指定元素插入該雙端佇列的開頭。
- boolean offerLast(Object e)：將指定元素插入該雙端佇列的末尾。
- Object peekFirst()：獲取但不刪除該雙端佇列的第一個元素；如果此雙端佇列為空，則返回null。
- Object peekLast()：獲取但不刪除該雙端佇列的最後一個元素；如果此雙端佇列為空，則返回null。
- Object pollFirst()：獲取並刪除該雙端佇列的第一個元素；如果此雙端佇列為空，則返回null。
- Object pollLast()：獲取並刪除該雙端佇列的最後一個元素；如果此雙端佇列為空，則返回null。
- Object pop()（堆疊方法）：pop出該雙端佇列所表示的堆疊的堆疊頂元素。相當於removeFirst()。
- void push(Object e)（堆疊方法）：將一個元素push進該雙端佇列所表示的堆疊的堆疊頂。相當於addFirst(e)。
- Object removeFirst()：獲取並刪除該雙端佇列的第一個元素。
- Object removeFirstOccurrence(Object o)：刪除該雙端佇列的第一次出現的元素o。
- Object removeLast()：獲取並刪除該雙端佇列的最後一個元素。
- boolean removeLastOccurrence(Object o)：刪除該雙端佇列的最後一次出現的元素o。

從上面方法中可以看出，Deque 不僅可以當成雙端佇列使用，而且可以被當成堆疊來使用，因為該類別裡還包含了 pop（出堆疊）、push（入堆疊）兩個方法。

Deque 的方法與 Queue 的方法對照表如表 8.2 所示。

表8.2　Deque的方法與Queue的方法對照表

Queue的方法	Deque的方法
add(e)/offer(e)	addLast(e)/offerLast(e)
remove()/poll()	removeFirst()/pollFirst()
element()/peek()	getFirst()/peekFirst()

Deque 的方法與 Stack 的方法對照表如表 8.3 所示。

表8.3　Deque的方法與Stack的方法對照表

Stack的方法	Deque的方法
push(e)	addFirst(e)/offerFirst(e)
pop()	removeFirst()/pollFirst()
peek()	getFirst()/peekFirst()

Deque 介面提供了一個典型的實作類別：ArrayDeque，從該名稱就可以看出，它是一個基於陣列實作的雙端佇列，建立 Deque 時同樣可指定一個 numElements 參數，該參數用於指定 Object[] 陣列的長度；如果不指定 numElements 參數，Deque 底層陣列的長度為 16。

提示

ArrayList和ArrayDeque兩個集合類別的實作機制基本相似，它們的底層都採用一個動態的、可重分配的Object[]陣列來儲存集合元素，當集合元素超出了該陣列的容量時，系統會在底層重新分配一個Object[]陣列來儲存集合元素。

下面程式示範了把 ArrayDeque 當成「堆疊」來使用。

程式清單：codes\08\8.5\ArrayDequeStack.java

```
public class ArrayDequeStack
{
    public static void main(String[] args)
    {
        ArrayDeque stack = new ArrayDeque();
        // 依次將三個元素push入「堆疊」
        stack.push("瘋狂Java講義");
        stack.push("輕量級Java EE企業應用實戰");
```

```
        stack.push("瘋狂Android講義");
        // 輸出：[瘋狂Android講義, 輕量級Java EE企業應用實戰, 瘋狂Java講義]
        System.out.println(stack);
        // 存取第一個元素，但並不將其pop出「堆疊」，輸出：瘋狂Android講義
        System.out.println(stack.peek());
        // 依然輸出：[瘋狂Android講義, 瘋狂Java講義, 輕量級Java EE企業應用實戰]
        System.out.println(stack);
        // pop出第一個元素，輸出：瘋狂Android講義
        System.out.println(stack.pop());
        // 輸出：[輕量級Java EE企業應用實戰, 瘋狂Java講義]
        System.out.println(stack);
    }
}
```

上面程式的運行結果顯示了 ArrayDeque 作為堆疊的行為，因此當程式中需要使用「堆疊」這種資料結構時，推薦使用 ArrayDeque，儘量避免使用 Stack——因為 Stack 是古老的集合，效能較差。

當然 ArrayDeque 也可以當成佇列使用，此處 ArrayDeque 將按「先進先出」的方式操作集合元素。例如如下程式。

程式清單：codes\08\8.5\ArrayDequeQueue.java

```
public class ArrayDequeQueue
{
    public static void main(String[] args)
    {
        ArrayDeque queue = new ArrayDeque();
        // 依次將三個元素加入佇列
        queue.offer("瘋狂Java講義");
        queue.offer("輕量級Java EE企業應用實戰");
        queue.offer("瘋狂Android講義");
        // 輸出：[瘋狂Java講義, 輕量級Java EE企業應用實戰, 瘋狂Android講義]
        System.out.println(queue);
        // 存取佇列首部的元素，但並不將其poll出佇列「堆疊」，輸出：瘋狂Java講義
        System.out.println(queue.peek());
        // 依然輸出：[瘋狂Java講義, 輕量級Java EE企業應用實戰, 瘋狂Android講義]
        System.out.println(queue);
        // poll出第一個元素，輸出：瘋狂Java講義
        System.out.println(queuc.poll());
        // 輸出：[輕量級Java EE企業應用實戰, 瘋狂Android講義]
        System.out.println(queue);
    }
}
```

上面程式的運行結果顯示了 ArrayDeque 作為佇列的行為。

通過上面兩個程式可以看出，ArrayDeque 不僅可以作為堆疊使用，也可以作為佇列使用。

8.5.3 LinkedList實作類別

LinkedList 類別是 List 介面的實作類別——這意味著它是一個 List 集合，可以根據索引來隨機存取集合中的元素。除此之外，LinkedList 還實作了 Deque 介面，可以被當成雙端佇列來使用，因此既可以被當成「堆疊」來使用，也可以當成佇列使用。下面程式簡單示範了 LinkedList 集合的用法。

程式清單：codes\08\8.5\LinkedListTest.java

```
public class LinkedListTest
{
    public static void main(String[] args)
    {
        LinkedList books = new LinkedList();
        // 將字串元素加入佇列的尾部
        books.offer("瘋狂Java講義");
        // 將一個字串元素加入堆疊的頂部
        books.push("輕量級Java EE企業應用實戰");
        // 將字串元素添加到佇列的首部（相當於堆疊的頂部）
        books.offerFirst("瘋狂Android講義");
        // 以List的方式（按索引存取的方式）來遍歷集合元素
        for (int i = 0; i < books.size() ; i++ )
        {
            System.out.println("遍歷中：" + books.get(i));
        }
        // 存取並不刪除堆疊頂的元素
        System.out.println(books.peekFirst());
        // 存取並不刪除佇列的最後一個元素
        System.out.println(books.peekLast());
        // 將堆疊頂的元素彈出「堆疊」
        System.out.println(books.pop());
        // 下面輸出將看到佇列中第一個元素被刪除
        System.out.println(books);
        // 存取並刪除佇列的最後一個元素
        System.out.println(books.pollLast());
        // 下面輸出：[輕量級Java EE企業應用實戰]
        System.out.println(books);
    }
}
```

上面程式中粗體字程式碼分別示範了 LinkedList 作為 List 集合、雙端佇列、堆疊的用法。由此可見，LinkedList 是一個功能非常強大的集合類別。

LinkedList 與 ArrayList、ArrayDeque 的 實 作 機 制 完 全 不 同，ArrayList、ArrayDeque 內部以陣列的形式來存放集合中的元素，因此隨機存取集合元素時有較好的效能；而 LinkedList 內部以鏈接串列的形式來存放集合中的元素，因此隨機存取集合元素時效能較差，但在插入、刪除元素時效能比較出色（只需改變指位器所指的位址即可）。需要指出的是，雖然 Vector 也是以陣列的形式來儲存集合元素的，但因為它實作了執行緒同步功能（而且實作機制也不好），所以各方面效能都比較差。

注意

對於所有的內部基於陣列的集合實作，例如ArrayList、ArrayDeque等，使用隨機存取的效能比使用Iterator迭代存取的效能要好，因為隨機存取會被對應成對陣列元素的存取。

8.5.4 各種線性表的效能分析

Java 提供的 List 就是一個線性表介面，而 ArrayList、LinkedList 又是線性表的兩種典型實作：基於陣列的線性表和基於鏈的線性表。Queue 代表了佇列，Deque 代表了雙端佇列（既可作為佇列使用，也可作為堆疊使用），接下來對各種實作類別的效能進行分析。

初學者可以無須理會 ArrayList 和 LinkedList 之間的效能差異，只需要知道 LinkedList 集合不僅提供了 List 的功能，還提供了雙端佇列、堆疊的功能就行。但對於一個成熟的 Java 程式設計師，在一些效能非常敏感的地方，可能需要慎重選擇哪個 List 實作。

一般來說，由於陣列以一塊連續記憶體區來存放所有的陣列元素，所以陣列在隨機存取時效能最好，所有的內部以陣列作為底層實作的集合在隨機存取時效能都比較好；而內部以鏈接串列作為底層實作的集合在執行插入、刪除操作時有較好的效能。但總體來說，ArrayList 的效能比 LinkedList 的效能要好，因此大部分時候都應該考慮使用 ArrayList。

關於使用 List 集合有如下建議。

- 如果需要遍歷List集合元素，對於ArrayList、Vector集合，應該使用隨機存取方法（get）來遍歷集合元素，這樣效能更好；對於LinkedList集合，則應該採用迭代器（Iterator）來遍歷集合元素。

◆ 如果需要經常執行插入、刪除操作來改變包含大量資料的List集合的大小，可考慮使用LinkedList集合。使用ArrayList、Vector集合可能需要經常重新分配內部陣列的大小，效果可能較差。

◆ 如果有多個執行緒需要同時存取List集合中的元素，開發者可考慮使用Collections將集合包裝成執行緒安全的集合。

8.6 Java 8增強的Map集合

Map 用於存放具有對應關係的資料，因此 Map 集合裡存放著兩組值，一組值用於存放 Map 裡的 key，另外一組值用於存放 Map 裡的 value，key 和 value 都可以是任何參照類型的資料。Map 的 key 不允許重複，即同一個 Map 物件的任何兩個 key 通過 equals 方法比較總是返回 false。

key 和 value 之間存在單向一對一關係，即通過指定的 key，總能找到唯一的、確定的 value。從 Map 中取出資料時，只要給出指定的 key，就可以取出對應的 value。如果把 Map 的兩組值拆開來看，Map 裡的資料有如圖 8.7 所示的結構。

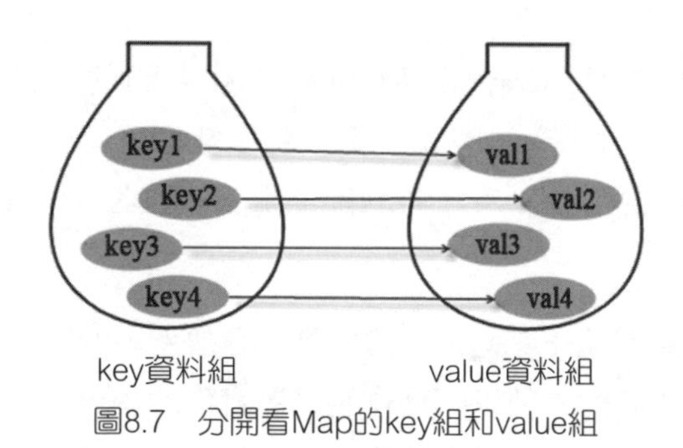

圖8.7　分開看Map的key組和value組

從圖 8.7 中可以看出，如果把 Map 裡的所有 key 放在一起來看，它們就組成了一個 Set 集合（所有的 key 沒有順序，key 與 key 之間不能重複），實際上 Map 確實包含了一個 keySet() 方法，用於返回 Map 裡所有 key 組成的 Set 集合。

不僅如此，Map 裡 key 集和 Set 集合裡元素的儲存形式也很像，Map 子類別和 Set 子類別在名字上也驚人地相似，比如 Set 介面下有 HashSet、LinkedHashSet、SortedSet（介面）、TreeSet、EnumSet 等子介面和實作類別，而 Map 介面下則有 HashMap、LinkedHashMap、SortedMap（介面）、TreeMap、EnumMap 等子介面和實

作類別。正如它們的名字所暗示的，Map 的這些實作類別和子介面中 key 集的儲存形式和對應 Set 集合中元素的儲存形式完全相同。

提示 Set與Map之間的關係非常密切。雖然Map中放的元素是key-value對，Set集合中放的元素是單個物件，但如果把key-value對中的value當成key的附庸：key在哪裡，value就跟在哪裡。這樣就可以像對待Set一樣來對待Map了。事實上，Map提供了一個Entry內部類別來封裝key-value對，而運算Entry儲存時則只考慮Entry封裝的key。從Java原始碼來看，Java是先實作了Map，然後通過包裝一個所有value都為null的Map就實作了Set集合。

如果把 Map 裡的所有 value 放在一起來看，它們又非常類似於一個 List：元素與元素之間可以重複，每個元素可以根據索引來尋找，只是 Map 中的索引不再使用整數值，而是以另一個物件作為索引。如果需要從 List 集合中取出元素，則需要提供該元素的數字索引；如果需要從 Map 中取出元素，則需要提供該元素的 key 索引。因此，Map 有時也被稱為字典，或關聯陣列。Map 介面中定義了如下常用的方法。

- void clear()：刪除該Map物件中的所有key-value對。
- boolean containsKey(Object key)：查詢Map中是否包含指定的key，如果包含則返回true。
- boolean containsValue(Object value)：查詢Map中是否包含一個或多個value，如果包含則返回true。
- Set entrySet()：返回Map中包含的key-value對所組成的Set集合，每個集合元素都是Map.Entry（Entry是Map的內部類別）物件。
- Object get(Object key)：返回指定key所對應的value；如果此Map中不包含該key，則返回null。
- boolean isEmpty()：查詢該Map是否為空（即不包含任何key-value對），如果為空則返回true。
- Set keySet()：返回該Map中所有key組成的Set集合。
- Object put(Object key, Object value)：添加一個key-value對，如果當前Map中已有一個與該key相等的key-value對，則新的key-value對會覆蓋原來的key-value對。
- void putAll(Map m)：將指定Map中的key-value對複製到本Map中。

- Object remove(Object key)：刪除指定key所對應的key-value對，返回被刪除key所關聯的value，如果該key不存在，則返回null。
- boolean remove(Object key, Object value)：這是Java 8新增的方法，刪除指定key、value所對應的key-value對。如果從該Map中成功地刪除該key-value對，該方法返回true，否則返回false。
- int size()：返回該Map裡的key-value對的個數。
- Collection values()：返回該Map裡所有value組成的Collection。

Map 介面提供了大量的實作類別，典型實作如 HashMap 和 Hashtable 等、HashMap 的子類別 LinkedHashMap，還有 SortedMap 子介面及該介面的實作類別 TreeMap，以及 WeakHashMap、IdentityHashMap 等。下面將詳細介紹 Map 介面實作類別。

Map 中包括一個內部類別 Entry，該類別封裝了一個 key-value 對。Entry 包含如下三個方法。

- Object getKey()：返回該Entry裡包含的key值。
- Object getValue()：返回該Entry裡包含的value值。
- Object setValue(V value)：設置該Entry裡包含的value值，並返回新設置的value值。

Map 集合最典型的用法就是成對地添加、刪除 key-value 對，接下來即可判斷該 Map 中是否包含指定 key，是否包含指定 value，也可以通過 Map 提供的 keySet() 方法獲取所有 key 組成的集合，進而遍歷 Map 中所有的 key-value 對。下面程式示範了 Map 的基本功能。

程式清單：codes\08\8.6\MapTest.java

```
public class MapTest
{
    public static void main(String[] args)
    {
        Map map = new HashMap();
        // 成對放入多個key-value對
        map.put("瘋狂Java講義" , 109);
        map.put("瘋狂iOS講義" , 10);
        map.put("瘋狂Ajax講義" , 79);
        // 多次放入的key-value對中value可以重複
```

```
        map.put("輕量級Java EE企業應用實戰" , 99);
        // 放入重複的key時，新的value會覆蓋原有的value
        // 如果新的value覆蓋了原有的value，該方法返回被覆蓋的value
        System.out.println(map.put("瘋狂iOS講義" , 99)); // 輸出10
        System.out.println(map); // 輸出的Map集合包含4個key-value對
        // 判斷是否包含指定key
        System.out.println("是否包含值為 瘋狂iOS講義 key："
            + map.containsKey("瘋狂iOS講義")); // 輸出true
        // 判斷是否包含指定value
        System.out.println("是否包含值為 99 value："
            + map.containsValue(99)); // 輸出true
        // 獲取Map集合的所有key組成的集合，通過遍歷key來實作遍歷所有的key-value對
        for (Object key : map.keySet() )
        {
            // map.get(key)方法獲取指定key對應的value
            System.out.println(key + "-->" + map.get(key));
        }
        map.remove("瘋狂Ajax講義"); // 根據key來刪除key-value對
        System.out.println(map); // 輸出結果中不再包含 瘋狂Ajax講義=79 的key-value對
    }
}
```

上面程式中前 5 行粗體字程式碼示範了向 Map 中成對地添加 key-value 對。添加 key-value 對時，Map 允許多個 vlaue 重複，但如果添加 key-value 對時 Map 中已有重複的 key，那麼新添加的 value 會覆蓋該 key 原來對應的 value，該方法將會返回被覆蓋的 value。

程式接下來的 2 行粗體字程式碼分別判斷了 Map 集合中是否包含指定 key、指定 value。程式中粗體字 foreach 迴圈用於遍歷 Map 集合：程式先呼叫 Map 集合的 keySet() 獲取所有的 key，然後使用 foreach 迴圈來遍歷 Map 的所有 key，根據 key 即可遍歷所有的 value。

HashMap 覆寫了 toString() 方法，實際上所有的 Map 實作類別都覆寫了 toString() 方法，呼叫 Map 物件的 toString() 方法總是返回如下格式的字串：{key1=value1,key2=value2...}。

8.6.1 Java 8為Map新增的方法

Java 8 除了為 Map 增加了 remove(Object key , Object value) 預設方法之外，還增加了如下方法。

- Object compute(Object key, BiFunction remappingFunction)：該方法使用remappingFunction根據原key-value對運算一個新value。只要新value不為null，就使用新value覆蓋原value；如果原value不為null，但新value為null，則刪除原key-value對；如果原value、新value同時為null，那麼該方法不改變任何key-value對，直接返回null。
- Object computeIfAbsent(Object key, Function mappingFunction)：如果傳給該方法的key參數在Map中對應的value為null，則使用mappingFunction根據key運算一個新的結果，如果運算結果不為null，則用運算結果覆蓋原有的value。如果原Map原來不包括該key，那麼該方法可能會添加一組key-value對。
- Object computeIfPresent(Object key, BiFunction remappingFunction)：如果傳給該方法的key參數在Map中對應的value不為null，該方法將使用remappingFunction根據原key、value運算一個新的結果，如果運算結果不為null，則使用該結果覆蓋原來的value；如果運算結果為null，則刪除原key-value對。
- void forEach(BiConsumer action)：該方法是Java 8為Map新增的一個遍歷key-value對的方法，通過該方法可以更簡潔地遍歷Map的key-value對。
- Object getOrDefault(Object key, V defaultValue)：獲取指定key對應的value。如果該key不存在，則返回defaultValue。
- Object merge(Object key, Object value, BiFunction remappingFunction)：該方法會先根據key參數獲取該Map中對應的value。如果獲取的value為null，則直接用傳入的value覆蓋原有的value（在這種情況下，可能要添加一組key-value對）；如果獲取的value不為null，則使用remappingFunction函數根據原value、新value運算一個新的結果，並用得到的結果去覆蓋原有的value。
- Object putIfAbsent(Object key, Object value)：該方法會自動檢測指定key對應的value是否為null，如果該key對應的value為null，該方法將會用新value代替原來的null值。

◆ Object replace(Object key, Object value)：將Map中指定key對應的value取代成新value。與傳統put()方法不同的是，該方法不可能添加新的key-value對。如果嘗試取代的key在原Map中不存在，該方法不會添加key-value對，而是返回null。

boolean replace(K key, V oldValue, V newValue)：將Map中指定key-value對的原value取代成新value。如果在Map中找到指定的key-value對，則執行取代並返回true，否則返回false。

◆ replaceAll(BiFunction function)：該方法使用BiFunction對原key-value對執行運算，並將運算結果作為該key-value對的value值。

下面程式示範了 Map 常用預設方法的功能和用法。

程式清單：codes\08\8.6\MapTest2.java

```
public class MapTest2
{
    public static void main(String[] args)
    {
        Map map = new HashMap();
        // 成對放入多個key-value對
        map.put("瘋狂Java講義" , 109);
        map.put("瘋狂iOS講義" , 99);
        map.put("瘋狂Ajax講義" , 79);
        // 嘗試取代key為"瘋狂XML講義"的value，由於原Map中沒有對應的key
        // 因此Map沒有改變，不會添加新的key-value對
        map.replace("瘋狂XML講義" , 66);
        System.out.println(map);
        // 使用原value與傳入參數運算出來的結果覆蓋原有的value
        map.merge("瘋狂iOS講義" , 10 ,
            (oldVal , param) -> (Integer)oldVal + (Integer)param);
        System.out.println(map); // "瘋狂iOS講義"的value增大了10
        // 當key為"Java"對應的value為null（或不存在）時，使用運算的結果作為新value
        map.computeIfAbsent("Java" , (key)->((String)key).length());
        System.out.println(map); // map中添加了 Java=4 這組key-value對
        // 當key為"Java"對應的value存在時，使用運算的結果作為新value
        map.computeIfPresent("Java",
            (key , value) -> (Integer)value * (Integer)value);
        System.out.println(map); // map中 Java=4 變成 Java=16
    }
}
```

上面程式中註解已經寫得很清楚了，而且給出了每個方法的運行結果，讀者可以結合這些方法的介紹文件來閱讀該程式，從而掌握 Map 中這些預設方法的功能與用法。

8.6.2 Java 8改進的HashMap和Hashtable實作類別

HashMap 和 Hashtable 都是 Map 介面的典型實作類別，它們之間的關係完全類似於 ArrayList 和 Vector 的關係：Hashtable 是一個古老的 Map 實作類別，它從 JDK 1.0 起就已經出現了，當它出現時，Java 還沒有提供 Map 介面，所以它包含了兩個煩瑣的方法，即 elements()（類似於 Map 介面定義的 values() 方法）和 keys()（類似於 Map 介面定義的 keySet() 方法），現在很少使用這兩個方法（關於這兩個方法的用法請參考 8.9 節）。

Java 8 改進了 HashMap 的實作，使用 HashMap 存在 key 衝突時依然具有較好的效能。

除此之外，Hashtable 和 HashMap 存在兩點典型區別。

- Hashtable是一個執行緒安全的Map實作，但HashMap是執行緒不安全的實作，所以HashMap比Hashtable的效能高一點；但如果有多個執行緒存取同一個Map物件時，使用Hashtable實作類別會更好。
- Hashtable不允許使用null作為key和value，如果試圖把null值放進Hashtable中，將會引發NullPointerException異常；但HashMap可以使用null作為key或value。

由於 HashMap 裡的 key 不能重複，所以 HashMap 裡最多只有一個 key-value 對的 key 為 null，但可以有無數多個 key-value 對的 value 為 null。下面程式示範了用 null 值作為 HashMap 的 key 和 value 的情形。

程式清單：codes\08\8.6\NullInHashMap.java

```
public class NullInHashMap
{
    public static void main(String[] args)
    {
        HashMap hm = new HashMap();
        // 試圖將兩個key為null值的key-value對放入HashMap中
        hm.put(null , null);
        hm.put(null , null);    // ①
        // 將一個value為null值的key-value對放入HashMap中
        hm.put("a" , null);    // ②
        // 輸出Map物件
        System.out.println(hm);
    }
}
```

上面程式試圖向 HashMap 中放入三個 key-value 對，其中①程式碼處無法將 key-value 對放入，因為 Map 中已經有一個 key-value 對的 key 為 null 值，所以無法再放入 key 為 null 值的 key-value 對。②程式碼處可以放入該 key-value 對，因為一個 HashMap 中可以有多個 value 為 null 值。編譯、運行上面程式，看到如下輸出結果：

```
{null=null, a=null}
```

注意

從Hashtable的類別名稱上就可以看出它是一個古老的類別，它的命名甚至沒有遵守Java的命名規範：每個單詞的首字母都應該大寫。也許當初開發Hashtable的工程師也沒有注意到這一點，後來大量Java程式中使用了Hashtable類別，所以這個類別名稱也就不能改為HashTable了，否則將導致大量程式需要改寫。與Vector類似的是，儘量少用Hashtable實作類別，即使需要建立執行緒安全的Map實作類別，也無須使用Hashtable實作類別，可以通過後面介紹的Collections工具類別把HashMap變成執行緒安全的。

為了成功地在 HashMap、Hashtable 中儲存、獲取物件，用作 key 的物件必須實作 hashCode() 方法和 equals() 方法。

與 HashSet 集合不能保證元素的順序一樣，HashMap、Hashtable 也不能保證其中 key-value 對的順序。類似於 HashSet，HashMap、Hashtable 判斷兩個 key 相等的標準也是：兩個 key 通過 equals() 方法比較返回 true，兩個 key 的 hashCode 值也相等。

除此之外，HashMap、Hashtable 中還包含一個 containsValue() 方法，用於判斷是否包含指定的 value。那麼 HashMap、Hashtable 如何判斷兩個 value 相等呢？HashMap、Hashtable 判斷兩個 value 相等的標準更簡單：只要兩個物件通過 equals() 方法比較返回 true 即可。下面程式示範了 Hashtable 判斷兩個 key 相等的標準和兩個 value 相等的標準。

程式清單：codes\08\8.6\HashtableTest.java

```
class A
{
    int count;
    public A(int count)
    {
        this.count = count;
    }
    // 根據count的值來判斷兩個物件是否相等
    public boolean equals(Object obj)
```

```
    {
        if (obj == this)
            return true;
        if (obj != null && obj.getClass() == A.class)
        {
            A a = (A)obj;
            return this.count == a.count;
        }
        return false;
    }
    // 根據count來運算hashCode值
    public int hashCode()
    {
        return this.count;
    }
}
class B
{
    // 覆寫equals()方法，B物件與任何物件通過equals()方法比較都返回true
    public boolean equals(Object obj)
    {
        return true;
    }
}
public class HashtableTest
{
    public static void main(String[] args)
    {
        Hashtable ht = new Hashtable();
        ht.put(new A(60000) , "瘋狂Java講義");
        ht.put(new A(87563) , "輕量級Java EE企業應用實戰");
        ht.put(new A(1232) , new B());
        System.out.println(ht);
        // 只要兩個物件通過equals()方法比較返回true
        // Hashtable就認為它們是相等的value
        // 由於Hashtable中有一個B物件
        // 它與任何物件通過equals()方法比較都相等，所以下面輸出true
        System.out.println(ht.containsValue("測試字串")); // ① 輸出true
        // 只要兩個A物件的count相等，它們通過equals()方法比較返回true，且hashCode值相等
        // Hashtable即認為它們是相同的key，所以下面輸出true
        System.out.println(ht.containsKey(new A(87563))); // ② 輸出true
        // 下面語句可以刪除最後一個key-value對
        ht.remove(new A(1232));     // ③
        System.out.println(ht);
    }
}
```

上面程式定義了 A 類別和 B 類別，其中 A 類別判斷兩個 A 物件相等的標準是 count 實例變數：只要兩個 A 物件的 count 變數相等，則通過 equals() 方法比較它們返回 true，它們的 hashCode 值也相等；而 B 物件則可以與任何物件相等。

Hashtable 判斷 value 相等的標準是：value 與另外一個物件通過 equals() 方法比較返回 true 即可。上面程式中的 ht 物件中包含了一個 B 物件，它與任何物件通過 equals() 方法比較總是返回 true，所以在①程式碼處返回 true。在這種情況下，不管傳給 ht 物件的 containtsValue() 方法參數是什麼，程式總是返回 true。

根據 Hashtable 判斷兩個 key 相等的標準，程式在②處也將輸出 true，因為兩個 A 物件雖然不是同一個物件，但它們通過 equals() 方法比較返回 true，且 hashCode 值相等，Hashtable 即認為它們是同一個 key。類似的是，程式在③處也可以刪除對應的 key-value 對。

注意

當使用自訂類別作為HashMap、Hashtable的key時，如果覆寫該類別的equals(Object obj)和hashCode()方法，則應該保證兩個方法的判斷標準一致一當兩個key通過equals()方法比較返回true時，兩個key的hashCode()返回值也應該相同。因為HashMap、Hashtable存放key的方式與HashSet存放集合元素的方式完全相同，所以HashMap、Hashtable對key的要求與HashSet對集合元素的要求完全相同。

與 HashSet 類似的是，如果使用可變物件作為 HashMap、Hashtable 的 key，並且程式修改了作為 key 的可變物件，則也可能出現與 HashSet 類似的情形：程式再也無法準確存取到 Map 中被修改過的 key。看下面程式。

程式清單：codes\08\8.6\HashMapErrorTest.java

```
public class HashMapErrorTest
{
    public static void main(String[] args)
    {
        HashMap ht = new HashMap();
        // 此處的A類別與前一個程式的A類別是同一個類別
        ht.put(new A(60000) , "瘋狂Java講義");
        ht.put(new A(87563) , "輕量級Java EE企業應用實戰");
        // 獲得Hashtable的key Set集合對應的Iterator迭代器
        Iterator it = ht.keySet().iterator();
        // 取出Map中第一個key，並修改它的count值
        A first = (A)it.next();
        first.count = 87563;    // ①
```

```
        // 輸出{A@1560b=瘋狂Java講義, A@1560b=輕量級Java EE企業應用實戰}
        System.out.println(ht);
        // 只能刪除沒有被修改過的key所對應的key-value對
        ht.remove(new A(87563));
        System.out.println(ht);
        // 無法獲取剩下的value，下面兩行程式碼都將輸出null
        System.out.println(ht.get(new A(87563)));    // ②輸出null
        System.out.println(ht.get(new A(60000)));    // ③輸出null
    }
}
```

該程式使用了前一個程式定義的 A 類別實例作為 key，而 A 物件是可變物件。當程式在①處修改了 A 物件後，實際上修改了 HashMap 集合中元素的 key，這就導致該 key 不能被準確存取。當程式試圖刪除 count 為 87563 的 A 物件時，只能刪除沒被修改的 key 所對應的 key-value 對。程式②和③處的程式碼都不能存取「瘋狂 Java 講義」字串，這都是因為它對應的 key 被修改過的原因。

注意

與HashSet類似的是，儘量不要使用可變物件作為HashMap、Hashtable的key，如果確實需要使用可變物件作為HashMap、Hashtable的key，則儘量不要在程式中修改作為key的可變物件。

8.6.3 LinkedHashMap實作類別

HashSet 有一個 LinkedHashSet 子類別，HashMap 也有一個 LinkedHashMap 子類別；LinkedHashMap 也使用雙向鏈接串列來維護 key-value 對的次序（其實只需要考慮 key 的次序），該鏈接串列負責維護 Map 的迭代順序，迭代順序與 key-value 對的插入順序保持一致。

LinkedHashMap 可以避免對 HashMap、Hashtable 裡的 key-value 對進行排序（只要插入 key-value 對時保持順序即可），同時又可避免使用 TreeMap 所增加的成本。

LinkedHashMap 需要維護元素的插入順序，因此效能略低於 HashMap 的效能；但因為它以鏈接串列來維護內部順序，所以在迭代存取 Map 裡的全部元素時將有較好的效能。下面程式示範了 LinkedHashMap 的功能：迭代輸出 LinkedHashMap 的元素時，將會按添加 key-value 對的順序輸出。

程式清單：codes\08\8.6\LinkedHashMapTest.java

```
public class LinkedHashMapTest
{
    public static void main(String[] args)
    {
        LinkedHashMap scores = new LinkedHashMap();
        scores.put("語文" , 80);
        scores.put("英文" , 82);
        scores.put("數學" , 76);
        // 呼叫forEach()方法遍歷scores裡的所有key-value對
        scores.forEach((key, value) -> System.out.println(key + "-->" + value));
    }
}
```

上面程式中最後一行程式碼使用 Java 8 為 Map 新增的 forEach() 方法來遍歷 Map 集合。編譯、運行上面程式，即可看到 LinkedHashMap 的功能：LinkedHashMap 可以記住 key-value 對的添加順序。

8.6.4 使用Properties讀寫屬性檔

Properties 類別是 Hashtable 類別的子類別，正如它的名字所暗示的，該物件在處理屬性檔時特別方便（Windows 作業系統上的 ini 檔就是一種屬性檔）。Properties 類別可以把 Map 物件和屬性檔關聯起來，從而可以把 Map 物件中的 key-value 對寫入屬性檔中，也可以把屬性檔中的「屬性名 = 屬性值」載入到 Map 物件中。由於屬性檔裡的屬性名、屬性值只能是字串類型，所以 Properties 裡的 key、value 都是字串類型。該類別提供了如下三個方法來修改 Properties 裡的 key、value 值。

提示

Properties相當於一個key、value都是String類型的Map。

- String getProperty(String key)：獲取Properties中指定屬性名對應的屬性值，類似於Map的get(Object key)方法。
- String getProperty(String key, String defaultValue)：該方法與前一個方法基本相似。該方法多一個功能，如果Properties中不存在指定的key時，則該方法指定預設值。
- Object setProperty(String key, String value)：設置屬性值，類似於Hashtable 的put()方法。

除此之外，它還提供了兩個讀寫屬性檔的方法。

◆ void load(InputStream inStream)：從屬性檔（以輸入串流表示）中載入key-value對，把載入到的key-value對附加到Properties裡（Properties是Hashtable的子類別，它不保證key-value對之間的次序）。

◆ void store(OutputStream out, String comments)：將Properties中的key-value對輸出到指定的屬性檔（以輸出串流表示）中。

上面兩個方法中使用了 InputStream 類別和 OutputStream 類別，它們是 Java IO 體系中的兩個基底類別，關於這兩個類別的詳細介紹請參考第 15 章。

程式清單：codes\08\8.6\PropertiesTest.java

```
public class PropertiesTest
{
    public static void main(String[] args)
        throws Exception
    {
        Properties props = new Properties();
        // 向Properties中添加屬性
        props.setProperty("username" , "yeeku");
        props.setProperty("password" , "123456");
        // 將Properties中的key-value對存放到a.ini檔中
        props.store(new FileOutputStream("a.ini")
            , "comment line");   // ①
        // 新增一個Properties物件
        Properties props2 = new Properties();
        // 向Properties中添加屬性
        props2.setProperty("gender" , "male");
        // 將a.ini檔中的key-value對附加到props2中
        props2.load(new FileInputStream("a.ini") );   // ②
        System.out.println(props2);
    }
}
```

上面程式示範了 Properties 類別的用法，其中①程式碼處將 Properties 物件中的 key-value 對寫入 a.ini 檔案中；②程式碼處則從 a.ini 檔中讀取 key-value 對，並添加到 props2 物件中。編譯、運行上面程式，該程式輸出結果如下：

```
{password=123456, gender=male, username=yeeku}
```

上面程式還在當前路徑下產生了一個 a.ini 檔案，該檔案的內容如下：

```
#comment line
#Thu Apr 17 00:40:22 CST 2014
password=123456
username=yeeku
```

Properties 可以把 key-value 對以 XML 檔的形式存放起來，也可以從 XML 檔中載入 key-value 對，用法與此類似，此處不再贅述。

8.6.5 SortedMap介面和TreeMap實作類別

正如 Set 介面衍生出 SortedSet 子介面，SortedSet 介面有一個 TreeSet 實作類別一樣，Map 介面也衍生出一個 SortedMap 子介面，SortedMap 介面也有一個 TreeMap 實作類別。

TreeMap 就是一個紅黑樹資料結構，每個 key-value 對即作為紅黑樹的一個節點。TreeMap 儲存 key-value 對（節點）時，需要根據 key 對節點進行排序。TreeMap 可以保證所有的 key-value 對處於有序狀態。TreeMap 也有兩種排序方式。

- 自然排序：TreeMap的所有key必須實作Comparable介面，而且所有的key應該是同一個類別的物件，否則將會拋出ClassCastException異常。
- 自訂排序：建立TreeMap時，傳入一個Comparator物件，該物件負責對TreeMap中的所有key進行排序。採用自訂排序時不要求Map的key實作Comparable介面。

類似於 TreeSet 中判斷兩個元素相等的標準，TreeMap 中判斷兩個 key 相等的標準是：兩個 key 通過 compareTo() 方法返回 0，TreeMap 即認為這兩個 key 是相等的。

如果使用自訂類別作為 TreeMap 的 key，且想讓 TreeMap 良好地工作，則覆寫該類別的 equals() 方法和 compareTo() 方法時應保持一致的返回結果：兩個 key 通過 equals() 方法比較返回 true 時，它們通過 compareTo() 方法比較應該返回 0。如果 equals() 方法與 compareTo() 方法的返回結果不一致，TreeMap 與 Map 介面的規則就會衝突。

再次強調：Set和Map的關係十分密切，Java原始碼就是先實作了HashMap、TreeMap等集合，然後通過包裝一個所有的value都為null的Map集合實作了Set集合類別。

與 TreeSet 類似的是，TreeMap 中也提供了一系列根據 key 順序存取 key-value 對的方法。

- Map.Entry firstEntry()：返回該Map中最小key所對應的key-value對，如果該Map為空，則返回null。
- Object firstKey()：返回該Map中的最小key值，如果該Map為空，則返回null。
- Map.Entry lastEntry()：返回該Map中最大key所對應的key-value對，如果該Map為空或不存在這樣的key-value對，則都返回null。
- Object lastKey()：返回該Map中的最大key值，如果該Map為空或不存在這樣的key，則都返回null。
- Map.Entry higherEntry(Object key)：返回該Map中位於key後一位的key-value對（即大於指定key的最小key所對應的key-value對）。如果該Map為空，則返回null。
- Object higherKey(Object key)：返回該Map中位於key後一位的key值（即大於指定key的最小key值）。如果該Map為空或不存在這樣的key-value對，則都返回null。
- Map.Entry lowerEntry(Object key)：返回該Map中位於key前一位的key-value對（即小於指定key的最大key所對應的key-value對）。如果該Map為空或不存在這樣的key-value對，則都返回null。
- Object lowerKey(Object key)：返回該Map中位於key前一位的key值（即小於指定key的最大key值）。如果該Map為空或不存在這樣的key，則都返回null。
- NavigableMap subMap(Object fromKey, boolean fromInclusive, Object toKey, boolean toInclusive)：返回該Map的子Map，其key的範圍是從fromKey（是否包括取決於第二個參數）到toKey（是否包括取決於第四個參數）。
- SortedMap subMap(Object fromKey, Object toKey)：返回該Map的子Map，其key的範圍是從fromKey（包括）到toKey（不包括）。
- SortedMap tailMap(Object fromKey)：返回該Map的子Map，其key的範圍是大於fromKey（包括）的所有key。
- NavigableMap tailMap(Object fromKey, boolean inclusive)：返回該Map的子Map，其key的範圍是大於fromKey（是否包括取決於第二個參數）的所有key。

◆ SortedMap headMap(Object toKey)：返回該Map的子Map，其key的範圍是小於toKey（不包括）的所有key。

◆ NavigableMap headMap(Object toKey, boolean inclusive)：返回該Map的子Map，其key的範圍是小於toKey（是否包括取決於第二個參數）的所有key。

提示 表面上看起來這些方法很複雜，其實它們很簡單。因為TreeMap中的key-value對是有序的，所以增加了存取第一個、前一個、後一個、最後一個key-value對的方法，並提供了幾個從TreeMap中截取子TreeMap的方法。

下面以自然排序為例，介紹 TreeMap 的基本用法。

程式清單：codes\08\8.6\TreeMapTest.java

```
class R implements Comparable
{
    int count;
    public R(int count)
    {
        this.count = count;
    }
    public String toString()
    {
        return "R[count:" + count + "]";
    }
    // 根據count來判斷兩個物件是否相等
    public boolean equals(Object obj)
    {
        if (this == obj)
            return true;
        if (obj != null    && obj.getClass() == R.class)
        {
            R r = (R)obj;
            return r.count == this.count;
        }
        return false;
    }
    // 根據count屬性值來判斷兩個物件的大小
    public int compareTo(Object obj)
    {
        R r = (R)obj;
        return count > r.count ? 1 :
            count < r.count ? -1 : 0;
    }
}
```

```
public class TreeMapTest
{
    public static void main(String[] args)
    {
        TreeMap tm = new TreeMap();
        tm.put(new R(3) , "輕量級Java EE企業應用實戰");
        tm.put(new R(-5) , "瘋狂Java講義");
        tm.put(new R(9) , "瘋狂Android講義");
        System.out.println(tm);
        // 返回該TreeMap的第一個Entry物件
        System.out.println(tm.firstEntry());
        // 返回該TreeMap的最後一個key值
        System.out.println(tm.lastKey());
        // 返回該TreeMap的比new R(2)大的最小key值
        System.out.println(tm.higherKey(new R(2)));
        // 返回該TreeMap的比new R(2)小的最大的key-value對
        System.out.println(tm.lowerEntry(new R(2)));
        // 返回該TreeMap的子TreeMap
        System.out.println(tm.subMap(new R(-1) , new R(4)));
    }
}
```

上面程式中定義了一個 R 類別，該類別覆寫了 equals() 方法，並實作了 Comparable 介面，所以可以使用該 R 物件作為 TreeMap 的 key，該 TreeMap 使用自然排序。運行上面程式，看到如下運行結果：

```
{R[count:-5]=瘋狂Java講義, R[count:3]=輕量級Java EE企業應用實戰, R[count:9]=瘋狂
Android講義}
R[count:-5]=瘋狂Java講義
R[count:9]
R[count:3]
R[count:-5]=瘋狂Java講義
{R[count:3]=輕量級Java EE企業應用實戰}
```

8.6.6 WeakHashMap實作類別

WeakHashMap 與 HashMap 的用法基本相似。與 HashMap 的區別在於，HashMap 的 key 保留了對實際物件的強參照，這意味著只要該 HashMap 物件不被銷毀，該 HashMap 的所有 key 所參照的物件就不會被垃圾回收，HashMap 也不會自動刪除這些 key 所對應的 key-value 對；但 WeakHashMap 的 key 只保留了對實際物件的弱參照，這意味著如果 WeakHashMap 物件的 key 所參照的物件沒有被其他強參照變數所

參照，則這些 key 所參照的物件可能被垃圾回收，WeakHashMap 也可能自動刪除這些 key 所對應的 key-value 對。

WeakHashMap 中的每個 key 物件只持有對實際物件的弱參照，因此，當垃圾回收了該 key 所對應的實際物件之後，WeakHashMap 會自動刪除該 key 對應的 key-value 對。看如下程式。

程式清單：codes\08\8.6\WeakHashMapTest.java

```
public class WeakHashMapTest
{
    public static void main(String[] args)
    {
        WeakHashMap whm = new WeakHashMap();
        // 向WeakHashMap中添加三個key-value對
        // 三個key都是匿名字串物件（沒有其他參照）
        whm.put(new String("語文") , new String("良好"));
        whm.put(new String("數學") , new String("及格"));
        whm.put(new String("英文") , new String("中等"));
        // 向WeakHashMap中添加一個key-value對
        // 該key是一個系統快取的字串物件
        whm.put("java" , new String("中等"));    // ①
        // 輸出whm物件，將看到4個key-value對
        System.out.println(whm);
        // 通知系統立即進行垃圾回收
        System.gc();
        System.runFinalization();
        // 在通常情況下，將只看到一個key-value對
        System.out.println(whm);
    }
}
```

編譯、運行上面程式，看到如下運行結果：

```
{英文=中等, java=中等, 數學=及格, 語文=良好}
{java=中等}
```

從上面運行結果可以看出，當系統進行垃圾回收時，刪除了 WeakHashMap 物件的前三個 key-value 對。這是因為添加前三個 key-value 對（粗體字部分）時，這三個 key 都是匿名的字串物件，WeakHashMap 只保留了對它們的弱參照，這樣垃圾回收時會自動刪除這三個 key-value 對。

WeakHashMap 物件中第 4 組 key-value 對（①號粗體字程式碼行）的 key 是一個字串字面常數，（系統會自動保留對該字串物件的強參照），所以垃圾回收時不會回收它。

如果需要使用WeakHashMap的key來保留物件的弱參照，則不要讓該key所參照的物件具有任何強參照，否則將失去使用WeakHashMap的意義。

8.6.7 IdentityHashMap實作類別

這個 Map 實作類別的實作機制與 HashMap 基本相似，但它在處理兩個 key 相等時比較獨特：在 IdentityHashMap 中，當且僅當兩個 key 嚴格相等（key1 == key2）時，IdentityHashMap 才認為兩個 key 相等；對於普通的 HashMap 而言，只要 key1 和 key2 通過 equals() 方法比較返回 true，且它們的 hashCode 值相等即可。

IdentityHashMap是一個特殊的Map實作！此類別實作 Map 介面時，它有意違反Map的通常規範：IdentityHashMap要求兩個key嚴格相等時才認為兩個key相等。

IdentityHashMap 提供了與 HashMap 基本相似的方法，也允許使用 null 作為 key 和 value。與 HashMap 相似：IdentityHashMap 也不保證 key-value 對之間的順序，更不能保證它們的順序隨時間的推移保持不變。

程式清單：codes\08\8.6\IdentityHashMapTest.java

```
public class IdentityHashMapTest
{
    public static void main(String[] args)
    {
        IdentityHashMap ihm = new IdentityHashMap();
        // 下面兩行程式碼將會向IdentityHashMap物件中添加兩個key-value對
        ihm.put(new String("語文") , 89);
        ihm.put(new String("語文") , 78);
        // 下面兩行程式碼只會向IdentityHashMap物件中添加一個key-value對
        ihm.put("java" , 93);
        ihm.put("java" , 98);
        System.out.println(ihm);
    }
}
```

編譯、運行上面程式，看到如下運行結果：

```
{java=98, 語文=78, 語文=89}
```

上面程式試圖向 IdentityHashMap 物件中添加 4 個 key-value 對，前 2 個 key-value 對中的 key 是新增立的字串物件，它們通過 == 比較不相等，所以 IdentityHashMap 會把它們當成 2 個 key 來處理；後 2 個 key-value 對中的 key 都是字串字面常數，而且它們的字元序列完全相同，Java 使用常數池來管理字串字面常數，所以它們通過 == 比較返回 true，IdentityHashMap 會認為它們是同一個 key，因此只有一次可以添加成功。

8.6.8 EnumMap實作類別

EnumMap 是一個與列舉類別一起使用的 Map 實作，EnumMap 中的所有 key 都必須是單個列舉類別的列舉值。建立 EnumMap 時必須顯式或隱式指定它對應的列舉類別。EnumMap 具有如下特徵。

- EnumMap在內部以陣列形式存放，所以這種實作形式非常緊湊、高效。
- EnumMap根據key的自然順序（即列舉值在列舉類別中的定義順序）來維護key-value對的順序。當程式通過keySet()、entrySet()、values()等方法遍歷EnumMap時可以看到這種順序。
- EnumMap不允許使用null作為key，但允許使用null作為value。如果試圖使用null作為key時將拋出NullPointerException異常。如果只是查詢是否包含值為null的key，或只是刪除值為null的key，都不會拋出異常。

與建立普通的 Map 有所區別的是，建立 EnumMap 時必須指定一個列舉類別，從而將該 EnumMap 和指定列舉類別關聯起來。

下面程式示範了 EnumMap 的用法。

程式清單：codes\08\8.6\EnumMapTest.java

```
enum Season
{
    SPRING,SUMMER,FALL,WINTER
}
public class EnumMapTest
{
    public static void main(String[] args)
    {
        // 建立EnumMap物件，該EnumMap的所有key都是Season列舉類別的列舉值
        EnumMap enumMap = new EnumMap(Season.class);
        enumMap.put(Season.SUMMER , "夏日炎炎");
        enumMap.put(Season.SPRING , "春暖花開");
```

```
        System.out.println(enumMap);
    }
}
```

上面程式中建立了一個 EnumMap 物件，建立該 EnumMap 物件時指定它的 key 只能是 Season 列舉類別的列舉值。如果向該 EnumMap 中添加兩個 key-value 對後，這兩個 key-value 對將會以 Season 列舉值的自然順序排序。

編譯、運行上面程式，看到如下運行結果：

```
{SPRING=春暖花開, SUMMER=夏日炎炎}
```

8.6.9 各Map實作類別的效能分析

對於 Map 的常用實作類別而言，雖然 HashMap 和 Hashtable 的實作機制幾乎一樣，但由於 Hashtable 是一個古老的、執行緒安全的集合，因此 HashMap 通常比 Hashtable 要快。

TreeMap 通常比 HashMap、Hashtable 要慢（尤其在插入、刪除 key-value 對時更慢），因為 TreeMap 底層採用紅黑樹來管理 key-value 對（紅黑樹的每個節點就是一個 key-value 對）。

使用 TreeMap 有一個好處：TreeMap 中的 key-value 對總是處於有序狀態，無須專門進行排序操作。當 TreeMap 被填充之後，就可以呼叫 keySet()，取得由 key 組成的 Set，然後使用 toArray() 方法產生 key 的陣列，接下來使用 Arrays 的 binarySearch() 方法在已排序的陣列中快速地查詢物件。

對於一般的應用場景，程式應該多考慮使用 HashMap，因為 HashMap 正是為快速查詢設計的（HashMap 底層其實也是採用陣列來儲存 key-value 對）。但如果程式需要一個總是排好序的 Map 時，則可以考慮使用 TreeMap。

LinkedHashMap 比 HashMap 慢一點，因為它需要維護鏈接串列來保持 Map 中 key-value 時的添加順序。IdentityHashMap 效能沒有特別出色之處，因為它採用與 HashMap 基本相似的實作，只是它使用 == 而不是 equals() 方法來判斷元素相等。EnumMap 的效能最好，但它只能使用同一個列舉類別的列舉值作為 key。

8.7 HashSet和HashMap的效能選項

對於 HashSet 及其子類別而言，它們採用 hash 演算法來決定集合中元素的儲存位置，並通過 hash 演算法來控制集合的大小；對於 HashMap、Hashtable 及其子類別而言，它們採用 hash 演算法來決定 Map 中 key 的儲存，並通過 hash 演算法來增加 key 集合的大小。

hash 表裡可以儲存元素的位置被稱為「桶（bucket）」，在通常情況下，單個「桶」裡儲存一個元素，此時有最好的效能：hash 演算法可以根據 hashCode 值運算出「桶」的儲存位置，接著從「桶」中取出元素。但 hash 表的狀態是 open 的：在發生「hash 衝突」的情況下，單個桶會儲存多個元素，這些元素以鏈接串列形式儲存，必須按順序搜尋。如圖 8.8 所示是 hash 表存放各元素，且發生「hash 衝突」的示意圖。

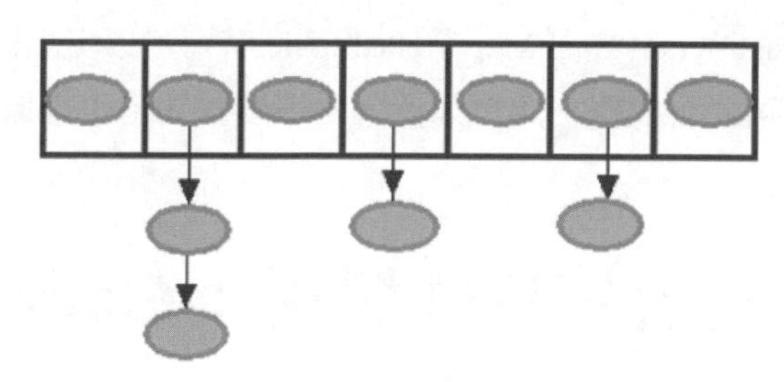

圖8.8　hash表中儲存元素的示意圖

因為 HashSet 和 HashMap、Hashtable 都使用 hash 演算法來決定其元素（HashMap 則只考慮 key）的儲存，因此 HashSet、HashMap 的 hash 表包含如下屬性。

- 容量（capacity）：hash表中桶的數量。
- 初始化容量（initial capacity）：建立hash表時桶的數量。HashMap和HashSet都允許在建構子中指定初始化容量。
- 尺寸（size）：當前hash表中記錄的數量。
- 負載因子（load factor）：負載因子等於「size/capacity」。負載因子為0，表示空的hash表，0.5表示半滿的hash表，依此類推。輕負載的hash表具有衝突少、適宜插入與查詢的特點（但是使用Iterator迭代元素時比較慢）。

除此之外，hash 表裡還有一個「負載極限」，「負載極限」是一個 0~1 的數值，「負載極限」決定了 hash 表的最大填滿程度。當 hash 表中的負載因子達到指定的「負載極限」時，hash 表會自動成倍地增加容量（桶的數量），並將原有的物件重新分配，放入新的桶內，這稱為 rehashing。

HashSet 和 HashMap、Hashtable 的建構子允許指定一個負載極限，HashSet 和 HashMap、Hashtable 預設的「負載極限」為 0.75，這表明當該 hash 表的 3/4 已經被填滿時，hash 表會發生 rehashing。

「負載極限」的預設值（0.75）是時間和空間成本上的一種折中：較高的「負載極限」可以降低 hash 表所佔用的記憶體空間，但會增加查詢資料的時間開銷，而查詢是最頻繁的操作（HashMap 的 get() 與 put() 方法都要用到查詢）；較低的「負載極限」會提高查詢資料的效能，但會增加 hash 表所佔用的記憶體開銷。程式設計師可以根據實際情況來調整 HashSet 和 HashMap 的「負載極限」值。

如果開始就知道 HashSet 和 HashMap、Hashtable 會存放很多記錄，則可以在建立時就使用較大的初始化容量，如果初始化容量始終大於 HashSet 和 HashMap、Hashtable 所包含的最大記錄數除以「負載極限」，就不會發生 rehashing。使用足夠大的初始化容量建立 HashSet 和 HashMap、Hashtable 時，可以更高效地增加記錄，但將初始化容量設置太高可能會浪費空間，因此通常不要將初始化容量設置得過高。

8.8 操作集合的工具類別：Collections

Java 提供了一個操作 Set、List 和 Map 等集合的工具類別：Collections，該工具類別裡提供了大量方法對集合元素進行排序、查詢和修改等操作，還提供了將集合物件設置為不可變、對集合物件實作同步控制等方法。

8.8.1 排序操作

Collections 提供了如下常用的類別方法用於對 List 集合元素進行排序。

- void reverse(List list)：反轉指定List集合中元素的順序。
- void shuffle(List list)：對List集合元素進行隨機排序（shuffle方法模擬了「洗牌」動作）。
- void sort(List list)：根據元素的自然順序對指定List集合的元素按遞增進行排序。
- void sort(List list, Comparator c)：根據指定Comparator產生的順序對List集合元素進行排序。

◆ void swap(List list, int i, int j)：將指定List集合中的i處元素和j處元素進行交換。

◆ void rotate(List list , int distance)：當distance為正數時，將list集合的後distance個元素「整體」移到前面；當distance為負數時，將list集合的前distance個元素「整體」移到後面。該方法不會改變集合的長度。

下面程式簡單示範了利用 Collections 工具類別來操作 List 集合。

程式清單：codes\08\8.8\SortTest.java

```
public class SortTest
{
    public static void main(String[] args)
    {
        ArrayList nums = new ArrayList();
        nums.add(2);
        nums.add(-5);
        nums.add(3);
        nums.add(0);
        System.out.println(nums); // 輸出:[2, -5, 3, 0]
        Collections.reverse(nums); // 將List集合元素的次序反轉
        System.out.println(nums); // 輸出:[0, 3, -5, 2]
        Collections.sort(nums); // 將List集合元素按自然順序排序
        System.out.println(nums); // 輸出:[-5, 0, 2, 3]
        Collections.shuffle(nums); // 將List集合元素按隨機順序排序
        System.out.println(nums); // 每次輸出的次序不固定
    }
}
```

上面程式碼示範了 Collections 類別常用的排序操作。下面通過編寫一個梭哈遊戲來展示 List 集合、Collections 工具類別的強大功能。

程式清單：codes\08\8.8\ShowHand.java

```
public class ShowHand
{
    // 定義該遊戲最多支援多少個玩家
    private final int PLAY_NUM = 5;
    // 定義撲克牌的所有花色和數值
    private String[] types = {"方塊" , "梅花" ,"紅心"  , "黑桃"};
    private String[] values = {"2" , "3" , "4" , "5"
        , "6" , "7" , "8" , "9", "10"
        , "J" , "Q" , "K" , "A"};
    // cards是一局遊戲中剩下的撲克牌
    private List<String> cards = new LinkedList<String>();
    // 定義所有的玩家
    private String[] players = new String[PLAY_NUM];
```

```
// 所有玩家手上的撲克牌
private List<String>[] playersCards = new List[PLAY_NUM];
/**
 * 初始化撲克牌，放入52張撲克牌
 * 並且使用shuffle方法將它們按隨機順序排列
 */
public void initCards()
{
    for (int i = 0 ; i < types.length ; i++ )
    {
        for (int j = 0; j < values.length ; j++ )
        {
            cards.add(types[i] + values[j]);
        }
    }
    // 隨機排列
    Collections.shuffle(cards);
}
/**
 * 初始化玩家，為每個玩家分派使用者名稱
 */
public void initPlayer(String... names)
{
    if (names.length > PLAY_NUM || names.length < 2)
    {
        // 校驗玩家數量，此處使用異常機制更合理
        System.out.println("玩家數量不對");
        return ;
    }
    else
    {
        // 初始化玩家使用者名稱
        for (int i = 0; i < names.length ; i++ )
        {
            players[i] = names[i];
        }
    }
}
/**
 * 初始化玩家手上的撲克牌，開始遊戲時每個玩家手上的撲克牌為空
 * 程式使用一個長度為0的LinkedList來表示
 */
public void initPlayerCards()
{
    for (int i = 0; i < players.length ; i++ )
    {
        if (players[i] != null && !players[i].equals(""))
```

```
            {
                playersCards[i] = new LinkedList<String>();
            }
        }
    }
    /**
     * 輸出全部撲克牌，該方法沒有實際作用，僅用作測試
     */
    public void showAllCards()
    {
        for (String card : cards )
        {
            System.out.println(card);
        }
    }
    /**
     * 派撲克牌
     * @param first 最先派給誰
     */
    public void deliverCard(String first)
    {
        // 呼叫ArrayUtils工具類別的search方法
        // 查詢出指定元素在陣列中的索引
        int firstPos = ArrayUtils.search(players , first);
        // 依次給位於該指定玩家之後的每個玩家派撲克牌
        for (int i = firstPos; i < PLAY_NUM ; i ++)
        {
            if (players[i] != null)
            {
                playersCards[i].add(cards.get(0));
                cards.remove(0);
            }
        }
        // 依次給位於該指定玩家之前的每個玩家派撲克牌
        for (int i = 0; i < firstPos ; i ++)
        {
            if (players[i] != null)
            {
                playersCards[i].add(cards.get(0));
                cards.remove(0);
            }
        }
    }
    /**
     * 輸出玩家手上的撲克牌
     * 實作該方法時，應該控制每個玩家看不到別人的第一張牌，但此處沒有增加該功能
     */
    public void showPlayerCards()
```

```
    {
        for (int i = 0; i < PLAY_NUM ; i++ )
        {
            // 當該玩家不為空時
            if (players[i] != null)
            {
                // 輸出玩家
                System.out.print(players[i] + " : " );
                // 遍歷輸出玩家手上的撲克牌
                for (String card : playersCards[i])
                {
                    System.out.print(card + "\t");
                }
            }
            System.out.print("\n");
        }
    }
    public static void main(String[] args)
    {
        ShowHand sh = new ShowHand();
        sh.initPlayer("電腦玩家" , "孫悟空");
        sh.initCards();
        sh.initPlayerCards();
        // 下面測試所有撲克牌，沒有實際作用
        sh.showAllCards();
        System.out.println("---------------");
        // 下面從"孫悟空"開始派牌
        sh.deliverCard("孫悟空");
        sh.showPlayerCards();
        /*
        這個地方需要增加處理:
        1.牌面最大的玩家下注
        2.其他玩家是否跟注
        3.遊戲是否只剩一個玩家?如果是，則他勝利了
        4.如果已經是最後一張撲克牌，則需要比較剩下玩家的牌面大小
        */
        // 再次從"電腦玩家"開始派牌
        sh.deliverCard("電腦玩家");
        sh.showPlayerCards();
    }
}
```

與五子棋遊戲類似的是，這個程式也沒有寫完，讀者可以參考該程式的思路把這個遊戲補充完整。這個程式還使用了另一個工具類別：ArrayUtils，這個工具類別的程式碼存放在 codes\08\ 8.8\ArrayUtils.java 檔案中，讀者可參考線上程式碼。

運行上面程式，即可看到如圖 8.9 所示的介面。

圖8.9 主控台梭哈遊戲介面

上面程式中用到了泛型（Generic）知識，如List<String>或LinkedList<String>等寫法，它表示在List集合中只能放String類型的物件。關於泛型的詳細介紹，請參考第9章知識。

上面程式還有一個很煩瑣的難點，就是比較玩家手上牌面值的大小，主要是因為梭哈遊戲的規則較多（它分為一對、三條、同花、順子等），所以處理起來比較麻煩，讀者可以一點一點地增加這些規則，只要該遊戲符合自訂的規則，即表明這個遊戲已經接近完成了。

8.8.2 尋找、取代操作

Collections 還提供了如下常用的用於尋找、取代集合元素的類別方法。

- int binarySearch(List list, Object key)：使用二分搜尋法搜尋指定的List集合，以獲得指定物件在List集合中的索引。如果要使該方法可以正常工作，則必須保證List中的元素已經處於有序狀態。
- Object max(Collection coll)：根據元素的自然順序，返回給定集合中的最大元素。
- Object max(Collection coll, Comparator comp)：根據Comparator指定的順序，返回給定集合中的最大元素。
- Object min(Collection coll)：根據元素的自然順序，返回給定集合中的最小元素。
- Object min(Collection coll, Comparator comp)：根據Comparator指定的順序，返回給定集合中的最小元素。

- void fill(List list, Object obj)：使用指定元素obj取代指定List集合中的所有元素。
- int frequency(Collection c, Object o)：返回指定集合中指定元素的出現次數。
- int indexOfSubList(List source, List target)：返回子List物件在父List物件中第一次出現的位置索引；如果父List中沒有出現這樣的子List，則返回 -1。
- int lastIndexOfSubList(List source, List target)：返回子List物件在父List物件中最後一次出現的位置索引；如果父List中沒有出現這樣的子List，則返回 -1。
- boolean replaceAll(List list, Object oldVal, Object newVal)：使用一個新值newVal取代List物件的所有舊值oldVal。

下面程式簡單示範了 Collections 工具類別的用法。

程式清單：codes\08\8.8\SearchTest.java

```
public class SearchTest
{
    public static void main(String[] args)
    {
        ArrayList nums = new ArrayList();
        nums.add(2);
        nums.add(-5);
        nums.add(3);
        nums.add(0);
        System.out.println(nums); // 輸出:[2, -5, 3, 0]
        System.out.println(Collections.max(nums)); // 輸出最大元素，將輸出3
        System.out.println(Collections.min(nums)); // 輸出最小元素，將輸出-5
        Collections.replaceAll(nums , 0 , 1); // 將nums中的0使用1來代替
        System.out.println(nums); // 輸出:[2, -5, 3, 1]
        // 判斷-5在List集合中出現的次數，返回1
        System.out.println(Collections.frequency(nums , -5));
        Collections.sort(nums); // 對nums集合排序
        System.out.println(nums); // 輸出:[-5, 1, 2, 3]
        //只有排序後的List集合才可用二分法查詢，輸出3
        System.out.println(Collections.binarySearch(nums , 3));
    }
}
```

8.8.3 同步控制

Collections 類別中提供了多個 synchronizedXxx() 方法，該方法可以將指定集合包裝成執行緒同步的集合，從而可以解決多執行緒並行存取集合時的執行緒安全問題。

Java 中常用的集合框架中的實作類別 HashSet、TreeSet、ArrayList、ArrayDeque、LinkedList、HashMap 和 TreeMap 都是執行緒不安全的。如果有多個執行緒存取它們，而且有超過一個的執行緒試圖修改它們，則存在執行緒安全的問題。Collections 提供了多個類別方法可以把它們包裝成執行緒同步的集合。

下面的範例程式建立了 4 個執行緒安全的集合物件。

程式清單：codes\08\8.8\SynchronizedTest.java

```
public class SynchronizedTest
{
    public static void main(String[] args)
    {
        // 下面程式建立了4個執行緒安全的集合物件
        Collection c = Collections
            .synchronizedCollection(new ArrayList());
        List list = Collections.synchronizedList(new ArrayList());
        Set s = Collections.synchronizedSet(new HashSet());
        Map m = Collections.synchronizedMap(new HashMap());
    }
}
```

在上面範例程式中，直接將新增立的集合物件傳給了 Collections 的 synchronizedXxx 方法，這樣就可以直接獲取 List、Set 和 Map 的執行緒安全實作版本。

8.8.4 設置不可變集合

Collections 提供了如下三類方法來返回一個不可變的集合。

- emptyXxx()：返回一個空的、不可變的集合物件，此處的集合既可以是List，也可以是SortedSet、Set，還可以是Map、SortedMap等。
- singletonXxx()：返回一個只包含指定物件（只有一個或一項元素）的、不可變的集合物件，此處的集合既可以是List，還可以是Map。
- unmodifiableXxx()：返回指定集合物件的不可變檢視，此處的集合既可以是List，也可以是Set、SortedSet，還可以是Map、SorteMap等。

上面三類方法的參數是原有的集合物件，返回值是該集合的「唯讀」版本。通過 Collections 提供的三類方法，可以產生「唯讀」的 Collection 或 Map。看下面程式。

程式清單：codes\08\8.8\UnmodifiableTest.java

```
public class UnmodifiableTest
{
    public static void main(String[] args)
    {
        // 建立一個空的、不可改變的List物件
        List unmodifiableList = Collections.emptyList();
        // 建立一個只有一個元素，且不可改變的Set物件
        Set unmodifiableSet = Collections.singleton("瘋狂Java講義");
        // 建立一個普通的Map物件
        Map scores = new HashMap();
        scores.put("語文" , 80);
        scores.put("Java" , 82);
        // 返回普通的Map物件對應的不可變版本
        Map unmodifiableMap = Collections.unmodifiableMap(scores);
        // 下面任意一行程式碼都將引發UnsupportedOperationException異常
        unmodifiableList.add("測試元素");      // ①
        unmodifiableSet.add("測試元素");       // ②
        unmodifiableMap.put("語文" , 90);      // ③
    }
}
```

上面程式的三行粗體字程式碼分別定義了一個空的、不可變的 List 物件，一個只包含一個元素的、不可變的 Set 物件和一個不可變的 Map 物件。不可變的集合物件只能存取集合元素，不可修改集合元素。所以上面程式中①②③處的程式碼都將引發 UnsupportedOperationException 異常。

8.9 煩瑣的介面：Enumeration

Enumeration 介面是 Iterator 迭代器的「古老版本」，從 JDK 1.0 開始，Enumeration 介面就已經存在了（Iterator 從 JDK 1.2 才出現）。Enumeration 介面只有兩個名字很長的方法。

- boolean hasMoreElements( )：如果此迭代器還有剩下的元素，則返回true。
- Object nextElement( )：返回該迭代器的下一個元素，如果還有的話（否則拋出異常）。

通過這兩個方法不難發現，Enumeration 介面中的方法名稱冗長，難以記憶，而且沒有提供 Iterator 的 remove() 方法。如果現在編寫 Java 程式，應該儘量採用 Iterator 迭代器，而不是用 Enumeration 迭代器。

Java 之所以保留 Enumeration 介面，主要是為了照顧以前那些「古老」的程式，那些程式裡大量使用了 Enumeration 介面，如果新版本的 Java 裡直接刪除 Enumeration 介面，將會導致那些程式全部出錯。在電腦行業有一條規則：加入任何規則都必須慎之又慎，因為以後無法刪除規則。

實際上，前面介紹的 Vector（包括其子類別 Stack）、Hashtable 兩個集合類別，以及另一個極少使用的 BitSet，都是從 JDK 1.0 遺留下來的集合類別，而 Enumeration 介面可用於遍歷這些「古老」的集合類別。對於 ArrayList、HashMap 等集合類別，不再支援使用 Enumeration 迭代器。

下面程式示範了如何通過 Enumeration 介面來迭代 Vector 和 Hashtable。

程式清單：codes\08\8.9\EnumerationTest.java

```
public class EnumerationTest
{
    public static void main(String[] args)
    {
        Vector v = new Vector();
        v.add("瘋狂Java講義");
        v.add("輕量級Java EE企業應用實戰");
        Hashtable scores = new Hashtable();
        scores.put("語文" , 78);
        scores.put("數學" , 88);
        Enumeration em = v.elements();
        while (em.hasMoreElements())
        {
            System.out.println(em.nextElement());
        }
        Enumeration keyEm = scores.keys();
        while (keyEm.hasMoreElements())
        {
            Object key = keyEm.nextElement();
            System.out.println(key + "--->" + scores.get(key));
        }
    }
}
```

上面程式使用 Enumeration 迭代器來遍歷 Vector 和 Hashtable 集合裡的元素，其工作方式與 Iterator 迭代器的工作方式基本相似。但使用 Enumeration 迭代器時方法名更加冗長，而且 Enumeration 迭代器只能遍歷 Vector、Hashtable 這種古老的集合，因此通常不要使用它。除非在某些極端情況下，不得不使用 Enumeration，否則都應該選擇 Iterator 迭代器。

8.10 本章小結

本章詳細介紹了 Java 集合框架的相關知識。本章從 Java 的集合框架體系開始講起，概述了 Java 集合框架的 4 個主要體系：Set、List、Queue 和 Map，並簡述了集合在程式設計中的重要性。本章詳細介紹了 Java 8 對集合框架的改進，包括使用 Lambda 運算式簡化集合程式設計，以及集合的 Stream 程式設計等。本章細緻地講述了 Set、List、Queue、Map 介面及各實作類別的詳細用法，並深入分析了各種實作類別實作機制的差異，並給出了選擇集合實作類別時的原則。本章從原理上剖析了 Map 結構特徵，以及 Map 結構和 Set、List 之間的區別及聯繫。本章最後通過梭哈遊戲示範了 Collections 工具類別的基本用法。

本章練習

1. 建立一個Set集合，並用Set集合存放使用者通過主控台輸入的20個字串。
2. 建立一個List集合，並隨意添加10個元素。然後獲取索引為5處的元素；再獲取其中某2個元素的索引；再刪除索引為3處的元素。
3. 給定["a", "b" , "a" , "b", "c" , "a", "b" , "c" , "b"]字串陣列，然後使用Map的key來存放陣列中字串元素，value存放該字串元素的出現次數，最後統計出各字串元素的出現次數。
4. 將本章未完成的梭哈遊戲補充完整，不斷地添加梭哈規則，開發一個主控台的梭哈遊戲。

CHAPTER

9

泛型

- 編譯時類型檢查的重要性
- 使用泛型實作編譯時進行類型檢查
- 定義泛型介面、泛型類別
- 衍生泛型介面、泛型類別的子類別、實作類別
- 使用類型萬用字元
- 設定類型萬用字元的上限
- 設定類型形式參數的上限
- 在方法簽名中定義類型形式參數
- 泛型方法和類型萬用字元的區別與聯繫
- 設定類型萬用字元的下限
- 泛型方法與方法多載
- Java 8改進的類型推斷
- 抹除與轉換
- 泛型與陣列

本章的知識可以與前一章的內容補充閱讀，因為 JDK 1.5 增加泛型支援在很大程度上都是為了讓集合能記住其元素的資料類型。在沒有泛型之前，一旦把一個物件「丟進」Java 集合中，集合就會忘記物件的類型，把所有的物件當成 Object 類型處理。當程式從集合中取出物件後，就需要進行強制類型轉換，這種強制類型轉換不僅使程式碼臃腫，而且容易引起 ClassCastExeception 異常。

增加了泛型支援後的集合，完全可以記住集合中元素的類型，並可以在編譯時檢查集合中元素的類型，如果試圖向集合中添加不滿足類型要求的物件，編譯器就會提示錯誤。增加泛型後的集合，可以讓程式碼更加簡潔，程式更加健壯（Java 泛型可以保證如果程式在編譯時沒有發出警告，運行時就不會產生 ClassCastException 異常）。除此之外，Java 泛型還增強了列舉類別、反射等方面的功能，泛型在反射中的用法，將在第 18 章中介紹。

本章不僅會介紹如何通過泛型來實作編譯時檢查集合元素的類型，而且會深入介紹 Java 泛型的詳細用法，包括定義泛型類別、泛型介面，以及類型萬用字元、泛型方法等知識。

9.1 泛型入門

Java 集合有個缺點——把一個物件「丟進」集合裡之後，集合就會「忘記」這個物件的資料類型，當再次取出該物件時，該物件的編譯類型就變成了 Object 類型（其運行時類型沒變）。

Java 集合之所以被設計成這樣，是因為集合的設計者不知道我們會用集合來存放什麼類型的物件，所以他們把集合設計成能存放任何類型的物件，只要求具有很好的通用性。但這樣做帶來如下兩個問題：

- 集合對元素類型沒有任何限制，這樣可能引發一些問題。例如，想建立一個只能存放Dog物件的集合，但程式也可以輕易地將Cat物件「丟」進去，所以可能引發異常。
- 由於把物件「丟進」集合時，集合遺失了物件的狀態資訊，集合只知道它盛裝的是Object，因此取出集合元素後通常還需要進行強制類型轉換。這種強制類型轉換既增加了程式設計的複雜度，也可能引發ClassCastException異常。

下面將深入介紹編譯時不檢查類型可能引發的異常，以及如何做到在編譯時進行類型檢查。

9.1.1 編譯時不檢查類型的異常

下面程式將會看到編譯時不檢查類型所導致的異常。

程式清單：codes\09\9.1\ListErr.java

```
public class ListErr
{
    public static void main(String[] args)
    {
        // 建立一個只想存放字串的List集合
        List strList = new ArrayList();
        strList.add("瘋狂Java講義");
        strList.add("瘋狂Android講義");
        //「不小心」把一個Integer物件「丟進」了集合
        strList.add(5);     // ①
        strList.forEach(str -> System.out.println(((String)str).length())); // ②
    }
}
```

上面程式建立了一個 List 集合，而且只希望該 List 集合存放字串物件——但程式不能進行任何限制，如果程式在①處「不小心」把一個 Integer 物件「丟進」了 List 集合中，這將導致程式在②處引發 ClassCastException 異常，因為程式試圖把一個 Integer 物件轉換為 String 類型。

9.1.2 使用泛型

從 Java 5 以後，Java 引入了「參數化類型（parameterized type）」的概念，允許程式在建立集合時指定集合元素的類型，正如在第 8 章的 ShowHand.java 程式中見到的 List<String>，這表明該 List 只能存放字串類型的物件。Java 的參數化類型被稱為泛型（Generic）。

對於前面的 ListErr.java 程式，可以使用泛型改進這個程式。

程式清單：codes\09\9.1\GenericList.java

```
public class GenericList
{
    public static void main(String[] args)
    {
        // 建立一個只想存放字串的List集合
        List<String> strList = new ArrayList<String>();  // ①
        strList.add("瘋狂Java講義");
        strList.add("瘋狂Android講義");
        // 下面程式碼將引起編譯錯誤
        strList.add(5);    // ②
        strList.forEach(str -> System.out.println(str.length())); // ③
    }
}
```

上面程式成功建立了一個特殊的 List 集合：strList，這個 List 集合只能存放字串物件，不能存放其他類型的物件。建立這種特殊集合的方法是：在集合介面、類別後增加尖括號，尖括號裡放一個資料類型，即表明這個集合介面、集合類別只能存放特定類型的物件。注意①處的類型宣告，它指定 strList 不是一個任意的 List，而是一個 String 類型的 List，寫作：List<String>。可以稱 List 是帶一個類型參數的泛型介面，在本例中，類型參數是 String。在建立這個 ArrayList 物件時也指定了一個類型參數。

上面程式將在②處引發編譯異常，因為 strList 集合只能添加 String 物件，所以不能將 Integer 物件「丟進」該集合。

而且程式在③處不需要進行強制類型轉換，因為 strList 物件可以「記住」它的所有集合元素都是 String 類型。

上面程式碼不僅更加健壯，程式再也不能「不小心」地把其他物件「丟進」strList 集合中；而且程式更加簡潔，集合自動記住所有集合元素的資料類型，從而無須對集合元素進行強制類型轉換。這一切，都是因為 Java 5 提供的泛型支援。

9.1.3 Java 7泛型的「菱形」語法

在 Java 7 以前，如果使用帶泛型的介面、類別定義變數，那麼呼叫建構子建立物件時建構子的後面也必須帶泛型，這顯得有些多餘了。例如如下兩條語句：

```
List<String> strList = new ArrayList<String>();
Map<String , Integer> scores = new HashMap<String , Integer>();
```

上面兩條語句中的粗體字程式碼部分完全是多餘的，在 Java 7 以前這是必需的，不能省略。從 Java 7 開始，Java 允許在建構子後不需要帶完整的泛型資訊，只要給出一對尖括號（<>）即可，Java 可以推斷尖括號裡應該是什麼泛型資訊。即上面兩條語句可以改寫為如下形式：

```
List<String> strList = new ArrayList<>();
Map<String , Integer> scores = new HashMap<>();
```

把兩個尖括號並排放在一起非常像一個菱形，這種語法也就被稱為「菱形」語法。下面程式示範了 Java 7 的菱形語法。

程式清單：codes\09\9.1\DiamondTest.java

```
public class DiamondTest
{
    public static void main(String[] args)
    {
        // Java自動推斷出ArrayList的<>裡應該是String
        List<String> books = new ArrayList<>();
        books.add("瘋狂Java講義");
        books.add("瘋狂Android講義");
        // 遍歷books集合，集合元素就是String類型
        books.forEach(ele -> System.out.println(ele.length()));
        // Java自動推斷出HashMap的<>裡應該是String , List<String>
        Map<String , List<String>> schoolsInfo = new HashMap<>();
        // Java自動推斷出ArrayList的<>裡應該是String
        List<String> schools = new ArrayList<>();
        schools.add("斜月三星洞");
        schools.add("西天取經路");
        schoolsInfo.put("孫悟空" , schools);
        // 遍歷Map時，Map的key是String類型，value是List<String>類型
        schoolsInfo.forEach((key , value) -> System.out.println(key + "-->" + value));
    }
}
```

上面程式中三行粗體字程式碼就是「菱形」語法的範例。從該程式不難看出，「菱形」語法對原有的泛型並沒有改變，只是更好地簡化了泛型程式設計。

9.2 深入泛型

所謂泛型，就是允許在定義類別、介面、方法時使用類型形式參數，這個類型形式參數將在宣告變數、建立物件、呼叫方法時動態地指定（即傳入實際的類型參數，也可稱為類型實際參數）。Java 5 改寫了集合框架中的全部介面和類別，為這些介面、類別增加了泛型支援，從而可以在宣告集合變數、建立集合物件時傳入類型實際參數，這就是在前面程式中看到的 List<String> 和 ArrayList<String> 兩種類型。

9.2.1 定義泛型介面、類別

下面是 Java 5 改寫後 List 介面、Iterator 介面、Map 的程式碼片段。

```
// 定義介面時指定了一個類型形式參數，該形式參數名為E
public interface List<E>
{
    // 在該介面裡，E可作為類型使用
    // 下面方法可以使用E作為參數類型
    void add(E x);
    Iterator<E> iterator();    // ①
    ...
}
// 定義介面時指定了一個類型形式參數，該形式參數名為E
public interface Iterator<E>
{
    // 在該介面裡E完全可以作為類型使用
    E next();
    boolean hasNext();
    ...
}
// 定義該介面時指定了兩個類型形式參數，其形式參數名為K、V
public interface Map<K , V>
{
    // 在該介面裡K、V完全可以作為類型使用
    Set<K> keySet()    // ②
    V put(K key, V value)
    ...
}
```

上面三個介面宣告是比較簡單的，除了尖括號中的內容——這就是泛型的實質：允許在定義介面、類別時宣告類型形式參數，類型形式參數在整個介面、類別體內可當成類型使用，幾乎所有可使用普通類型的地方都可以使用這種類型形式參數。

除此之外，①②處方法宣告返回值類型是 Iterator<E>、Set<K>，這表明 Set<K> 形式是一種特殊的資料類型，是一種與 Set 不同的資料類型——可以認為是 Set 類型的子類型。

例如使用 List 類型時，如果為 E 形式參數傳入 String 類型實際參數，則產生了一個新的類型：List<String> 類型，可以把 List<String> 想像成 E 被全部取代成 String 的特殊 List 子介面。

```
// List<String>等同於如下介面
public interface ListString extends List
{
    // 原來的E形式參數全部變成String類型實際參數
    void add(String x);
    Iterator<String> iterator();
    ...
}
```

通過這種方式，就解決了 9.1.2 節中的問題——雖然程式只定義了一個 List<E> 介面，但實際使用時可以產生無數多個 List 介面，只要為 E 傳入不同的類型實際參數，系統就會多出一個新的 List 子介面。必須指出：List<String> 絕不會被取代成 ListString，系統沒有進行原始碼複製，二進位程式碼中沒有，磁碟中沒有，記憶體中也沒有。

包含泛型宣告的類型可以在定義變數、建立物件時傳入一個類型實際參數，從而可以動態地產生無數多個邏輯上的子類型，但這種子類型在實體上並不存在。

可以為任何類別、介面增加泛型宣告（並不是只有集合類別才可以使用泛型宣告，雖然集合類別是泛型的重要使用場所）。下面自訂一個 Apple 類別，這個 Apple 類別就可以包含一個泛型宣告。

程式清單：codes\09\9.2\Apple.java

```
// 定義Apple類別時使用了泛型宣告
public class Apple<T>
{
    // 使用T類型形式參數定義實例變數
    private T info;
    public Apple(){}
    // 下面方法中使用T類型形式參數來定義建構子
    public Apple(T info)
    {
        this.info = info;
    }
    public void setInfo(T info)
    {
        this.info = info;
    }
    public T getInfo()
    {
        return this.info;
    }
    public static void main(String[] args)
    {
        // 由於傳給T形式參數的是String，所以建構子參數只能是String
        Apple<String> a1 = new Apple<>("蘋果");
        System.out.println(a1.getInfo());
        // 由於傳給T形式參數的是Double，所以建構子參數只能是Double或double
        Apple<Double> a2 = new Apple<>(5.67);
        System.out.println(a2.getInfo());
    }
}
```

上面程式定義了一個帶泛型宣告的 Apple<T> 類別（不要理會這個類型形式參數是否具有實際意義），使用 Apple<T> 類別時就可為 T 類型形式參數傳入實際類型，這樣就可以產生如 Apple<String>、Apple<Double>…形式的多個邏輯子類型（實體上並不存在)。這就是 9.1 節可以使用 List<String>、ArrayList<String> 等類型的原因——JDK 在定義 List、ArrayList 等介面、類別時使用了類型形式參數，所以在使用這些類別時為之傳入了實際的類型參數。

當建立帶泛型宣告的自訂類別，為該類別定義建構子時，建構子名稱還是原來的類別名稱，不要增加泛型宣告。例如，為Apple<T>類別定義建構子，其建構子名稱依然是Apple，而不是Apple<T>！呼叫該建構子時卻可以使用Apple<T>的形式，當然應該為T形式參數傳入實際的類型參數。Java 7提供了菱形語法，允許省略<>中的類型實際參數。

9.2.2 從泛型類別衍生子類別

當建立了帶泛型宣告的介面、父類別之後，可以為該介面建立實作類別，或從該父類別衍生子類別，需要指出的是，當使用這些介面、父類別時不能再包含類型形式參數。例如，下面程式碼就是錯誤的。

```
// 定義類別A繼承Apple類別，Apple類別不能接著類型形式參數
public class A extends Apple<T>{ }
```

方法中的形式參數代表變數、常數、運算式等資料，本書把它們直接稱為形式參數，或者稱為資料形式參數。定義方法時可以宣告資料形式參數，呼叫方法（使用方法）時必須為這些資料形式參數傳入實際的資料；與此類似的是，定義類別、介面、方法時可以宣告類型形式參數，使用類別、介面、方法時應該為類型形式參數傳入實際的類型。

如果想從 Apple 類別衍生一個子類別，則可以改為如下程式碼：

```
// 使用Apple類別時為T形式參數傳入String類型
public class A extends Apple<String>
```

呼叫方法時必須為所有的資料形式參數傳入參數值，與呼叫方法不同的是，使用類別、介面時也可以不為類型形式參數傳入實際的類型參數，即下面程式碼也是正確的。

```
// 使用Apple類別時，沒有為T形式參數傳入實際的類型參數
public class A extends Apple
```

如果從 Apple<String> 類別衍生子類別，則在 Apple 類別中所有使用 T 類型形式參數的地方都將被取代成 String 類型，即它的子類別將會繼承到 String getInfo() 和 void setInfo(String info) 兩個方法，如果子類別需要覆寫父類別的方法，就必須注意這一點。下面程式示範了這一點。

程式清單：codes\09\9.2\A1.java

```
public class A1 extends Apple<String>
{
    // 正確覆寫了父類別的方法，返回值
    // 與父類別Apple<String>的返回值完全相同
    public String getInfo()
    {
        return "子類別" + super.getInfo();
    }
    /*
    // 下面方法是錯誤的，覆寫父類別方法時返回值類型不一致
    public Object getInfo()
    {
        return "子類別";
    }
    */
}
```

如果使用 Apple 類別時沒有傳入實際的類型參數，Java 編譯器可能發出警告：使用了未經檢查或不安全的操作——這就是泛型檢查的警告，讀者在前一章中應該多次看到這樣的警告。如果希望看到該警告提示的更詳細資訊，則可以通過為 javac 命令增加 -Xlint:unchecked 選項來實作。此時，系統會把 Apple<T> 類別裡的 T 形式參數當成 Object 類型處理。如下程式所示。

程式清單：codes\09\9.2\A2.java

```
public class A2 extends Apple
{
    // 覆寫父類別的方法
    public String getInfo()
    {
        // super.getInfo()方法返回值是Object類型
        // 所以加toString()才返回String類型
        return super.getInfo().toString();
    }
}
```

上面程式都是從帶泛型宣告的父類別來衍生子類別，建立帶泛型宣告的介面的實作類別與此幾乎完全一樣，此處不再贅述。

9.2.3 並不存在泛型類別

前面提到可以把 ArrayList<String> 類別當成 ArrayList 的子類別，事實上，ArrayList<String> 類別也確實像一種特殊的 ArrayList 類別：該 ArrayList<String> 物件只能添加 String 物件作為集合元素。但實際上，系統並沒有為 ArrayList<String> 產生新的 class 檔，而且也不會把 ArrayList<String> 當成新類別來處理。

看下面程式碼的列印結果是什麼？

```
// 分別建立List<String>物件和List<Integer>物件
List<String> l1 = new ArrayList<>();
List<Integer> l2 = new ArrayList<>();
// 呼叫getClass()方法來比較l1和l2的類別是否相等
System.out.println(l1.getClass() == l2.getClass());
```

運行上面的程式碼片段，可能有讀者認為應該輸出 false，但實際輸出 true。因為不管泛型的實際類型參數是什麼，它們在運行時總有同樣的類別（class）。

不管為泛型的類型形式參數傳入哪一種類型實際參數，對於 Java 來說，它們依然被當成同一個類別處理，在記憶體中也只佔用一塊記憶體空間，因此在靜態方法、靜態初始化區塊或者靜態變數的宣告和初始化中不允許使用類型形式參數。下面程式展示了這種錯誤。

程式清單：codes\09\9.2\R.java

```
public class R<T>
{
    // 下面程式碼錯誤，不能在靜態變數宣告中使用類型形式參數
    static T info;
    T age;
    public void foo(T msg){}
    // 下面程式碼錯誤，不能在靜態方法宣告中使用類型形式參數
    public static void bar(T msg){}
}
```

由於系統中並不會真正產生泛型類別，所以 instanceof 運算子後不能使用泛型類別。例如，下面程式碼是錯誤的。

```
java.util.Collection<String> cs = new java.util.ArrayList<>();
// 下面程式碼編譯時引起錯誤：instanceof 運算子後不能使用泛型
if (cs instanceof java.util.ArrayList<String>){...}
```

9.3 類型萬用字元

正如前面講的，當使用一個泛型類別時（包括宣告變數和建立物件兩種情況），都應該為這個泛型類別傳入一個類型實際參數。如果沒有傳入類型實際參數，編譯器就會提出泛型警告。假設現在需要定義一個方法，該方法裡有一個集合形式參數，集合形式參數的元素類型是不確定的，那應該怎樣定義呢？

考慮如下程式碼：

```
public void test(List c)
{
    for (int i = 0; i < c.size(); i++)
    {
        System.out.println(c.get(i));
    }
}
```

上面程式當然沒有問題：這是一段最普通的遍歷 List 集合的程式碼。問題是上面程式中 List 是一個有泛型宣告的介面，此處使用 List 介面時沒有傳入實際類型參數，這將引起泛型警告。為此，考慮為 List 介面傳入實際的類型參數——因為 List 集合裡的元素類型是不確定的，將上面方法改為如下形式：

```
public void test(List<Object> c)
{
    for (int i = 0; i < c.size(); i++)
    {
        System.out.println(c.get(i));
    }
}
```

表面上看起來，上面方法宣告沒有問題，這個方法宣告確實沒有任何問題。問題是呼叫該方法傳入的實際參數值時可能不是我們所期望的，例如，下面程式碼試圖呼叫該方法。

```
// 建立一個List<String>物件
List<String> strList = new ArrayList<>();
// 將strList作為參數來呼叫前面的test方法
test(strList);    //①
```

編譯上面程式，將在①處發生如下編譯錯誤：

```
無法將 Test 中的test(java.util.List<java.lang.Object>)
應用於 (java.util.List<java.lang.String>)
```

上面程式出現了編譯錯誤，這表明 List<String> 物件不能被當成 List<Object> 物件使用，也就是說，List<String> 類別並不是 List<Object> 類別的子類別。

注意

如果Foo是Bar的一個子類型（子類別或者子介面），而G是具有泛型宣告的類別或介面，G<Foo>並不是G<Bar>的子類型！這一點非常值得注意，因為它與大部分人的習慣認為是不同的。

與陣列進行對比，先看一下陣列是如何工作的。在陣列中，程式可以直接把一個 Integer[] 陣列賦給一個 Number[] 變數。如果試圖把一個 Double 物件存放到該 Number[] 陣列中，編譯可以通過，但在運行時拋出 ArrayStoreException 異常。例如如下程式。

程式清單：codes\09\9.3\ArrayErr.java

```
public class ArrayErr
{
    public static void main(String[] args)
    {
        // 定義一個Integer陣列
        Integer[] ia = new Integer[5];
        // 可以把一個Integer[]陣列賦給Number[]變數
        Number[] na = ia;
        // 下面程式碼編譯正常，但運行時會引發ArrayStoreException異常
        // 因為0.5並不是Integer
        na[0] = 0.5;    // ①
    }
}
```

上面程式在①號粗體字程式碼處會引發 ArrayStoreException 運行時異常，這就是一種潛在的風險。

提示

一門設計優秀的語言，不僅需要提供強大的功能，而且能提供強大的「錯誤提示」和「出錯警告」，這樣才能儘量避免開發者犯錯。而Java允許Integer[]陣列賦值給Number[]變數顯然不是一種安全的設計。

在 Java 的早期設計中，允許 Integer[] 陣列賦值給 Number[] 變數存在缺陷，因此 Java 在泛型設計時進行了改進，它不再允許把 List<Integer> 物件賦值給 List<Number> 變數。例如，如下程式碼將會導致編譯錯誤（程式清單同上）。

```
List<Integer> iList = new ArrayList<>();
// 下面程式碼導致編譯錯誤
List<Number> nList = iList;
```

Java 泛型的設計原則是，只要程式碼在編譯時沒有出現警告，就不會遇到運行時 ClassCastException 異常。

陣列和泛型有所不同，假設Foo是Bar的一個子類型（子類別或者子介面），那麼 Foo[]依然是Bar[]的子類型；但G<Foo>不是G<Bar>的子類型。

9.3.1 使用類型萬用字元

為了表示各種泛型 List 的父類別，可以使用類型萬用字元，類型萬用字元是一個問號（?），將一個問號作為類型實際參數傳給 List 集合，寫作：List<?>（意思是元素類型未知的 List）。這個問號（?）被稱為萬用字元，它的元素類型可以匹配任何類型。可以將上面方法改寫為如下形式：

```
public void test(List<?> c)
{
    for (int i = 0; i < c.size(); i++)
    {
        System.out.println(c.get(i));
    }
}
```

現在使用任何類型的 List 來呼叫它，程式依然可以存取集合 c 中的元素，其類型是 Object，這永遠是安全的，因為不管 List 的真實類型是什麼，它包含的都是 Object。

上面程式中使用的List<?>，其實這種寫法可以適應於任何支援泛型宣告的介面和類別，比如寫成Set<?>、Collection<?>、Map<? , ?>等。

但這種帶萬用字元的 List 僅表示它是各種泛型 List 的父類別，並不能把元素加入到其中。例如，如下程式碼將會引起編譯錯誤。

```
List<?> c = new ArrayList<String>();
// 下面程式引起編譯錯誤
c.add(new Object());
```

因為程式無法確定 c 集合中元素的類型，所以不能向其中添加物件。根據前面的 List<E> 介面定義的程式碼可以發現：add() 方法有類型參數 E 作為集合的元素類型，所以傳給 add 的參數必須是 E 類別的物件或者其子類別的物件。但因為在該例中不知道 E 是什麼類型，所以程式無法將任何物件「丟進」該集合。唯一的例外是 null，它是所有參照類型的實例。

另一方面，程式可以呼叫 get() 方法來返回 List<?> 集合指定索引處的元素，其返回值是一個未知類型，但可以肯定的是，它總是一個 Object。因此，把 get() 的返回值賦值給一個 Object 類型的變數，或者放在任何希望是 Object 類型的地方都可以。

9.3.2 設定類型萬用字元的上限

當直接使用 List<?> 這種形式時，即表明這個 List 集合可以是任何泛型 List 的父類別。但還有一種特殊的情形，程式不希望這個 List<?> 是任何泛型 List 的父類別，只希望它代表某一類泛型 List 的父類別。考慮一個簡單的繪圖程式，下面先定義三個形狀類別。

程式清單：codes\09\9.3\Shape.java

```
// 定義一個抽象類別Shape
public abstract class Shape
{
    public abstract void draw(Canvas c);
}
```

程式清單：codes\09\9.3\Circle.java

```
// 定義Shape的子類別Circle
public class Circle extends Shape
{
    // 實作繪圖方法，以列印字串來模擬繪圖方法實作
    public void draw(Canvas c)
    {
        System.out.println("在畫布" + c + "上畫一個圓");
    }
}
```

程式清單：codes\09\9.3\Rectangle.java

```
// 定義Shape的子類別Rectangle
public class Rectangle extends Shape
{
    // 實作繪圖方法，以列印字串來模擬繪圖方法實作
    public void draw(Canvas c)
    {
        System.out.println("把一個矩形畫在畫布" + c + "上");
    }
}
```

上面定義了三個形狀類別，其中 Shape 是一個抽象父類別，該抽象父類別有兩個子類別：Circle 和 Rectangle。接下來定義一個 Canvas 類別，該畫布類別可以畫數量不等的形狀（Shape 子類別的物件），那應該如何定義這個 Canvas 類別呢？考慮如下的 Canvas 實作類別。

程式清單：codes\09\9.3\Canvas.java

```
public class Canvas
{
    // 同時在畫布上繪製多個形狀
    public void drawAll(List<Shape> shapes)
    {
        for (Shape s : shapes)
        {
            s.draw(this);
        }
    }
}
```

注意上面的 drawAll() 方法的形式參數類型是 List<Shape>，而 List<Circle> 並不是 List<Shape> 的子類型，因此，下面程式碼將引起編譯錯誤。

```
List<Circle> circleList = new ArrayList<>();
Canvas c = new Canvas();
// 不能把List<Circle>當成List<Shape>使用，所以下面程式碼引起編譯錯誤
c.drawAll(circleList);
```

關鍵在於 List<Circle> 並不是 List<Shape> 的子類型，所以不能把 List<Circle> 物件當成 List<Shape> 使用。為了表示 List<Circle> 的父類型，可以考慮使用 List<?>，把 Canvas 改為如下形式（程式清單同上）：

```
public class Canvas
{
    // 同時在畫布上繪製多個形狀
    public void drawAll(List<?> shapes)
    {
        for (Object obj : shapes)
        {
            Shape s = (Shape)obj;
            s.draw(this);
        }
    }
}
```

上面程式使用了萬用字元來表示所有的類型。上面的 drawAll() 方法可以接受 List<Circle> 物件作為參數，問題是上面的方法實作體顯得極為臃腫而煩瑣：使用了泛型還需要進行強制類型轉換。

實際上需要一種泛型表示方法，它可以表示所有 Shape 泛型 List 的父類別。為了滿足這種需求，Java 泛型提供了被限制的泛型萬用字元。被限制的泛型萬用字元表示如下：

```
// 它表示所有Shape泛型List的父類別
List<? extends Shape>
```

有了這種被限制的泛型萬用字元，就可以把上面的 Canvas 程式改為如下形式（程式清單同上）：

```
public class Canvas
{
    // 同時在畫布上繪製多個形狀，使用被限制的泛型萬用字元
    public void drawAll(List<? extends Shape> shapes)
    {
        for (Shape s : shapes)
        {
            s.draw(this);
        }
    }
}
```

將 Canvas 改為如上形式，就可以把 List<Circle> 物件當成 List<? extends Shape> 使用。即 List<? extends Shape> 可以表示 List<Circle>、List<Rectangle> 的父類型——只要 List 後尖括號裡的類型是 Shape 的子類型即可。

List<? extends Shape> 是受限制萬用字元的例子，此處的問號（?）代表一個未知的類型，就像前面看到的萬用字元一樣。但是此處的這個未知類型一定是 Shape 的子類型（也可以是 Shape 本身），因此可以把 Shape 稱為這個萬用字元的上限（upper bound）。

類似地，由於程式無法確定這個受限制的萬用字元的具體類型，所以不能把 Shape 物件或其子類型的物件加入這個泛型集合中。例如，下面程式碼就是錯誤的。

```
public void addRectangle(List<? extends Shape> shapes)
{
    // 下面程式碼引起編譯錯誤
    shapes.add(0, new Rectangle());
}
```

與使用普通萬用字元相似的是，shapes.add() 的第二個參數類型是 ? extends Shape，它表示 Shape 未知的子類型，程式無法確定這個類型是什麼，所以無法將任何物件添加到這種集合中。

9.3.3 設定類型形式參數的上限

Java 泛型不僅允許在使用萬用字元形式參數時設定上限，而且可以在定義類型形式參數時設定上限，用於表示傳給該類型形式參數的實際類型要麼是該上限類型，要麼是該上限類型的子類型。下面程式示範了這種用法。

程式清單：codes\09\9.3\Apple.java

```
public class Apple<T extends Number>
{
    T col;
    public static void main(String[] args)
    {
        Apple<Integer> ai = new Apple<>();
        Apple<Double> ad = new Apple<>();
        // 下面程式碼將引發編譯異常，下面程式碼試圖把String類型傳給T形式參數
        // 但String不是Number的子類型，所以引起編譯錯誤
        Apple<String> as = new Apple<>();    // ①
    }
}
```

上面程式定義了一個 Apple 泛型類別，該 Apple 類別的類型形式參數的上限是 Number 類別，這表明使用 Apple 類別時為 T 形式參數傳入的實際類型參數只能是

Number 或 Number 類別的子類別。上面程式在①處將引起編譯錯誤：類型形式參數 T 的上限是 Number 類型，而此處傳入的實際類型是 String 類型，既不是 Number 類型，也不是 Number 類型的子類型，所以將會導致編譯錯誤。

在一種更極端的情況下，程式需要為類型形式參數設定多個上限（至多有一個父類型上限，可以有多個介面上限），表明該類型形式參數必須是其父類型的子類型（是父類型本身也行），並且實作多個上限介面。如下程式碼所示。

```
// 表明T類型必須是Number類別或其子類別，並必須實作java.io.Serializable介面
public class Apple<T extends Number & java.io.Serializable>
{
    ...
}
```

與類別同時繼承父類別、實作介面類似的是，為類型形式參數指定多個上限時，所有的介面上限必須位於類別上限之後。也就是說，如果需要為類型形式參數指定類別上限，類別上限必須位於第一位。

9.4 泛型方法

前面介紹了在定義類別、介面時可以使用類型形式參數，在該類別的方法定義和成員變數定義、介面的方法定義中，這些類型形式參數可被當成普通類型來用。在另外一些情況下，定義類別、介面時沒有使用類型形式參數，但定義方法時想自己定義類型形式參數，這也是可以的，Java 5 還提供了對泛型方法的支援。

9.4.1 定義泛型方法

假設需要實作這樣一個方法——該方法負責將一個 Object 陣列的所有元素添加到一個 Collection 集合中。考慮採用如下程式碼來實作該方法。

```
static void fromArrayToCollection(Object[] a, Collection<Object> c)
{
    for (Object o : a)
    {
        c.add(o);
    }
}
```

上面定義的方法沒有任何問題，關鍵在於方法中的 c 形式參數，它的資料類型是 Collection<Object>。正如前面所介紹的，Collection<String> 不是 Collection<Object> 的子類型——所以這個方法的功能非常有限，它只能將 Object[] 陣列的元素複製到元素為 Object（Object 的子類別不行）的 Collection 集合中，即下面程式碼將引起編譯錯誤。

```
String[] strArr = {"a" , "b"};
List<String> strList = new ArrayList<>();
// Collection<String>物件不能當成Collection<Object>使用，下面程式碼出現編譯錯誤
fromArrayToCollection(strArr, strList);
```

可見上面方法的參數類型不可以使用 Collection<String>，那使用萬用字元 Collection<?> 是否可行呢？顯然也不行，因為 Java 不允許把物件放進一個未知類型的集合中。

為了解決這個問題，可以使用 Java 5 提供的泛型方法（Generic Method）。所謂泛型方法，就是在宣告方法時定義一個或多個類型形式參數。泛型方法的用法格式如下：

```
修飾詞 <T , S> 返回值類型 方法名(形式參數列表)
{
    // 方法體...
}
```

把上面方法的格式和普通方法的格式進行對比，不難發現泛型方法的方法簽名比普通方法的方法簽名多了類型形式參數宣告，類型形式參數宣告以尖括號括起來，多個類型形式參數之間以逗號（,）隔開，所有的類型形式參數宣告放在方法修飾詞和方法返回值類型之間。

採用支援泛型的方法，就可以將上面的 fromArrayToCollection 方法改為如下形式：

```
static <T> void fromArrayToCollection(T[] a, Collection<T> c)
{
    for (T o : a)
    {
        c.add(o);
    }
}
```

下面程式示範了完整的用法。

程式清單：codes\09\9.4\GenericMethodTest.java

```
public class GenericMethodTest
{
    // 宣告一個泛型方法，該泛型方法中帶一個T類型形式參數
    static <T> void fromArrayToCollection(T[] a, Collection<T> c)
    {
        for (T o : a)
        {
            c.add(o);
        }
    }
    public static void main(String[] args)
    {
        Object[] oa = new Object[100];
        Collection<Object> co = new ArrayList<>();
        // 下面程式碼中T代表Object類型
        fromArrayToCollection(oa, co);
        String[] sa = new String[100];
        Collection<String> cs = new ArrayList<>();
        // 下面程式碼中T代表String類型
        fromArrayToCollection(sa, cs);
        // 下面程式碼中T代表Object類型
        fromArrayToCollection(sa, co);
        Integer[] ia = new Integer[100];
        Float[] fa = new Float[100];
        Number[] na = new Number[100];
        Collection<Number> cn = new ArrayList<>();
        // 下面程式碼中T代表Number類型
        fromArrayToCollection(ia, cn);
        // 下面程式碼中T代表Number類型
        fromArrayToCollection(fa, cn);
        // 下面程式碼中T代表Number類型
        fromArrayToCollection(na, cn);
        // 下面程式碼中T代表Object類型
        fromArrayToCollection(na, co);
        // 下面程式碼中T代表String類型，但na是一個Number陣列
        // 因為Number既不是String類型
        // 也不是它的子類型，所以出現編譯錯誤
//         fromArrayToCollection(na, cs);
    }
}
```

上面程式定義了一個泛型方法，該泛型方法中定義了一個 T 類型形式參數，這個 T 類型形式參數就可以在該方法內當成普通類型使用。與介面、類別宣告中定義的類型形式參數不同的是，方法宣告中定義的形式參數只能在該方法裡使用，而介面、類別宣告中定義的類型形式參數則可以在整個介面、類別中使用。

與類別、介面中使用泛型參數不同的是，方法中的泛型參數無須顯式傳入實際類型參數，如上面程式所示，當程式呼叫 fromArrayToCollection() 方法時，無須在呼叫該方法前傳入 String、Object 等類型，但系統依然可以知道類型形式參數的資料類型，因為編譯器根據實際參數推斷類型形式參數的值，它通常推斷出最直接的類型參數。例如，下面呼叫程式碼：

```
fromArrayToCollection(sa, cs);
```

上面程式碼中 cs 是一個 Collection<String> 類型，與方法定義時的 fromArrayToCollection(T[] a, Collection<T> c) 進行比較——只比較泛型參數，不難發現該 T 類型形式參數代表的實際類型是 String 類型。

對於如下呼叫程式碼：

```
fromArrayToCollection(ia, cn);
```

上面的 cn 是 Collection<Number> 類型，與此方法的方法簽名進行比較——只比較泛型參數，不難發現該 T 類型形式參數代表了 Number 類型。

為了讓編譯器能準確地推斷出泛型方法中類型形式參數的類型，不要製造迷惑！系統一旦迷惑了，就是你錯了！看如下程式。

程式清單：codes\09\9.4\ErrorTest.java

```
public class ErrorTest
{
    // 宣告一個泛型方法，該泛型方法中帶一個T類型形式參數
    static <T> void test(Collection<T> from, Collection<T> to)
    {
        for (T ele : from)
        {
            to.add(ele);
        }
    }
    public static void main(String[] args)
    {
```

```
        List<Object> as = new ArrayList<>();
        List<String> ao = new ArrayList<>();
        // 下面程式碼將產生編譯錯誤
        test(as , ao);
    }
}
```

上面程式中定義了 test() 方法，該方法用於將前一個集合裡的元素複製到下一個集合中，該方法中的兩個形式參數 from、to 的類型都是 Collection<T>，這要求呼叫該方法時的兩個集合實際參數中的泛型類型相同，否則編譯器無法準確地推斷出泛型方法中類型形式參數的類型。

上面程式中呼叫 test 方法傳入了兩個實際參數，其中 as 的資料類型是 List<String>，而 ao 的資料類型是 List<Object>，與泛型方法簽名進行對比：test(Collection<T> a, Collection<T> c)，編譯器無法正確識別 T 所代表的實際類型。為了避免這種錯誤，可以將該方法改為如下形式：

程式清單：codes\09\9.4\RightTest.java

```
public class RightTest
{
    // 宣告一個泛型方法，該泛型方法中帶一個T形式參數
    static <T> void test(Collection<? extends T> from , Collection<T> to)
    {
        for (T ele : from)
        {
            to.add(ele);
        }
    }
    public static void main(String[] args)
    {
        List<Object> ao = new ArrayList<>();
        List<String> as = new ArrayList<>();
        // 下面程式碼完全正常
        test(as , ao);
    }
}
```

上面程式碼改變了 test() 方法簽名，將該方法的前一個形式參數類型改為 Collection<? extends T>，這種採用類型萬用字元的表示方式，只要 test() 方法的前一個 Collection 集合裡的元素類型是後一個 Collection 集合裡元素類型的子類型即可。

那麼這裡產生了一個問題：到底何時使用泛型方法？何時使用類型萬用字元呢？接下來詳細介紹泛型方法和類型萬用字元的區別。

9.4.2 泛型方法和類型萬用字元的區別

大多數時候都可以使用泛型方法來代替類型萬用字元。例如，對於 Java 的 Collection 介面中兩個方法定義：

```
public interface Collection<E>
{
    boolean containsAll(Collection<?> c);
    boolean addAll(Collection<? extends E> c);
    ...
}
```

上面集合中兩個方法的形式參數都採用了類型萬用字元的形式，也可以採用泛型方法的形式，如下所示。

```
public interface Collection<E>
{
    <T> boolean containsAll(Collection<T> c);
    <T extends E> boolean addAll(Collection<T> c);
    ...
}
```

上面方法使用了 <T extends E> 泛型形式，這時定義類型形式參數時設定上限（其中 E 是 Collection 介面裡定義的類型形式參數，在該介面裡 E 可當成普通類型使用）。

上面兩個方法中類型形式參數 T 只使用了一次，類型形式參數 T 產生的唯一效果是可以在不同的呼叫點傳入不同的實際類型。對於這種情況，應該使用萬用字元：萬用字元就是被設計用來支援靈活的子類別化的。

泛型方法允許類型形式參數被用來表示方法的一個或多個參數之間的類型依賴關係，或者方法返回值與參數之間的類型依賴關係。如果沒有這樣的類型依賴關係，就不應該使用泛型方法。

提示 如果某個方法中一個形式參數（a）的類型或返回值的類型依賴於另一個形式參數（b）的類型，則形式參數（b）的類型宣告不應該使用萬用字元—因為形式參數（a）或返回值的類型依賴於該形式參數（b）的類型，如果形式參數（b）的類型無法確定，程式就無法定義形式參數（a）的類型。在這種情況下，只能考慮使用在方法簽名中宣告類型形式參數—也就是泛型方法。

如果有需要，也可以同時使用泛型方法和萬用字元，如 Java 的 Collections.copy() 方法。

```
public class Collections
{
    public static <T> void copy(List<T> dest, List<? extends T> src){...}
    ...
}
```

上面 copy 方法中的 dest 和 src 存在明顯的依賴關係，從源 List 中複製出來的元素，必須可以「丟進」目標 List 中，所以源 List 集合元素的類型只能是目標集合元素的類型的子類型或者它本身。但 JDK 定義 src 形式參數類型時使用的是類型萬用字元，而不是泛型方法。這是因為：該方法無須向 src 集合中添加元素，也無須修改 src 集合裡的元素，所以可以使用類型萬用字元，無須使用泛型方法。

當然，也可以將上面的方法簽名改為使用泛型方法，不使用類型萬用字元，如下所示。

```
class Collections
{
    public static <T , S extends T> void copy(List<T> dest, List<S> src){...}
    ...
}
```

這個方法簽名可以代替前面的方法簽名。但注意上面的類型形式參數 S，它僅使用了一次，其他參數的類型、方法返回值的類型都不依賴於它，那類型形式參數 S 就沒有存在的必要，即可以用萬用字元來代替 S。使用萬用字元比使用泛型方法（在方法簽名中顯式宣告類型形式參數）更加清晰和準確，因此 Java 設計該方法時採用了萬用字元，而不是泛型方法。

類型萬用字元與泛型方法（在方法簽名中顯式宣告類型形式參數）還有一個顯著的區別：類型萬用字元既可以在方法簽名中定義形式參數的類型，也可以用於定義變數的類型；但泛型方法中的類型形式參數必須在對應方法中顯式宣告。

9.4.3 Java 7的「菱形」語法與泛型建構子

正如泛型方法允許在方法簽名中宣告類型形式參數一樣，Java 也允許在建構子簽名中宣告類型形式參數，這樣就產生了所謂的泛型建構子。

一旦定義了泛型建構子，接下來在呼叫建構子時，就不僅可以讓 Java 根據資料參數的類型來「推斷」類型形式參數的類型，而且程式設計師也可以顯式地為建構子中的類型形式參數指定實際的類型。如下程式所示。

程式清單：codes\09\9.4\GenericConstructor.java

```
class Foo
{
    public <T> Foo(T t)
    {
        System.out.println(t);
    }
}
public class GenericConstructor
{
    public static void main(String[] args)
    {
        // 泛型建構子中的T參數為String
        new Foo("瘋狂Java講義");
        // 泛型建構子中的T參數為Integer
        new Foo(200);
        // 顯式指定泛型建構子中的T參數為String
        // 傳給Foo建構子的實際參數也是String物件，完全正確
        new <String> Foo("瘋狂Android講義");      // ①
        // 顯式指定泛型建構子中的T參數為String，
        // 但傳給Foo建構子的實際參數是Double物件，下面程式碼出錯
        new <String> Foo(12.3);      // ②
    }
}
```

上面程式中①號程式碼不僅顯式指定了泛型建構子中的類型形式參數 T 的類型應該是 String，而且程式傳給該建構子的參數值也是 String 類型，因此程式完全正常。但在②號程式碼處，程式顯式指定了泛型建構子中的類型形式參數 T 的類型應該是 String，但實際傳給該建構子的參數值是 Double 類型，因此這行程式碼將會出現錯誤。

前面介紹過 Java 7 新增的「菱形」語法，它允許呼叫建構子時在建構子後使用一對尖括號來代表泛型資訊。但如果程式顯式指定了泛型建構子中宣告的類型形式參數的實際類型，則不可以使用「菱形」語法。如下程式所示。

程式清單：codes\09\9.4\GenericDiamondTest.java

```
class MyClass<E>
{
    public <T> MyClass(T t)
    {
        System.out.println("t參數的值為：" + t);
    }
}
public class GenericDiamondTest
{
    public static void main(String[] args)
    {
        // MyClass類別宣告中的E形式參數是String類型
        // 泛型建構子中宣告的T形式參數是Integer類型
        MyClass<String> mc1 = new MyClass<>(5);
        // 顯式指定泛型建構子中宣告的T形式參數是Integer類型
        MyClass<String> mc2 = new <Integer> MyClass<String>(5);
        // MyClass類別宣告中的E形式參數是String類型
        // 如果顯式指定泛型建構子中宣告的T形式參數是Integer類型
        // 此時就不能使用「菱形」語法，下面程式碼是錯的
//        MyClass<String> mc3 = new <Integer> MyClass<>(5);
    }
}
```

上面程式中粗體字程式碼既指定了泛型建構子中的類型形式參數是 Integer 類型，又想使用「菱形」語法，所以這行程式碼無法通過編譯。

9.4.4 設定萬用字元下限

假設自己實作一個工具方法：實作將 src 集合裡的元素複製到 dest 集合裡的功能，因為 dest 集合可以存放 src 集合裡的所有元素，所以 dest 集合元素的類型應該是 src 集合元素類型的父類別。為了表示兩個參數之間的類型依賴，考慮同時使用萬用字元、泛型參數來實作該方法。程式碼如下：

```
public static <T> void copy(Collection<T> dest , Collection<? extends T> src)
{
    for (T ele : src)
    {
        dest.add(ele);
    }
}
```

上面方法實作了前面的功能。現在假設該方法需要一個返回值，返回最後一個被複製的元素，則可以把上面方法改為如下形式：

```
public static <T> T copy(Collection<T> dest , Collection<? extends T> src)
{
    T last = null;
    for (T ele : src)
    {
        last = ele;
        dest.add(ele);
    }
    return last;
}
```

表面上看起來，上面方法實作了這個功能，實際上有一個問題：當遍歷 src 集合的元素時，src 元素的類型是不確定的（只可以肯定它是 T 的子類型），程式只能用 T 來籠統地表示各種 src 集合的元素類型。例如如下程式碼：

```
List<Number> ln = new ArrayList<>();
List<Integer> li = new ArrayList<>();
// 下面程式碼引起編譯錯誤
Integer last = copy(ln , li);
```

上面程式碼中 ln 的類型是 List<Number>，與 copy() 方法簽名的形式參數類型進行對比即得到 T 的實際類型是 Number，而不是 Integer 類型——即 copy() 方法的返回值也是 Number 類型，而不是 Integer 類型，但實際上最後一個複製元素的元素類型一定是 Integer。也就是說，程式在複製集合元素的過程中，遺失了 src 集合元素的類型。

對於上面的 copy() 方法，可以這樣理解兩個集合參數之間的依賴關係：不管 src 集合元素的類型是什麼，只要 dest 集合元素的類型與前者相同或是前者的父類型即可。為了表達這種約束關係，Java 允許設定萬用字元的下限：<? super Type>，這個萬用字元表示它必須是 Type 本身，或是 Type 的父類型。下面程式採用設定萬用字元下限的方式改寫了前面的 copy() 方法。

程式清單：codes\09\9.4\MyUtils.java

```
public class MyUtils
{
    // 下面dest集合元素的類型必須與src集合元素的類型相同，或是其父類型
    public static <T> T copy(Collection<? super T> dest
        , Collection<T> src)
    {
```

```
        T last = null;
        for (T ele  : src)
        {
            last = ele;
            dest.add(ele);
        }
        return last;
    }
    public static void main(String[] args)
    {
        List<Number> ln = new ArrayList<>();
        List<Integer> li = new ArrayList<>();
        li.add(5);
        // 此處可準確地知道最後一個被複製的元素是Integer類型
        // 與src集合元素的類型相同
        Integer last = copy(ln , li);    // ①
        System.out.println(ln);
    }
}
```

使用這種語句，就可以保證程式的①處呼叫後推斷出最後一個被複製的元素類型是 Integer，而不是籠統的 Number 類型。

實際上，Java 集合框架中的 TreeSet<E> 有一個建構子也用到了這種設定萬用字元下限的語法，如下所示。

```
// 下面的E是定義TreeSet類別時的類型形式參數
TreeSet(Comparator<? super E> c)
```

正如前一章所介紹的，TreeSet 會對集合中的元素按自然順序或自訂順序進行排序。如果需要 TreeSet 對集合中的所有元素進行自訂排序，則要求 TreeSet 物件有一個與之關聯的 Comparator 物件。上面建構子中的參數 c 就是進行自訂排序的 Comparator 物件。

Comparator 介面也是一個帶泛型宣告的介面：

```
public interface Comparator<T>
{
    int compare(T fst, T snd);
}
```

通過這種帶下限的萬用字元的語法，可以在建立 TreeSet 物件時靈活地選擇合適的 Comparator。假定需要建立一個 TreeSet<String> 集合，並傳入一個可以比較 String 大小的 Comparator，這個 Comparator 既可以是 Comparator<String>，也可以是 Comparator<Object>——只要尖括號裡傳入的類型是 String 的父類型（或它本身）即可。如下程式所示。

程式清單：codes\09\9.4\TreeSetTest.java

```
public class TreeSetTest
{
    public static void main(String[] args)
    {
        // Comparator的實際類型是TreeSet的元素類型的父類型，滿足要求
        TreeSet<String> ts1 = new TreeSet<>(
            new Comparator<Object>()
        {
            public int compare(Object fst, Object snd)
            {
                return hashCode() > snd.hashCode() ? 1
                    : hashCode() < snd.hashCode() ? -1 : 0;
            }
        });
        ts1.add("hello");
        ts1.add("wa");
        // Comparator的實際類型是TreeSet元素的類型，滿足要求
        TreeSet<String> ts2 = new TreeSet<>(
            new Comparator<String>()
        {
            public int compare(String first, String second)
            {
                return first.length() > second.length() ? -1
                    : first.length() < second.length() ? 1 : 0;
            }
        });
        ts2.add("hello");
        ts2.add("wa");
        System.out.println(ts1);
        System.out.println(ts2);
    }
}
```

通過使用這種萬用字元下限的方式來定義 TreeSet 建構子的參數，就可以將所有可用的 Comparator 作為參數傳入，從而增加了程式的靈活性。當然，不僅 TreeSet 有這種用法，TreeMap 也有類似的用法，具體請查閱 Java 的 API 文件。

9.4.5 泛型方法與方法多載

因為泛型既允許設定萬用字元的上限，也允許設定萬用字元的下限，從而允許在一個類別裡包含如下兩個方法定義。

```
public class MyUtils
{
    public static <T> void copy(Collection<T> dest , Collection<? extends T> src)
    {...}   // ①
    public static <T> T copy(Collection<? super T> dest , Collection<T> src)
    {...}   // ②
}
```

上面的 MyUtils 類別中包含兩個 copy() 方法，這兩個方法的參數列表存在一定的區別，但這種區別不是很明確：這兩個方法的兩個參數都是 Collection 物件，前一個集合裡的集合元素類型是後一個集合裡集合元素類型的父類型。如果只是在該類型中定義這兩個方法不會有任何錯誤，但只要呼叫這個方法就會引起編譯錯誤。例如，對於如下程式碼：

```
List<Number> ln = new ArrayList<>();
List<Integer> li = new ArrayList<>();
copy(ln , li);
```

上面程式中粗體字部分呼叫 copy() 方法，但這個 copy() 方法既可以匹配①號 copy() 方法，此時 T 類型參數的類型是 Number；也可以匹配②號 copy() 方法，此時 T 參數的類型是 Integer。編譯器無法確定這行程式碼想呼叫哪個 copy() 方法，所以這行程式碼將引起編譯錯誤。

9.4.6 Java 8改進的類型推斷

Java 8 改進了泛型方法的類型推斷能力，類型推斷主要有如下兩方面。

- 可通過呼叫方法的上下文來推斷類型參數的目標類型。
- 可在方法呼叫鏈中，將推斷得到的類型參數傳遞到最後一個方法。

如下程式示範了 Java 8 對泛型方法的類型推斷。

程式清單：codes\09\9.4\InferenceTest.java

```
class MyUtil<E>
{
    public static <Z> MyUtil<Z> nil()
    {
        return null;
    }
    public static <Z> MyUtil<Z> cons(Z head, MyUtil<Z> tail)
    {
        return null;
    }
    E head()
    {
        return null;
    }
}
public class InferenceTest
{
    public static void main(String[] args)
    {
        // 可以通過方法賦值的目標參數來推斷類型參數為String
        MyUtil<String> ls = MyUtil.nil();
        // 無須使用下面語句在呼叫nil()方法時指定類型參數的類型
        MyUtil<String> mu = MyUtil.<String>nil();
        // 可呼叫cons()方法所需的參數類型來推斷類型參數為Integer
        MyUtil.cons(42, MyUtil.nil());
        // 無須使用下面語句在呼叫nil()方法時指定類型參數的類型
        MyUtil.cons(42, MyUtil.<Integer>nil());
    }
}
```

上面程式中前兩行粗體字程式碼的作用完全相同，但第 1 行粗體字程式碼無須在呼叫 MyUtil 類別的 nil() 方法時顯式指定類型參數為 String，這是因為程式需要將該方法的返回值賦值給 MyUtil<String> 類型，因此系統可以自動推斷出此處的類型參數為 String 類型。

上面程式中第 3 行與第 4 行粗體字程式碼的作用也完全相同，但第 3 行粗體字程式碼也無須在呼叫 MyUtil 類別的 nil() 方法時顯式指定類型參數為 Integer，這是因為程式將 nil() 方法的返回值作為了 MyUtil 類別的 cons() 方法的第二個參數，而程式可以根據 cons() 方法的第一個參數（42）推斷出此處的類型參數為 Integer 類型。

需要指出的是，雖然 Java 8 增強了泛型推斷的能力，但泛型推斷不是萬能的，例如如下程式碼就是錯誤的。

```
// 希望系統能推斷出呼叫nil()方法時類型參數為String類型
// 但實際上Java 8依然推斷不出來，所以下面程式碼報錯
String s = MyUtil.nil().head();
```

因此，上面這行程式碼必須顯式指定類型參數，即將程式碼改為如下形式：

```
String s = MyUtil.<String>nil().head();
```

9.5 抹除和轉換

在嚴格的泛型程式碼裡，帶泛型宣告的類別總應該帶著類型參數。但為了與老的 Java 程式碼保持一致，也允許在使用帶泛型宣告的類別時不指定實際的類型參數。如果沒有為這個泛型類別指定實際的類型參數，則該類型參數被稱作 raw type（原始類型），預設是宣告該類型參數時指定的第一個上限類型。

當把一個具有泛型資訊的物件賦給另一個沒有泛型資訊的變數時，所有在尖括號之間的類型資訊都將被扔掉。比如一個 List<String> 類型被轉換為 List，則該 List 對集合元素的類型檢查變成了類型參數的上限（即 Object）。下面程式示範了這種抹除。

程式清單：codes\09\9.5\ErasureTest.java

```
class Apple<T extends Number>
{
    T size;
    public Apple()
    {
    }
    public Apple(T size)
    {
        this.size = size;
    }
    public void setSize(T size)
    {
        this.size = size;
    }
    public T getSize()
    {
        return this.size;
    }
}
public class ErasureTest
```

```
{
    public static void main(String[] args)
    {
        Apple<Integer> a = new Apple<>(6);    // ①
        // a的getSize()方法返回Integer物件
        Integer as = a.getSize();
        // 把a物件賦給Apple變數，遺失尖括號裡的類型資訊
        Apple b = a;      // ②
        // b只知道size的類型是Number
        Number size1 = b.getSize();
        // 下面程式碼引起編譯錯誤
        Integer size2 = b.getSize();  // ③
    }
}
```

上面程式中定義了一個帶泛型宣告的 Apple 類別，其類型形式參數的上限是 Number，這個類型形式參數用來定義 Apple 類別的 size 變數。程式在①處建立了一個 Apple 物件，該 Apple 物件傳入了 Integer 作為類型形式參數的值，所以呼叫 a 的 getSize() 方法時返回 Integer 類型的值。當把 a 賦給一個不帶泛型資訊的 b 變數時，編譯器就會遺失 a 物件的泛型資訊，即所有尖括號裡的資訊都會遺失——因為 Apple 的類型形式參數的上限是 Number 類型，所以編譯器依然知道 b 的 getSize() 方法返回 Number 類型，但具體是 Number 的哪個子類型就不清楚了。

從邏輯上來看，List<String> 是 List 的子類型，如果直接把一個 List 物件賦給一個 List<String> 物件應該引起編譯錯誤，但實際上不會。對泛型而言，可以直接把一個 List 物件賦給一個 List<String> 物件，編譯器僅僅提示「未經檢查的轉換」，看下面程式。

程式清單：codes\09\9.5\ErasureTest2.java

```
public class ErasureTest2
{
    public static void main(String[] args)
    {
        List<Integer> li = new ArrayList<>();
        li.add(6);
        li.add(9);
        List list = li;
        // 下面程式碼引起「未經檢查的轉換」警告，編譯、運行時完全正常
        List<String> ls = list;     // ①
        // 但只要存取ls裡的元素，如下面程式碼將引起運行時異常
        System.out.println(ls.get(0));
    }
}
```

上面程式中定義了一個 List<Integer> 物件，這個 List 物件保留了集合元素的類型資訊。當把這個 List 物件賦給一個 List 類型的 list 後，編譯器就會遺失前者的泛型資訊，即遺失 list 集合裡元素的類型資訊，這是典型的抹除。Java 又允許直接把 List 物件賦給一個 List<Type>（Type 可以是任何類型）類型的變數，所以程式在①處可以編譯通過，只是發出「未經檢查的轉換」警告。但對 list 變數實際上參照的是 List<Integer> 集合，所以當試圖把該集合裡的元素當成 String 類型的物件取出時，將引發運行時異常。

下面程式碼與上面程式碼的行為完全相似。

```
public class ErasureTest2
{
    public static void main(String[] args)
    {
        List li = new ArrayList ();
        li.add(6);
        li.add(9);
        System.out.println((Sting)li.get(0));
    }
}
```

程式從 li 中獲取一個元素，並且試圖通過強制類型轉換把它轉換成一個 String，將引發運行時異常。前面使用泛型程式碼時，系統與之存在完全相似的行為，所以引發相同的 ClassCastException 異常。

9.6 泛型與陣列

Java 泛型有一個很重要的設計原則——如果一段程式碼在編譯時沒有提出「[unchecked] 未經檢查的轉換」警告，則程式在運行時不會引發 ClassCastException 異常。正是基於這個原因，所以陣列元素的類型不能包含類型變數或類型形式參數，除非是無上限的類型萬用字元。但可以宣告元素類型包含類型變數或類型形式參數的陣列。也就是說，只能宣告 List<String>[] 形式的陣列，但不能建立 ArrayList<String>[10] 這樣的陣列物件。

假設 Java 支援建立 ArrayList<String>[10] 這樣的陣列物件，則有如下程式：

```
//下面程式碼實際上是不允許的
List<String>[] lsa = new List<String>[10];
// 將lsa向上轉型為Object[]類型的變數
Object[] oa = (Object[])lsa;
List<Integer> li = new ArrayList<Integer>();
li.add(new Integer(3));
// 將List<Integer>物件作為oa的第二個元素
// 下面程式碼沒有任何警告
oa[1] = li;
// 下面程式碼也不會有任何警告，但將引發ClassCastException異常
String s = lsa[1].get(0);     // ①
```

在上面程式碼中，如果粗體字程式碼是合法的，經過中間系列的程式運行，勢必在①處引發運行時異常，這就違背了 Java 泛型的設計原則。

如果將程式改為如下形式：

```
// 下面程式碼編譯時有「[unchecked] 未經檢查的轉換」警告
List<String>[] lsa = new ArrayList[10];
Object[] oa = lsa;
List<Integer> li = new ArrayList<Integer>();
li.add(new Integer(3));
oa[1] = li;
// 下面程式碼引起ClassCastException異常
String s = lsa[1].get(0);              // ①
```

上面程式粗體字程式碼行宣告了 List<String>[] 類型的陣列變數，這是允許的；但不允許建立 List<String>[] 類型的物件，所以建立了一個類型為 ArrayList[10] 的陣列物件，這也是允許的。只是把 ArrayList[10] 物件賦給 List<String>[] 變數時會有編譯警告「[unchecked] 未經檢查的轉換」，即編譯器並不保證這段程式碼是類型安全的。上面程式碼同樣會在①處引發運行時異常，但因為編譯器已經提出了警告，所以完全可能出現這種異常。

Java 允許建立無上限的萬用字元泛型陣列，例如 new ArrayList<?>[10]，因此也可以將第一段程式碼改為使用無上限的萬用字元泛型陣列，在這種情況下，程式不得不進行強制類型轉換。如下程式碼所示。

```
List<?>[] lsa = new ArrayList<?>[10];
Object[] oa = lsa;
List<Integer> li = new ArrayList<Integer>();
li.add(new Integer(3));
oa[1] = li;
// 下面程式碼引發ClassCastException異常
String s = (String)lsa[1].get(0);
```

編譯上面程式碼不會發出任何警告，運行上面程式將在粗體字行引發 ClassCastException 異常。因為程式需要將 lsa 的第一個陣列元素的第一個集合元素強制類型轉換為 String 類型，所以程式應該自己通過 instanceof 運算子來保證它的資料類型。即改為如下形式：

```
List<?>[] lsa = new ArrayList<?>[10];
Object[] oa = lsa;
List<Integer> li = new ArrayList<Integer>();
li.add(new Integer(3));
oa[1] = li;
Object target = lsa[1].get(0);
if (target instanceof String)
{
    // 下面程式碼安全了
    String s = (String) target;
}
```

與此類似的是，建立元素類型是類型變數的陣列物件也將導致編譯錯誤。如下程式碼所示。

```
<T> T[] makeArray(Collection<T> coll)
{
    // 下面程式碼導致編譯錯誤
    return new T[coll.size()];
}
```

由於類型變數在運行時並不存在，而編譯器無法確定實際類型是什麼，因此編譯器在粗體字程式碼處報錯。

9.7 本章小結

本章主要介紹了 JDK 1.5 提供的泛型支援，還介紹了為何需要在編譯時檢查集合元素的類型，以及如何程式設計來實作這種檢查，從而引出 JDK 1.5 泛型給程式帶來的簡潔性和健壯性。本章詳細講解了如何定義泛型介面、泛型類別，以及如何從泛型類別、泛型介面衍生子類別或實作類別，並深入講解了泛型類別的實質。本章介紹了類型萬用字元的用法，包括設定類型萬用字元的上限、下限等；本章重點介紹了泛型方法的知識，包括如何在方法簽名時定義類型形式參數，以及泛型方法和類型萬用字元之間的區別與聯繫。本章最後介紹了 Java 不支援建立泛型陣列，並深入分析了原因。

CHAPTER 10

異常處理

- 異常的定義和概念
- Java異常機制的優勢
- 使用try...catch捕獲異常
- 多重異常捕獲
- Java異常類別的繼承體系
- 異常物件的常用方法
- finally區塊的作用
- 自動關閉資源的try語句
- 異常處理的合理嵌套
- Checked異常和Runtime異常
- 使用throws宣告異常
- 使用throw拋出異常
- 自訂異常
- 異常鏈和異常轉譯
- 異常的追蹤堆疊資訊
- 異常的處理規則

異常機制已經成為判斷一門程式設計語言是否成熟的標準，除了傳統的像 C 語言沒有提供異常機制之外，目前主流的程式設計語言如 Java、C#、Ruby、Python 等都提供了成熟的異常機制。異常機制可以使程式中的異常處理程式碼和正常業務程式碼分離，保證程式碼更加優雅，並可以提高程式的健壯性。

Java 的異常機制主要依賴於 try、catch、finally、throw 和 throws 五個關鍵字，其中 try 關鍵字後緊跟一個花括號擴起來的程式碼區塊（花括號不可省略），簡稱 try 區塊，它裡面放置可能引發異常的程式碼。catch 後對應異常類型和一個程式碼區塊，用於表明該 catch 區塊用於處理這種類型的程式碼區塊。多個 catch 區塊後還可以跟一個 finally 區塊，finally 區塊用於回收在 try 區塊裡開啟的實體資源，異常機制會保證 finally 區塊總被執行。throws 關鍵字主要在方法簽名中使用，用於宣告該方法可能拋出的異常；而 throw 用於拋出一個實際的異常，throw 可以單獨作為語句使用，拋出一個具體的異常物件。

Java 7 進一步增強了異常處理機制的功能，包括帶資源的 try 語句、捕獲多異常的 catch 兩個新功能，這兩個功能可以極好地簡化異常處理。

開發者都希望所有的錯誤都能在編譯階段被發現，就是在試圖運行程式之前排除所有錯誤，但這是不現實的，餘下的問題必須在運行期間得到解決。Java 將異常分為兩種，Checked 異常和 Runtime 異常，Java 認為 Checked 異常都是可以在編譯階段被處理的異常，所以它強制程式處理所有的 Checked 異常；而 Runtime 異常則無須處理。Checked 異常可以提醒程式設計師需要處理所有可能發生的異常，但 Checked 異常也給程式設計帶來一些煩瑣之處，所以 Checked 異常也是 Java 領域一個備受爭論的話題。

10.1 異常概述

異常處理已經成為衡量一門語言是否成熟的標準之一，目前的主流程式設計語言如 C++、C#、Ruby、Python 等大都提供了異常處理機制。增加了異常處理機制後的程式有更好的容錯性，更加健壯。

與很多圖書喜歡把異常處理放在開始部分介紹不一樣，本書寧願把異常處理放在「後面」介紹。因為異常處理是一件很乏味、不能帶來成就感的事情，沒有人希望自已遇到異常，大家都希望每天都能愛情甜蜜、家庭和睦、風和日麗、春暖花開……但事實上，這不可能！（如果可以這樣順利，上帝也會想做凡人了。）

對於電腦程式而言，情況就更複雜了——沒有人能保證自己寫的程式永遠不會出錯！就算程式沒有錯誤，你能保證使用者總是按你的意願來輸入？就算使用者都是非常「聰明而且配合」的，你能保證運行該程式的作業系統永遠穩定？你能保證運行該程式的硬體不會突然壞掉？你能保證網路永遠通暢？……太多你無法保證的情況了！

對於一個程式設計人員，需要盡可能地預知所有可能發生的情況，盡可能地保證程式在所有糟糕的情形下都可以運行。考慮前面介紹的五子棋程式：當使用者輸入下棋座標時，程式要判斷使用者輸入是否合法，如果保證程式有較好的容錯性，將會有如下的偽程式碼。

```
if(使用者輸入包含除逗號之外的其他非數字字元)
{
    alert 座標只能是數值
    goto retry
}
else if (使用者輸入不包含逗號)
{
    alert 應使用逗號分隔兩個座標值
    goto retry
}
else if (使用者輸入座標值超出了有效範圍)
{
    alert 使用者輸入座標應位於棋盤座標之內
    goto retry
}
else if(使用者輸入的座標已有棋子)
{
    alert "只能在沒有棋子的地方下棋"
    goto retry
}
else
{
    // 業務實作程式碼
    ...
}
```

上面程式碼還未涉及任何有效處理，只是考慮了 4 種可能的錯誤，程式碼就已經急劇增加了。但實際上，上面考慮的 4 種情形還遠未考慮到所有的可能情形（事實上，世界上的意外是不可窮舉的），程式可能發生的異常情況總是大於程式設計師所能考慮的意外情況。

而且正如前面提到的，高傲的程式設計師們開發程式時更傾向於認為：「對，錯誤也許會發生，但那是別人造成的，不關我的事」。

如果每次在實作真正的業務邏輯之前，都需要不厭其煩地考慮各種可能出錯的情況，針對各種錯誤情況給出補救措施——這是多麼乏味的事情啊。程式設計師喜歡解決問題，喜歡開發帶來的「創造」快感，都不喜歡像一個「堵漏」工人，去堵那些由外在條件造成的「漏洞」。

提示 對於構造大型、健壯、可維護的應用程式而言，錯誤處理是整個應用程式需要考慮的重要方面，曾經有一個教授告訴我：國內的程式設計師做開發時，往往只做了「對」的事情！他這句話有很深的遺憾——程式設計師開發程式的過程，是一個創造的過程，這個過程需要有全面的考慮，僅做「對」的事情是遠遠不夠的。

對於上面的錯誤處理機制，主要有如下兩個缺點。

- 無法窮舉所有的異常情況。因為人類知識的限制，異常情況總比可以考慮到的情況多，總有「漏網之魚」的異常情況，所以程式總是不夠健壯。
- 錯誤處理程式碼和業務實作程式碼混雜。這種錯誤處理和業務實作混雜的程式碼嚴重影響程式的可讀性，會增加程式維護的難度。

程式設計師希望有一種強大的機制來解決上面的問題，希望上面程式換成如下偽程式碼。

```
if(使用者輸入不合法)
{
    alert 輸入不合法
    goto retry
}
else
{
    // 業務實作程式碼
    ...
}
```

上面偽程式碼提供了一個非常強大的「if 區塊」——程式不管輸入錯誤的原因是什麼，只要使用者輸入不滿足要求，程式就一次處理所有的錯誤。這種處理方法的好處是，使得錯誤處理程式碼變得更有條理，只需在一個地方處理錯誤。

現在的問題是「使用者輸入不合法」這個條件怎麼定義？當然，對於這個簡單的要求，可以使用正規運算式對使用者輸入進行匹配，當使用者輸入與正規運算式不匹配時即可判斷「使用者輸入不合法」。但對於更複雜的情形呢？恐怕就沒有這麼簡單了。使用 Java 的異常處理機制就可解決這個問題。

10.2 異常處理機制

Java 的異常處理機制可以讓程式具有極好的容錯性，讓程式更加健壯。當程式運行出現意外情形時，系統會自動產生一個 Exception 物件來通知程式，從而實作將「業務功能實作程式碼」和「錯誤處理程式碼」分離，提供更好的可讀性。

10.2.1 使用try...catch捕獲異常

正如前一節程式碼所提示的，希望有一種非常強大的「if 區塊」，可以表示所有的錯誤情況，讓程式可以一次處理所有的錯誤，也就是希望將錯誤集中處理。

出於這種考慮，此處試圖把「錯誤處理程式碼」從「業務實作程式碼」中分離出來。將上面最後一段偽程式碼改為如下所示偽程式碼。

```
if(一切正常)
{
    // 業務實作程式碼
    ...
}
else
{
    alert 輸入不合法
    goto retry
}
```

上面程式碼中的「if 區塊」依然不可表示——一切正常是很抽象的，無法轉換為電腦可識別的程式碼，在這種情形下，Java 提出了一種假設：如果程式可以順利完成，那就「一切正常」，把系統的業務實作程式碼放在 try 區塊中定義，所有的異常處理邏輯放在 catch 區塊中進行處理。下面是 Java 異常處理機制的語法結構。

```
try
{
    // 業務實作程式碼
    ...
}
catch (Exception e)
{
    alert 輸入不合法
    goto retry
}
```

如果執行 try 區塊裡的業務邏輯程式碼時出現異常，系統自動產生一個異常物件，該異常物件被提交給 Java 執行環境，這個過程被稱為拋出（throw）異常。

當 Java 執行環境收到異常物件時，會尋找能處理該異常物件的 catch 區塊，如果找到合適的 catch 區塊，則把該異常物件交給該 catch 區塊處理，這個過程被稱為捕獲（catch）異常；如果 Java 執行環境找不到捕獲異常的 catch 區塊，則執行環境終止，Java 程式也將結束。

提示 不管程式碼區塊是否處於try區塊中，甚至包括catch區塊中的程式碼，只要執行該程式碼區塊時出現了異常，系統總會自動產生一個異常物件。如果程式沒有為這段程式碼定義任何的catch區塊，則Java執行環境無法找到處理該異常的catch區塊，程式就在此結束，這就是前面看到的例子程式在遇到異常時結束的情形。

下面使用異常處理機制來改寫前面第 4 章五子棋遊戲中使用者下棋部分的程式碼。

程式清單：codes\10\10.2\Gobang.java

```
String inputStr = null;
// br.readLine()：每當在鍵盤上輸入一行內容時按Enter鍵
// 使用者剛剛輸入的內容將被br讀取到
while ((inputStr = br.readLine()) != null)
{
    try
    {
        // 將使用者輸入的字串以逗號作為分隔符，分解成2個字串
        String[] posStrArr = inputStr.split(",");
        // 將2個字串轉換成使用者下棋的座標
        int xPos = Integer.parseInt(posStrArr[0]);
        int yPos = Integer.parseInt(posStrArr[1]);
        // 把對應的陣列元素賦為"●"
        if (!gb.board[xPos - 1][yPos - 1].equals(" "))
```

```
        {
            System.out.println("您輸入的座標點已有棋子了，"
                + "請重新輸入");
            continue;
        }
        gb.board[xPos - 1][yPos - 1] = "●";
    }
    catch (Exception e)
    {
        System.out.println("您輸入的座標不合法，請重新輸入，"
            + "下棋座標應以x,y的格式");
        continue;
    }
    ...
}
```

上面程式把處理使用者輸入字串的程式碼都放在 try 區塊裡進行，只要使用者輸入的字串不是有效的座標值（包括字母不能正確解析，沒有逗號不能正確解析，解析出來的座標引起陣列越界……），系統都將拋出一個異常物件，並把這個異常物件交給對應的 catch 區塊（也就是上面程式中粗體字程式碼區塊）處理，catch 區塊的處理方式是向使用者提示座標不合法，然後使用 continue 忽略本次迴圈剩下的程式碼，開始執行下一次迴圈，這就保證了該五子棋遊戲有足夠的容錯性——使用者可以隨意輸入，程式不會因為使用者輸入不合法而突然結束，程式會向使用者提示輸入不合法，讓使用者再次輸入。

10.2.2 異常類別的繼承體系

當 Java 執行環境接收到異常物件時，如何為該異常物件尋找 catch 區塊呢？注意上面 Gobang 程式中 catch 關鍵字的形式：(Exception e)，這意味著每個 catch 區塊都是專門用於處理該異常類別及其子類別的異常實例。

當 Java 執行環境接收到異常物件後，會依次判斷該異常物件是否是 catch 區塊後異常類別或其子類別的實例，如果是，Java 執行環境將呼叫該 catch 區塊來處理該異常；否則再次拿該異常物件和下一個 catch 區塊裡的異常類別進行比較。Java 異常捕獲流程示意圖如圖 10.1 所示。

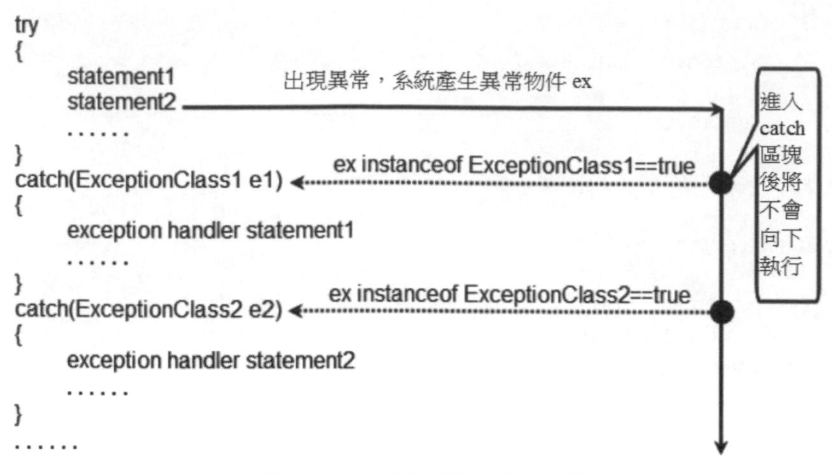

圖10.1　Java異常捕獲流程示意圖

當程式進入負責異常處理的 catch 區塊時，系統產生的異常物件 ex 將會傳給 catch 區塊後的異常形式參數，從而允許 catch 區塊通過該物件來獲得異常的詳細資訊。

從圖 10.1 中可以看出，try 區塊後可以有多個 catch 區塊，這是為了針對不同的異常類別提供不同的異常處理方式。當系統發生不同的意外情況時，系統會產生不同的異常物件，Java 運行時就會根據該異常物件所屬的異常類別來決定使用哪個 catch 區塊來處理該異常。

通過在 try 區塊後提供多個 catch 區塊可以無須在異常處理區塊中使用 if、switch 判斷異常類型，但依然可以針對不同的異常類型提供相應的處理邏輯，從而提供更細緻、更有條理的異常處理邏輯。

從圖 10.1 中可以看出，在通常情況下，如果 try 區塊被執行一次，則 try 區塊後只有一個 catch 區塊會被執行，絕不可能有多個 catch 區塊被執行。除非在迴圈中使用了 continue 開始下一次迴圈，下一次迴圈又重新運行了 try 區塊，這才可能導致多個 catch 區塊被執行。

注意

try區塊與if語句不一樣，try區塊後的花括號（{...}）不可以省略，即使try區塊裡只有一行程式碼，也不可省略這個花括號。與之類似的是，catch區塊後的花括號（{...}）也不可以省略。還有一點需要指出：try區塊裡宣告的變數是程式碼區塊內局部變數，它只在try區塊內有效，在catch區塊中不能存取該變數。

Java 提供了豐富的異常類別，這些異常類別之間有嚴格的繼承關係，圖 10.2 顯示了 Java 常見的異常類別之間的繼承關係。

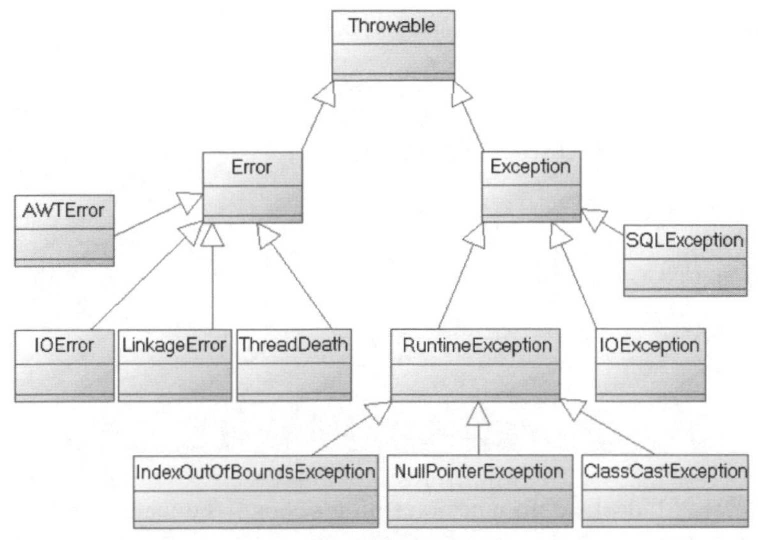

圖10.2　Java常見的異常類別之間的繼承關係

從圖 10.2 中可以看出，Java 把所有的非正常情況分成兩種：異常（Exception）和錯誤（Error），它們都繼承 Throwable 父類別。

Error 錯誤，一般是指與虛擬機器相關的問題，如系統崩潰、虛擬機器錯誤、動態連結失敗等，這種錯誤無法恢復或不可能捕獲，將導致應用程式中斷。通常應用程式無法處理這些錯誤，因此應用程式不應該試圖使用 catch 區塊來捕獲 Error 物件。在定義該方法時，也無須在其 throws 子句中宣告該方法可能拋出 Error 及其任何子類別。下面看幾個簡單的異常捕獲例子。

程式清單：codes\10\10.2\DivTest.java

```
public class DivTest
{
    public static void main(String[] args)
    {
        try
        {
            int a = Integer.parseInt(args[0]);
            int b = Integer.parseInt(args[1]);
            int c = a / b;
            System.out.println("您輸入的兩個數相除的結果是：" + c );
        }
```

```
        catch (IndexOutOfBoundsException ie)
        {
            System.out.println("陣列越界：運行程式時輸入的參數個數不夠");
        }
        catch (NumberFormatException ne)
        {
            System.out.println("數字格式異常：程式只能接收整數參數");
        }
        catch (ArithmeticException ae)
        {
            System.out.println("算術異常");
        }
        catch (Exception e)
        {
            System.out.println("未知異常");
        }
    }
}
```

上面程式針對 IndexOutOfBoundsException、NumberFormatException、Arithmetic Exception 類型的異常，提供了專門的異常處理邏輯。Java 運行時的異常處理邏輯可能有如下幾種情形。

◆ 如果運行該程式時輸入的參數不夠，將會發生陣列越界異常，Java運行時將呼叫IndexOutOfBoundsException對應的catch區塊處理該異常。

◆ 如果運行該程式時輸入的參數不是數字，而是字母，將發生數字格式異常，Java運行時將呼叫NumberFormatException對應的catch塊處理該異常。

◆ 如果運行該程式時輸入的第二個參數是0，將發生除0異常，Java運行時將呼叫ArithmeticException對應的catch區塊處理該異常。

◆ 如果程式運行時出現其他異常，該異常物件總是Exception類別或其子類別的實例，Java運行時將呼叫Exception對應的catch區塊處理該異常。

提示 上面程式中的三種異常，都是非常常見的運行時異常，讀者應該記住這些異常，並掌握在哪些情況下可能出現這些異常。

程式清單：codes\10\10.2\NullTest.java

```
public class NullTest
{
    public static void main(String[] args)
    {
        Date d = null;
        try
        {
            System.out.println(d.after(new Date()));
        }
        catch (NullPointerException ne)
        {
            System.out.println("空指位器異常");
        }
        catch(Exception e)
        {
            System.out.println("未知異常");
        }
    }
}
```

上面程式針對 NullPointerException 異常提供了專門的異常處理區塊。上面程式呼叫一個 null 物件的 after() 方法，這將引發 NullPointerException 異常（當試圖呼叫一個 null 物件的實例方法或實例變數時，就會引發 NullPointerException 異常），Java 運行時將會呼叫 NullPointerException 對應的 catch 區塊來處理該異常；如果程式遇到其他異常，Java 運行時將會呼叫最後的 catch 區塊來處理異常。

正如在前面程式所看到的，程式總是把對應 Exception 類別的 catch 區塊放在最後，這是為什麼呢？想一下圖 10.1 所示的 Java 異常捕獲流程，讀者可能明白原因：如果把 Exception 類別對應的 catch 區塊排在其他 catch 區塊的前面，Java 運行時將直接進入該 catch 區塊（因為所有的異常物件都是 Exception 或其子類別的實例），而排在它後面的 catch 區塊將永遠也不會獲得執行的機會。

實際上，進行異常捕獲時不僅應該把 Exception 類別對應的 catch 區塊放在最後，而且所有父類別異常的 catch 區塊都應該排在子類別異常 catch 區塊的後面（簡稱：先處理小異常，再處理大異常），否則將出現編譯錯誤。看如下程式碼片段：

```
try
{
    statements...
}
```

```
catch(RuntimeException e)     // ①
{
    System.out.println("運行時異常");
}
catch (NullPointerException ne)      // ②
{
    System.out.println("空指位器異常");
}
```

上面程式碼中有兩個 catch 區塊，前一個 catch 區塊捕獲 RuntimeException 異常，後一個 catch 區塊捕獲 NullPointerException 異常，編譯上面程式碼時將會在②處出現已捕獲到異常 java.lang.NullPointerException 的錯誤，因為①處的 RuntimeException 已經包括了 NullPointerException 異常，所以②處的 catch 區塊永遠也不會獲得執行的機會。

注意

異常捕獲時，一定要記住先捕獲小異常，再捕獲大異常。

10.2.3 Java 7提供的多重異常捕獲

在 Java 7 以前，每個 catch 區塊只能捕獲一種類型的異常；但從 Java 7 開始，一個 catch 區塊可以捕獲多種類型的異常。

使用一個 catch 區塊捕獲多種類型的異常時需要注意如下兩個地方。

◆ 捕獲多種類型的異常時，多種異常類型之間用分隔號（|）隔開。

◆ 捕獲多種類型的異常時，異常變數有隱式的final修飾，因此程式不能對異常變數重新賦值。

下面程式示範了 Java 7 提供的多重異常捕獲。

程式清單：codes\10\10.2\MultiExceptionTest.java

```
public class MultiExceptionTest
{
    public static void main(String[] args)
    {
        try
        {
```

```
            int a = Integer.parseInt(args[0]);
            int b = Integer.parseInt(args[1]);
            int c = a / b;
            System.out.println("您輸入的兩個數相除的結果是：" + c );
        }
        catch (IndexOutOfBoundsException|NumberFormatException
            |ArithmeticException ie)
        {
            System.out.println("程式發生了陣列越界、數字格式異常、算術異常之一");
            // 捕獲多重異常時，異常變數預設有final修飾
            // 所以下面程式碼有錯
            ie = new ArithmeticException("test");   // ①
        }
        catch (Exception e)
        {
            System.out.println("未知異常");
            // 捕獲一種類型的異常時，異常變數沒有final修飾
            // 所以下面程式碼完全正確
            e = new RuntimeException("test");   // ②
        }
    }
}
```

上面程式中第一行粗體字程式碼使用了 IndexOutOfBoundsException|NumberFormatException| ArithmeticException 來定義異常類型，這就表明該 catch 區塊可以同時捕獲這三種類型的異常。捕獲多種類型的異常時，異常變數使用隱式的 final 修飾，因此上面程式中①號程式碼將產生編譯錯誤；捕獲一種類型的異常時，異常變數沒有 final 修飾，因此上面程式中②號程式碼完全正確。

10.2.4 存取異常資訊

如果程式需要在 catch 區塊中存取異常物件的相關資訊，則可以通過存取 catch 區塊的後異常形式參數來獲得。當 Java 運行時決定呼叫某個 catch 區塊來處理該異常物件時，會將異常物件賦給 catch 區塊後的異常參數，程式即可通過該參數來獲得異常的相關資訊。

所有的異常物件都包含了如下幾個常用方法。

- getMessage()：返回該異常的詳細描述字串。
- printStackTrace()：將該異常的追蹤堆疊資訊輸出到標準錯誤輸出。

◆ printStackTrace(PrintStream s)：將該異常的追蹤堆疊資訊輸出到指定輸出串流。

◆ getStackTrace()：返回該異常的追蹤堆疊資訊。

下面例子程式展示了程式如何存取異常資訊。

程式清單：codes\10\10.2\AccessExceptionMsg.java

```
public class AccessExceptionMsg
{
    public static void main(String[] args)
    {
        try
        {
            FileInputStream fis = new FileInputStream("a.txt");
        }
        catch (IOException ioe)
        {
            System.out.println(ioe.getMessage());
            ioe.printStackTrace();
        }
    }
}
```

上面程式呼叫了 Exception 物件的 getMessage() 方法來得到異常物件的詳細資訊，也使用了 printStackTrace() 方法來列印該異常的追蹤資訊。運行上面程式，會看到如圖 10.3 所示的介面。

提示 上面程式中使用的FileInputStream是Java IO體系中的一個檔案輸入串流，用於讀取磁碟中檔案的內容。關於該類別的詳細介紹請參考本書第15章的內容。

從圖 10.3 中可以看到異常的詳細描述資訊：「a.txt（系統找不到指定的檔案）」，這就是呼叫異常的 getMessage() 方法返回的字串。下面更詳細的資訊是該異常的追蹤堆疊資訊，關於異常的追蹤堆疊資訊後面還有更詳細的介紹，此處不再贅述。

命令提示字元

異常描述資訊

```
a.txt (系統找不到指定的檔案。)
java.io.FileNotFoundException: a.txt (系統找不到指定的檔案。)
        at java.io.FileInputStream.open0(Native Method)
        at java.io.FileInputStream.open(FileInputStream.java:195)
        at java.io.FileInputStream.<init>(FileInputStream.java:138)
        at java.io.FileInputStream.<init>(FileInputStream.java:93)
        at AccessExceptionMsg.main(AccessExceptionMsg.java:19)
```

異常追蹤堆疊資訊

圖10.3　存取異常資訊

10.2.5 使用finally回收資源

有些時候，程式在 try 區塊裡開啟了一些實體資源（例如資料庫連接、網路連接和磁碟檔案等），這些實體資源都必須顯式回收。

提示 Java的垃圾回收機制不會回收任何實體資源，垃圾回收機制只能回收堆積記憶體中物件所佔用的記憶體。

在哪裡回收這些實體資源呢？在 try 區塊裡回收？還是在 catch 區塊中進行回收？假設程式在 try 區塊裡進行資源回收，根據圖 10.1 所示的異常捕獲流程——如果 try 區塊的某條語句引起了異常，該語句後的其他語句通常不會獲得執行的機會，這將導致位於該語句之後的資源回收語句得不到執行。如果在 catch 區塊裡進行資源回收，但 catch 區塊完全有可能得不到執行，這將導致不能及時回收這些實體資源。

為了保證一定能回收 try 區塊中開啟的實體資源，異常處理機制提供了 finally 區塊。不管 try 區塊中的程式碼是否出現異常，也不管哪一個 catch 區塊被執行，甚至在 try 區塊或 catch 區塊中執行了 return 語句，finally 區塊總會被執行。完整的 Java 異常處理語法結構如下：

```
try
{
    // 業務實作程式碼
    ...
}
catch (SubException e)
{
    // 異常處理區塊1
    ...
}
catch (SubException2 e)
{
    // 異常處理區塊2
    ...
}
...
finally
{
    // 資源回收區塊
    ...
}
```

異常處理語法結構中只有 try 區塊是必需的，也就是說，如果沒有 try 區塊，則不能有後面的 catch 區塊和 finally 區塊；catch 區塊和 finally 區塊都是選擇性的，但 catch 區塊和 finally 區塊至少出現其中之一，也可以同時出現；可以有多個 catch 區塊，捕獲父類別異常的 catch 區塊必須位於捕獲子類別異常的後面；但不能只有 try 區塊，既沒有 catch 區塊，也沒有 finally 區塊；多個 catch 區塊必須位於 try 區塊之後，finally 區塊必須位於所有的 catch 區塊之後。看如下程式。

程式清單：codes\10\10.2\FinallyTest.java

```
public class FinallyTest
{
    public static void main(String[] args)
    {
        FileInputStream fis = null;
        try
        {
            fis = new FileInputStream("a.txt");
        }
        catch (IOException ioe)
        {
            System.out.println(ioe.getMessage());
            // return語句強制方法返回
            return ;        // ①
            // 使用exit結束虛擬機器
            // System.exit(1);     // ②
        }
        finally
        {
            // 關閉磁碟檔案，回收資源
            if (fis != null)
            {
                try
                {
                    fis.close();
                }
                catch (IOException ioe)
                {
                    ioe.printStackTrace();
                }
            }
            System.out.println("執行finally區塊裡的資源回收!");
        }
    }
}
```

上面程式的 try 區塊後增加了 finally 區塊，用於回收在 try 區塊中開啟的實體資源。注意程式的 catch 區塊中①處有一條 return 語句，該語句強制方法返回。在通常情況下，一旦在方法裡執行到 return 語句的地方，程式將立即結束該方法；現在不會了，雖然 return 語句也強制方法結束，但一定會先執行 finally 區塊裡的程式碼。運行上面程式，看到如下結果：

```
a.txt (系統找不到指定的檔案。)
程式已經執行了finally裡的資源回收!
```

上面運行結果表明方法返回之前還是執行了 finally 區塊的程式碼。將①處的 return 語句註解掉，取消②處程式碼的註解，即在異常處理的 catch 區塊中使用 System.exit(1) 語句來結束虛擬機器。執行上面程式碼，看到如下結果：

```
a.txt (系統找不到指定的檔案。)
```

上面執行結果表明 finally 區塊沒有被執行。如果在異常處理程式碼中使用 System.exit(1) 語句來結束虛擬機器，則 finally 區塊將失去執行的機會。

注意

除非在try區塊、catch區塊中呼叫了結束虛擬機器的方法，否則不管在try區塊、catch區塊中執行怎樣的程式碼，出現怎樣的情況，異常處理的finally區塊總會被執行。

在通常情況下，不要在 finally 區塊中使用如 return 或 throw 等導致方法終止的語句，（throw 語句將在後面介紹），一旦在 finally 區塊中使用了 return 或 throw 語句，將會導致 try 區塊、catch 區塊中的 return、throw 語句失效。看如下程式。

程式清單：codes\10\10.2\FinallyFlowTest.java

```
public class FinallyFlowTest
{
    public static void main(String[] args)
        throws Exception
    {
        boolean a = test();
        System.out.println(a);
    }
    public static boolean test()
    {
        try
        {
```

```
            // 因為finally區塊中包含了return語句
            // 所以下面的return語句失去作用
            return true;
        }
        finally
        {
            return false;
        }
    }
}
```

上面程式在 finally 區塊中定義了一個 return false 語句，這將導致 try 區塊中的 return true 失去作用。運行上面程式，將列印出 false 的結果。

當 Java 程式執行 try 區塊、catch 區塊時遇到了 return 或 throw 語句，這兩個語句都會導致該方法立即結束，但是系統執行這兩個語句並不會結束該方法，而是去尋找該異常處理流程中是否包含 finally 區塊，如果沒有 finally 區塊，程式立即執行 return 或 throw 語句，方法終止；如果有 finally 區塊，系統立即開始執行 finally 區塊——只有當 finally 區塊執行完成後，系統才會再次跳回來執行 try 區塊、catch 區塊裡的 return 或 throw 語句；如果 finally 區塊裡也使用了 return 或 throw 等導致方法終止的語句，finally 區塊已經終止了方法，系統將不會跳回去執行 try 區塊、catch 區塊裡的任何程式碼。

注意

儘量避免在finally區塊裡使用return或throw等導致方法終止的語句，否則可能出現一些很奇怪的情況。

10.2.6 異常處理的嵌套

正如 FinallyTest.java 程式所示，finally 區塊中也包含了一個完整的異常處理流程，這種在 try 區塊、catch 區塊或 finally 區塊中包含完整的異常處理流程的情形被稱為異常處理的嵌套。

異常處理流程程式碼可以放在任何能放可執行性程式碼的地方，因此完整的異常處理流程既可放在 try 區塊裡，也可放在 catch 區塊裡，還可放在 finally 區塊裡。

異常處理嵌套的深度沒有很明確的限制，但通常沒有必要使用超過兩層的嵌套異常處理，層次太深的嵌套異常處理沒有太大必要，而且導致程式可讀性降低。

10.2.7 Java 7的自動關閉資源的try語句

在前面程式中看到，當程式使用 finally 區塊關閉資源時，程式顯得異常臃腫。

```
FileInputStream fis = null;
try
{
    fis = new FileInputStream("a.txt");
}
...
finally
{
    // 關閉磁碟檔案，回收資源
    if (fis != null)
    {
        fis.close();
    }
}
```

在 Java 7 以前，上面程式中粗體字程式碼是不得不寫的「臃腫程式碼」，Java 7 的出現改變了這種局面。Java 7 增強了 try 語句的功能——它允許在 try 關鍵字後緊跟一對圓括號，圓括號可以宣告、初始化一個或多個資源，此處的資源指的是那些必須在程式結束時顯式關閉的資源（比如資料庫連接、網路連接等），try 語句在該語句結束時自動關閉這些資源。

需要指出的是，為了保證 try 語句可以正常關閉資源，這些資源實作類別必須實作 AutoCloseable 或 Closeable 介面，實作這兩個介面就必須實作 close() 方法。

提示 

Closeable是AutoCloseable的子介面，可以被自動關閉的資源類別要麼實作AutoCloseable介面，要麼實作Closeable介面。Closeable介面裡的close()方法宣告拋出了IOException，因此它的實作類別在實作close()方法時只能宣告拋出IOException或其子類別；AutoCloseable介面裡的close()方法宣告拋出了Exception，因此它的實作類別在實作close()方法時可以宣告拋出任何異常。

下面程式示範了如何使用自動關閉資源的 try 語句。

程式清單：codes\10\10.2\AutoCloseTest.java

```
public class AutoCloseTest
{
    public static void main(String[] args)
        throws IOException
    {
        try (
            // 宣告、初始化兩個可關閉的資源
            // try語句會自動關閉這兩個資源
            BufferedReader br = new BufferedReader(
                new FileReader("AutoCloseTest.java"));
            PrintStream ps = new PrintStream(new
                FileOutputStream("a.txt")))
        {
            // 使用兩個資源
            System.out.println(br.readLine());
            ps.println("莊生曉夢迷蝴蝶");
        }
    }
}
```

上面程式中粗體字程式碼分別宣告、初始化了兩個IO串流，由於BufferedReader、PrintStream都實作了Closeable介面，而且它們放在try語句中宣告、初始化，所以try語句會自動關閉它們。因此上面程式是安全的。

自動關閉資源的try語句相當於包含了隱式的finally區塊（這個finally區塊用於關閉資源），因此這個try語句可以既沒有catch區塊，也沒有finally區塊。

提示

Java 7幾乎把所有的「資源類別」（包括檔案IO的各種類別、JDBC程式設計的Connection、Statement等介面）進行了改寫，改寫後資源類別都實作了AutoCloseable或Closeable介面。

如果程式需要，自動關閉資源的try語句後也可以帶多個catch區塊和一個finally區塊。

10.3 Checked異常和Runtime異常體系

Java 的異常被分為兩大類：Checked 異常和 Runtime 異常（運行時異常）。所有的 RuntimeException 類別及其子類別的實例被稱為 Runtime 異常；不是 RuntimeException 類別及其子類別的異常實例則被稱為 Checked 異常。

只有 Java 語言提供了 Checked 異常，其他語言都沒有提供 Checked 異常。Java 認為 Checked 異常都是可以被處理（修復）的異常，所以 Java 程式必須顯式處理 Checked 異常。如果程式沒有處理 Checked 異常，該程式在編譯時就會發生錯誤，無法通過編譯。

Checked 異常體現了 Java 的設計哲學——沒有完善錯誤處理的程式碼根本就不會被執行！

對於 Checked 異常的處理方式有如下兩種。

- 當前方法明確知道如何處理該異常，程式應該使用try...catch區塊來捕獲該異常，然後在對應的catch區塊中修復該異常。例如，前面介紹的五子棋遊戲中處理使用者輸入不合法的異常，程式在catch區塊中列印對使用者的提示資訊，重新開始下一次迴圈。
- 當前方法不知道如何處理這種異常，應該在定義該方法時宣告拋出該異常。

Runtime 異常則更加靈活，Runtime 異常無須顯式宣告拋出，如果程式需要捕獲 Runtime 異常，也可以使用 try...catch 區塊來實作。

提示 只有Java語言提供了Checked異常，Checked異常體現了Java的嚴謹性，它要求程式設計師必須注意該異常——要麼顯式宣告拋出，要麼顯式捕獲並處理它，總之不允許對Checked異常不聞不問。這是一種非常嚴謹的設計哲學，可以增加程式的健壯性。問題是：大部分的方法總是不能明確地知道如何處理異常，因此只能宣告拋出該異常，而這種情況又是如此普遍，所以Checked異常降低了程式開發的生產率和程式碼的執行效率。關於Checked異常的優劣，在Java領域是一個備受爭論的問題。

10.3.1 使用throws宣告拋出異常

使用 throws 宣告拋出異常的思路是，當前方法不知道如何處理這種類型的異常，該異常應該由上一級呼叫者處理；如果 main 方法也不知道如何處理這種類型的異常，也可以使用 throws 宣告拋出異常，該異常將交給 JVM 處理。JVM 對異常的處理方法是，列印異常的追蹤堆疊資訊，並中止程式運行，這就是前面程式在遇到異常後自動結束的原因。

前面章節裡有些程式已經用到了 throws 宣告拋出，throws 宣告拋出只能在方法簽名中使用，throws 可以宣告拋出多個異常類別，多個異常類別之間以逗號隔開。throws 宣告拋出的語法格式如下：

```
throws ExceptionClass1 , ExceptionClass2...
```

上面 throws 宣告拋出的語法格式僅跟在方法簽名之後，如下例子程式使用了 throws 來宣告拋出 IOException 異常，一旦使用 throws 語句宣告拋出該異常，程式就無須使用 try...catch 區塊來捕獲該異常了。

程式清單：codes\10\10.3\ThrowsTest.java

```
public class ThrowsTest
{
    public static void main(String[] args)
        throws IOException
    {
        FileInputStream fis = new FileInputStream("a.txt");
    }
}
```

上面程式宣告不處理 IOException 異常，將該異常交給 JVM 處理，所以程式一旦遇到該異常，JVM 就會列印該異常的追蹤堆疊資訊，並結束程式。運行上面程式，會看到如圖 10.4 所示的運行結果。

```
命令提示字元
Exception in thread "main" java.io.FileNotFoundException: a.txt (系統找不到指定的檔案。)
        at java.io.FileInputStream.open0(Native Method)
        at java.io.FileInputStream.open(FileInputStream.java:195)
        at java.io.FileInputStream.<init>(FileInputStream.java:138)
        at java.io.FileInputStream.<init>(FileInputStream.java:93)
        at ThrowsTest.main(ThrowsTest.java:18)
```

圖10.4　main方法宣告把異常交給JVM處理

如果某段程式碼中呼叫了一個帶 throws 宣告的方法，該方法宣告拋出了 Checked 異常，則表明該方法希望它的呼叫者來處理該異常。也就是說，呼叫該方法時要麼放在 try 區塊中顯式捕獲該異常，要麼放在另一個帶 throws 宣告拋出的方法中。如下例子程式示範了這種用法。

程式清單：codes\10\10.3/ThrowsTest2.java

```
public class ThrowsTest2
{
    public static void main(String[] args)
        throws Exception
    {
        // 因為test()方法宣告拋出IOException異常
        // 所以呼叫該方法的程式碼要麼處於try...catch區塊中，
        // 要麼處於另一個帶throws宣告拋出的方法中
        test();
    }
    public static void test()throws IOException
    {
        // 因為FileInputStream的建構子宣告拋出IOException異常
        // 所以呼叫FileInputStream的程式碼要麼處於try...catch區塊中
        // 要麼處於另一個帶throws宣告拋出的方法中
        FileInputStream fis = new FileInputStream("a.txt");
    }
}
```

使用 throws 宣告拋出異常時有一個限制，就是方法覆寫時「兩小」中的一條規則：子類別方法宣告拋出的異常類型應該是父類別方法宣告拋出的異常類型的子類別或相同，子類別方法宣告拋出的異常不允許比父類別方法宣告拋出的異常多。看如下程式。

程式清單：codes\10\10.3\OverrideThrows.java

```
public class OverrideThrows
{
    public void test()throws IOException
    {
        FileInputStream fis = new FileInputStream("a.txt");
    }
}
class Sub extends OverrideThrows
{
    // 子類別方法宣告拋出了比父類別方法更大的異常
    // 所以下面方法出錯
    public void test()throws Exception
```

```
    {
    }
}
```

上面程式中 Sub 子類別中的 test() 方法宣告拋出 Exception，該 Exception 是其父類別宣告拋出異常 IOException 類別的父類別，這將導致程式無法通過編譯。

由此可見，使用 Checked 異常至少存在如下兩大不便之處。

- ◆ 對於程式中的Checked異常，Java要求必須顯式捕獲並處理該異常，或者顯式宣告拋出該異常。這樣就增加了程式設計複雜度。
- ◆ 如果在方法中顯式宣告拋出Checked異常，將會導致方法簽名與異常耦合，如果該方法是覆寫父類別的方法，則該方法拋出的異常還會受到被覆寫方法所拋出異常的限制。

在大部分時候推薦使用 Runtime 異常，而不使用 Checked 異常。尤其當程式需要自行拋出異常時（如何自行拋出異常請看下一節），使用 Runtime 異常將更加簡潔。

當使用 Runtime 異常時，程式無須在方法中宣告拋出 Checked 異常，一旦發生了自訂錯誤，程式只管拋出 Runtime 異常即可。

如果程式需要在合適的地方捕獲異常並對異常進行處理，則一樣可以使用 try…catch 區塊來捕獲 Runtime 異常。

使用 Runtime 異常是比較省事的方式，使用這種方式既可以享受「正常程式碼和錯誤處理程式碼分離」,「保證程式具有較好的健壯性」的優勢，又可以避免因為使用 Checked 異常帶來的程式設計煩瑣性。因此，C#、Ruby、Python 等語言沒有所謂的 Checked 異常，所有的異常都是 Runtime 異常。

但 Checked 異常也有其優勢——Checked 異常能在編譯時提醒程式設計師程式碼可能存在的問題，提醒程式設計師必須注意處理該異常，或者宣告該異常由該方法呼叫者來處理，從而可以避免程式設計師因為粗心而忘記處理該異常的錯誤。

10.4 使用throw拋出異常

當程式出現錯誤時，系統會自動拋出異常；除此之外，Java 也允許程式自行拋出異常，自行拋出異常使用 throw 語句來完成（注意此處的 throw 沒有後面的 s，與前面宣告拋出的 throws 是有區別的）。

10.4.1 拋出異常

異常是一種很「主觀」的說法，以下雨為例，假設大家約好明天去爬山郊遊，如果第二天下雨了，這種情況會打破既定計劃，就屬於一種異常；但對於正在期盼天降甘霖的農民而言，如果第二天下雨了，他們正好隨雨追肥，這就完全正常。

很多時候，系統是否要拋出異常，可能需要根據應用程式的業務需求來決定，如果程式中的資料、執行與既定的業務需求不符，這就是一種異常。由於與業務需求不符而產生的異常，必須由程式設計師來決定拋出，系統無法拋出這種異常。

如果需要在程式中自行拋出異常，則應使用 throw 語句，throw 語句可以單獨使用，throw 語句拋出的不是異常類別，而是一個異常實例，而且每次只能拋出一個異常實例。throw 語句的語法格式如下：

```
throw ExceptionInstance;
```

可以利用 throw 語句再次改寫前面五子棋遊戲中處理使用者輸入的程式碼：

```
try
{
    // 將使用者輸入的字串以逗號（,）作為分隔符，分隔成兩個字串
    String[] posStrArr = inputStr.split(",");
    // 將兩個字串轉換成使用者下棋的座標
    int xPos = Integer.parseInt(posStrArr[0]);
    int yPos = Integer.parseInt(posStrArr[1]);
    // 如果使用者試圖下棋的座標點已經有棋了，程式自行拋出異常
    if (!gb.board[xPos - 1][yPos - 1].equals(" "))
    {
        throw new Exception("您試圖下棋的座標點已經有棋了");
    }
    // 把對應的陣列元素賦為"●"
    gb.board[xPos - 1][yPos - 1] = "●";
}
catch (Exception e)
```

```
{
    System.out.println("您輸入的座標不合法，請重新輸入，下棋座標應以x,y的格式：");
    continue;
}
```

上面程式中粗體字程式碼使用 throw 語句來自行拋出異常，程式認為當使用者試圖向一個已有棋子的座標點下棋就是異常。當 Java 運行時接收到開發者自行拋出的異常時，同樣會中止當前的執行流程，跳到該異常對應的 catch 區塊，由該 catch 區塊來處理該異常。也就是說，不管是系統自動拋出的異常，還是程式設計師手動拋出的異常，Java 執行環境對異常的處理沒有任何差別。

如果 throw 語句拋出的異常是 Checked 異常，則該 throw 語句要麼處於 try 區塊裡，顯式捕獲該異常，要麼放在一個帶 throws 宣告拋出的方法中，即把該異常交給該方法的呼叫者處理；如果 throw 語句拋出的異常是 Runtime 異常，則該語句無須放在 try 區塊裡，也無須放在帶 throws 宣告拋出的方法中；程式既可以顯式使用 try...catch 來捕獲並處理該異常，也可以完全不理會該異常，把該異常交給該方法呼叫者處理。例如下面例子程式。

程式清單：codes\10\10.4\ThrowTest.java

```
public class ThrowTest
{
    public static void main(String[] args)
    {
        try
        {
            // 呼叫宣告拋出Checked異常的方法，要麼顯式捕獲該異常
            // 要麼在main方法中再次宣告拋出
            throwChecked(-3);
        }
        catch (Exception e)
        {
            System.out.println(e.getMessage());
        }
        // 呼叫宣告拋出Runtime異常的方法既可以顯式捕獲該異常
        // 也可不理會該異常
        throwRuntime(3);
    }
    public static void throwChecked(int a)throws Exception
    {
        if (a > 0)
        {
```

```
            // 自行拋出Exception異常
            // 該程式碼必須處於try區塊裡，或處於帶throws宣告的方法中
            throw new Exception("a的值大於0，不符合要求");
        }
    }
    public static void throwRuntime(int a)
    {
        if (a > 0)
        {
            // 自行拋出RuntimeException異常，既可以顯式捕獲該異常
            // 也可完全不理會該異常，把該異常交給該方法呼叫者處理
            throw new RuntimeException("a的值大於0，不符合要求");
        }
    }
}
```

通過上面程式也可以看出，自行拋出 Runtime 異常比自行拋出 Checked 異常的靈活性更好。同樣，拋出 Checked 異常則可以讓編譯器提醒程式設計師必須處理該異常。

10.4.2 自訂異常類別

在通常情況下，程式很少會自行拋出系統異常，因為異常的類別名稱通常也包含了該異常的有用資訊。所以在選擇拋出異常時，應該選擇合適的異常類別，從而可以明確地描述該異常情況。在這種情形下，應用程式常常需要拋出自訂異常。

使用者自訂異常都應該繼承 Exception 基底類別，如果希望自訂 Runtime 異常，則應該繼承 RuntimeException 基底類別。定義異常類別時通常需要提供兩個建構子：一個是無參數的建構子；另一個是帶一個字串參數的建構子，這個字串將作為該異常物件的描述資訊（也就是異常物件的 getMessage() 方法的返回值）。

下面例子程式建立了一個自訂異常類別。

程式清單：codes\10\10.4\AuctionException.java

```
public class AuctionException extends Exception
{
    // 無參數的建構子
    public AuctionException(){}          // ①
    // 帶一個字串參數的建構子
    public AuctionException(String msg)     // ②
    {
```

```
        super(msg);
    }
}
```

上面程式建立了 AuctionException 異常類別，並為該異常類別提供了兩個建構子。尤其是②號粗體字程式碼部分建立的帶一個字串參數的建構子，其執行體也非常簡單，僅通過 super 來呼叫父類別的建構子，正是這行 super 呼叫可以將此字串參數傳給異常物件的 message 屬性，該 message 屬性就是該異常物件的詳細描述資訊。

如果需要自訂 Runtime 異常，只需將 AuctionException.java 程式中的 Exception 基底類別改為 RuntimeException 基底類別，其他地方無須修改。

提示

在大部分情況下，建立自訂異常都可採用與AuctionException.java相似的程式碼完成，只需改變AuctionException異常的類別名稱即可，讓該異常類別的類別名稱可以準確描述該異常。

10.4.3 catch和throw同時使用

前面介紹的異常處理方式有如下兩種。

- 在出現異常的方法內捕獲並處理異常，該方法的呼叫者將不能再次捕獲該異常。
- 該方法簽名中宣告拋出該異常，將該異常完全交給方法呼叫者處理。

在實際應用中往往需要更複雜的處理方式——當一個異常出現時，單靠某個方法無法完全處理該異常，必須由幾個方法協作才可完全處理該異常。也就是說，在異常出現的當前方法中，程式只對異常進行部分處理，還有些處理需要在該方法的呼叫者中才能完成，所以應該再次拋出異常，讓該方法的呼叫者也能捕獲到異常。

為了實作這種通過多個方法協作處理同一個異常的情形，可以在 catch 區塊中結合 throw 語句來完成。如下例子程式示範了這種 catch 和 throw 同時使用的方法。

程式清單：codes\10\10.4\AuctionTest.java

```
public class AuctionTest
{
    private double initPrice = 30.0;
    // 因為該方法中顯式拋出了AuctionException異常
    // 所以此處需要宣告拋出AuctionException異常
```

```
    public void bid(String bidPrice)
        throws AuctionException
    {
        double d = 0.0;
        try
        {
            d = Double.parseDouble(bidPrice);
        }
        catch (Exception e)
        {
            // 此處完成本方法中可以對異常執行的修復處理
            // 此處僅僅是在主控台列印異常的追蹤堆疊資訊
            e.printStackTrace();
            // 再次抛出自訂異常
            throw new AuctionException("競拍價必須是數值，"
                + "不能包含其他字元！");
        }
        if (initPrice > d)
        {
            throw new AuctionException("競拍價比起拍價低，"
                + "不允許競拍！");
        }
        initPrice = d;
    }
    public static void main(String[] args)
    {
        AuctionTest at = new AuctionTest();
        try
        {
            at.bid("df");
        }
        catch (AuctionException ae)
        {
            // 再次捕獲到bid()方法中的異常，並對該異常進行處理
            System.err.println(ae.getMessage());
        }
    }
}
```

上面程式中粗體字程式碼對應的 catch 區塊捕獲到異常後，系統列印了該異常的追蹤堆疊資訊，接著抛出一個 AuctionException 異常，通知該方法的呼叫者再次處理該 AuctionException 異常。所以程式中的 main 方法，也就是 bid() 方法呼叫者還可以再次捕獲 AuctionException 異常，並將該異常的詳細描述資訊輸出到標準錯誤輸出。

提示 這種catch和throw結合使用的情況在大型企業級應用程式中非常常用。企業級應用程式對異常的處理通常分成兩個部分：① 應用程式後台需要通過日誌來記錄異常發生的詳細情況；② 應用程式還需要根據異常向應用程式使用者傳達某種提示。在這種情形下，所有異常都需要兩個方法共同完成，也就必須將catch和throw結合使用。

10.4.4 Java 7增強的throw語句

對於如下程式碼：

```
try
{
    new FileOutputStream("a.txt");
}
catch (Exception ex)
{
    ex.printStackTrace();
    throw ex;           // ①
}
```

上面程式碼片段中的粗體字程式碼再次抛出了捕獲到的異常，但這個 ex 物件的情況比較特殊：程式捕獲該異常時，宣告該異常的類型為 Exception；但實際上 try 區塊中可能只呼叫了 FileOutputStream 建構子，這個建構子宣告只是抛出了 FileNotFoundException 異常。

在 Java 7 以前，Java 編譯器的處理「簡單而粗暴」——由於在捕獲該異常時宣告 ex 的類型是 Exception，因此 Java 編譯器認為這段程式碼可能抛出 Exception 異常，所以包含這段程式碼的方法通常需要宣告抛出 Exception 異常。例如如下方法。

程式清單：codes\10\10.4\ThrowTest2.java

```
public class ThrowTest2
{
    public static void main(String[] args)
        // Java 6認為①號程式碼可能抛出Exception異常
        // 所以此處宣告抛出Exception異常
        throws Exception
    {
        try
```

```
        {
            new FileOutputStream("a.txt");
        }
        catch (Exception ex)
        {
            ex.printStackTrace();
            throw ex;         // ①
        }
    }
}
```

從 Java 7 開始，Java 編譯器會執行更細緻的檢查，Java 編譯器會檢查 throw 語句拋出異常的實際類型，這樣編譯器知道①號程式碼處實際上只可能排除 FileNotFoundException 異常，因此在方法簽名中只要宣告拋出 FileNotFoundException 異常即可。即可以將程式碼改為如下形式（程式清單同上）。

```
public class ThrowTest2
{
    public static void main(String[] args)
        // Java 7會檢查①號程式碼處可能拋出異常的實際類型
        // 因此此處只需宣告拋出FileNotFoundException異常即可
        throws FileNotFoundException
    {
        try
        {
            new FileOutputStream("a.txt");
        }
        catch (Exception ex)
        {
            ex.printStackTrace();
            throw ex;         // ①
        }
    }
}
```

10.4.5 異常鏈

對於真實的企業級應用程式而言，常常有嚴格的分層關係，層與層之間有非常清晰的劃分，上層功能的實作嚴格依賴於下層的 API，也不會跨層存取。圖 10.5 顯示了這種具有分層結構應用程式的大致示意圖。

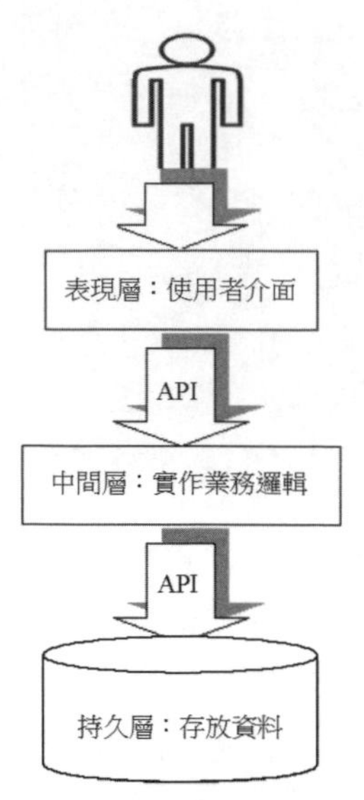

圖10.5　分層結構示意圖

對於一個採用圖 10.5 所示結構的應用程式，當業務邏輯層存取持久層出現 SQLException 異常時，程式不應該把底層的 SQLException 異常傳到使用者介面，有如下兩個原因。

◆ 對於正常使用者而言，他們不想看到底層SQLException異常，SQLException異常對他們使用該系統沒有任何幫助。

◆ 對於惡意使用者而言，將SQLException異常公開出來不安全。

把底層的原始異常直接傳給使用者是一種不負責任的表現。通常的做法是：程式先捕獲原始異常，然後拋出一個新的業務異常，新的業務異常中包含了對使用者的提示資訊，這種處理方式被稱為異常轉譯。假設程式需要實作工資運算的方法，則程式應該採用如下結構的程式碼來實作該方法。

```
public calSal() throws SalException
{
    try
    {
        // 實作結算工資的業務邏輯
        ...
    }
    catch(SQLException sqle)
    {
```

```
        // 把原始異常記錄下來，留給管理員
        ...
        // 下面異常中的message就是對使用者的提示
        throw new SalException("存取底層資料庫出現異常");
    }
    catch(Exception e)
    {
        // 把原始異常記錄下來，留給管理員
        ...
        // 下面異常中的message就是對使用者的提示
        throw new SalException("系統出現未知異常");
    }
}
```

這種把原始異常資訊隱藏起來，僅向上提供必要的異常提示資訊的處理方式，可以保證底層異常不會擴散到表現層，可以避免向上公開太多的實作細節，這完全符合物件導向的封裝原則。

這種把捕獲一個異常然後接著拋出另一個異常，並把原始異常資訊存放下來是一種典型的鏈式處理（23 種設計模式之一：職責鏈模式），也被稱為「異常鏈」。

在 JDK 1.4 以前，程式設計師必須自己編寫程式碼來保持原始異常資訊。從 JDK 1.4 以後，所有 Throwable 的子類別在建構子中都可以接收一個 cause 物件作為參數。這個 cause 就用來表示原始異常，這樣可以把原始異常傳遞給新的異常，使得即使在當前位置建立並拋出了新的異常，你也能通過這個異常鏈追蹤到異常最初發生的位置。例如希望通過上面的 SalException 去追蹤到最原始的異常資訊，則可以將該方法改寫為如下形式。

```
public calSal() throws SalException
{
    try
    {
        // 實作結算工資的業務邏輯
        ...
    }
    catch(SQLException sqle)
    {
        // 把原始異常記錄下來，留給管理員
        ...
        // 下面異常中的sqle就是原始異常
        throw new SalException(sqle);
    }
```

```
    catch(Exception e)
    {
        // 把原始異常記錄下來，留給管理員
        ...
        // 下面異常中的e就是原始異常
        throw new SalException(e);
    }
}
```

上面程式中粗體字程式碼建立 SalException 物件時，傳入了一個 Exception 物件，而不是傳入了一個 String 物件，這就需要 SalException 類別有相應的建構子。從 JDK 1.4 以後，Throwable 基底類別已有了一個可以接收 Exception 參數的方法，所以可以採用如下程式碼來定義 SalException 類別。

程式清單：codes\10\10.4\SalException.java

```
public class SalException extends Exception
{
    public SalException(){}
    public SalException(String msg)
    {
        super(msg);
    }
    // 建立一個可以接收Throwable參數的建構子
    public SalException(Throwable t)
    {
        super(t);
    }
}
```

建立了這個 SalException 業務異常類別後，就可以用它來封裝原始異常，從而實作對異常的鏈式處理。

10.5 Java的異常追蹤堆疊

異常物件的 printStackTrace() 方法用於列印異常的追蹤堆疊資訊，根據 printStackTrace() 方法的輸出結果，開發者可以找到異常的源頭，並追蹤到異常一路觸發的過程。

看下面用於測試 printStackTrace 的例子程式。

程式清單：codes\10\10.5\PrintStackTraceTest.java

```
class SelfException extends RuntimeException
{
    SelfException(){}
    SelfException(String msg)
    {
        super(msg);
    }
}
public class PrintStackTraceTest
{
    public static void main(String[] args)
    {
        firstMethod();
    }
    public static void firstMethod()
    {
        secondMethod();
    }
    public static void secondMethod()
    {
        thirdMethod();
    }
    public static void thirdMethod()
    {
        throw new SelfException("自訂異常資訊");
    }
}
```

上面程式中 main 方法呼叫 firstMethod，firstMethod 呼叫 secondMethod，secondMethod 呼叫 thirdMethod，thirdMethod 直接拋出一個 SelfException 異常。運行上面程式，會看到如圖 10.6 所示的結果。

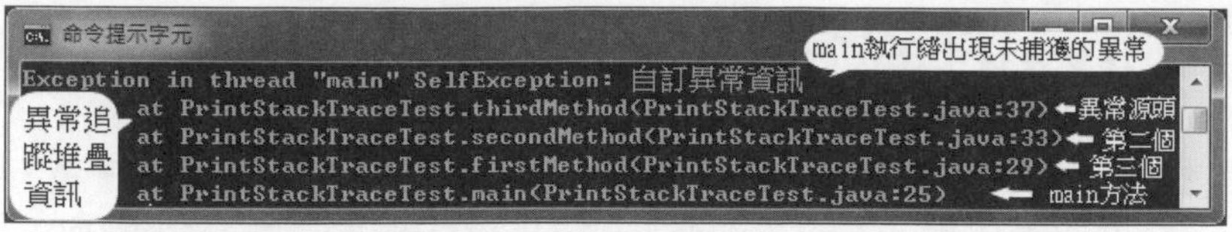
命令提示字元
main執行緒出現未捕獲的異常
Exception in thread "main" SelfException: 自訂異常資訊
異常追蹤堆疊資訊
at PrintStackTraceTest.thirdMethod(PrintStackTraceTest.java:37) ←異常源頭
at PrintStackTraceTest.secondMethod(PrintStackTraceTest.java:33) ← 第二個
at PrintStackTraceTest.firstMethod(PrintStackTraceTest.java:29) ← 第三個
at PrintStackTraceTest.main(PrintStackTraceTest.java:25) ← main方法

圖10.6　異常的追蹤堆疊資訊

從圖 10.6 中可以看出，異常從 thirdMethod 方法開始觸發，傳到 secondMethod 方法，再傳到 firstMethod 方法，最後傳到 main 方法，在 main 方法終止，這個過程就是 Java 的異常追蹤堆疊。

在物件導向的程式設計中，大多數複雜操作都會被分解成一系列方法呼叫。這是因為：實作更好的可重用性，將每個可重用的程式碼單元定義成方法，將複雜任務逐漸分解為更易管理的小型子任務。由於一個大的業務功能需要由多個物件來共同實作，在最終程式設計模型中，很多物件將通過一系列方法呼叫來實作通訊，執行任務。

所以，物件導向的應用程式運行時，經常會發生一系列方法呼叫，從而形成「方法呼叫堆疊」，異常的傳播則相反：只要異常沒有被完全捕獲（包括異常沒有被捕獲，或異常被處理後重新拋出了新異常），異常從發生異常的方法逐漸向外傳播，首先傳給該方法的呼叫者，該方法呼叫者再次傳給其呼叫者……直至最後傳到 main 方法，如果 main 方法依然沒有處理該異常，JVM 會中止該程式，並列印異常的追蹤堆疊資訊。

很多初學者一看到如圖 10.6 所示的異常提示資訊，就會驚慌失措，其實圖 10.6 所示的異常追蹤堆疊資訊非常清晰——它記錄了應用程式中執行停止的各個點。

第一行的資訊詳細顯示了異常的類型和異常的詳細訊息。

接下來追蹤堆疊記錄程式中所有的異常發生點，各行顯示被呼叫方法中執行的停止位置，並標明類別、類別中的方法名、與故障點對應的檔案的行。一行行地往下看，追蹤堆疊總是最內部的被呼叫方法逐漸上傳，直到最外部業務操作的起點，通常就是程式的入口 main 方法或 Thread 類別的 run 方法（多執行緒的情形）。

下面例子程式示範了多執行緒程式中發生異常的情形。

程式清單：codes\10\10.5\ThreadExceptionTest.java

```
public class ThreadExceptionTest implements Runnable
{
    public void run()
    {
        firstMethod();
    }
    public void firstMethod()
    {
        secondMethod();
    }
    public void secondMethod()
    {
        int a = 5;
        int b = 0;
        int c = a / b;
    }
    public static void main(String[] args)
    {
        new Thread(new ThreadExceptionTest()).start();
    }
}
```

提示

關於多執行緒的知識，請參考本書第16章的內容。

運行上面程式，會看到如圖 10.7 所示的運行結果。

```
命令提示字元
Exception in thread "Thread-0" java.lang.ArithmeticException: / by zero
        at ThreadExceptionTest.secondMethod(ThreadExceptionTest.java:27)
        at ThreadExceptionTest.firstMethod(ThreadExceptionTest.java:21)
        at ThreadExceptionTest.run(ThreadExceptionTest.java:17)
        at java.lang.Thread.run(Thread.java:745)
```

多執行緒異常的追蹤堆疊，從發生異常的方法開始，到執行緒的run方法結束

圖10.7　多執行緒的異常追蹤堆疊

從圖 10.7 中可以看出，程式在 Thread 的 run 方法中出現了 ArithmeticException 異常，這個異常的源頭是 ThreadExcetpionTest 的 secondMethod 方法，位於 ThreadExcetpionTest.java 檔案的 27 行。這個異常傳播到 Thread 類別的 run 方法就會結束（如果該異常沒有得到處理，將會導致該執行緒中止運行）。

前面已經講過，呼叫 Exception 的 printStackTrace() 方法就是列印該異常的追蹤堆疊資訊，也就會看到如圖 10.6、圖 10.7 所示的資訊。當然，如果方法呼叫的層次很深，將會看到更加複雜的異常追蹤堆疊。

> **提示** 雖然printStackTrace()方法可以很方便地用於追蹤異常的發生情況，可以用它來除錯程式，但在最後發佈的程式中，應該避免使用它；而應該對捕獲的異常進行適當的處理，而不是簡單地將異常的追蹤堆疊資訊列印出來。

10.6 異常處理規則

前面介紹了使用異常處理的優勢、便捷之處，本節將進一步從程式效能最佳化、結構最佳化的角度給出異常處理的一般規則。成功的異常處理應該實作如下 4 個目標。

- 使程式碼混亂最小化。
- 捕獲並保留診斷資訊。
- 通知合適的人員。
- 採用合適的方式結束異常活動。

下面介紹達到這種效果的基本準則。

10.6.1 不要過度使用異常

不可否認，Java 的異常機制確實方便，但濫用異常機制也會帶來一些負面影響。過度使用異常主要有兩個方面。

- 把異常和普通錯誤混淆在一起，不再編寫任何錯誤處理程式碼，而是以簡單地拋出異常來代替所有的錯誤處理。
- 使用異常處理來代替流程控制。

熟悉了異常使用方法後，程式設計師可能不再願意編寫煩瑣的錯誤處理程式碼，而是簡單地拋出異常。實際上這樣做是不對的，對於完全已知的錯誤，應該編寫處理這種錯誤的程式碼，增加程式的健壯性；對於普通的錯誤，應該編寫處理這種錯誤的程式碼，增加程式的健壯性。只有對外部的、不能確定和預知的運行時錯誤才使用異常。

對比前面五子棋遊戲中，處理使用者輸入座標點已有棋子的兩種方式。

```
// 如果使用者試圖下棋的座標點已有棋子了
if (!gb.board[xPos - 1][yPos - 1].equals(" "))
{
    System.out.println("您輸入的座標點已有棋子了，請重新輸入");
    continue;
}
```

上面這種處理方式檢測到使用者試圖下棋的座標點已經有棋子了，立即列印一條提示語句，並重新開始下一次迴圈。這種處理方式簡潔明瞭，邏輯清晰。程式的運行效率也很好——程式進入 if 區塊後，即結束了本次迴圈。

如果將上面的處理機制改為如下方式：

```
// 如果使用者試圖下棋的座標點已經有棋子了，程式自行拋出異常
if (!gb.board[xPos - 1][yPos - 1].equals(" "))
{
    throw new Exception("您試圖下棋的座標點已經有棋子了");
}
```

上面的處理方式沒有提供有效的錯誤處理程式碼，當程式檢測到使用者試圖下棋的座標點已經有棋子時，並沒有提供相應的處理，而是簡單地拋出了一個異常。這種處理方式雖然簡單，但 Java 運行時接收到這個異常後，還需要進入相應的 catch 區塊來捕獲該異常，所以運行效率要差一些。而且使用者下棋重複這個錯誤完全是預料的，所以程式完全可以針對該錯誤提供相應的處理，而不是拋出異常。

必須指出：異常處理機制的初衷是將不可預期異常的處理程式碼和正常的業務邏輯處理程式碼分離，因此絕不要使用異常處理來代替正常的業務邏輯判斷。

另外，異常機制的效率比正常的流程控制效率差，所以不要使用異常處理來代替正常的程式流程控制。例如，對於如下程式碼：

```
// 定義一個字串陣列
String[] arr = {"Hello" , "Java" , "Spring"};
// 使用異常處理來遍歷arr陣列的每個元素
try
{
    int i = 0;
    while(true)
```

```
    {
        System.out.println(arr[i++]);
    }
}
catch(ArrayIndexOutOfBoundsException ae)
{
}
```

運行上面程式確實可以實作遍歷 arr 陣列元素的功能，但這種寫法可讀性較差，而且運行效率也不高。程式完全有能力避免產生 ArrayIndexOutOfBoundsException 異常，程式「故意」製造這種異常，然後使用 catch 區塊去捕獲該異常，這是不應該的。將程式改為如下形式肯定要好得多：

```
String[] arr = {"Hello" , "Java" , "Spring"};
for (int i = 0; i < arr.length; i++ )
{
    System.out.println(arr[i]);
}
```

注意

異常只應該用於處理非正常的情況，不要使用異常處理來代替正常的流程控制。對於一些完全可預知，而且處理方式清楚的錯誤，程式應該提供相應的錯誤處理程式碼，而不是將其籠統地稱為異常。

10.6.2 不要使用過於龐大的try區塊

很多初學異常機制的讀者喜歡在 try 區塊裡放置大量的程式碼，在一個 try 區塊裡放置大量的程式碼看上去「很簡單」，但這種「簡單」只是一種假象，只是在編寫程式時看上去比較簡單。但因為 try 區塊裡的程式碼過於龐大，業務過於複雜，就會造成 try 區塊中出現異常的可能性大大增加，從而導致分析異常原因的難度也大大增加。

而且當 try 區塊過於龐大時，就難免在 try 區塊後緊跟大量的 catch 區塊才可以針對不同的異常提供不同的處理邏輯。同一個 try 區塊後緊跟大量的 catch 區塊則需要分析它們之間的邏輯關係，反而增加了程式設計複雜度。

正確的做法是，把大塊的 try 區塊分割成多個可能出現異常的程式段落，並把它們放在單獨的 try 區塊中，從而分別捕獲並處理異常。

10.6.3 避免使用Catch All語句

所謂 Catch All 語句指的是一種異常捕獲模組，它可以處理程式發生的所有可能異常。例如，如下程式碼片段：

```
try
{
    // 可能引發Checked異常的程式碼
}
catch (Throwable t)
{
    // 進行異常處理
    t.printStackTrace();
}
```

不可否認，每個程式設計師都曾經用過這種異常處理方式；但在編寫關鍵程式時就應避免使用這種異常處理方式。這種處理方式有如下兩點不足之處。

- 所有的異常都採用相同的處理方式，這將導致無法對不同的異常分情況處理，如果要分情況處理，則需要在catch區塊中使用分支語句進行控制，這是得不償失的做法。
- 這種捕獲方式可能將程式中的錯誤、Runtime異常等可能導致程式終止的情況全部捕獲到，從而「壓制」了異常。如果出現了一些「關鍵」異常，那麼此異常也會被「靜悄悄」地忽略。

實際上，Catch All 語句不過是一種通過避免錯誤處理而加快程式設計進度的機制，應儘量避免在實際應用中使用這種語句。

10.6.4 不要忽略捕獲到的異常

不要忽略異常！既然已捕獲到異常，那 catch 區塊理應做些有用的事情——處理並修復這個錯誤。catch 區塊整個為空，或者僅僅列印出錯資訊都是不妥的！

catch 區塊為空就是假裝不知道甚至瞞天過海，這是最可怕的事情——程式出了錯誤，所有的人都看不到任何異常，但整個應用程式可能已經徹底壞了。僅在 catch 區塊裡列印錯誤追蹤堆疊資訊稍微好一點，但僅僅比空白多了幾行異常資訊。通常建議對異常採取適當措施，比如：

◆ 處理異常。對異常進行合適的修復，然後繞過異常發生的地方繼續執行；或者用別的資料進行運算，以代替期望的方法返回值；或者提示使用者重新操作……總之，對於Checked異常，程式應該儘量修復。

◆ 重新拋出新異常。把當前執行環境下能做的事情儘量做完，然後進行異常轉譯，把異常包裝成當前層的異常，重新拋出給上層呼叫者。

◆ 在合適的層處理異常。如果當前層不清楚如何處理異常，就不要在當前層使用catch語句來捕獲該異常，直接使用throws宣告拋出該異常，讓上層呼叫者來負責處理該異常。

10.7 本章小結

本章主要介紹了 Java 異常處理機制的相關知識，Java 的異常處理主要依賴於 try、catch、finally、throw 和 throws 5 個關鍵字，本章詳細講解了這 5 個關鍵字的用法。本章還介紹了 Java 異常類別之間的繼承關係，並介紹了 Checked 異常和 Runtime 異常之間的區別。本章也詳細介紹了 Java 7 對異常處理的增強。本章還詳細講解了實際開發中最常用的異常鏈和異常轉譯。本章最後從最佳化程式的角度，給出了實際應用程式中處理異常的幾條基本規則。

本章練習

1. 改寫第4章的五子棋遊戲程式，為該程式增加異常處理機制，讓程式更加健壯。
2. 改寫第8章的梭哈遊戲程式，為該程式增加異常處理機制。

CHAPTER 11

AWT程式設計

- 圖形使用者介面程式設計的概念
- AWT的概念
- AWT容器和常見佈局管理器
- 使用AWT基本元件
- 使用對話方塊
- 使用檔案對話方塊
- Java的事件機制
- 事件源、事件、事件監聽器的關係
- 使用選單列、選單、選單項目建立選單
- 建立並使用右鍵選單
- 覆寫paint()方法實作繪圖
- 使用Graphics類別
- 使用BufferedImage和ImageIO處理點陣圖
- 使用剪貼簿
- 剪貼簿資料風格
- 拖放功能
- 拖放目標與拖放源

本章和下一章的內容會比較「有趣」，因為可以看到非常熟悉的視窗、按鈕、動畫等效果，而這些圖形介面元素不僅會讓開發者感到更「有趣」，對最終使用者也是一種誘惑，使用者總是喜歡功能豐富、操作簡單的應用程式，圖形使用者介面的程式就可以滿足使用者的這種渴望。

Java 使用 AWT 和 Swing 類別完成圖形使用者介面程式設計，其中 AWT 的全稱是抽象視窗工具組（Abstract Window Toolkit），它是 Sun 最早提供的 GUI 函數庫，這個 GUI 函數庫提供了一些基本功能，但這個 GUI 函數庫的功能比較有限，所以後來又提供了 Swing 函數庫。通過使用 AWT 和 Swing 提供的圖形介面元件庫，Java 的圖形使用者介面程式設計非常簡單，程式只要依次建立所需的圖形元件，並以合適的方式將這些元件組織在一起，就可以開發出非常美觀的使用者介面。

程式以一種「搭積木」的方式將這些圖形使用者元件組織在一起，就是實際可用的圖形使用者介面，但這些圖形使用者介面還不能與使用者交互，為了實作圖形使用者介面與使用者交互操作，還應為程式提供事件處理，事件處理負責讓程式可以回應使用者動作。

通過學習本章，讀者應該能開發出簡單的圖形使用者介面應用程式，並提供相應的事件回應機制。本章也會介紹 Java 中的圖形處理、剪貼簿操作等知識。

11.1 GUI（圖形使用者介面）和AWT

前面介紹的所有程式都是基於命令行的，基於命令行的程式可能只有一些「專業」的電腦人士才會使用。例如前面編寫的五子棋、梭哈等程式，恐怕只有程式設計師自己才願意玩這麼「糟糕」的遊戲，很少有最終使用者願意對著黑糊糊的命令行介面敲命令。

相反，如果為程式提供直觀的圖形使用者介面（Graphics User Interface，GUI），最終使用者通過滑鼠拖曳、單擊等動作就可以操作整個應用程式，整個應用程式就會受歡迎得多（實際上，Windows 之所以廣為人知，其最初的吸引力就是來自於它所提供的圖形使用者介面）。作為一個程式設計者，必須優先考慮使用者的感受，一定要讓使用者感到「爽」，程式才會被需要、被使用，這樣的程式才有價值。

當 JDK 1.0 發佈時，Sun 提供了一套基本的 GUI 類別庫，這個 GUI 類別庫希望可以在所有平台下都能運行，這套基本類別庫被稱為「抽象視窗工具組（Abstract Window Toolkit）」，它為 Java 應用程式提供了基本的圖形元件。AWT 是視窗框架，它從不同平台的視窗系統中抽取出共同元件，當程式運行時，將這些元件的建立和動作委託給程式所在的運行平台。簡而言之，當使用 AWT 編寫圖形介面應用程式時，程式僅指定了介面元件的位置和行為，並未提供真正的實作，JVM 呼叫作業系統本地的圖形介面來建立和平台一致的對等體。

使用 AWT 建立的圖形介面應用程式和所在的運行平台有相同的介面風格，比如在 Windows 作業系統上，它就表現出 Windows 風格；在 UNIX 作業系統上，它就表現出 UNIX 風格。Sun 希望採用這種方式來實作「Write Once，Run Anywhere」的目標。

但在實際應用中，AWT 出現了如下幾個問題。

- 使用AWT做出的圖形使用者介面在所有的平台上都顯得很醜陋，功能也非常有限。
- AWT為了迎合所有主流作業系統的介面設計，AWT元件只能使用這些作業系統上圖形介面元件的交集，所以不能使用特定作業系統上複雜的圖形介面元件，最多只能使用4種字型。
- AWT用的是非常笨拙的、非物件導向的程式設計模式。

1996 年，Netscape 公司開發了一套工作方式完全不同的 GUI 函數庫，簡稱為 IFC（Internet Foundation Classes），這套 GUI 函數庫的所有圖形介面元件，例如文字方塊、按鈕等都是繪製在空白視窗上的，只有視窗本身需要借助於作業系統的視窗實作。IFC 真正實作了各種平台上的介面一致性。不久，Sun 和 Netscape 合作完善了這種方法，並建立了一套新的使用者介面庫：Swing。AWT、Swing、輔助功能 API、2D API 以及拖放 API 共同組成了 JFC（Java Foundation Classes，Java 基礎類別庫），其中 Swing 元件全面替代了 Java 1.0 中的 AWT 元件，但保留了 Java 1.1 中的 AWT 事件模型。總體上，AWT 是圖形使用者介面程式設計的基礎，Swing 元件替代了絕大部分 AWT 元件，對 AWT 圖形使用者介面程式設計有極好的補充和加強。

提示　Swing並沒有完全替代AWT，而是建立在AWT基礎之上，Swing僅提供了能力更強大的使用者介面元件，即使是完全採用Swing編寫的GUI程式，也依然需要使用AWT的事件處理機制。本章主要介紹AWT元件，這些AWT元件在Swing裡將有對應的實作，二者用法基本相似，下一章會有更詳細的介紹。

所有和 AWT 程式設計相關的類別都放在 java.awt 套件以及它的子套件中，AWT 程式設計中有兩個基底類別：Component 和 MenuComponent。圖 11.1 顯示了 AWT 圖形元件之間的繼承關係。

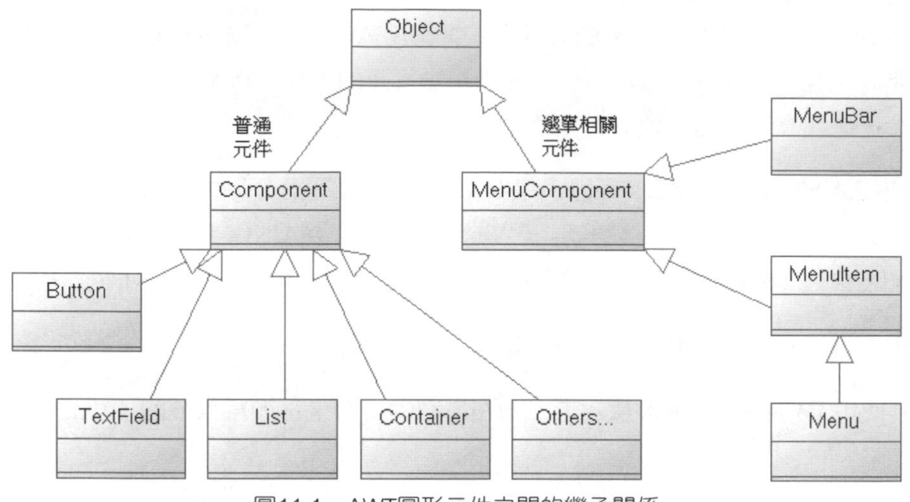

圖11.1　AWT圖形元件之間的繼承關係

在 java.awt 套件中提供了兩種基底類別表示圖形介面元素：Component 和 MenuComponent，其中 Component 代表一個能以圖形化方式顯示出來，並可與使用者交互的物件，例如 Button 代表一個按鈕，TextField 代表一個文字方塊等；而 MenuComponent 則代表圖形介面的選單元件，包括 MenuBar（選單列）、MenuItem（選單項目）等子類別。

除此之外，AWT 圖形使用者介面程式設計裡還有兩個重要的概念：Container 和 LayoutManager，其中 Container 是一種特殊的 Component，它代表一種容器，可以盛裝普通的 Component；而 LayoutManager 則是容器管理其他元件佈局的方式。

11.2 AWT容器

如果從程式設計師的角度來看一個視窗時，這個視窗不是一個整體（有點庖丁解牛的感覺），而是由多個部分組合而成的，如圖 11.2 所示。

從圖 11.2 中可以看出，任何視窗都可被分解成一個空的容器，容器裡盛裝了大量的基本元件，通過設置這些基本元件的大小、位置等屬性，就可以將該空的容器和基本元件組成一個整體的視窗。實際上，圖形介面程式設計非常簡單，它非常類似於小朋友玩的拼圖遊戲，容器類似於拼圖的「母板」，而普通元件（如 Button、List 之類）則類似於拼圖的圖塊。建立圖形使用者介面的過程就是完成拼圖的過程。

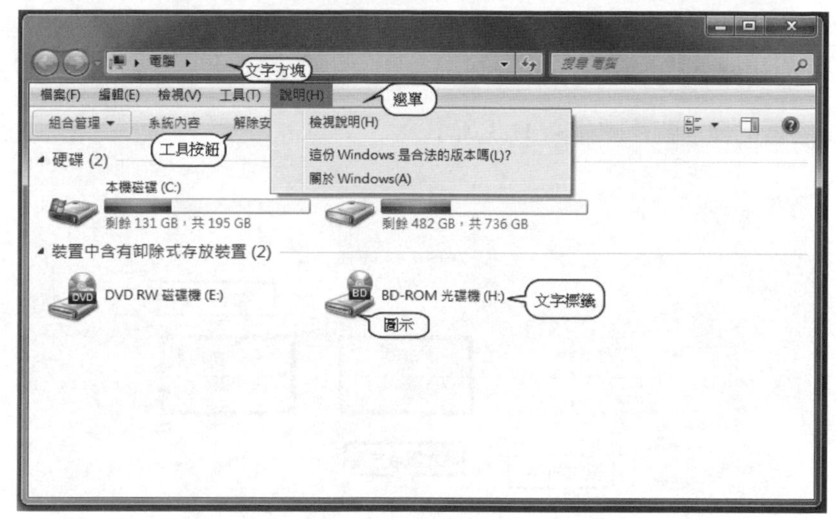

圖11.2　視窗的「分解」

容器（Container）是 Component 的子類別，因此容器物件本身也是一個元件，具有元件的所有性質，可以呼叫 Component 類別的所有方法。Component 類別提供了如下幾個常用方法來設置元件的大小、位置和可見性等。

- setLocation(int x, int y)：設置元件的位置。
- setSize(int width, int height)：設置元件的大小。
- setBounds(int x, int y, int width, int height)：同時設置元件的位置、大小。
- setVisible(Boolean b)：設置該元件的可見性。

容器還可以盛裝其他元件，容器類別（Container）提供了如下幾個常用方法來存取容器裡的元件。

- Component add(Component comp)：向容器中添加其他元件（該元件既可以是普通元件，也可以是容器），並返回被添加的元件。
- Component getComponentAt(int x, int y)：返回指定點的元件。

◆ int getComponentCount()：返回該容器內元件的數量。

◆ Component[] getComponents()：返回該容器內的所有元件。

AWT 主要提供了如下兩種主要的容器類型。

◆ Window：可獨立存在的頂級視窗。

◆ Panel：可作為容器容納其他元件，但不能獨立存在，必須被添加到其他容器中（如Window、Panel或者Applet等）。

AWT 容器的繼承關係圖如圖 11.3 所示。

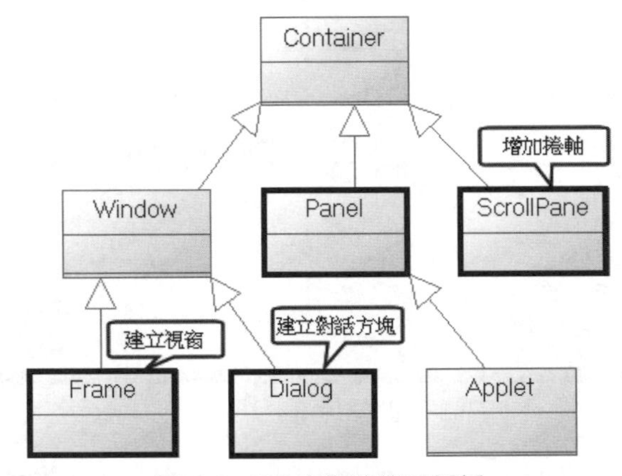

圖11.3 AWT容器的繼承關係

圖 11.3 中顯示了 AWT 容器之間的繼承層次，其中以粗黑線圈出的容器是 AWT 程式設計中常用的元件。Frame 代表常見的視窗，它是 Window 類別的子類別，具有如下幾個特點。

◆ Frame物件有標題，允許通過拖拉來改變視窗的位置、大小。

◆ 初始化時為不可見，可用setVisible(true)使其顯示出來。

◆ 預設使用BorderLayout作為其佈局管理器。

提示

關於佈局管理器的知識，請參考下一節的介紹。

下面的例子程式通過 Frame 建立了一個視窗。

程式清單：codes\11\11.2\FrameTest.java

```
public class FrameTest
{
    public static void main(String[] args)
    {
        Frame f = new Frame("測試視窗");
        // 設置視窗的大小、位置
        f.setBounds(30, 30 , 250, 200);
        // 將視窗顯示出來（Frame物件預設處於隱藏狀態）
        f.setVisible(true);
    }
}
```

運行上面程式，會看到如圖 11.4 所示的簡單視窗。

圖11.4　通過Frame建立的空白視窗

從圖 11.4 所示的視窗中可以看出，該視窗是 Windows 7 視窗風格，這也證明了 AWT 確實是呼叫程式運行平台的本地 API 建立了該視窗。如果單擊圖 11.4 所示視窗右上角的「×」按鈕，該視窗不會關閉，這是因為還未為該視窗編寫任何事件回應。如果想關閉該視窗，可以通過關閉運行該程式的命令行視窗來關閉該視窗。

提示

正如前面所介紹的，建立圖形使用者介面的過程類似於拼圖遊戲，拼圖遊戲中的母板、圖塊都需要購買，而Java程式中的母板（容器）、圖塊（普通元件）則無須購買，直接採用new關鍵字建立一個物件即可。

Panel 是 AWT 中另一個典型的容器，它代表不能獨立存在、必須放在其他容器中的容器。Panel 外在表現為一個矩形區域，該區域內可盛裝其他元件。Panel 容器存在的意義在於為其他元件提供空間，Panel 容器具有如下幾個特點。

- 可作為容器來盛裝其他元件，為放置元件提供空間。
- 不能單獨存在，必須放置到其他容器中。
- 預設使用FlowLayout作為其佈局管理器。

下面的例子程式使用 Panel 作為容器來盛裝一個文字方塊和一個按鈕，並將該 Panel 物件添加到 Frame 物件中。

程式清單：codes\11\11.2\PanelTest.java

```
public class PanelTest
{
    public static void main(String[] args)
    {
        Frame f = new Frame("測試視窗");
        // 建立一個Panel容器
        Panel p = new Panel();
        // 向Panel容器中添加兩個元件
        p.add(new TextField(20));
        p.add(new Button("單擊我"));
        // 將Panel容器添加到Frame視窗中
        f.add(p);
        // 設置視窗的大小、位置
        f.setBounds(30, 30 , 250, 120);
        // 將視窗顯示出來（Frame物件預設處於隱藏狀態）
        f.setVisible(true);
    }
}
```

編譯、運行上面程式，會看到如圖 11.5 所示的運行視窗。

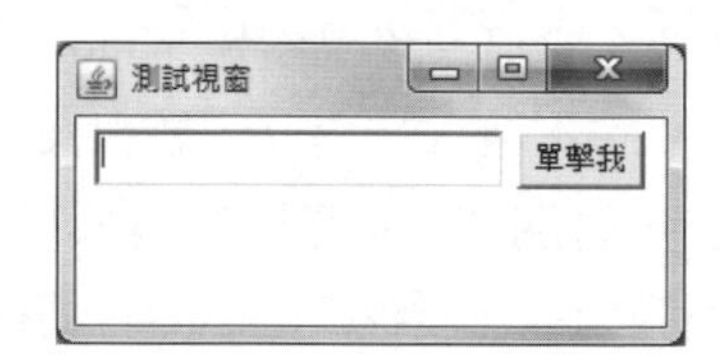

圖11.5　使用Panel盛裝文字方塊和按鈕

從圖 11.5 中可以看出，使用 AWT 建立視窗很簡單，程式只需要通過 Frame 建立，然後再建立一些 AWT 元件，把這些元件添加到 Frame 建立的視窗中即可。

ScrollPane 是一個帶捲軸的容器，它也不能獨立存在，必須被添加到其他容器中。ScrollPane 容器具有如下幾個特點。

- ◆ 可作為容器來盛裝其他元件，當元件佔用空間過大時，ScrollPane自動產生捲軸。當然也可以通過指定特定的建構子參數來指定預設具有捲軸。
- ◆ 不能單獨存在，必須放置到其他容器中。
- ◆ 預設使用BorderLayout作為其佈局管理器。ScrollPane通常用於盛裝其他容器，所以通常不允許改變ScrollPane的佈局管理器。

下面的例子程式使用 ScrollPane 容器來代替 Panel 容器。

程式清單：codes\11\11.2\ScrollPaneTest.java

```
public class ScrollPaneTest
{
    public static void main(String[] args)
    {
        Frame f = new Frame("測試視窗");
        // 建立一個ScrollPane容器，指定總是具有捲軸
        ScrollPane sp = new ScrollPane(
            ScrollPane.SCROLLBARS_ALWAYS);
        // 向ScrollPane容器中添加兩個元件
        sp.add(new TextField(20));
        sp.add(new Button("單擊我"));
        // 將ScrollPane容器添加到Frame物件中
        f.add(sp);
        // 設置視窗的大小、位置
        f.setBounds(30, 30 , 250, 120);
        // 將視窗顯示出來（Frame物件預設處於隱藏狀態）
        f.setVisible(true);
    }
}
```

運行上面程式，會看到如圖 11.6 所示的視窗。

圖11.6　ScrollPane容器的效果

圖 11.6 所示的視窗中具有水平、垂直捲軸，這符合使用 ScrollPane 後的效果。程式明明向 ScrollPane 容器中添加了一個文字方塊和一個按鈕，但只能看到一個按鈕，卻看不到文字方塊，這是為什麼呢？這是因為 ScrollPane 使用 BorderLayout 佈局管理器的緣故，而 BorderLayout 導致了該容器中只有一個元件被顯示出來。下一節將向讀者詳細介紹佈局管理器的知識。

11.3 佈局管理器

為了使產生的圖形使用者介面具有良好的平台無關性，Java 語言提供了佈局管理器這個工具來管理元件在容器中的佈局，而不使用直接設置元件位置和大小的方式。

例如通過如下語句定義了一個標籤（Label）：

```
Label hello = new Label("Hello Java");
```

為了讓這個 hello 標籤裡剛好可以容納 "Hello Java" 字串，也就是實作該標籤的最佳大小（既沒有冗餘空間，也沒有內容被遮擋），Windows 可能應該設置為長 100 像素，高 20 像素，但換到 UNIX 上，則可能需要設置為長 120 像素，高 24 像素。當一個應用程式從 Windows 移植到 UNIX 上時，程式需要做大量的工作來調整圖形介面。

對於不同的元件而言，它們都有一個最佳大小，這個最佳大小通常是平台相關的，程式在不同平台上運行時，相同內容的大小可能不一樣。如果讓程式設計師手動控制每個元件的大小、位置，這將給程式設計帶來巨大的困難，為了解決這個問題，Java 提供了 LayoutManager，LayoutManager 可以根據運行平台來調整元件的大小，程式設計師要做的，只是為容器選擇合適的佈局管理器。

所有的 AWT 容器都有預設的佈局管理器，如果沒有為容器指定佈局管理器，則該容器使用預設的佈局管理器。為容器指定佈局管理器通過呼叫容器物件的 setLayout(LayoutManager lm) 方法來完成。如下程式碼所示：

```
c.setLayout(new XxxLayout());
```

AWT 提供了 FlowLayout、BorderLayout、GridLayout、GridBagLayout、CardLayout 5 個常用的佈局管理器，Swing 還提供了一個 BoxLayout 佈局管理器。下面將詳細介紹這幾個佈局管理器。

11.3.1 FlowLayout佈局管理器

在 FlowLayout 佈局管理器中，元件像水流一樣向某方向流動（排列），遇到障礙（邊界）就折回，重頭開始排列。在預設情況下，FlowLayout 佈局管理器從左向右排列所有元件，遇到邊界就會折回下一行重新開始。

提示 當讀者在電腦上輸入一篇文章時，所使用的就是FlowLayout佈局管理器，所有的文字預設從左向右排列，遇到邊界就會折回下一行重新開始。AWT中的FlowLayout佈局管理器與此完全類似，只是此時排列的是AWT元件，而不是文字。

FlowLayout 有如下三個建構子。

- FlowLayout()：使用預設的對齊方式及預設的垂直間距、水平間距建立FlowLayout佈局管理器。
- FlowLayout(int align)：使用指定的對齊方式及預設的垂直間距、水平間距建立FlowLayout佈局管理器。
- FlowLayout(int align,int hgap,int vgap)：使用指定的對齊方式及指定的垂直間距、水平間距建立FlowLayout佈局管理器。

上面三個建構子的 hgap、vgap 代表水平間距、垂直間距，為這兩個參數傳入整數值即可。其中 align 表明 FlowLayout 中元件的排列方向（從左向右、從右向左、從中間向兩邊等），該參數應該使用 FlowLayout 類別的靜態常數：FlowLayout.LEFT、FlowLayout.CENTER、FlowLayout.RIGHT。

Panel 和 Applet 預設使用 FlowLayout 佈局管理器，下面程式將一個 Frame 改為使用 FlowLayout 佈局管理器。

程式清單：codes\11\11.3\FlowLayoutTest.java

```
public class FlowLayoutTest
{
    public static void main(String[] args)
    {
        Frame f = new Frame("測試視窗");
        // 設置Frame容器使用FlowLayout佈局管理器
        f.setLayout(new FlowLayout(FlowLayout.LEFT , 20, 5));
        // 向視窗中添加10個按鈕
        for (int i = 0; i < 10 ; i++ )
        {
            f.add(new Button("按鈕" + i));
        }
        // 設置視窗為最佳大小
        f.pack();
        // 將視窗顯示出來（Frame物件預設處於隱藏狀態）
        f.setVisible(true);
    }
}
```

運行上面程式，會看到如圖 11.7 所示的視窗效果。

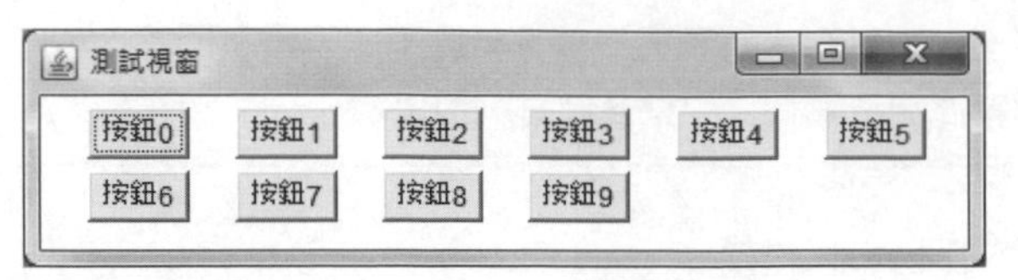

圖11.7 FlowLayout佈局管理器

圖 11.7 顯示了各元件左對齊、水平間距為 20、垂直間距為 5 的分佈效果。

注意 上面程式中執行了f.pack()程式碼，pack()方法是Window容器提供的一個方法，該方法用於將視窗調整到最佳大小。通過Java編寫圖形使用者介面程式時，很少直接設置視窗的大小，通常都是呼叫pack()方法來將視窗調整到最佳大小。

11.3.2 BorderLayout佈局管理器

BorderLayout 將容器分為 EAST、SOUTH、WEST、NORTH、CENTER 五個區域，普通元件可以被放置在這 5 個區域的任意一個中。BorderLayout 佈局管理器的佈局示意圖如圖 11.8 所示。

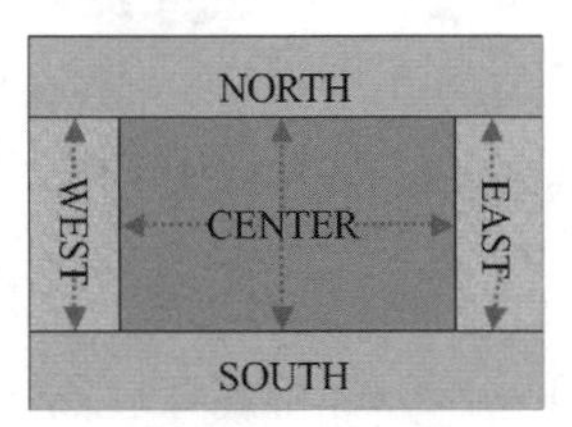

圖11.8 BorderLayout佈局管理器的佈局示意圖

當改變使用 BorderLayout 的容器大小時，NORTH、SOUTH 和 CENTER 區域水平調整，而 EAST、WEST 和 CENTER 區域垂直調整。使用 BorderLayout 有如下兩個注意點。

- 當向使用BorderLayout佈局管理器的容器中添加元件時，需要指定要添加到哪個區域中。如果沒有指定添加到哪個區域中，則預設添加到中間區域中。
- 如果向同一個區域中添加多個元件時，後放入的元件會覆蓋先放入的元件。

提示 第二個注意點就可以解釋為什麼在ScrollPaneTest.java中向ScrollPane中添加兩個元件後，但運行結果只能看到最後一個按鈕，因為最後添加的元件把前面添加的元件覆蓋了。

Frame、Dialog、ScrollPane 預設使用 BorderLayout 佈局管理器，BorderLayout 有如下兩個建構子。

◆ BorderLayout()：使用預設的水平間距、垂直間距建立BorderLayout佈局管理器。

◆ BorderLayout(int hgap,int vgap)：使用指定的水平間距、垂直間距建立BorderLayout佈局管理器。

當向使用 BorderLayout 佈局管理器的容器中添加元件時，應該使用 BorderLayout 類別的幾個靜態常數來指定添加到哪個區域中。BorderLayout 有如下幾個靜態常數：EAST（東）、NORTH（北）、WEST（西）、SOUTH（南）、CENTER（中）。如下例子程式示範了 BorderLayout 的用法。

程式清單：codes\11\11.3\BorderLayoutTest.java

```
public class BorderLayoutTest
{
    public static void main(String[] args)
    {
        Frame f = new Frame("測試視窗");
        // 設置Frame容器使用BorderLayout佈局管理器
        f.setLayout(new BorderLayout(30, 5));
        f.add(new Button("南") , SOUTH);
        f.add(new Button("北") , NORTH);
        // 預設添加到中間區域中
        f.add(new Button("中"));
        f.add(new Button("東") , EAST);
        f.add(new Button("西") , WEST);
        // 設置視窗為最佳大小
        f.pack();
        // 將視窗顯示出來（Frame物件預設處於隱藏狀態）
        f.setVisible(true);
    }
}
```

運行上面程式，會看到如圖 11.9 所示的運行視窗。

從圖 11.9 中可以看出，當使用 BorderLayout 佈局管理器時，每個區域的元件都會儘量去佔據整個區域，所以中間的按鈕比較大。

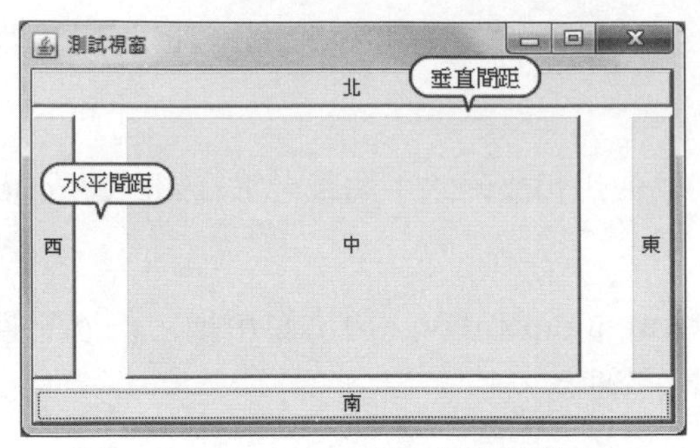

圖11.9 BorderLayout佈局管理器的效果

學生提問：BorderLayout最多只能放置5個元件嗎？那它也太不實用了吧？

答：BorderLayout最多只能放置5個元件，但可以放置少於5個元件，如果某個區域沒有放置元件，該區域並不會出現空白，旁邊區域的元件會自動佔據該區域，從而保證視窗有較好的外觀。雖然BorderLayout最多只能放置5個元件，但因為容器也是一個元件，所以我們可以先向Panel裡添加多個元件，再把Panel添加到BorderLayout佈局管理器中，從而讓BorderLayout佈局管理中的實際元件數遠遠超出5個。下面程式可以證實這一點。

程式清單：codes\11\11.3\BorderLayoutTest2.java

```
public class BorderLayoutTest2
{
    public static void main(String[] args)
    {
        Frame f = new Frame("測試視窗");
        // 設置Frame容器使用BorderLayout佈局管理器
        f.setLayout(new BorderLayout(30, 5));
        f.add(new Button("南") , SOUTH);
        f.add(new Button("北") , NORTH);
        // 建立一個Panel物件
        Panel p = new Panel();
        // 向Panel物件中添加兩個元件
        p.add(new TextField(20));
        p.add(new Button("單擊我"));
        // 預設添加到中間區域中，向中間區域添加一個Panel容器
        f.add(p);
        f.add(new Button("東") , EAST);
```

```
        // 設置視窗為最佳大小
        f.pack();
        // 將視窗顯示出來（Frame物件預設處於隱藏狀態）
        f.setVisible(true);
    }
}
```

上面程式沒有向 WEST 區域添加元件，但向 CENTER 區域添加了一個 Panel 容器，該 Panel 容器中包含了一個文字方塊和一個按鈕。運行上面程式，會看到如圖 11.10 所示的視窗介面。

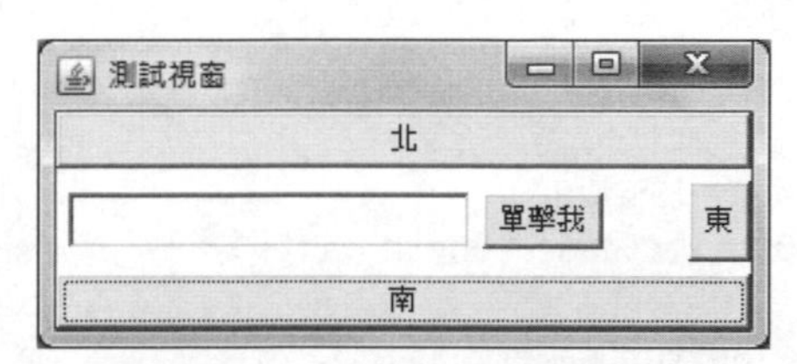

圖11.10 向BorderLayout佈局管理器中添加Panel容器

從圖 11.10 中可以看出，雖然程式沒有向 WEST 區域添加元件，但視窗中依然有 5 個元件，因為 CENTER 區域添加的是 Panel，而該 Panel 裡包含了 2 個元件，所以會看到此介面效果。

11.3.3 GridLayout佈局管理器

GridLayout 佈局管理器將容器分割成縱橫線分隔的網格，每個網格所占的區域大小相同。當向使用 GridLayout 佈局管理器的容器中添加元件時，預設從左向右、從上向下依次添加到每個網格中。與 FlowLayout 不同的是，放置在 GridLayout 佈局管理器中的各元件的大小由元件所處的區域來決定（每個元件將自動占滿整個區域）。

GridLayout 有如下兩個建構子。

- GridLayout(int rows,int cols)：採用指定的行數、列數，以及預設的橫向間距、縱向間距將容器分割成多個網格。
- GridLayout(int rows,int cols,int hgap,int vgap)：採用指定的行數、列數，以及指定的橫向間距、縱向間距將容器分割成多個網格。

如下程式結合 BorderLayout 和 GridLayout 開發了一個計算器的視覺化視窗。

程式清單：codes\11\11.3\GridLayoutTest.java

```
public class GridLayoutTest
{
    public static void main(String[] args)
    {
        Frame f = new Frame("計算器");
        Panel p1 = new Panel();
        p1.add(new TextField(30));
        f.add(p1 , NORTH);
        Panel p2 = new Panel();
        // 設置Panel使用GridLayout佈局管理器
        p2.setLayout(new GridLayout(3, 5 , 4, 4));
        String[] name = {"0" , "1" , "2" , "3"
            , "4" , "5" , "6" , "7" , "8" , "9"
            , "+" , "-" , "*" , "/" , "."};
        // 向Panel中依次添加15個按鈕
        for (int i = 0 ; i < name.length; i++ )
        {
            p2.add(new Button(name[i]));
        }
        // 預設將Panel物件添加到Frame視窗的中間
        f.add(p2);
        // 設置視窗為最佳大小
        f.pack();
        // 將視窗顯示出來（Frame物件預設處於隱藏狀態）
        f.setVisible(true);
    }
}
```

上面程式的 Frame 採用預設的 BorderLayout 佈局管理器，程式向 BorderLayout 中只添加了兩個元件：NORTH 區域添加了一個文字方塊，CENTER 區域添加了一個 Panel 容器，該容器採用 GridLayout 佈局管理器，Panel 容器中添加了 15 個按鈕。運行上面程式，會看到如圖 11.11 所示的運行視窗。

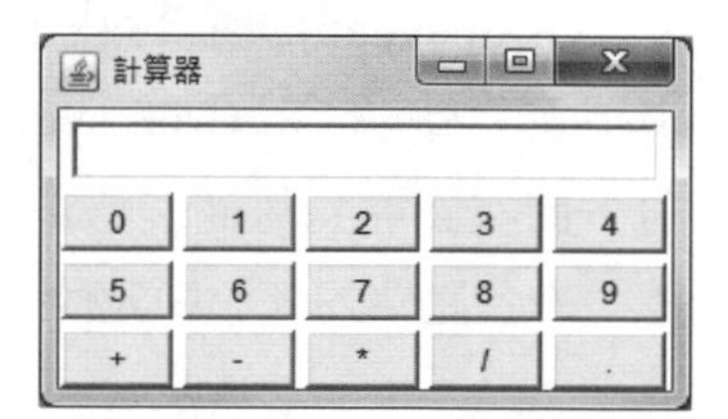

圖11.11　使用GridLayout佈局管理器的效果

提示　圖11.11所示的效果是結合兩種佈局管理器的例子：Frame使用BorderLayout佈局管理器，CENTER區域的Panel使用GridLayout佈局管理器。實際上，大部分應用程式視窗都不能使用一個佈局管理器直接做出來，必須採用這種嵌套的方式。

11.3.4 GridBagLayout佈局管理器

GridBagLayout 佈局管理器的功能最強大，但也最複雜，與 GridLayout 佈局管理器不同的是，在 GridBagLayout 佈局管理器中，一個元件可以跨越一個或多個網格，並可以設置各網格的大小互不相同，從而增加了佈局的靈活性。當視窗的大小發生變化時，GridBagLayout 佈局管理器也可以準確地控制視窗各部分的伸展。

為了處理 GridBagLayout 中 GUI 元件的大小、跨越性，Java 提供了 GridBagConstraints 物件，該物件與特定的 GUI 元件關聯，用於控制該 GUI 元件的大小、跨越性。

使用 GridBagLayout 佈局管理器的步驟如下。

1. 建立GridBagLayout佈局管理器，並指定GUI容器使用該佈局管理器。

```
GridBagLayout gb = new GridBagLayout();
constainer.setLayout(gb);
```

2. 建立GridBagConstraints物件，並設置該物件的相關屬性（用於設置受該物件控制的GUI元件的大小、跨越性等）。

```
gbc.gridx = 2;          //設置受該物件控制的GUI元件位於網格的橫向索引
gbc.gridy = 1;          //設置受該物件控制的GUI元件位於網格的縱向索引
gbc.gridwidth = 2;      //設置受該物件控制的GUI元件橫向跨越多少網格
gbc.gridheight = 1;     //設置受該物件控制的GUI元件縱向跨越多少網格
```

3. 呼叫GridBagLayout物件的方法來建立GridBagConstraints物件和受控制元件之間的關聯。

```
gb.setConstraints(c , gbc); //設置c元件受gbc物件控制
```

4. 添加元件，與採用普通佈局管理器添加元件的方法完全一樣。

```
constainer.add(c);
```

如果需要向一個容器中添加多個 GUI 元件，則需要多次重複步驟 2~4。由於 GridBagConstraints 物件可以多次重用，所以實際上只需要建立一個 GridBagConstraints 物件，每次添加 GUI 元件之前先改變 GridBagConstraints 物件的屬性即可。

從上面介紹中可以看出，使用GridBagLayout佈局管理器的關鍵在於GridBagConstraints，它才是精確控制每個GUI元件的核心類別，該類別具有如下幾個屬性。

◆ gridx、gridy：設置受該物件控制的GUI元件左上角所在網格的橫向索引、縱向索引（GridBagLayout左上角網格的索引為0、0）。這兩個值還可以是GridBagConstraints.RELATIVE（預設值），它表明當前元件緊跟在上一個元件之後。

◆ gridwidth、gridheight：設置受該物件控制的GUI元件橫向、縱向跨越多少個網格，兩個屬性值的預設值都是1。如果設置這兩個屬性值為GridBagConstraints.REMAINDER，這表明受該物件控制的GUI元件是橫向、縱向最後一個元件；如果設置這兩個屬性值為GridBagConstraints. RELATIVE，這表明受該物件控制的GUI元件是橫向、縱向倒數第二個元件。

◆ fill：設置受該物件控制的GUI元件如何佔據空白區域。該屬性的取值如下。

- GridBagConstraints.NONE：GUI元件不擴大。
- GridBagConstraints.HORIZONTAL：GUI元件水平擴大以佔據空白區域。
- GridBagConstraints.VERTICAL：GUI元件垂直擴大以佔據空白區域。
- GridBagConstraints.BOTH：GUI元件水平、垂直同時擴大以佔據空白區域。

◆ ipadx、ipady：設置受該物件控制的GUI元件橫向、縱向內部填充的大小，即在該元件最小尺寸的基礎上還需要增大多少。如果設置了這兩個屬性，則元件橫向大小為最小寬度再加ipadx*2像素，縱向大小為最小高度再加ipady*2像素。

insets：設置受該物件控制的GUI元件的外部填充的大小，即該元件邊界和顯示區域邊界之間的距離。

◆ anchor：設置受該物件控制的GUI元件在其顯示區域中的定位方式。定位方式如下。

- GridBagConstraints.CENTER（中間）
- GridBagConstraints.NORTH（上中）
- GridBagConstraints.NORTHWEST（左上角）
- GridBagConstraints.NORTHEAST（右上角）
- GridBagConstraints.SOUTH（下中）

- GridBagConstraints.SOUTHEAST（右下角）
- GridBagConstraints.SOUTHWEST（左下角）
- GridBagConstraints.EAST（右中）
- GridBagConstraints.WEST（左中）

◆ weightx、weighty：設置受該物件控制的GUI元件佔據多餘空間的水平、垂直增加比例（也叫權重，即weight的直譯），這兩個屬性的預設值是0，即該元件不佔據多餘空間。假設某個容器的水平線上包括三個GUI元件，它們的水平增加比例分別是1、2、3，但容器寬度增加60像素時，則第一個元件寬度增加10像素，第二個元件寬度增加20像素，第三個元件寬度增加30像素。如果其增加比例為0，則表示不會增加。

注意

如果希望某個元件的大小隨容器的增大而增大，則必須同時設置控制該元件的GridBagConstraints物件的fill屬性和weightx、weighty屬性。

下面的例子程式示範了如何使用 GridBagLayout 佈局管理器來管理視窗中的 10 個按鈕。

程式清單：codes\11\11.3\GridBagTest.java

```
public class GridBagTest
{
    private Frame f = new Frame("測試視窗");
    private GridBagLayout gb = new GridBagLayout();
    private GridBagConstraints gbc = new GridBagConstraints();
    private Button[] bs = new Button[10];
    public void init()
    {
        f.setLayout(gb);
        for (int i = 0; i < bs.length ; i++ )
        {
            bs[i] = new Button("按鈕" + i);
        }
        // 所有元件都可以在橫向、縱向上擴大
        gbc.fill = GridBagConstraints.BOTH;
        gbc.weightx = 1;
        addButton(bs[0]);
        addButton(bs[1]);
        addButton(bs[2]);
```

```
        // 該GridBagConstraints控制的GUI元件將會成為橫向最後一個元件
        gbc.gridwidth = GridBagConstraints.REMAINDER;
        addButton(bs[3]);
        // 該GridBagConstraints控制的GUI元件將在橫向上不會擴大
        gbc.weightx = 0;
        addButton(bs[4]);
        // 該GridBagConstraints控制的GUI元件將橫跨兩個網格
        gbc.gridwidth = 2;
        addButton(bs[5]);
        // 該GridBagConstraints控制的GUI元件將橫跨一個網格
        gbc.gridwidth = 1;
        // 該GridBagConstraints控制的GUI元件將在縱向上跨兩個網格
        gbc.gridheight = 2;
        // 該GridBagConstraints控制的GUI元件將會成為橫向最後一個元件
        gbc.gridwidth = GridBagConstraints.REMAINDER;
        addButton(bs[6]);
        // 該GridBagConstraints控制的GUI元件將橫向跨越一個網格，縱向跨越兩個網格
        gbc.gridwidth = 1;
        gbc.gridheight = 2;
        // 該GridBagConstraints控制的GUI元件縱向擴大的權重是1
        gbc.weighty = 1;
        addButton(bs[7]);
        // 設置下面的按鈕在縱向上不會擴大
        gbc.weighty = 0;
        // 該GridBagConstraints控制的GUI元件將會成為橫向最後一個元件
        gbc.gridwidth = GridBagConstraints.REMAINDER;
        // 該GridBagConstraints控制的GUI元件將在縱向上橫跨一個網格
        gbc.gridheight = 1;
        addButton(bs[8]);
        addButton(bs[9]);
        f.pack();
        f.setVisible(true);
    }
    private void addButton(Button button)
    {
        gb.setConstraints(button, gbc);
        f.add(button);
    }
    public static void main(String[] args)
    {
        new GridBagTest().init();
    }
}
```

運行上面程式，會看到如圖 11.12 所示的視窗。

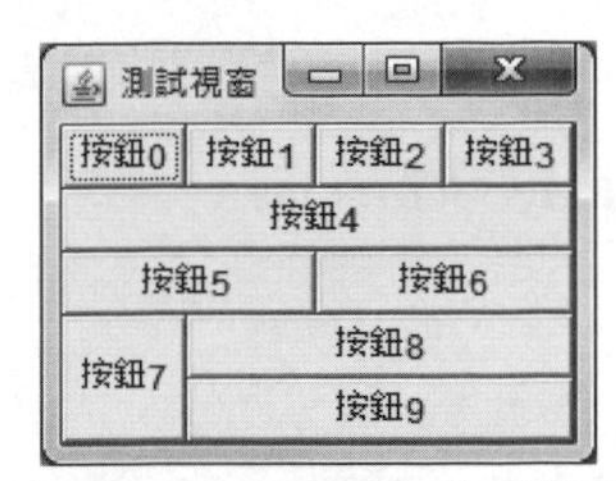

圖11.12　使用GridBagLayout佈局管理器的效果

從圖 11.12 中可以看出，雖然設置了按鈕 4、按鈕 5 橫向上不會擴大，但因為按鈕 4、按鈕 5 的寬度會受上一行 4 個按鈕的影響，所以它們實際上依然會變大；同理，雖然設置了按鈕 8、按鈕 9 縱向上不會擴大，但因為受按鈕 7 的影響，所以按鈕 9 縱向上依然會變大（但按鈕 8 不會變高）。

提示　上面程式把需要重複存取的AWT元件設置成成員變數，然後使用init()方法來完成介面的初始化工作，這種做法比前面那種在main方法裡把AWT元件定義成局部變數的方式更好。

11.3.5 CardLayout佈局管理器

CardLayout 佈局管理器以時間而非空間來管理它裡面的元件，它將加入容器的所有元件看成一疊卡片，每次只有最上面的那個 Component 才可見。就好像一副撲克牌，它們疊在一起，每次只有最上面的一張撲克牌才可見。CardLayout 提供了如下兩個建構子。

- CardLayout()：建立預設的CardLayout佈局管理器。
- CardLayout(int hgap,int vgap)：通過指定卡片與容器左右邊界的間距（hgap）、上下邊界（vgap）的間距來建立CardLayout佈局管理器。

CardLayout 用於控制元件可見的 5 個常用方法如下。

- first(Container target)：顯示target容器中的第一張卡片。
- last(Container target)：顯示target容器中的最後一張卡片。
- previous(Container target)：顯示target容器中的前一張卡片。
- next(Container target)：顯示target容器中的後一張卡片。
- show(Container target,String name)：顯示target容器中指定名字的卡片。

如下例子程式示範了 CardLayout 佈局管理器的用法。

程式清單：codes\11\11.3\CardLayoutTest.java

```
public class CardLayoutTest
{
    Frame f = new Frame("測試視窗");
    String[] names = {"第一張" , "第二張" , "第三張"
        , "第四張" , "第五張"};
    Panel pl = new Panel();
    public void init()
    {
        final CardLayout c = new CardLayout();
        pl.setLayout(c);
        for (int i = 0 ; i < names.length ; i++)
        {
            pl.add(names[i] , new Button(names[i]));
        }
        Panel p = new Panel();
        ActionListener listener = e ->
        {
            switch(e.getActionCommand())
            {
                case "上一張":
                    c.previous(pl);
                    break;
                case "下一張":
                    c.next(pl);
                    break;
                case "第一張":
                    c.first(pl);
                    break;
                case "最後一張":
                    c.last(pl);
                    break;
                case "第三張":
                    c.show(pl , "第三張");
                    break;
            }
        };
        // 控制顯示上一張的按鈕
        Button previous = new Button("上一張");
        previous.addActionListener(listener);
        // 控制顯示下一張的按鈕
        Button next = new Button("下一張");
        next.addActionListener(listener);
        // 控制顯示第一張的按鈕
        Button first = new Button("第一張");
```

```
        first.addActionListener(listener);
        // 控制顯示最後一張的按鈕
        Button last = new Button("最後一張");
        last.addActionListener(listener);
        // 控制根據Card名顯示的按鈕
        Button third = new Button("第三張");
        third.addActionListener(listener);
        p.add(previous);
        p.add(next);
        p.add(first);
        p.add(last);
        p.add(third);
        f.add(pl);
        f.add(p , BorderLayout.SOUTH);
        f.pack();
        f.setVisible(true);
    }
    public static void main(String[] args)
    {
        new CardLayoutTest().init();
    }
}
```

上面程式中通過 Frame 建立了一個視窗，該視窗被分為上下兩個部分，其中上面的 Panel 使用 CardLayout 佈局管理器，該 Panel 中放置了 5 張卡片，每張卡片裡放一個按鈕；下面的 Panel 使用 FlowLayout 佈局管理器，依次放置了 3 個按鈕，用於控制上面 Panel 中卡片的顯示。運行上面程式，會看到如圖 11.13 所示的運行視窗。

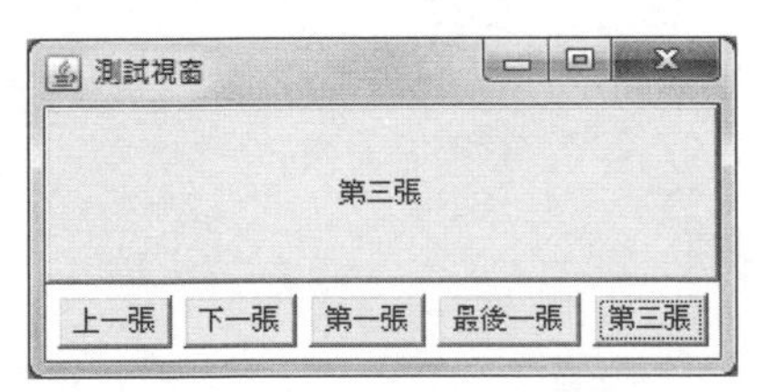

圖11.13　使用CardLayout佈局管理器的效果

單擊圖 11.13 中的 5 個按鈕，將可以看到上面 Panel 中的 5 張卡片發生改變。

提示

上面程式使用了AWT的事件程式設計，關於事件程式設計請參考11.5節內容。

11.3.6 絕對定位

很多曾經學習過 VB、Delphi 的讀者可能比較懷念那種隨意拖曳控制項的感覺，對 Java 的佈局管理器非常不習慣。實際上，Java 也提供了那種拖曳控制項的方式，即 Java 也可以對 GUI 元件進行絕對定位。在 Java 容器中採用絕對定位的步驟如下。

① 將Container的佈局管理器設成null：setLayout(null)。

② 向容器中添加元件時，先呼叫setBounds() 或setSize()方法來設置元件的大小、位置，或者直接建立GUI元件時通過構造參數指定該元件的大小、位置，然後將該元件添加到容器中。

下面程式示範了如何使用絕對定位來控制視窗中的 GUI 元件。

程式清單：codes\11\11.3\NullLayoutTest.java

```
public class NullLayoutTest
{
    Frame f = new Frame("測試視窗");
    Button b1 = new Button("第一個按鈕");
    Button b2 = new Button("第二個按鈕");
    public void init()
    {
        // 設置使用null佈局管理器
        f.setLayout(null);
        // 下面強制設置每個按鈕的大小、位置
        b1.setBounds(20, 30, 90, 28);
        f.add(b1);
        b2.setBounds(50, 45, 120, 35);
        f.add(b2);
        f.setBounds(50, 50, 200, 100);
        f.setVisible(true);
    }
    public static void main(String[] args)
    {
        new NullLayoutTest().init();
    }
}
```

運行上面程式，會看到如圖 11.14 所示的運行視窗。

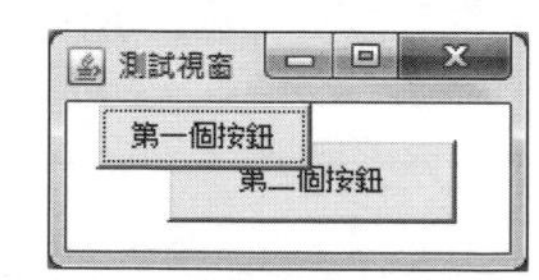

圖11.14　使用絕對定位的效果

從圖 11.14 中可以看出，使用絕對定位時甚至可以使兩個按鈕重疊，可見使用絕對定位確實非常靈活，而且很簡捷，但這種方式是以喪失跨平台特性作為代價的。

注意

採用絕對定位絕不是最好的方法，它可能導致該GUI介面失去跨平台特性。

11.3.7 BoxLayout佈局管理器

GridBagLayout 佈局管理器雖然功能強大，但它實在太複雜了，所以 Swing 引入了一個新的佈局管理器：BoxLayout，它保留了 GridBagLayout 的很多優點，但是卻沒那麼複雜。BoxLayout 可以在垂直和水平兩個方向上擺放 GUI 元件，BoxLayout 提供了如下一個簡單的建構子。

- BoxLayout(Container target, int axis)：指定建立基於target容器的BoxLayout佈局管理器，該佈局管理器裡的元件按axis方向排列。其中axis有BoxLayout.X_AXIS（橫向）和BoxLayout.Y_AXIS（縱向）兩個方向。

下面程式簡單示範了使用 BoxLayout 佈局管理器來控制容器中按鈕的佈局。

程式清單：codes\11\11.3\BoxLayoutTest.java

```
public class BoxLayoutTest
{
    private Frame f = new Frame("測試");
    public void init()
    {
        f.setLayout(new BoxLayout(f , BoxLayout.Y_AXIS));
        // 下面按鈕將會垂直排列
        f.add(new Button("第一個按鈕"));
        f.add(new Button("按鈕二"));
        f.pack();
        f.setVisible(true);
    }
    public static void main(String[] args)
    {
        new BoxLayoutTest().init();
    }
}
```

運行上面程式，會看到如圖 11.15 所示的運行視窗。

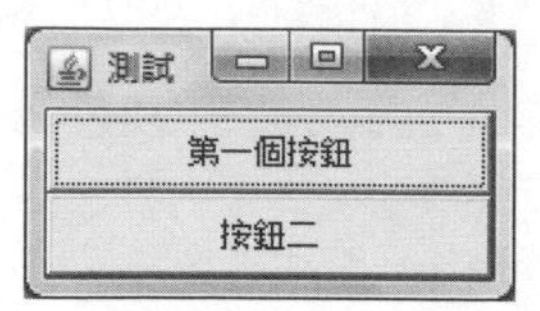

圖11.15 垂直方向的BoxLayout佈局管理器

BoxLayout 通常和 Box 容器結合使用，Box 是一個特殊的容器，它有點像 Panel 容器，但該容器預設使用 BoxLayout 佈局管理器。Box 提供了如下兩個靜態方法來建立 Box 物件。

- createHorizontalBox()：建立一個水平排列元件的Box容器。
- createVerticalBox()：建立一個垂直排列元件的Box容器。

一旦獲得了 Box 容器之後，就可以使用 Box 來盛裝普通的 GUI 元件，然後將這些 Box 元件添加到其他容器中，從而形成整體的視窗佈局。下面的例子程式示範了如何使用 Box 容器。

程式清單：codes\11\11.3\BoxTest.java

```
public class BoxTest
{
    private Frame f = new Frame("測試");
    // 定義水平擺放元件的Box物件
    private Box horizontal = Box.createHorizontalBox();
    // 定義垂直擺放元件的Box物件
    private Box vertical = Box.createVerticalBox();
    public void init()
    {
        horizontal.add(new Button("水平按鈕一"));
        horizontal.add(new Button("水平按鈕二"));
        vertical.add(new Button("垂直按鈕一"));
        vertical.add(new Button("垂直按鈕二"));
        f.add(horizontal , BorderLayout.NORTH);
        f.add(vertical);
        f.pack();
        f.setVisible(true);
    }
    public static void main(String[] args)
    {
        new BoxTest().init();
    }
}
```

上面程式建立了一個水平擺放元件的 Box 容器和一個垂直擺放元件的 Box 容器，並將這兩個 Box 容器添加到 Frame 視窗中。運行該程式會看到如圖 11.16 所示的運行視窗。

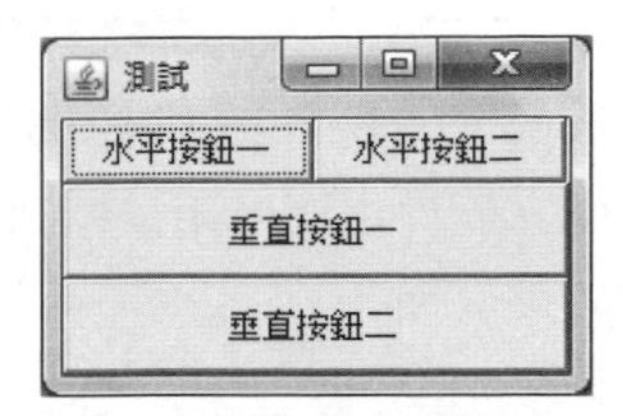

圖11.16 使用Box容器的視窗效果

學生提問：圖11.15和圖11.16顯示的所有按鈕都緊接在一起，如果希望像FlowLayout、GridLayout等佈局管理器那樣指定元件的間距應該怎麼辦？

答：BoxLayout沒有提供設置間距的建構子和方法，因為BoxLayout採用另一種方式來控制元件的間距——BoxLayout使用Glue（橡膠）、Strut（支架）和RigidArea（剛性區域）的元件來控制元件間的距離。其中Glue代表可以在橫向、縱向兩個方向上同時伸展的空白元件（間距），Strut代表可以在橫向、縱向任意一個方向上伸展的空白元件（間距），RigidArea代表不可伸展的空白元件（間距）。

Box 提供了如下 5 個靜態方法來建立 Glue、Strut 和 RigidArea。

- createHorizontalGlue()：建立一條水平Glue（可在兩個方向上同時伸展的間距）。
- createVerticalGlue()：建立一條垂直Glue（可在兩個方向上同時伸展的間距）。
- createHorizontalStrut(int width)：建立一條指定寬度的水平Strut（可在垂直方向上伸展的間距）。
- createVerticalStrut(int height)：建立一條指定高度的垂直Strut（可在水平方向上伸展的間距）。
- createRigidArea(Dimension d)：建立指定寬度、高度的RigidArea（不可伸展的間距）。

提示 不管Glue、Strut、RigidArea的翻譯多麼奇怪，這些名稱多麼古怪，但讀者沒有必要去糾纏它們的名稱，只要知道它們就是代表元件之間的幾種間距即可。

上面 5 個方法都返回 Component 物件（代表間距），程式可以將這些分隔 Component 添加到兩個普通的 GUI 元件之間，用以控制元件的間距。下面程式使用上面三種間距來分隔 Box 中的按鈕。

程式清單：codes\11\11.3\BoxSpaceTest.java

```
public class BoxSpaceTest
{
    private Frame f = new Frame("測試");
    // 定義水平擺放元件的Box物件
    private Box horizontal = Box.createHorizontalBox();
    // 定義垂直擺放元件的Box物件
    private Box vertical = Box.createVerticalBox();
    public void init()
    {
        horizontal.add(new Button("水平按鈕一"));
        horizontal.add(Box.createHorizontalGlue());
        horizontal.add(new Button("水平按鈕二"));
        // 水平方向不可伸展的間距，其寬度為10px
        horizontal.add(Box.createHorizontalStrut(10));
        horizontal.add(new Button("水平按鈕三"));
        vertical.add(new Button("垂直按鈕一"));
        vertical.add(Box.createVerticalGlue());
        vertical.add(new Button("垂直按鈕二"));
        // 垂直方向不可伸展的間距，其高度為10px
        vertical.add(Box.createVerticalStrut(10));
        vertical.add(new Button("垂直按鈕三"));
        f.add(horizontal , BorderLayout.NORTH);
        f.add(vertical);
        f.pack();
        f.setVisible(true);
    }
    public static void main(String[] args)
    {
        new BoxSpaceTest().init();
    }
}
```

運行上面程式，會看到如圖 11.17 所示的運行視窗。

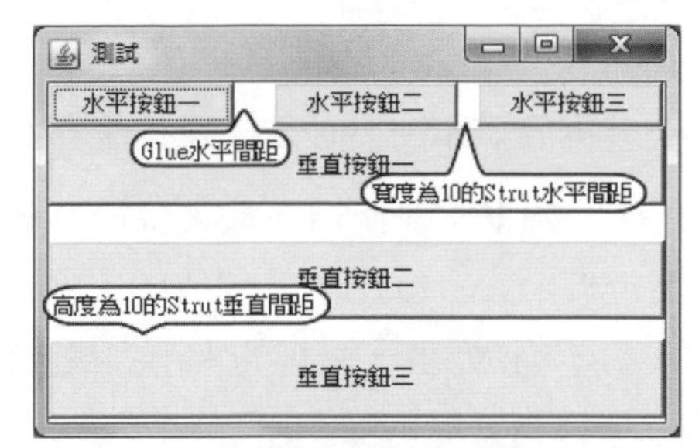

圖11.17　使用間距分隔Box器中的按鈕效果

從圖 11.17 中可以看出，Glue 可以在兩個方向上同時伸展，但 Strut 只能在一個方向上伸展，RigidArea 則不可伸展。

提示　因為BoxLayout是Swing提供的佈局管理器，所以用於管理Swing元件將會有更好的表現。

11.4 AWT常用元件

AWT 元件需要呼叫運行平台的圖形介面來建立和平台一致的對等體，因此 AWT 只能使用所有平台都支援的公共元件，所以 AWT 只提供了一些常用的 GUI 元件。

11.4.1 基本元件

AWT 提供了如下基本元件。

- Button：按鈕，可接受單擊操作。
- Canvas：用於繪圖的畫布。
- Checkbox：核取方塊元件（也可變成單選框元件）。
- CheckboxGroup：用於將多個Checkbox元件組合成一組，一組Checkbox元件將只有一個可以被選取，即全部變成單選框元件。
- Choice：下拉式選擇框元件。
- Frame：視窗，在GUI程式裡通過該類別建立視窗。
- Label：標籤類別，用於放置提示性文字。

◆ List：列表方塊元件，可以添加多項條目。

◆ Panel：不能單獨存在基本容器類別，必須放到其他容器中。

◆ Scrollbar：滑動軸元件。如果需要使用者輸入位於某個範圍的值，就可以使用滑動軸元件，比如調色板中設置RGB的三個值所用的滑動軸。當建立一個滑動軸時，必須指定它的方向、初始值、滑桿的大小、最小值和最大值。

◆ ScrollPane：帶水平及垂直捲軸的容器元件。

◆ TextArea：多行文字區域。

◆ TextField：單行文字方塊。

這些 AWT 元件的用法比較簡單，讀者可以查閱 API 文件來獲取它們各自的建構子、方法等詳細資訊。下面的例子程式示範了它們的基本用法。

程式清單：codes\11\11.4\CommonComponent.java

```
public class CommonComponent
{
    Frame f = new Frame("測試");
    // 定義一個按鈕
    Button ok = new Button("確認");
    CheckboxGroup cbg = new CheckboxGroup();
    // 定義一個單選框（處於cbg一組），初始處於被選取狀態
    Checkbox male = new Checkbox("男" , cbg , true);
    // 定義一個單選框（處於cbg一組），初始處於沒有選取狀態
    Checkbox female = new Checkbox("女" , cbg , false);
    // 定義一個核取方塊，初始處於沒有選取狀態
    Checkbox married = new Checkbox("是否已婚？" , false);
    // 定義一個下拉選擇框
    Choice colorChooser = new Choice();
    // 定義一個列表選擇框
    List colorList = new List(6, true);
    // 定義一個5列、20欄的多行文字區域
    TextArea ta = new TextArea(5, 20);
    // 定義一個50欄的單行文字區域
    TextField name = new TextField(50);
    public void init()
    {
        colorChooser.add("紅色");
        colorChooser.add("綠色");
        colorChooser.add("藍色");
        colorList.add("紅色");
        colorList.add("綠色");
        colorList.add("藍色");
```

```
        // 建立一個裝載了文字方塊、按鈕的Panel
        Panel bottom = new Panel();
        bottom.add(name);
        bottom.add(ok);
        f.add(bottom , BorderLayout.SOUTH);
        // 建立一個裝載了下拉選擇框、三個Checkbox的Panel
        Panel checkPanel = new Panel();
        checkPanel.add(colorChooser);
        checkPanel.add(male);
        checkPanel.add(female);
        checkPanel.add(married);
        // 建立一個垂直排列元件的Box，盛裝多行文字區域、Panel
        Box topLeft = Box.createVerticalBox();
        topLeft.add(ta);
        topLeft.add(checkPanel);
        // 建立一個水平排列元件的Box，盛裝topLeft、colorList
        Box top = Box.createHorizontalBox();
        top.add(topLeft);
        top.add(colorList);
        // 將top Box容器添加到視窗的中間
        f.add(top);
        f.pack();
        f.setVisible(true);
    }
    public static void main(String[] args)
    {
        new CommonComponent().init();
    }
}
```

運行上面程式，會看到如圖 11.18 所示的視窗。

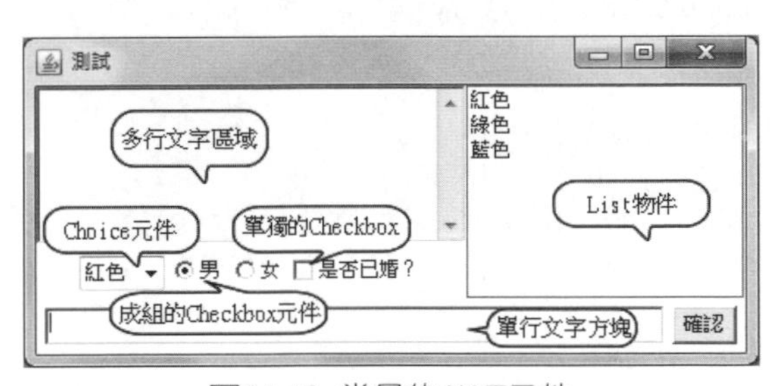

圖11.18 常見的AWT元件

提示 關於AWT常用元件的用法，以及佈局管理器的用法，讀者可以參考API文件來逐漸熟悉它們。一旦掌握了它們的用法之後，就可以借助於IDE工具來設計GUI介面，使用IDE工具可以更快地設計出更美觀的GUI介面。

11.4.2 對話方塊（Dialog）

Dialog 是 Window 類別的子類別，是一個容器類別，屬於特殊元件。對話方塊是可以獨立存在的頂級視窗，因此用法與普通視窗的用法幾乎完全一樣。但對話方塊有如下兩點需要注意。

- 對話方塊通常依賴於其他視窗，就是通常有一個parent視窗。
- 對話方塊有非強制回應（non-modal）和強制回應（modal）兩種，當某個強制回應對話方塊被開啟之後，該強制回應對話方塊總是位於它依賴的視窗之上；在強制回應對話方塊被關閉之前，它依賴的視窗無法獲得焦點。

對話方塊有多個多載的建構子，它的建構子可能有如下三個參數。

- owner：指定該對話方塊所依賴的視窗，既可以是視窗，也可以是對話方塊。
- title：指定該對話方塊的視窗標題。
- modal：指定該對話方塊是否是強制回應的，可以是true或false。

下面的例子程式示範了強制回應對話方塊和非強制回應對話方塊的用法。

程式清單：codes\11\11.4\DialogTest.java

```
public class DialogTest
{
    Frame f = new Frame("測試");
    Dialog d1 = new Dialog(f, "強制回應對話方塊" , true);
    Dialog d2 = new Dialog(f, "非強制回應對話方塊" , false);
    Button b1 = new Button("開啟強制回應對話方塊");
    Button b2 = new Button("開啟非強制回應對話方塊");
    public void init()
    {
        d1.setBounds(20 , 30 , 300, 400);
        d2.setBounds(20 , 30 , 300, 400);
        b1.addActionListener(e -> d1.setVisible(true));
        b2.addActionListener(e -> d2.setVisible(true));
        f.add(b1);
        f.add(b2 , BorderLayout.SOUTH);
        f.pack();
        f.setVisible(true);
    }
    public static void main(String[] args)
    {
        new DialogTest().init();
    }
}
```

上面程式建立了 d1 和 d2 兩個對話方塊，其中 d1 是一個強制回應對話方塊，而 d2 是一個非強制回應對話方塊（兩個對話方塊都是空的）。該視窗中還提供了兩個按鈕，分別用於開啟強制回應對話方塊和非強制回應對話方塊。開啟強制回應對話方塊後滑鼠無法啟動原來的「測試視窗」；但開啟非強制回應對話方塊後還可以啟動原來的「測試視窗」。

上面程式使用了AWT的事件處理來開啟對話方塊，關於事件處理介紹請看11.5節的內容。

不管是模式對話方塊還是非模式對話方塊，開啟後都無法關閉它們，因為程式沒有為這兩個對話方塊編寫事件監聽器。還有，如果主程式需要對話方塊裡接收的輸入值，則應該把該對話方塊設置成模式對話方塊，因為模式對話方塊會阻擋該程式；如果把對話方塊設置成非模式對話方塊，則可能造成對話方塊被開啟了，但使用者並沒有操作該對話方塊，也沒有向對話方塊裡進行輸入，這就會引起主程式的異常。

Dialog 類別還有一個子類別：FileDialog，它代表一個檔案對話方塊，用於開啟或者存放檔案。FileDialog 也提供了幾個建構子，可分別支援 parent、title 和 mode 三個構造參數，其中 parent、title 指定檔案對話方塊的所屬父視窗和標題；而 mode 指定該視窗用於開啟檔案或存放檔案，該參數支援如下兩個參數值：FileDialog.LOAD、FileDialog.SAVE。

FileDialog不能指定是強制回應對話方塊或非強制回應對話方塊，因為FileDialog依賴於運行平台的實作，如果運行平台的檔案對話方塊是強制回應的，那麼FileDialog也是強制回應的；否則就是非強制回應的。

FileDialog 提供了如下兩個方法來獲取被開啟 / 存放檔案的路徑。

- getDirectory()：獲取FileDialog被開啟/存放檔案的絕對路徑。
- getFile()：獲取FileDialog被開啟/存放檔案的檔名。

下面程式分別示範了使用 FileDialog 來建立開啟 / 存放檔案的對話方塊。

程式清單：codes\11\11.4\FileDialogTest.java

```
public class FileDialogTest
{
    Frame f = new Frame("測試");
    // 建立兩個檔案對話方塊
    FileDialog d1 = new FileDialog(f
        , "選擇需要開啟檔案" , FileDialog.LOAD);
    FileDialog d2 = new FileDialog(f
        , "選擇儲存檔案的路徑" , FileDialog.SAVE);
    Button b1 = new Button("開啟檔案");
    Button b2 = new Button("儲存檔案");
    public void init()
    {
        b1.addActionListener(e ->
        {
            d1.setVisible(true);
            // 列印出使用者選擇的檔案路徑和檔名
            System.out.println(d1.getDirectory()
                + d1.getFile());
        });
        b2.addActionListener(e ->
        {
            d2.setVisible(true);
            // 列印出使用者選擇的檔案路徑和檔名
            System.out.println(d2.getDirectory()
                + d2.getFile());
        });        f.add(b1);
        f.add(b2 , BorderLayout.SOUTH);
        f.pack();
        f.setVisible(true);
    }
    public static void main(String[] args)
    {
        new FileDialogTest().init();
    }
}
```

運行上面程式，單擊主視窗中的「開啟檔案」按鈕，將看到如圖 11.19 所示的檔案對話方塊視窗。

圖11.19 開啟檔案對話方塊

從圖 11.19 可以看出，這個檔案對話方塊本身就是 Windows（即 Java 程式所在的運行平台）提供的檔案對話方塊，所以當單擊其中的圖示、按鈕等元素時，該對話方塊都能提供相應的動作。當選取某個檔案後，單擊「開啟」按鈕，將看到程式主控台列印出該檔案的絕對路徑（檔案路徑 + 檔名），這就是由 FileDialog 的 getDirectory() 和 getFile() 方法提供的。

11.5 事件處理

前面介紹了如何放置各種元件，從而得到了豐富多彩的圖形介面，但這些介面還不能回應使用者的任何操作。比如單擊前面所有視窗右上角的「 」按鈕，但視窗依然不會關閉。因為在 AWT 程式設計中，所有事件必須由特定物件（事件監聽器）來處理，而 Frame 和元件本身並沒有事件處理能力。

11.5.1 Java事件模型的流程

為了使圖形介面能夠接收使用者的操作，必須給各個元件加上事件處理機制。

在事件處理的過程中，主要涉及三類物件。

- Event Source（事件源）：事件發生的場所，通常就是各個元件，例如按鈕、視窗、選單等。

◆ Event（事件）：事件封裝了GUI元件上發生的特定事情（通常就是一次使用者操作）。如果程式需要獲得GUI元件上所發生事件的相關資訊，都通過Event物件來取得。

◆ Event Listener（事件監聽器）：負責監聽事件源所發生的事件，並對各種事件做出回應處理。

提示 有過JavaScript、VB等程式設計經驗的讀者都知道，事件回應的動作實際上就是一系列的程式語句，通常以方法的形式組織起來。但Java是物件導向的程式設計語言，方法不能獨立存在，因此必須以類別的形式來組織這些方法，所以事件監聽器的核心就是它所包含的方法——這些方法也被稱為事件處理器（Event Handler）。當事件源上的事件發生時，事件物件會作為參數傳給事件處理器（即事件監聽器的實例方法）。

當使用者單擊一個按鈕，或者單擊某個選單項目，或者單擊視窗右上角的狀態按鈕時，這些動作就會觸發一個相應的事件，該事件由 AWT 封裝成相應的 Event 物件，該事件會觸發事件源上註冊的事件監聽器（特殊的 Java 物件），事件監聽器呼叫對應的事件處理器（事件監聽器裡的實例方法）來做出相應的回應。

AWT 的事件處理機制是一種委派式（Delegation）事件處理方式——普通元件（事件源）將事件的處理工作委託給特定的物件（事件監聽器）；當該事件源發生指定的事件時，就通知所委託的事件監聽器，由事件監聽器來處理這個事件。

每個元件均可以針對特定的事件指定一個或多個事件監聽物件，每個事件監聽器也可以監聽一個或多個事件源。因為同一個事件源上可能發生多種事件，委派式事件處理方式可以把事件源上可能發生的不同的事件分別授權給不同的事件監聽器來處理；同時也可以讓一類事件都使用同一個事件監聽器來處理。

提示 委派式事件處理方式明顯「抄襲」了人類社會的分工協作，例如某個單位發生了火災，該單位通常不會自己處理該事件，而是將該事件委派給消防局（事件監聽器）處理；如果發生了打架鬥毆事件，則委派給警察局（事件監聽器）處理；而消防局、警察局也會同時監聽多個單位的火災、打架鬥毆事件。這種委派式處理方式將事件源和事件監聽器分離，從而提供更好的程式模型，有利於提高程式的可維護性。

圖 11.20 顯示了 AWT 的事件處理流程示意圖。

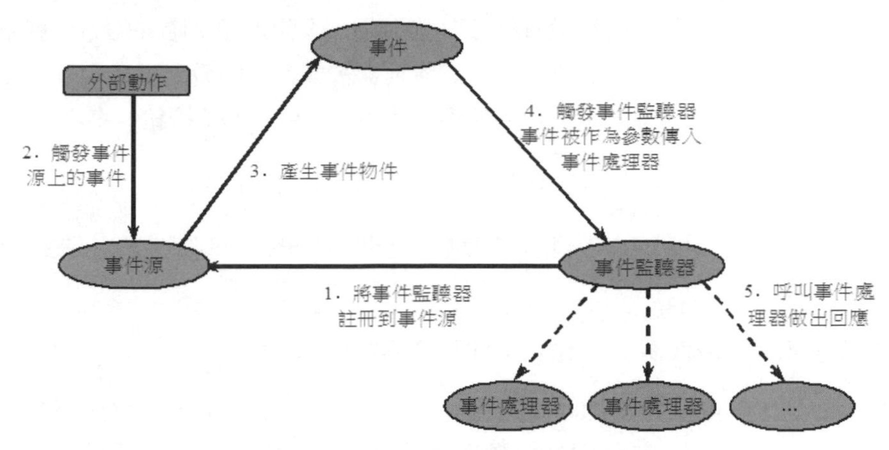

圖11.20　AWT的事件處理流程示意圖

下面以一個簡單的 HelloWorld 程式來示範 AWT 事件處理。

程式清單：codes\11\11.5\EventQs.java

```
public class EventQs
{
    private Frame f = new Frame("測試事件");
    private Button ok = new Button("確定");
    private TextField tf = new TextField(30);
    public void init()
    {
        // 註冊事件監聽器
        ok.addActionListener(new OkListener());    // ①
        f.add(tf);
        f.add(ok , BorderLayout.SOUTH);
        f.pack();
        f.setVisible(true);
    }
    // 定義事件監聽器類別
    class OkListener implements ActionListener    // ②
    {
        // 下面定義的方法就是事件處理器，用於回應特定的事件
        public void actionPerformed(ActionEvent e)       // ③
        {
            System.out.println("使用者單擊了ok按鈕");
            tf.setText("Hello World");
        }
    }
    public static void main(String[] args)
    {
        new EventQs().init();
    }
}
```

上面程式中粗體字程式碼用於註冊事件監聽器，③號粗體字定義的方法就是事件處理器。當程式中的 OK 按鈕被單擊時，該處理器被觸發，將看到程式中 tf 文字方塊內變為 "Hello World"，而程式主控台列印出「使用者單擊了 OK 按鈕」字串。

從上面程式中可以看出，實作 AWT 事件處理機制的步驟如下。

① 實作事件監聽器類別，該監聽器類別是一個特殊的Java類別，必須實作一個XxxListener介面。

② 建立普通元件（事件源），建立事件監聽器物件。

③ 呼叫addXxxListener()方法將事件監聽器物件註冊給普通元件（事件源）。當事件源上發生指定事件時，AWT會觸發事件監聽器，由事件監聽器呼叫相應的方法（事件處理器）來處理事件，事件源上所發生的事件會作為參數傳入事件處理器。

11.5.2 事件和事件監聽器

從圖 11.20 中可以看出，當外部動作在 AWT 元件上進行操作時，系統會自動產生事件物件，這個事件物件是 EventObject 子類別的實例，該事件物件會觸發註冊到事件源上的事件監聽器。

AWT 事件機制涉及三個成員：事件源、事件和事件監聽器，其中事件源最容易建立，只要通過 new 來建立一個 AWT 元件，該元件就是事件源；事件是由系統自動產生的，無須程式設計師關心。所以，實作事件監聽器是整個事件處理的核心。

事件監聽器必須實作事件監聽器介面，AWT 提供了大量的事件監聽器介面用於實作不同類型的事件監聽器，用於監聽不同類型的事件。AWT 中提供了豐富的事件類別，用於封裝不同元件上所發生的特定操作——AWT 的事件類別都是 AWTEvent 類別的子類別，AWTEvent 是 EventObject 的子類別。

提示

EventObject類別代表更廣義的事件物件，包括Swing元件上所觸發的事件、資料庫連接所觸發的事件等。

AWT 事件分為兩大類：低階事件和高階事件。

1. 低階事件

低階事件是指基於特定動作的事件。比如進入、點擊、拖放等動作的滑鼠事件，當元件得到焦點、失去焦點時觸發焦點事件。

- ◆ ComponentEvent：元件事件，當元件尺寸發生變化、位置發生移動、顯示/隱藏狀態發生改變時觸發該事件。
- ◆ ContainerEvent：容器事件，當容器裡發生添加元件、刪除元件時觸發該事件。
- ◆ WindowEvent：視窗事件，當視窗狀態發生改變（如開啟、關閉、最大化、最小化）時觸發該事件。
- ◆ FocusEvent：焦點事件，當元件得到焦點或失去焦點時觸發該事件。
- ◆ KeyEvent：鍵盤事件，當按鍵被按下、鬆開、單擊時觸發該事件。
- ◆ MouseEvent：滑鼠事件，當進行單擊、按下、鬆開、移動滑鼠等動作時觸發該事件。
- ◆ PaintEvent：元件繪製事件，該事件是一個特殊的事件類型，當GUI元件呼叫update/paint方法來呈現自身時觸發該事件，該事件並非專用於事件處理模型。

2. 高階事件（語義事件）

高階事件是基於語義的事件，它可以不和特定的動作相關聯，而依賴於觸發此事件的類別。比如，在 TextField 中按 Enter 鍵會觸發 ActionEvent 事件，在滑動軸上移動滑桿會觸發 AdjustmentEvent 事件，選取專案列表的某一項就會觸發 ItemEvent 事件。

- ◆ ActionEvent：動作事件，當按鈕、選單項目被單擊，在TextField中按Enter鍵時觸發該事件。
- ◆ AdjustmentEvent：調節事件，在滑動軸上移動滑桿以調節數值時觸發該事件。
- ◆ ItemEvent：選項事件，當使用者選取某項目，或取消選取某項目時觸發該事件。
- ◆ TextEvent：文字事件，當文字方塊、文字區域裡的文字發生改變時觸發該事件。

AWT 事件繼承層次圖如圖 11.21 所示。

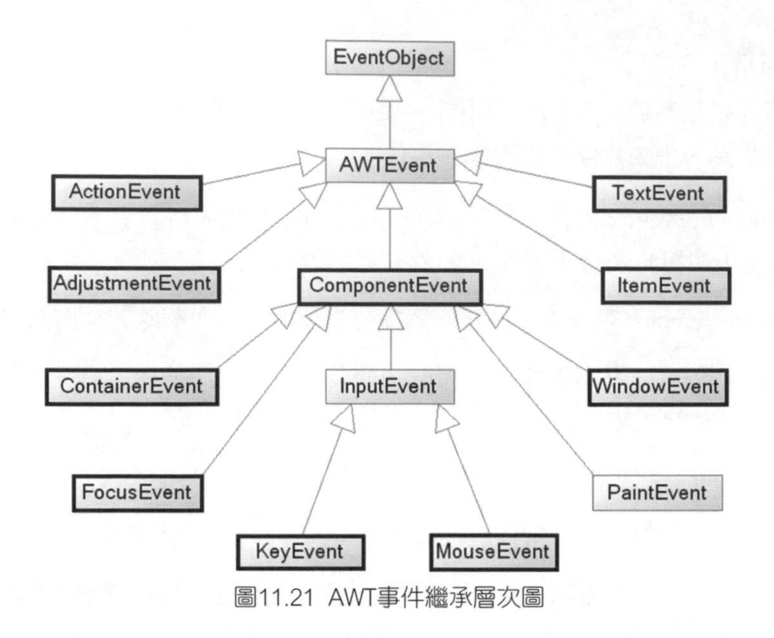

圖11.21 AWT事件繼承層次圖

圖 11.21 中常用的 AWT 事件使用粗線框圈出；對於沒有用粗線框圈出的事件，程式設計師很少使用它們，它們可能被作為事件基底類別或作為系統內部實作來使用。

不同的事件需要使用不同的監聽器監聽，不同的監聽器需要實作不同的監聽器介面，當指定事件發生後，事件監聽器就會呼叫所包含的事件處理器（實例方法）來處理事件。表 11.1 顯示了事件、監聽器介面和處理器之間的對應關係。

表11.1 事件、監聽器介面和處理器之間的對應關係

事　件	監聽器介面	處理器及觸發時機
ActionEvent	ActionListener	actionPerformed：按鈕、文字方塊、選單項目被單擊時觸發
AdjustmentEvent	AdjustmentListener	adjustmentValueChanged：滑桿位置發生改變時觸發
ContainerEvent	ContainerListener	componentAdded：向容器中添加元件時觸發
		componentRemoved：從容器中刪除元件時觸發
FocusEvent	FocusListener	focusGained：元件得到焦點時觸發
		focusLost：元件失去焦點時觸發
ComponentEvent	ComponentListener	componentHidden：元件被隱藏時觸發
		componentMoved：元件位置發生改變時觸發
		componentResized：元件大小發生改變時觸發
		componentShown：元件被顯示時觸發

KeyEvent	KeyListener	keyPressed：按下某個按鍵時觸發
		keyReleased：鬆開某個按鍵時觸發
		keyTyped：單擊某個按鍵時觸發
MouseEvent	MouseListener	mouseClicked：在某個元件上單擊滑鼠鍵時觸發
		mouseEntered：滑鼠進入某個元件時觸發
		mouseExited：滑鼠離開某個元件時觸發
		mousePressed：在某個元件上按下滑鼠鍵時觸發
		mouseReleased：在某個元件上鬆開滑鼠鍵時觸發
	MouseMotionListener	mouseDragged：在某個元件上移動滑鼠，且按下滑鼠鍵時觸發
		mouseMoved：在某個元件上移動滑鼠，且沒有按下滑鼠鍵時觸發
TextEvent	TextListener	textValueChanged：文字元件裡的文字發生改變時觸發
ItemEvent	ItemListener	itemStateChanged：某項目被選取或取消選取時觸發
WindowEvent	WindowListener	windowActivated：視窗被啟動時觸發
		windowClosed：視窗呼叫dispose()即將關閉時觸發
		windowClosing：使用者單擊視窗右上角的「×」按鈕時觸發
		windowDeactivated：視窗失去啟動時觸發
		windowDeiconified：視窗被恢復時觸發
		windowIconified：視窗最小化時觸發
		windowOpened：視窗首次被開啟時觸發

通過表 11.1 可以大致知道常用元件可能發生哪些事件，以及該事件對應的監聽器介面，通過實作該監聽器介面就可以實作對應的事件處理器，然後通過 addXxxListener() 方法將事件監聽器註冊給指定的元件（事件源）。當事件源元件上發生特定事件時，被註冊到該元件的事件監聽器裡的對應方法（事件處理器）將被觸發。

ActionListener、AdjustmentListener 等事件監聽器介面只包含一個抽象方法，這種介面也就是前面介紹的函數式介面，因此可用 Lambda 運算式來建立監聽器物件。

提示　實際上，可以如下理解事件處理模型：當事件源元件上發生事件時，系統將會執行該事件源元件的所有監聽器裡的對應方法。與前面程式設計方式不同的是，普通Java程式裡的方法由程式主動呼叫，事件處理中的事件處理器方法由系統負責呼叫。

下面程式示範了一個監聽器監聽多個元件，一個元件被多個監聽器監聽的效果。

程式清單：codes\11\11.5\MultiListener.java

```
public class MultiListener
{
    private Frame f = new Frame("測試");
    private TextArea ta = new TextArea(6 , 40);
    private Button b1 = new Button("按鈕一");
    private Button b2 = new Button("按鈕二");
    public void init()
    {
        // 建立FirstListener監聽器的實例
        FirstListener fl = new FirstListener();
        // 給b1按鈕註冊兩個事件監聽器
        b1.addActionListener(fl);
        b1.addActionListener(new SecondListener());
        // 將f1事件監聽器註冊給b2按鈕
        b2.addActionListener(fl);
        f.add(ta);
        Panel p = new Panel();
        p.add(b1);
        p.add(b2);
        f.add(p, BorderLayout.SOUTH);
        f.pack();
        f.setVisible(true);
    }
    class FirstListener implements ActionListener
    {
        public void actionPerformed(ActionEvent e)
        {
            ta.append("第一個事件監聽器被觸發,事件源是："
                + e.getActionCommand() + "\n");
        }
    }
    class SecondListener implements ActionListener
    {
        public void actionPerformed(ActionEvent e)
        {
```

```
            ta.append("單擊了「"
                + e.getActionCommand() + "」按鈕\n");
        }
    }
    public static void main(String[] args)
    {
        new MultiListener().init();
    }
}
```

上面程式中 b1 按鈕增加了兩個事件監聽器，當使用者單擊 b1 按鈕時，兩個監聽器的 actionPerform() 方法都會被觸發；而且 f1 監聽器同時監聽 b1、b2 兩個按鈕，當 b1、b2 任意一個按鈕被單擊時，f1 監聽器的 actionPerform() 方法都會被觸發。

提示 上面程式中呼叫了ActionEvent物件的getActionCommand()方法，用於獲取被單擊按鈕上的文字。

運行上面程式，分別單擊「按鈕一」、「按鈕二」一次，將看到如圖 11.22 所示的視窗效果。

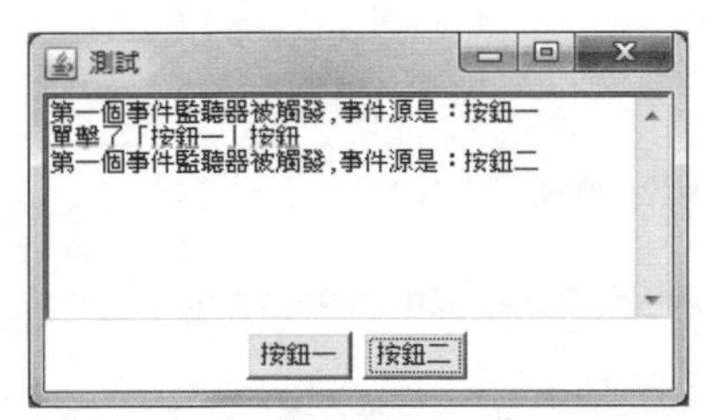

圖11.22 一個按鈕被兩個監聽器監聽、一個監聽器監聽兩個按鈕

下面程式為視窗添加視窗監聽器，從而示範視窗監聽器的用法，並允許使用者單擊視窗右上角的「×」按鈕來結束程式。

程式清單：codes\11\11.5\WindowListenerTest.java

```
public class WindowListenerTest
{
    private Frame f = new Frame("測試");
    private TextArea ta = new TextArea(6 , 40);
    public void init()
    {
```

```
        // 為視窗添加視窗事件監聽器
        f.addWindowListener(new MyListener());
        f.add(ta);
        f.pack();
        f.setVisible(true);
    }
    // 實作一個視窗監聽器類別
    class MyListener implements WindowListener
    {
        public void windowActivated(WindowEvent e)
        {
            ta.append("視窗被啟動！\n");
        }
        public void windowClosed(WindowEvent e)
        {
            ta.append("視窗被成功關閉！\n");
        }
        public void windowClosing(WindowEvent e)
        {
            ta.append("使用者關閉視窗！\n");
            System.exit(0);
        }
        public void windowDeactivated(WindowEvent e)
        {
            ta.append("視窗失去焦點！\n");
        }
        public void windowDeiconified(WindowEvent e)
        {
            ta.append("視窗被恢復！\n");
        }
        public void windowIconified(WindowEvent e)
        {
            ta.append("視窗被最小化！\n");
        }
        public void windowOpened(WindowEvent e)
        {
            ta.append("視窗初次被開啟！\n");
        }
    }
    public static void main(String[] args)
    {
        new WindowListenerTest().init();
    }
}
```

上面程式詳細監聽了視窗的每個動作，當使用者單擊視窗右上角的每個按鈕時，程式都會做出相應的回應，當使用者單擊視窗中的「×」按鈕時，程式將正常結束。

大部分時候，程式無須監聽視窗的每個動作，只需要為使用者單擊視窗中的「×」按鈕提供回應即可；無須為每個視窗事件提供回應——即程式只想覆寫 windowClosing 事件處理器，但因為該監聽器實作了 WindowListener 介面，實作該介面就不得不實作該介面裡的每個抽象方法，這是非常煩瑣的事情。為此，AWT 提供了事件配接器。

11.5.3 事件配接器

事件配接器是監聽器介面的空實作——事件配接器實作了監聽器介面，並為該介面裡的每個方法都提供了實作，這種實作是一種空實作（方法體內沒有任何程式碼的實作）。當需要建立監聽器時，可以通過繼承事件配接器，而不是實作監聽器介面。因為事件配接器已經為監聽器介面的每個方法提供了空實作，所以程式自己的監聽器無須實作監聽器介面裡的每個方法，只需要覆寫自己感興趣的方法，從而可以簡化事件監聽器的實作類別程式碼。

注意

如果某個監聽器介面只有一個方法，則該監聽器介面就無須提供配接器，因為該介面對應的監聽器別無選擇，只能覆寫該方法！如果不覆寫該方法，就沒有必要實作該監聽器。

提示

雖然表11.2中只列出了常用的監聽器介面對應的事件配接器，實際上，所有包含多個方法的監聽器介面都有對應的事件配接器，包括Swing中的監聽器介面也是如此。

從表 11.2 中可以看出，所有包含多個方法的監聽器介面都有一個對應的配接器，但只包含一個方法的監聽器介面則沒有對應的配接器。

表11.2　監聽器介面和事件配接器對應表

監聽器介面	事件配接器	監聽器介面	事件配接器
ContainerListener	ContainerAdapter	MouseListener	MouseAdapter
FocusListener	FocusAdapter	MouseMotionListener	MouseMotionAdapter
ComponentListener	ComponentAdapter	WindowListener	WindowAdapter
KeyListener	KeyAdapter		

下面程式通過事件配接器來建立事件監聽器。

程式清單：codes\11\11.5\WindowAdapterTest.java

```
public class WindowAdapterTest
{
    private Frame f = new Frame("測試");
    private TextArea ta = new TextArea(6 , 40);
    public void init()
    {
        f.addWindowListener(new MyListener());
        f.add(ta);
        f.pack();
        f.setVisible(true);
    }
    class MyListener extends WindowAdapter
    {
        public void windowClosing(WindowEvent e)
        {
            System.out.println("使用者關閉視窗！\n");
            System.exit(0);
        }
    }
    public static void main(String[] args)
    {
        new WindowAdapterTest().init();
    }
}
```

從上面程式中可以看出，視窗監聽器繼承 WindowAdapter 事件配接器，只需要覆寫 windowClosing 方法（粗體字方法所示）即可，這個方法才是該程式所關心的——當使用者單擊「×」按鈕時，程式結束。

11.5.4 使用內部類別實作監聽器

事件監聽器是一個特殊的 Java 物件，實作事件監聽器物件有如下幾種形式。

- 內部類別形式：將事件監聽器類別定義成當前類別的內部類別。
- 外部類別形式：將事件監聽器類別定義成一個外部類別。
- 類別本身作為事件監聽器類別：讓當前類別本身實作監聽器介面或繼承事件配接器。
- 匿名內部類別形式：使用匿名內部類別建立事件監聽器物件。

前面範例程式中的所有事件監聽器類別都是內部類別形式，使用內部類別可以很好地重用該監聽器類別，如 MultiListener.java 程式所示；監聽器類別是外部類別的內部類別，所以可以自由存取外部類別的所有 GUI 元件，這也是內部類別的兩個優勢。

使用內部類別來定義事件監聽器類別的例子可以參考前面的範例程式，此處不再贅述。

11.5.5 使用外部類別實作監聽器

使用外部類別定義事件監聽器類別的形式比較少見，主要有如下兩個原因。

- 事件監聽器通常屬於特定的GUI介面，定義成外部類別不利於提高程式的內聚性。
- 外部類別形式的事件監聽器不能自由存取建立GUI介面類別中的元件，程式設計不夠簡潔。

但如果某個事件監聽器確實需要被多個 GUI 介面所共享，而且主要是完成某種業務邏輯的實作，則可以考慮使用外部類別形式來定義事件監聽器類別。下面程式定義了一個外部類別作為事件監聽器類別，該事件監聽器實作了發送郵件的功能。

程式清單：codes\11\11.5\MailerListener.java

```
public class MailerListener implements ActionListener
{
    // 該TextField文字方塊用於輸入發送郵件的位址
    private TextField mailAddress;
    public MailerListener(){}
    public MailerListener(TextField mailAddress)
    {
        this.mailAddress = mailAddress;
    }
    public void setMailAddress(TextField mailAddress)
    {
        this.mailAddress = mailAddress;
    }
    // 實作發送郵件
    public void actionPerformed(ActionEvent e)
    {
        System.out.println("程式向「"
            + mailAddress.getText() + "」發送郵件...");
        // 發送郵件的真實實作
    }
}
```

上面的事件監聽器類別沒有與任何 GUI 介面耦合，建立該監聽器物件時傳入一個 TextField 物件，該文字方塊裡的字串將被作為收件人位址。下面程式使用了該事件監聽器來監聽視窗中的按鈕。

程式清單：codes\11\11.5\SendMailer.java

```
public class SendMailer
{
    private Frame f = new Frame("測試");
    private TextField tf = new TextField(40);
    private Button send = new Button("發送");
    public void init()
    {
        // 使用MailerListener物件作為事件監聽器
        send.addActionListener(new MailerListener(tf));
        f.add(tf);
        f.add(send , BorderLayout.SOUTH);
        f.pack();
        f.setVisible(true);
    }
    public static void main(String[] args)
    {
        new SendMailer().init();
    }
}
```

上面程式為「發送」按鈕添加事件監聽器時，將該視窗中的 TextField 物件傳入事件監聽器，從而允許事件監聽器存取該文字方塊裡的內容。運行上面程式，會看到如圖 11.23 所示的運行介面。

圖11.23　外部類別形式的事件監聽器類別

注意

實際上並不推薦將業務邏輯實作寫在事件監聽器中，包含業務邏輯的事件監聽器將導致程式的顯示邏輯和業務邏輯耦合，從而增加程式後期的維護難度。如果確實有多個事件監聽器需要實作相同的業務邏輯功能，則可以考慮使用業務邏輯元件來定義業務邏輯功能，再讓事件監聽器來呼叫業務邏輯元件的業務邏輯方法。

11.5.6 類別本身作為事件監聽器類別

類別本身作為事件監聽器類別這種形式使用 GUI 介面類別直接作為監聽器類別，可以直接在 GUI 介面類別中定義事件處理器方法。這種形式非常簡潔，也是早期 AWT 事件程式設計裡比較喜歡採用的形式。但這種做法有如下兩個缺點。

- 這種形式可能造成混亂的程式結構，GUI介面的職責主要是完成介面初始化工作，但此時還需包含事件處理器方法，從而降低了程式的可讀性。
- 如果GUI介面類別需要繼承事件配接器，將會導致該GUI介面類別不能繼承其他父類別。

下面程式使用 GUI 介面類別作為事件監聽器類別。

程式清單：codes\11\11.5\SimpleEventHandler.java

```
// GUI介面類別繼承WindowAdapter作為事件監聽器類別
public class SimpleEventHandler extends WindowAdapter
{
    private Frame f = new Frame("測試");
    private TextArea ta = new TextArea(6 , 40);
    public void init()
    {
        //將該類別的預設物件作為事件監聽器物件
        f.addWindowListener(this);
        f.add(ta);
        f.pack();
        f.setVisible(true);
    }
    // GUI介面類別直接包含事件處理器方法
    public void windowClosing(WindowEvent e)
    {
        System.out.println("使用者關閉視窗！\n");
        System.exit(0);
    }
    public static void main(String[] args)
    {
        new SimpleEventHandler().init();
    }
}
```

上面程式讓 GUI 介面類別繼承了 WindowAdapter 事件配接器，從而可以在該 GUI 介面類別中直接定義事件處理器方法：windowClosing()（如粗體字程式碼所示）。當為某個元件添加該事件監聽器物件時，直接使用 this 作為事件監聽器物件即可。

11.5.7 匿名內部類別實作監聽器

大部分時候，事件處理器都沒有重用價值（可重用程式碼通常會被抽象成業務邏輯方法），因此大部分事件監聽器只是暫時使用一次，所以使用匿名內部類別形式的事件監聽器更合適。實際上，這種形式是目前使用最廣泛的事件監聽器形式。下面程式使用匿名內部類別來建立事件監聽器。

程式清單：codes\11\11.5\AnonymousEventHandler.java

```
public class AnonymousEventHandler
{
    private Frame f = new Frame("測試");
    private TextArea ta = new TextArea(6 , 40);
    public void init()
    {
        // 以匿名內部類別的形式來建立事件監聽器物件
        f.addWindowListener(new WindowAdapter()
        {
            // 實作事件處理方法
            public void windowClosing(WindowEvent e)
            {
                System.out.println("使用者試圖關閉視窗！\n");
                System.exit(0);
            }
        });
        f.add(ta);
        f.pack();
        f.setVisible(true);
    }
    public static void main(String[] args)
    {
        new AnonymousEventHandler().init();
    }
}
```

上面程式中的粗體字部分使用匿名內部類別建立了一個事件監聽器物件，「new 監聽器介面」或「new 事件配接器」的形式就是用於建立匿名內部類別形式的事件監聽器。關於匿名內部類別請參考本書 6.7 節內容。

如果事件監聽器介面內只包含一個方法，通常會使用 Lambda 運算式代替匿名內部類別建立監聽器物件，這樣就可以避免煩瑣的匿名內部類別程式碼。遺憾的是，如果要通過繼承事件配接器來建立事件監聽器，那就無法使用 Lambda 運算式了。

11.6 AWT選單

前面介紹了建立 GUI 介面的方式：將 AWT 元件按某種佈局擺放在容器內即可。建立 AWT 選單的方式與此完全類似：將選單列、選單、選單項目組合在一起即可。

11.6.1 選單列、選單和選單項目

AWT 中的選單由如下幾個類別組合而成。

- MenuBar：選單列，選單的容器。
- Menu：選單元件，選單項目的容器。它也是MenuItem的子類別，所以可作為選單項別使用。
- PopupMenu：上下文選單元件（右鍵選單元件）。
- MenuItem：選單項目元件。
- CheckboxMenuItem：核取方塊選單項目元件。
- MenuShortcut：選單快捷鍵元件。

圖 11.24 顯示了 AWT 選單元件類別之間的繼承、組合關係。從圖中可以看出，MenuBar 和 Menu 都實作了選單容器介面，所以 MenuBar 可用於盛裝 Menu，而 Menu 可用於盛裝 MenuItem（包括 Menu 和 CheckboxMenuItem 兩個子類別物件）。Menu 還有一個子類別：PopupMenu，代表上下文選單，上下文選單無須使用 MenuBar 盛裝。

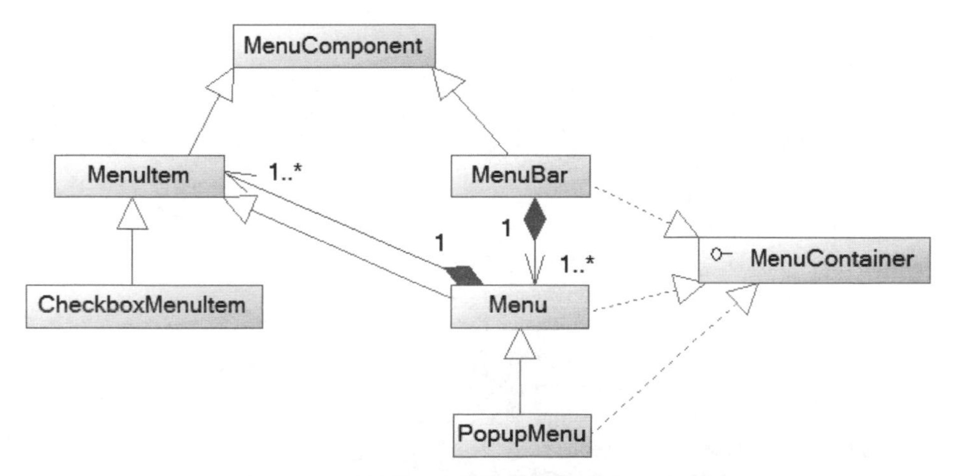

圖11.24　AWT選單元件類別之間的繼承、組合關係

Menu、MenuItem 的建構子都可接收一個字串參數，該字串作為其對應選單、選單項目上的標籤文字。除此之外，MenuItem 還可以接收一個 MenuShortcut 物件，該物件用於指定該選單的快捷鍵。MenuShortcut 類別使用虛擬鍵程式碼（而不是字元）來建立快捷鍵。例如，Ctrl　A（通常都以 Ctrl 鍵作為快捷鍵的輔助鍵）捷徑通過以下程式碼建立。

```
MenuShortcut ms = new MenuShortcut(KeyEvent.VK_A);
```

如果該快捷鍵還需要 Shift 鍵的輔助，則可使用如下程式碼。

```
MenuShortcut ms = new MenuShortcut(KeyEvent.VK_A , true);
```

有時候程式還希望對某個選單進行分組，將功能相似的選單分成一組，此時需要使用選單分隔符。AWT 中添加選單分隔符有如下兩種方法。

- 呼叫Menu物件的addSeparator()方法來添加選單分隔線。
- 使用添加new MenuItem("-")的方式來添加選單分隔線。

建立了 MenuItem、Menu 和 MenuBar 物件之後，呼叫 Menu 的 add() 方法將多個 MenuItem 組合成選單（也可將另一個 Menu 物件組合進來，從而形成二級選單），再呼叫 MenuBar 的 add() 方法將多個 Menu 組合成選單列，最後呼叫 Frame 物件的 setMenuBar() 方法為該視窗添加選單列。

下面程式示範了為視窗添加選單的完整程式。

程式清單：codes\11\11.6\SimpleMenu.java

```
public class SimpleMenu
{
    private Frame f = new Frame("測試");
    private MenuBar mb = new MenuBar();
    Menu file = new Menu("檔案");
    Menu edit = new Menu("編輯");
    MenuItem newItem = new MenuItem("新增");
    MenuItem saveItem = new MenuItem("存放");
    // 建立exitItem選單項目，指定使用「Ctrl+X」快捷鍵
    MenuItem exitItem = new MenuItem("結束"
        , new MenuShortcut(KeyEvent.VK_X));
    CheckboxMenuItem autoWrap = new CheckboxMenuItem("自動換行");
    MenuItem copyItem = new MenuItem("複製");
    MenuItem pasteItem = new MenuItem("貼上");
    Menu format = new Menu("格式");
```

```
// 建立commentItem選單項目，指定使用「Ctrl+Shift+/」快捷鍵
    MenuItem commentItem = new MenuItem("註解" ,
new MenuShortcut(KeyEvent.VK_SLASH , true));
MenuItem cancelItem = new MenuItem("取消註解");
private TextArea ta = new TextArea(6 , 40);
public void init()
{
    // 以Lambda運算式建立選單事件監聽器
    ActionListener menuListener = e ->
    {
        String cmd = e.getActionCommand();
        ta.append("單擊「" + cmd + "」選單" + "\n");
        if (cmd.equals("結束"))
        {
            System.exit(0);
        }
    };
    // 為commentItem選單項目添加事件監聽器
    commentItem.addActionListener(menuListener);
    exitItem.addActionListener(menuListener);
    // 為file選單添加選單項目
    file.add(newItem);
    file.add(saveItem);
    file.add(exitItem);
    // 為edit選單添加選單項目
    edit.add(autoWrap);
    // 使用addSeparator方法來添加選單分隔線
    edit.addSeparator();
    edit.add(copyItem);
    edit.add(pasteItem);
    // 為format選單添加選單項目
    format.add(commentItem);
    format.add(cancelItem);
    // 使用添加new MenuItem("-")的方式添加選單分隔線
    edit.add(new MenuItem("-"));
    // 將format選單組合到edit選單中，從而形成二級選單
    edit.add(format);
    // 將file、edit選單添加到mb選單列中
    mb.add(file);
    mb.add(edit);
    // 為f視窗設置選單列
    f.setMenuBar(mb);
    // 以匿名內部類別的形式來建立事件監聽器物件
    f.addWindowListener(new WindowAdapter()
    {
        public void windowClosing(WindowEvent e)
```

```
            {
                System.exit(0);
            }
        });
        f.add(ta);
        f.pack();
        f.setVisible(true);
    }
    public static void main(String[] args)
    {
        new SimpleMenu().init();
    }
}
```

上面程式中的選單既有核取方塊選單項目和選單分隔符，也有二級選單，並為兩個選單項目添加了快捷鍵，為 commentItem、exitItem 兩個選單項目添加了事件監聽器。運行該程式，並按「Ctrl+Shift+/」快捷鍵，將看到如圖 11.25 所示的視窗。

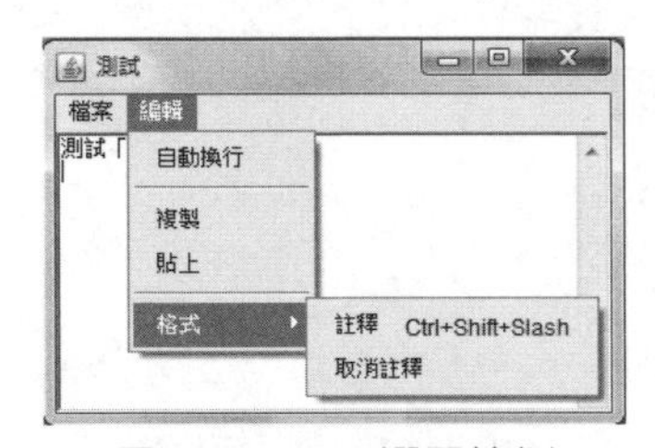

圖11.25 AWT選單範例

> **提示** AWT的選單元件不能建立圖示選單，如果希望建立帶圖示的選單，則應該使用Swing的選單元件：JMenuBar、JMenu、JMenuItem和JPopupMenu元件。Swing的選單元件和AWT的選單元件的用法基本相似，讀者可參考本程式學習使用Swing的選單元件。

11.6.2 右鍵選單

右鍵選單使用 PopupMenu 物件表示，建立右鍵選單的步驟如下。

① 建立PopupMenu的實例。

② 建立多個MenuItem的多個實例，依次將這些實例加入PopupMenu中。

③ 將PopupMenu加入到目標元件中。

④ 為需要出現上下文選單的元件編寫滑鼠監聽器，當使用者釋放滑鼠右鍵時彈出右鍵選單。

下面程式建立了一個右鍵選單，該右鍵選單就是「借用」前面 SimpleMenu 中 edit 選單下的所有選單項目。

程式清單：codes\11\11.6\PopupMenuTest.java

```
public class PopupMenuTest
{
    private TextArea ta = new TextArea(4 , 30);
    private Frame f = new Frame("測試");
    PopupMenu pop = new PopupMenu();
    CheckboxMenuItem autoWrap =
        new CheckboxMenuItem("自動換行");
    MenuItem copyItem = new MenuItem("複製");
    MenuItem pasteItem = new MenuItem("貼上");
    Menu format = new Menu("格式");
    // 建立commentItem選單項目，指定使用「Ctrl+Shift+/」快捷鍵
    MenuItem commentItem = new MenuItem("註解" ,
        new MenuShortcut(KeyEvent.VK_SLASH , true));
    MenuItem cancelItem = new MenuItem("取消註解");
    public void init()
    {
        // 以Lambda運算式建立選單事件監聽器
        ActionListener menuListener = e ->
        {
            String cmd = e.getActionCommand();
            ta.append("單擊「" + cmd + "」選單" + "\n");
            if (cmd.equals("結束"))
            {
                System.exit(0);
            }
        };
        // 為commentItem選單項目添加事件監聽
        commentItem.addActionListener(menuListener);
        // 為pop選單添加選單項目
        pop.add(autoWrap);
        // 使用addSeparator方法來添加選單分隔線
        pop.addSeparator();
        pop.add(copyItem);
        pop.add(pasteItem);
        // 為format選單添加選單項目
        format.add(commentItem);
        format.add(cancelItem);
        // 使用添加new MenuItem("-")的方式添加選單分隔線
        pop.add(new MenuItem("-"));
        // 將format選單組合到pop選單中，從而形成二級選單
```

```
        pop.add(format);
        final Panel p = new Panel();
        p.setPreferredSize(new Dimension(300, 160));
        // 向p視窗中添加PopupMenu物件
        p.add(pop);
        // 添加滑鼠事件監聽器
        p.addMouseListener(new MouseAdapter()
        {
            public void mouseReleased(MouseEvent e)
            {
                // 如果釋放的是滑鼠右鍵
                if (e.isPopupTrigger())
                {
                    pop.show(p , e.getX() , e.getY());
                }
            }
        });
        f.add(p);
        f.add(ta , BorderLayout.NORTH);
        // 以匿名內部類別的形式來建立事件監聽器物件
        f.addWindowListener(new WindowAdapter()
        {
            public void windowClosing(WindowEvent e)
            {
                System.exit(0);
            }
        });
        f.pack();
        f.setVisible(true);
    }
    public static void main(String[] args)
    {
        new PopupMenuTest().init();
    }
}
```

運行上面程式，會看到如圖 11.26 所示的視窗。

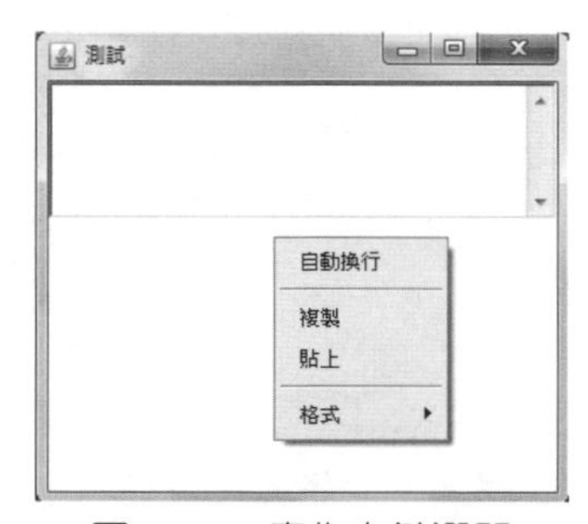

圖11.26　實作右鍵選單

學生提問：為什麼即使我沒有給多行文字區域編寫右鍵選單，但當我在多行文字區域上單擊右鍵時也一樣會彈出右鍵選單？

答：記住AWT的實作機制！AWT並沒有為GUI元件提供實作，它僅僅是呼叫運行平台的GUI元件來建立和平台一致的對等體。因此程式中的TextArea實際上是Windows（假設在Windows平台上運行）的多行文字區域元件的對等體，具有和它相同的行為，所以該TextArea預設就具有右鍵選單。

11.7 在AWT中繪圖

很多程式如各種小遊戲都需要在視窗中繪製各種圖形，除此之外，即使在開發 Java EE 專案時，有時候也必須「動態」地向客戶端產生各種圖形、圖表，比如圖形驗證碼、統計圖等，這都需要利用 AWT 的繪圖功能。

11.7.1 繪圖的實作原理

在 Component 類別裡提供了和繪圖有關的三個方法。

- paint(Graphics g)：繪製元件的外觀。
- update(Graphics g)：呼叫paint()方法，重新整理元件外觀。
- repaint()：呼叫update()方法，重新整理元件外觀。

上面三個方法的呼叫關係為：repaint() 方法呼叫 update() 方法；update() 方法呼叫 paint() 方法。

Container 類別中的 update() 方法先以元件的背景色填充整個元件區域，然後呼叫 paint() 方法重畫元件。Container 類別的 update() 方法程式碼如下：

```
public void update(Graphics g) {
    if (isShowing()) {
        //以元件的背景色填充整個元件區域
        if (! (peer instanceof LightweightPeer)) {
```

```
            g.clearRect(0, 0, width, height);
        }
        paint(g);
    }
}
```

普通元件的 update() 方法則直接呼叫 paint() 方法。

```
public void update(Graphics g) {
    paint(g);
}
```

圖 11.27 顯示了 paint()、repaint() 和 update() 三個方法之間的呼叫關係。

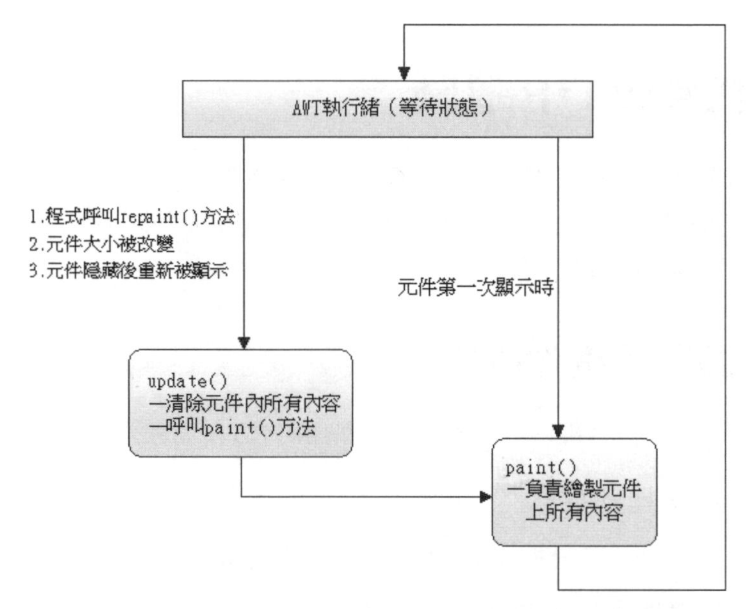

圖11.27　paint()、update()和repaint()三個方法的呼叫關係

從圖 11.27 中可以看出，程式不應該主動呼叫元件的 paint() 和 update() 方法，這兩個方法都由 AWT 系統負責呼叫。如果程式希望 AWT 系統重新繪製該元件，則呼叫該元件的 repaint() 方法即可。而 paint() 和 update() 方法通常被覆寫。在通常情況下，程式通過覆寫 paint() 方法實作在 AWT 元件上繪圖。

覆寫 update() 或 paint() 方法時，該方法裡包含了一個 Graphics 類型的參數，通過該 Graphics 參數就可以實作繪圖功能。

11.7.2 使用Graphics類別

Graphics 是一個抽象的畫筆物件，Graphics 可以在元件上繪製豐富多彩的幾何圖形和點陣圖。Graphics 類別提供了如下幾個方法用於繪製幾何圖形和點陣圖。

- drawLine()：繪製直線。
- drawString()：繪製字串。
- drawRect()：繪製矩形。
- drawRoundRect()：繪製圓角矩形。
- drawOval()：繪製橢圓形狀。
- drawPolygon()：繪製多邊形邊框。
- drawArc()：繪製一段圓弧（可能是橢圓的圓弧）。
- drawPolyline()：繪製折線。
- fillRect()：填充一個矩形區域。
- fillRoundRect()：填充一個圓角矩形區域。
- fillOval()：填充橢圓區域。
- fillPolygon()：填充一個多邊形區域。
- fillArc()：填充圓弧和圓弧兩個端點到中心連線所包圍的區域。
- drawImage()：繪製點陣圖。

除此之外，Graphics 還提供了 setColor() 和 setFont() 兩個方法用於設置畫筆的顏色和字型（僅當繪製字串時有效），其中 setColor() 方法需要傳入一個 Color 參數，它可以使用 RGB、CMYK 等方式設置一個顏色；而 setFont() 方法需要傳入一個 Font 參數，Font 參數需要指定字型名稱、字型樣式、字型大小三個屬性。

提示

實際上，不僅Graphics物件可以使用setColor()和setFont()方法來設置畫筆的顏色和字型，AWT普通元件也可以通過Color()和Font()方法來改變它的前景色和字型。除此之外，所有元件都有一個setBackground()方法用於設置元件的背景色。

AWT 專門提供一個 Canvas 類別作為繪圖的畫布，程式可以通過建立 Canvas 的子類別，並覆寫它的 paint() 方法來實作繪圖。下面程式示範了一個簡單的繪圖程式。

程式清單：codes\11\11.7\SimpleDraw.java

```
public class SimpleDraw
{
    private final String RECT_SHAPE = "rect";
    private final String OVAL_SHAPE = "oval";
    private Frame f = new Frame("簡單繪圖");
    private Button rect = new Button("繪製矩形");
    private Button oval = new Button("繪製圓形");
    private MyCanvas drawArea = new MyCanvas();
    // 用於存放需要繪製什麼圖形的變數
    private String shape = "";
    public void init()
    {
        Panel p = new Panel();
        rect.addActionListener(e ->
        {
            // 設置shape變數為RECT_SHAPE
            shape = RECT_SHAPE;
            // 重畫MyCanvas物件，即呼叫它的repait()方法
            drawArea.repaint();
        });
        oval.addActionListener(e ->
        {
            // 設置shape變數為OVAL_SHAPE
            shape = OVAL_SHAPE;
            // 重畫MyCanvas物件，即呼叫它的repait()方法
            drawArea.repaint();
        });
        p.add(rect);
        p.add(oval);
        drawArea.setPreferredSize(new Dimension(250 , 180));
        f.add(drawArea);
        f.add(p , BorderLayout.SOUTH);
        f.pack();
        f.setVisible(true);
    }
    public static void main(String[] args)
    {
        new SimpleDraw().init();
    }
    class MyCanvas extends Canvas
    {
        // 覆寫Canvas的paint()方法，實作繪畫
        public void paint(Graphics g)
        {
            Random rand = new Random();
            if (shape.equals(RECT_SHAPE))
```

```
            {
                // 設置畫筆顏色
                g.setColor(new Color(220, 100, 80));
                // 隨機地繪製一個矩形框
                g.drawRect( rand.nextInt(200)
                    , rand.nextInt(120) , 40 , 60);
            }
            if (shape.equals(OVAL_SHAPE))
            {
                // 設置畫筆顏色
                g.setColor(new Color(80, 100, 200));
                // 隨機地填充一個實心圓形
                g.fillOval( rand.nextInt(200)
                    , rand.nextInt(120) , 50 , 40);
            }
        }
    }
}
```

上面程式定義了一個 MyCanvas 類別，它繼承了 Canvas 類別，覆寫了 Canvas 類別的 paint() 方法（上面程式中粗體字程式碼部分），該方法根據 shape 變數值隨機地繪製矩形或填充橢圓區域。視窗中還定義了兩個按鈕，當使用者單擊任意一個按鈕時，程式呼叫了 drawArea 物件的 repaint() 方法，該方法導致畫布重繪（即呼叫 drawArea 物件的 update() 方法，該方法再呼叫 paint() 方法）。

運行上面程式，單擊「繪製圓形」按鈕，將看到如圖 11.28 所示的視窗。

圖11.28　簡單繪圖

運行上面程式時，如果改變視窗大小，或者讓該視窗隱藏後重新顯示都會導致 drawArea重新繪製形狀——這是因為這些動作都會觸發元件的update()方法。

Java 也可用於開發一些動畫。所謂動畫，就是間隔一定的時間（通常小於 0.1 秒）重新繪製新的圖像，兩次繪製的圖像之間差異較小，肉眼看起來就成了所謂的動畫。為了實作間隔一定的時間就重新呼叫元件的 repaint() 方法，可以借助於 Swing 提供的 Timer 類別，Timer 類別是一個定時器，它有如下一個建構子。

◆ Timer(int delay, ActionListener listener)：每間隔delay毫秒，系統自動觸發ActionListener監聽器裡的事件處理器（actionPerformed()方法）。

下面程式示範了一個簡單的彈珠遊戲，其中小球和球拍分別以圓形區域和矩形區域代替，小球開始以隨機速度向下運動，遇到邊框或球拍時小球反彈；球拍則由使用者控制，當使用者按下向左、向右鍵時，球拍將會向左、向右移動。

程式清單：codes\11\11.7\PinBall.java

```
public class PinBall
{
    // 桌面的寬度
    private final int TABLE_WIDTH = 300;
    // 桌面的高度
    private final int TABLE_HEIGHT = 400;
    // 球拍的垂直位置
    private final int RACKET_Y = 340;
    // 下面定義球拍的高度和寬度
    private final int RACKET_HEIGHT = 20;
    private final int RACKET_WIDTH = 60;
    // 小球的大小
    private final int BALL_SIZE = 16;
    private Frame f = new Frame("彈珠遊戲");
    Random rand = new Random();
    // 小球縱向的運行速度
    private int ySpeed = 10;
    // 返回一個-0.5~0.5的比率，用於控制小球的運行方向
    private double xyRate = rand.nextDouble() - 0.5;
    // 小球橫向的運行速度
    private int xSpeed = (int)(ySpeed * xyRate * 2);
    // ballX和ballY代表小球的座標
    private int ballX = rand.nextInt(200) + 20;
    private int ballY = rand.nextInt(10) + 20;
    // racketX代表球拍的水平位置
    private int racketX = rand.nextInt(200);
    private MyCanvas tableArea = new MyCanvas();
    Timer timer;
    // 遊戲是否結束的旗標
    private boolean isLose = false;
    public void init()
```

```
{
    // 設置桌面區域的最佳大小
    tableArea.setPreferredSize(
        new Dimension(TABLE_WIDTH , TABLE_HEIGHT));
    f.add(tableArea);
    // 定義鍵盤監聽器
    KeyAdapter keyProcessor = new KeyAdapter()
    {
        public void keyPressed(KeyEvent ke)
        {
            // 按下向左、向右鍵時，球拍水平座標分別減少、增加
            if (ke.getKeyCode() == KeyEvent.VK_LEFT)
            {
                if (racketX > 0)
                racketX -= 10;
            }
            if (ke.getKeyCode() == KeyEvent.VK_RIGHT)
            {
                if (racketX < TABLE_WIDTH - RACKET_WIDTH)
                racketX += 10;
            }
        }
    };
    // 為視窗和tableArea物件分別添加鍵盤監聽器
    f.addKeyListener(keyProcessor);
    tableArea.addKeyListener(keyProcessor);
    // 定義每0.1秒執行一次的事件監聽器
    ActionListener taskPerformer = evt ->
    {
        // 如果小球碰到左邊邊框
        if (ballX  <= 0 || ballX >= TABLE_WIDTH - BALL_SIZE)
        {
            xSpeed = -xSpeed;
        }
        // 如果小球高度超出了球拍位置，且橫向不在球拍範圍之內，遊戲結束
        if (ballY >= RACKET_Y - BALL_SIZE &&
            (ballX < racketX || ballX > racketX + RACKET_WIDTH))
        {
            timer.stop();
            // 設置遊戲是否結束的旗標為true
            isLose = true;
            tableArea.repaint();
        }
        // 如果小球位於球拍之內，且到達球拍位置，小球反彈
        else if (ballY  <= 0 ||
            (ballY >= RACKET_Y - BALL_SIZE
                && ballX > racketX && ballX <= racketX + RACKET_WIDTH))
        {
```

```
                ySpeed = -ySpeed;
            }
            // 小球座標增加
            ballY += ySpeed;
            ballX += xSpeed;
            tableArea.repaint();
        };        timer = new Timer(100, taskPerformer);
        timer.start();
        f.pack();
        f.setVisible(true);
    }
    public static void main(String[] args)
    {
        new PinBall().init();
    }
    class MyCanvas extends Canvas
    {
        // 覆寫Canvas的paint()方法，實作繪畫
        public void paint(Graphics g)
        {
            // 如果遊戲已經結束
            if (isLose)
            {
                g.setColor(new Color(255, 0, 0));
                g.setFont(new Font("Times" , Font.BOLD, 30));
                g.drawString("遊戲已結束！" , 50 ,200);
            }
            // 如果遊戲還未結束
            else
            {
                // 設置顏色，並繪製小球
                g.setColor(new Color(240, 240, 80));
                g.fillOval(ballX , ballY , BALL_SIZE, BALL_SIZE);
                // 設置顏色，並繪製球拍
                g.setColor(new Color(80, 80, 200));
                g.fillRect(racketX , RACKET_Y
                    , RACKET_WIDTH , RACKET_HEIGHT);
            }
        }
    }
}
```

運行上面程式，將看到一個簡單的彈珠遊戲，運行效果如圖 11.29 所示。

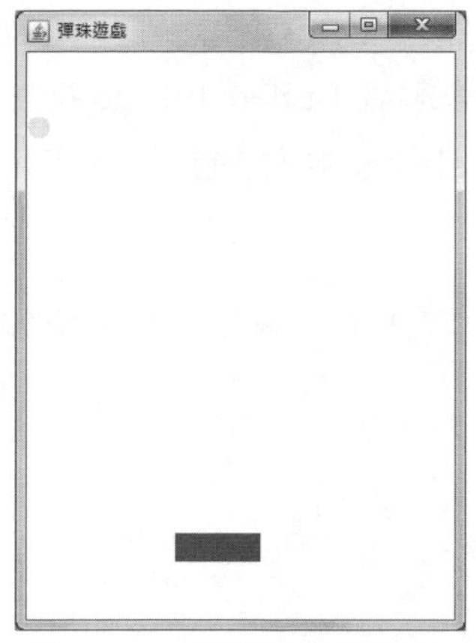

圖11.29 簡單的彈珠遊戲

提示 上面的彈珠遊戲還比較簡陋，如果為該遊戲增加點陣圖背景，使用更逼真的小球點陣圖代替小球，更逼真的球拍點陣圖代替球拍，並在彈珠桌面增加一些障礙物，整個彈珠遊戲將會更有趣味性。細心的讀者可能會發現上面的遊戲有輕微的閃爍，這是由於AWT元件的繪圖沒有採用雙緩衝技術，當覆寫paint()方法來繪製圖形時，所有的圖形都是直接繪製到GUI元件上的，所以多次重新呼叫paint()方法進行繪製會發生閃爍現象。使用Swing元件就可避免這種閃爍，Swing元件沒有提供Canvas對應的元件，使用Swing的Panel元件作為畫布即可。

11.8 處理點陣圖

如果僅僅繪製一些簡單的幾何圖形，程式的圖形效果依然比較單調。AWT 也允許在元件上繪製點陣圖，Graphics 提供了 drawImage 方法用於繪製點陣圖，該方法需要一個 Image 參數——代表點陣圖，通過該方法就可以繪製出指定的點陣圖。

11.8.1 Image抽象類別和BufferedImage實作類別

Image 類別代表點陣圖，但它是一個抽象類別，無法直接建立 Image 物件，為此 Java 為它提供了一個 BufferedImage 子類別，這個子類別是一個可存取圖像資料緩衝區的 Image 實作類別。該類別提供了一個簡單的建構子，用於建立一個 BufferedImage 物件。

- BufferedImage(int width, int height, int imageType)：建立指定大小、指定圖像類型的BufferedImage物件，其中imageType可以是BufferedImage.TYPE_INT_RGB、BufferedImage. TYPE_BYTE_GRAY等值。

除此之外，BufferedImage 還提供了一個 getGraphics() 方法返回該物件的 Graphics 物件，從而允許通過該 Graphics 物件向 Image 中添加圖形。

借助 BufferedImage 可以在 AWT 中實作緩衝技術——當需要向 GUI 元件上繪製圖形時，不要直接繪製到該 GUI 元件上，而是先將圖形繪製到 BufferedImage 物件中，然後再呼叫元件的 drawImage 方法一次性地將 BufferedImage 物件繪製到特定元件上。

下面程式通過 BufferedImage 類別實作了圖形緩衝，並實作了一個簡單的手繪程式。

程式清單：codes\11\11.8\HandDraw.java

```
public class HandDraw
{
    // 繪圖區的寬度
    private final int AREA_WIDTH = 500;
    // 繪圖區的高度
    private final int AREA_HEIGHT = 400;
    // 下面的preX、preY存放了上一次滑鼠拖曳事件的滑鼠座標
    private int preX = -1;
    private int preY = -1;
    // 定義一個右鍵選單用於設置畫筆顏色
    PopupMenu pop = new PopupMenu();
    MenuItem redItem = new MenuItem("紅色");
    MenuItem greenItem = new MenuItem("綠色");
    MenuItem blueItem = new MenuItem("藍色");
    // 定義一個BufferedImage物件
    BufferedImage image = new BufferedImage(AREA_WIDTH
        , AREA_HEIGHT , BufferedImage.TYPE_INT_RGB);
    // 獲取image物件的Graphics
    Graphics g = image.getGraphics();
    private Frame f = new Frame("簡單手繪程式");
    private DrawCanvas drawArea = new DrawCanvas();
    // 用於存放畫筆顏色
    private Color foreColor = new Color(255, 0 ,0);
    public void init()
    {
        // 定義右鍵選單的事件監聽器
        ActionListener menuListener = e ->
        {
            if (e.getActionCommand().equals("綠色"))
            {
                foreColor = new Color(0 , 255 , 0);
            }
            if (e.getActionCommand().equals("紅色"))
            {
                foreColor = new Color(255 , 0 , 0);
            }
            if (e.getActionCommand().equals("藍色"))
```

```
        {
            foreColor = new Color(0 , 0 , 255);
        }
    };
    // 為三個選單添加事件監聽器
    redItem.addActionListener(menuListener);
    greenItem.addActionListener(menuListener);
    blueItem.addActionListener(menuListener);
    // 將選單項目組合成右鍵選單
    pop.add(redItem);
    pop.add(greenItem);
    pop.add(blueItem);
    // 將右鍵選單添加到drawArea物件中
    drawArea.add(pop);
    // 將image物件的背景色填充成白色
    g.fillRect(0 , 0 ,AREA_WIDTH , AREA_HEIGHT);
    drawArea.setPreferredSize(new Dimension(AREA_WIDTH , AREA_HEIGHT));
    // 監聽滑鼠移動動作
    drawArea.addMouseMotionListener(new MouseMotionAdapter()
    {
        // 實作按下滑鼠鍵並拖曳的事件處理器
        public void mouseDragged(MouseEvent e)
        {
            // 如果preX和preY大於0
            if (preX > 0 && preY > 0)
            {
                // 設置當前顏色
                g.setColor(foreColor);
                // 繪製從上一次滑鼠拖曳事件點到本次滑鼠拖曳事件點的線段
                g.drawLine(preX , preY , e.getX() , e.getY());
            }
            // 將當前滑鼠事件點的X、Y座標存放起來
            preX = e.getX();
            preY = e.getY();
            // 重繪drawArea物件
            drawArea.repaint();
        }
    });
    // 監聽滑鼠事件
    drawArea.addMouseListener(new MouseAdapter()
    {
        // 實作滑鼠鍵鬆開的事件處理器
        public void mouseReleased(MouseEvent e)
        {
            // 彈出右鍵選單
            if (e.isPopupTrigger())
            {
                pop.show(drawArea , e.getX() , e.getY());
            }
```

```
                // 鬆開滑鼠鍵時，把上一次滑鼠拖曳事件的X、Y座標設為-1
                preX = -1;
                preY = -1;
            }
        });
        f.add(drawArea);
        f.pack();
        f.setVisible(true);
    }
    public static void main(String[] args)
    {
        new HandDraw().init();
    }
    class DrawCanvas extends Canvas
    {
        // 覆寫Canvas的paint方法，實作繪畫
        public void paint(Graphics g)
        {
            // 將image繪製到該元件上
            g.drawImage(image , 0 , 0 , null);
        }
    }
}
```

實作手繪功能其實是一種假象：表面上看起來可以隨滑鼠移動自由畫曲線，實際上依然利用 Graphics 的 drawLine() 方法畫直線，每條直線都是從上一次滑鼠拖曳事件發生點畫到本次滑鼠拖曳事件發生點。當滑鼠拖曳時，兩次滑鼠拖曳事件發生點的距離很小，多條極短的直線連接起來，肉眼看起來就是滑鼠拖曳的軌跡了。上面程式還增加了右鍵選單來選擇畫筆顏色。

運行上面程式，出現一個空白視窗，使用者可以使用滑鼠在該視窗上拖出任意的曲線，如圖 11.30 所示。

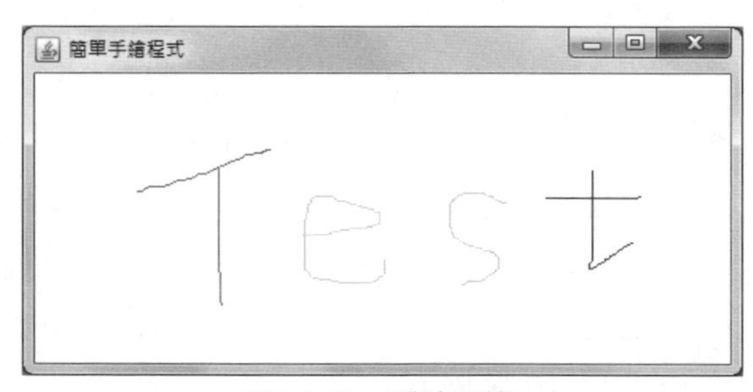

圖11.30　手繪視窗

上面程式進行手繪時只能選擇紅、綠、藍三種顏色，不能調出像Windows的顏色選擇對話方塊那種「專業」的顏色選擇工具。實際上，Swing提供了對顏色選擇對話方塊的支援，如果結合Swing提供的顏色選擇對話方塊，就可以選擇任意的顏色進行繪圖，並可以提供一些按鈕讓使用者選擇繪製直線、折線、多邊形等幾何圖形。如果為該程式分別建立多個BufferedImage物件，就可實作多圖層效果（每個BufferedImage代表一個圖層）。

11.8.2 使用ImageIO輸入/輸出點陣圖

如果希望可以存取磁碟上的點陣圖檔，例如 GIF、JPG 等格式的點陣圖，則需要利用 ImageIO 工具類別。ImageIO 利用 ImageReader 和 ImageWriter 讀寫圖形檔，通常程式無須關心該類別底層的細節，只需要利用該工具類別來讀寫圖形檔案即可。

ImageIO 類別並不支援讀寫全部格式的圖形檔案，程式可以通過 ImageIO 類別的如下幾個靜態方法來存取該類別所支援讀寫的圖形檔案格式。

- static String[] getReaderFileSuffixes()：返回一個String陣列，該陣列列出ImageIO所有能讀的圖形檔案的檔案後綴。
- static String[] getReaderFormatNames()：返回一個 String陣列，該陣列列出ImageIO所有能讀的圖形檔案的非正式格式名稱。
- static String[] getWriterFileSuffixes()：返回一個String陣列，該陣列列出ImageIO所有能寫的圖形檔案的檔案後綴。
- static String[] getWriterFormatNames()：返回一個String陣列，該陣列列出ImageIO所有能寫的圖形檔案的非正式格式名稱。

下面程式測試了 ImageIO 所支援讀寫的全部檔案格式。

程式清單：codes\11\11.8\ImageIOTest.java

```
public class ImageIOTest
{
    public static void main(String[] args)
    {
        String[] readFormat = ImageIO.getReaderFormatNames();
        System.out.println("-----Image能讀的所有圖形檔案格式-----");
        for (String tmp : readFormat)
        {
            System.out.println(tmp);
```

```
        }
        String[] writeFormat = ImageIO.getWriterFormatNames();
        System.out.println("-----Image能寫的所有圖形檔案格式-----");
        for (String tmp : writeFormat)
        {
            System.out.println(tmp);
        }
    }
}
```

運行上面程式就可以看到 Java 所支援的圖形檔案格式，通過運行結果可以看出，AWT 並不支援 ico 等圖示格式。因此，如果需要在 Java 程式中為按鈕、選單等指定圖示，也不要使用 ico 格式的圖示檔，而應該使用 JPG、GIF 等格式的圖形檔。

ImageIO 類別包含兩個靜態方法：read() 和 write()，通過這兩個方法即可完成對點陣圖檔的讀寫，呼叫 wirte() 方法輸出圖形檔時需要指定輸出的圖形格式，例如 GIF、JPEG 等。下面程式可以將一個原始點陣圖縮小成另一個點陣圖後輸出。

程式清單：codes\11\11.8\ZoomImage.java

```
public class ZoomImage
{
    // 下面兩個常數設置縮小後圖片的大小
    private final int WIDTH = 80;
    private final int HEIGHT = 60;
    // 定義一個BufferedImage物件，用於存放縮小後的點陣圖
    BufferedImage image = new BufferedImage(WIDTH , HEIGHT
        , BufferedImage. TYPE_INT_RGB);
    Graphics g = image.getGraphics();
    public void zoom()throws Exception
    {
        // 讀取原始點陣圖
        Image srcImage = ImageIO.read(new File("image/board.jpg"));
        // 將原始點陣圖縮小後繪製到image物件中
        g.drawImage(srcImage , 0 , 0 , WIDTH , HEIGHT , null);
        // 將image物件輸出到磁碟檔案中
        ImageIO.write(image , "jpeg"
            , new File(System.currentTimeMillis() + ".jpg"));
    }
    public static void main(String[] args)throws Exception
    {
        new ZoomImage().zoom();
    }
}
```

上面程式中第一行粗體字程式碼從磁碟中讀取一個點陣圖檔，第二行粗體字程式碼則將原始點陣圖按指定大小繪製到 image 物件中，第三行程式碼再將 image 物件輸出，這就完成了點陣圖的縮小（實際上不一定是縮小，程式總是將原始點陣圖縮放到 WIDTH、HEIGHT 常數指定的大小）並輸出。

提示 上面程式總是使用board.jpg檔案作為原始圖片檔，總是縮放到80×60的尺寸，且總是以當前時間作為檔名來輸出該檔案，這是為了簡化該程式。如果為該程式增加圖形介面，允許使用者選擇需要縮放的原始圖片檔和縮放後的目標檔名，並可以設置縮放後的尺寸，該程式將具有更好的實用性。對點陣圖檔案進行縮放是非常實用的功能，大部分Web應用程式都允許使用者上傳圖片，而Web應用程式則需要對使用者上傳的點陣圖產生相應的縮圖，這就需要對點陣圖進行縮放。

利用 ImageIO 讀取磁碟上的點陣圖，然後將這圖繪製在 AWT 元件上，就可以做出更加豐富多彩的圖形介面程式。

下面程式再次改寫第 4 章的五子棋遊戲，為該遊戲增加圖形使用者介面，這種改寫很簡單，只需要改變如下兩個地方即可。

- 原來是在主控台列印棋盤和棋子，現在改為使用點陣圖在視窗中繪製棋盤和棋子。
- 原來是靠使用者輸入下棋座標，現在改為當使用者單擊滑鼠鍵時獲取下棋座標，此處需要將滑鼠事件的X、Y座標轉換為棋盤陣列的座標。

程式清單：codes\11\11.8\Gobang.java

```
public class Gobang
{
    // 下面三個點陣圖分別代表棋盤、黑子、白子
    BufferedImage table;
    BufferedImage black;
    BufferedImage white;
    // 當滑鼠移動時的選擇框
    BufferedImage selected;
    // 定義棋盤的大小
    private static int BOARD_SIZE = 15;
    // 定義棋盤寬、高多少個像素
    private final int TABLE_WIDTH = 535;
    private final int TABLE_HETGHT = 536;
    // 定義棋盤座標的像素值和棋盤陣列之間的比率
    private final int RATE = TABLE_WIDTH / BOARD_SIZE;
```

```
// 定義棋盤座標的像素值和棋盤陣列之間的偏移距離
private final int X_OFFSET = 5;
private final int Y_OFFSET = 6;
// 定義一個二維陣列來充當棋盤
private String[][] board = new String[BOARD_SIZE][BOARD_SIZE];
// 五子棋遊戲的視窗
JFrame f = new JFrame("五子棋遊戲");
// 五子棋遊戲棋盤對應的Canvas元件
ChessBoard chessBoard = new ChessBoard();
// 當前選取點的座標
private int selectedX = -1;
private int selectedY = -1;
public void init()throws Exception
{
    table = ImageIO.read(new File("image/board.jpg"));
    black = ImageIO.read(new File("image/black.gif"));
    white = ImageIO.read(new File("image/white.gif"));
    selected = ImageIO.read(new File("image/selected.gif"));
    // 把每個元素賦為" "，" "代表沒有棋子
    for (int i = 0 ; i < BOARD_SIZE ; i++)
    {
        for ( int j = 0 ; j < BOARD_SIZE ; j++)
        {
            board[i][j] = " ";
        }
    }
    chessBoard.setPreferredSize(new Dimension(
        TABLE_WIDTH , TABLE_HETGHT));
    chessBoard.addMouseListener(new MouseAdapter()
    {
        public void mouseClicked(MouseEvent e)
        {
            // 將使用者滑鼠事件的座標轉換成棋子陣列的座標
            int xPos = (int)((e.getX() - X_OFFSET) / RATE);
            int yPos = (int)((e.getY() - Y_OFFSET ) / RATE);
            board[xPos][yPos] = "●";
            /*
            電腦隨機產生兩個整數，作為電腦下棋的座標，賦給board陣列
            還涉及:
            1.如果下棋的點已經有棋子，不能重複下棋
            2.每次下棋後，需要掃描誰贏了
            */
            chessBoard.repaint();
        }
        // 當滑鼠結束棋盤區後，重設選取點座標
        public void mouseExited(MouseEvent e)
        {
```

```
                selectedX = -1;
                selectedY = -1;
                chessBoard.repaint();
            }
        });
        chessBoard.addMouseMotionListener(new MouseMotionAdapter()
        {
            // 當滑鼠移動時，改變選取點的座標
            public void mouseMoved(MouseEvent e)
            {
                selectedX = (e.getX() - X_OFFSET) / RATE;
                selectedY = (e.getY() - Y_OFFSET) / RATE;
                chessBoard.repaint();
            }
        });
        f.add(chessBoard);
        f.pack();
        f.setVisible(true);
    }
    public static void main(String[] args)throws Exception
    {
        Gobang gb = new Gobang();
        gb.init();
    }
    class ChessBoard extends JPanel
    {
        // 覆寫JPanel的paint方法，實作繪畫
        public void paint(Graphics g)
        {
            // 繪製五子棋棋盤
            g.drawImage(table , 0 , 0 , null);
            // 繪製選取點的紅框
            if (selectedX >= 0 && selectedY >= 0)
                g.drawImage(selected , selectedX * RATE + X_OFFSET ,
            selectedY * RATE + Y_OFFSET, null);
            // 遍歷陣列，繪製棋子
            for (int i = 0 ; i < BOARD_SIZE ; i++)
            {
                for ( int j = 0 ; j < BOARD_SIZE ; j++)
                {
                    // 繪製黑棋
                    if (board[i][j].equals("●"))
                    {
                        g.drawImage(black , i * RATE + X_OFFSET
                            , j * RATE + Y_OFFSET, null);
                    }
```

```
                    // 繪製白棋
                    if (board[i][j].equals("○"))
                    {
                        g.drawImage(white, i * RATE  + X_OFFSET
                            , j * RATE  + Y_OFFSET, null);
                    }
                }
            }
        }
    }
}
```

上面程式中前面一段粗體字程式碼負責監聽滑鼠單擊動作，負責把滑鼠動作的座標轉換成棋盤陣列的座標，並將對應的陣列元素賦值為「●」；後面一段粗體字程式碼則負責在視窗中繪製棋盤和棋子：先直接繪製棋盤點陣圖，接著遍歷棋盤陣列，如果陣列元素是「●」，則在對應點繪製黑棋，如果陣列元素是「○」，則在對應點繪製白棋。

提示　上面程式為了避免遊戲時產生閃爍感，將棋盤所用的繪圖區改為繼承JPanel類別，遊戲視窗改為使用JFrame類別，這兩個類別都是Swing元件，Swing元件的繪圖功能提供了雙緩衝技術，可以避免圖像閃爍。

運行上面程式，會看到如圖 11.31 所示的遊戲介面。

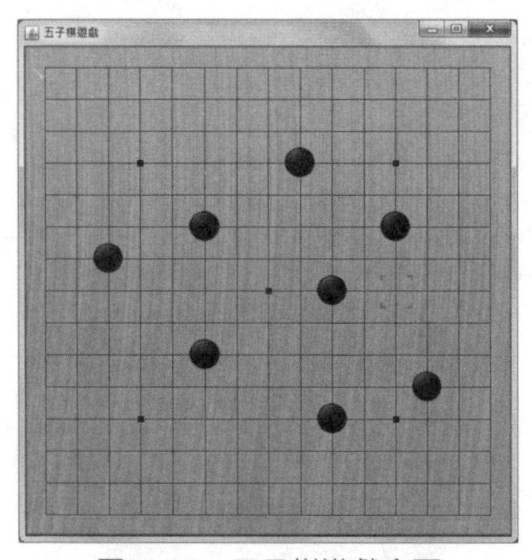

圖11.31　五子棋遊戲介面

上面遊戲介面中還有一個紅色選取框，提示使用者滑鼠所在的落棋點，這是通過監聽滑鼠移動事件實作的——當滑鼠在遊戲介面移動時，程式根據滑鼠移動事件發生的座標來繪製紅色選取框。

提示 上面程式中使用了字串陣列來存放下棋的狀態，其實完全可以使用一個byte[][]陣列來存放下棋的狀態；陣列元素為0代表沒有棋子；陣列元素為1代表白棋；陣列元素為2代表黑棋。上面的遊戲程式已經接近完成了，讀者只需要按上面思路就可完成這個五子棋遊戲，如果能為電腦下棋增加一些智能就更好了。另外，其他小遊戲如俄羅斯方塊、貪食蛇、連連看、梭哈、鬥地主等，只要按這種程式設計思路來開發都會變得非常簡單。實際上，很多程式其實沒有想像的那麼難，讀者只要認真閱讀本書，認真完成每章後面的作業，一定可以成為專業的Java程式設計師。

11.9 剪貼簿

當進行複製、剪下、貼上等 Windows 操作時，也許讀者從未想過這些操作的實作過程。實際上這是一個看似簡單的過程：複製、剪下把一個程式中的資料放置到剪貼簿中，而貼上則讀取剪貼簿中的資料，並將該資料放入另一個程式中。

剪貼簿的複製、剪下和貼上的過程看似很簡單，但實作起來則存在一些具體問題需要處理——假設從一個文字處理程式中複製文字，然後將這段文字複製到另一個文字處理程式中，肯定希望該文字能保持原來的風格，也就是說，剪貼簿中必須保留文字原來的格式資訊；如果只是將文字複製到純文字區域中，則可以無須包含文字原來的格式資訊。除此之外，可能還希望將圖像等其他物件複製到剪貼簿中。為了處理這種複雜的剪貼簿操作，資料提供者（複製、剪下內容的來源程式）允許使用多種格式的剪貼簿資料，而資料的使用者（貼上內容的目標程式）則可以從多種格式中選擇所需的格式。

提示 因為AWT的實作依賴於底層運行平台的實作，因此AWT剪貼簿在不同平台上所支援的傳輸的物件類型並不完全相同。其中Microsoft、Macintosh的剪貼簿支援傳輸富格式文字、圖像、純文字等資料，而X Window的剪貼簿功能則比較有限，它僅僅支援純文字的剪下和貼上。讀者可以通過查看JRE的jre/lib/flavormap.properties檔案來瞭解該平台支援哪些類型的物件可以在Java程式和系統剪貼簿之間傳遞。

AWT 支援兩種剪貼簿：本地剪貼簿和系統剪貼簿。如果在同一個虛擬機器的不同視窗之間進行資料傳遞，則使用 AWT 自己的本地剪貼簿就可以了。本地剪貼簿則與運行平台無關，可以傳輸任意格式的資料。如果需要在不同的虛擬機器之間傳遞資料，或者需要在 Java 程式與第三方程式之間傳遞資料，那就需要使用系統剪貼簿了。

11.9.1 資料傳遞的類別和介面

AWT 中剪貼簿相關操作的介面和類別被放在 java.awt.datatransfer 套件下，下面是該套件下重要的介面和類別的相關說明。

- Clipboard：代表一個剪貼簿實例，這個剪貼簿既可以是系統剪貼簿，也可以是本地剪貼簿。
- ClipboardOwner：剪貼簿內容的擁有者介面，當剪貼簿內容的所有權被修改時，系統將會觸發該擁有者的lostOwnership事件處理器。
- Transferable：該介面的實例代表放進剪貼簿中的傳輸物件。
- DataFlavor：用於表述剪貼簿中的資料格式。
- StringSelection：Transferable 的實作類別，用於傳輸文字字串。
- FlavorListener：資料格式監聽器介面。
- FlavorEvent：該類別的實例封裝了資料格式改變的事件。

11.9.2 傳遞文字

傳遞文字是最簡單的情形，因為 AWT 已經提供了一個 StringSelection 用於傳輸文字字串。將一段文字內容（字串物件）放進剪貼簿中的步驟如下。

建立一個 Clipboard 實例，既可以建立系統剪貼簿，也可以建立本地剪貼簿。建立系統剪貼簿通過如下程式碼：

```
Clipboard clipboard = Toolkit.getDefaultToolkit().getSystemClipboard();
```

建立本地剪貼簿通過如下程式碼：

```
Clipboard clipboard = new Clipboard("cb");
```

將需要放入剪貼簿中的字串封裝成 StringSelection 物件，如下程式碼所示：

```
StringSelection st = new StringSelection(targetStr);
```

呼叫剪貼簿物件的 setContents() 方法將 StringSelection 放進剪貼簿中，該方法需要兩個參數，第一個參數是 Transferable 物件，代表放進剪貼簿中的物件；第二個參數是 ClipboardOwner 物件，代表剪貼簿資料的擁有者，通常無須關心剪貼簿資料的擁有者，所以把第二個參數設為 null。

```
clipboard.setContents(st , null);
```

從剪貼簿中取出資料則比較簡單，呼叫 Clipboard 物件的 getData(DataFlavor flavor) 方法即可取出剪貼簿中指定格式的內容，如果指定 flavor 的資料不存在，該方法將引發 UnsupportedFlavorException 異常。為了避免出現異常，可以先呼叫 Clipboard 物件的 isDataFlavorAvailable(DataFlavor flavor) 來判斷指定 flavor 的資料是否存在。如下程式碼所示：

```
if (clipboard.isDataFlavorAvailable(DataFlavor.stringFlavor))
{
    String content = (String)clipboard.getData(DataFlavor.stringFlavor);
}
```

下面程式是一個利用系統剪貼簿進行複製、貼上的簡單程式。

程式清單：codes\11\11.9\SimpleClipboard.java

```
public class SimpleClipboard
{
    private Frame f = new Frame("簡單的剪貼簿程式");
    // 獲取系統剪貼簿
    private Clipboard clipboard = Toolkit
        .getDefaultToolkit().getSystemClipboard();
    // 下面是建立本地剪貼簿的程式碼
    // Clipboard clipboard = new Clipboard("cb");    // ①
    // 用於複製文字的文字方塊
    private TextArea jtaCopyTo = new TextArea(5,20);
    // 用於貼上文字的文字方塊
    private TextArea jtaPaste = new TextArea(5,20);
    private Button btCopy = new Button("複製"); // 複製按鈕
    private Button btPaste = new Button("貼上"); // 貼上按鈕
    public void init()
    {
        Panel p = new Panel();
        p.add(btCopy);
        p.add(btPaste);
        btCopy.addActionListener(event ->
        {
```

```
            // 將一個多行文字區域裡的字串封裝成StringSelection物件
            StringSelection contents = new
                StringSelection(jtaCopyTo.getText());
            // 將StringSelection物件放入剪貼簿
            clipboard.setContents(contents, null);
        });
        btPaste.addActionListener(event ->
        {
            // 如果剪貼簿中包含stringFlavor內容
            if (clipboard.isDataFlavorAvailable(DataFlavor.stringFlavor))
            {
                try
                {
                    // 取出剪貼簿中的stringFlavor內容
                    String content = (String)clipboard
                        .getData(DataFlavor.stringFlavor);
                    jtaPaste.append(content);
                }
                catch (Exception e)
                {
                    e.printStackTrace();
                }
            }
        });
        // 建立一個水平排列的Box容器
        Box box = new Box(BoxLayout.X_AXIS);
        // 將兩個多行文字區域放在Box容器中
        box.add(jtaCopyTo);
        box.add(jtaPaste);
        // 將按鈕所在的Panel、Box容器添加到Frame視窗中
        f.add(p,BorderLayout.SOUTH);
        f.add(box,BorderLayout.CENTER);
        f.pack();
        f.setVisible(true);
    }
    public static void main(String[] args)
    {
        new SimpleClipboard().init();
    }
}
```

上面程式中「複製」按鈕的事件監聽器負責將第一個文字區域的內容複製到系統剪貼簿中，「貼上」按鈕的事件監聽器則負責取出系統剪貼簿中的 stringFlavor 內容，並將其添加到第二個文字區域內。運行上面程式，將看到如圖 11.32 所示的結果。

因為程式使用的是系統剪貼簿，因此可以通過 Windows 的剪貼本檢視器來查看程式放入剪貼簿中的內容。在 Windows 的「開始」選單中運行「clipbrd」程式，將可以看到如圖 11.33 所示的視窗。

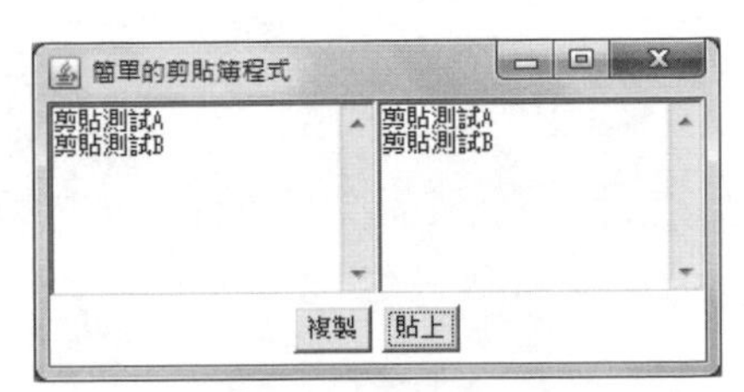

圖11.32 使用剪貼簿複製、貼上文字內容

圖11.33 通過剪貼本檢視器查看剪貼簿中的內容

提示 Windows 7系統已經移除了預設的剪貼本檢視器，因此讀者可以到Windows XP的C:\windows\system32\目錄下將clipbrd.exe檔案複製過來。

11.9.3 使用系統剪貼簿傳遞圖像

前面已經介紹了，Transferable 介面代表可以放入剪貼簿的傳輸物件，所以如果希望將圖像放入剪貼簿內，則必須提供一個 Transferable 介面的實作類別，該實作類別其實很簡單，它封裝一個 image 物件，並且向外表現為 imageFlavor 內容。

注意 JDK為Transferable介面僅提供了一個StringSelection實作類別，用於封裝字串內容。但JDK在DataFlavor類別中提供了一個imageFlavor常數，用於代表圖像格式的DataFlavor，並負責執行所有的複雜操作，以便進行Java圖像和剪貼簿圖像的轉換。

下面程式實作了一個 ImageSelection 類別，該類別實作了 Transferable 介面，並實作了該介面所包含的三個方法。

程式清單：codes\11\11.9\ImageSelection.java

```
public class ImageSelection implements Transferable
{
    private Image image;
    // 建構子，負責持有一個Image物件
    public ImageSelection(Image image)
    {
        this.image = image;
    }
```

```
    // 返回該Transferable物件所支援的所有DataFlavor
    public DataFlavor[] getTransferDataFlavors()
    {
        return new DataFlavor[]{DataFlavor.imageFlavor};
    }
    // 取出該Transferable物件裡實際的資料
    public Object getTransferData(DataFlavor flavor)
        throws UnsupportedFlavorException
    {
        if(flavor.equals(DataFlavor.imageFlavor))
        {
            return image;
        }
        else
        {
            throw new UnsupportedFlavorException(flavor);
        }
    }
    // 返回該Transferable物件是否支援指定的DataFlavor
    public boolean isDataFlavorSupported(DataFlavor flavor)
    {
        return flavor.equals(DataFlavor.imageFlavor);
    }
}
```

有了 ImageSelection 封裝類別後，程式就可以將指定的 Image 物件包裝成 ImageSelection 物件放入剪貼簿中。下面程式對前面的 HandDraw 程式進行了改進，改進後的程式允許將使用者手繪的圖像複製到剪貼簿中，也可以把剪貼簿裡的圖像貼上到該程式中。

程式清單：codes\11\11.9\CopyImage.java

```
public class CopyImage
{
    // 系統剪貼簿
    private Clipboard clipboard = Toolkit
        .getDefaultToolkit().getSystemClipboard();
    // 使用ArrayList來存放所有貼上進來的Image——就是當成圖層處理
    java.util.List<Image> imageList = new ArrayList<>();
    // 下面程式碼與前面HandDraw程式中控制繪圖的程式碼一樣，省略這部分程式碼
    ...
        f.add(drawArea);
        Panel p = new Panel();
        Button copy = new Button("複製");
        Button paste = new Button("貼上");
        copy.addActionListener(event ->
```

```
        {
            // 將image物件封裝成ImageSelection物件
            ImageSelection contents = new ImageSelection(image);
            // 將ImageSelection物件放入剪貼簿
            clipboard.setContents(contents, null);
        });
        paste.addActionListener(event ->
        {
            // 如果剪貼簿中包含imageFlavor內容
            if (clipboard.isDataFlavorAvailable(DataFlavor.imageFlavor))
            {
                try
                {
                    // 取出剪貼簿中的imageFlavor內容，並將其添加到List集合中
                    imageList.add((Image)clipboard
                        .getData(DataFlavor.imageFlavor));
                    drawArea.repaint();
                }
                catch (Exception e)
                {
                    e.printStackTrace();
                }
            }
        });
        p.add(copy);
        p.add(paste);
        f.add(p , BorderLayout.SOUTH);
        f.pack();
        f.setVisible(true);
    }
    public static void main(String[] args)
    {
        new CopyImage().init();
    }
    class DrawCanvas extends Canvas
    {
        // 覆寫Canvas的paint方法，實作繪畫
        public void paint(Graphics g)
        {
            // 將image繪製到該元件上
            g.drawImage(image , 0 , 0 , null);
            // 將List裡的所有Image物件都繪製出來
            for (Image img : imageList)
            {
                g.drawImage(img , 0 , 0 , null);
            }
        }
    }
}
```

上面程式實作圖像複製、貼上的程式碼也很簡單，就是程式中兩段粗體字程式碼部分：第一段粗體字程式碼實作了圖像複製功能，將 image 物件封裝成 ImageSelection 物件，然後呼叫 Clipboard 的 setContents() 方法將該物件放入剪貼簿中；第二段粗體字程式碼實作了圖像貼上功能，取出剪貼簿中的 imageFlavor 內容，返回一個 Image 物件，將該 Image 物件添加到程式的 imageList 集合中。

上面程式中使用了「圖層」的概念，使用 imageList 集合來存放所有貼上到程式中的 Image——每個 Image 就是一個圖層，重繪 Canvas 物件時需要繪製 imageList 集合中的每個 image 圖像。運行上面程式，當使用者在程式中繪製了一些圖像後，單擊「複製」按鈕，將看到程式將該圖像複製到了系統剪貼簿中，如圖 11.34 所示。

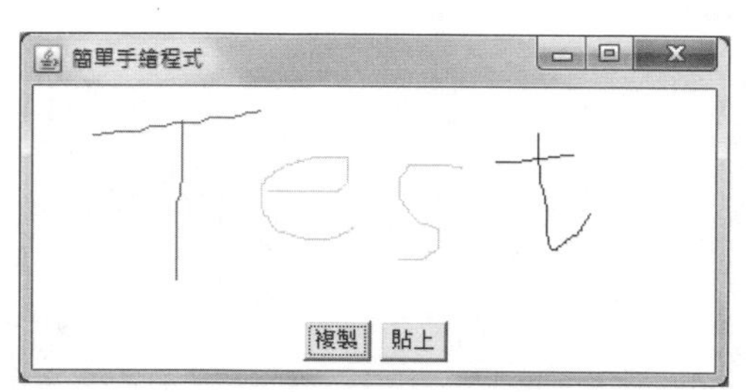

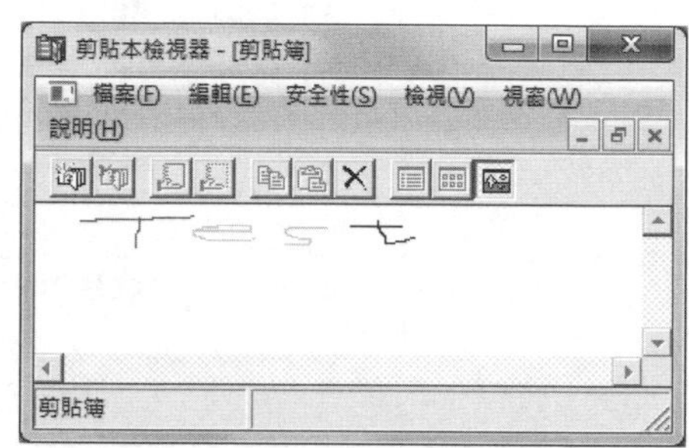

圖11.34　將Java程式中的圖像放入系統剪貼簿中

如果在其他程式中複製一塊圖像區域（由其他程式負責將圖片放入系統剪貼簿中），然後單擊本程式中的「貼上」按鈕，就可以將該圖像貼上到本程式中。如圖 11.35 所示，將其他程式中的圖像複製到 Java 程式中。

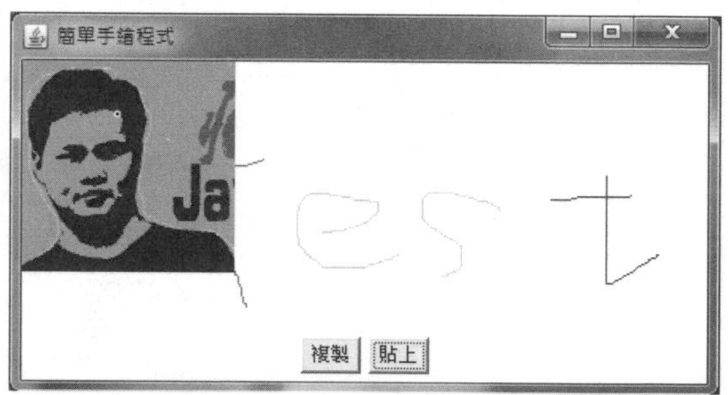

圖11.35　將繪圖程式中的圖像複製到Java程式中

11.9.4 使用本地剪貼簿傳遞物件參照

本地剪貼簿可以存放任何類型的 Java 物件，包括自訂類型的物件。為了將任意類型的 Java 物件存放到剪貼簿中，DataFlavor 裡提供了一個 javaJVMLocalObjectMimeType 的常數，該常數是一個 MIME 類型字串：application/x-java-jvm-local-objectref，將 Java 物件放入本地剪貼簿中必須使用該 MIME 類型。該 MIME 類型表示僅將物件參照複製到剪貼簿中，物件參照只有在同一個虛擬機器中才有效，所以只能使用本地剪貼簿。建立本地剪貼簿的程式碼如下：

```
Clipboard clipboard = new Clipboard("cp");
```

建立本地剪貼簿時需要傳入一個字串，該字串是剪貼簿的名字，通過這種方式允許在一個程式中建立本地剪貼簿，就可以實作像 Word 那種多次複製，選擇剪貼簿貼上的功能。

本地剪貼簿是JVM負責維護的記憶體區，因此本地剪貼簿會隨虛擬機器的結束而銷毀。因此一旦Java程式結束，本地剪貼簿中的內容將會遺失。

Java 並沒有提供封裝物件參照的 Transferable 實作類別，因此必須自己實作該介面。實作該介面與前面的 ImageSelection 基本相似，一樣要實作該介面的三個方法，並持有某個物件的參照。看如下程式碼。

程式清單：codes\11\11.9\LocalObjectSelection.java

```
public class LocalObjectSelection implements Transferable
{
    // 持有一個物件的參照
    private Object obj;
    public LocalObjectSelection(Object obj)
    {
        this.obj = obj;
    }
    // 返回該Transferable物件支援的DataFlavor
    public DataFlavor[] getTransferDataFlavors()
    {
        DataFlavor[] flavors = new DataFlavor[2];
        //獲取被封裝物件的類型
        Class clazz = obj.getClass();
        String mimeType = "application/x-java-jvm-local-objectref;"
            + "class=" + clazz.getName();
```

```
        try
        {
            flavors[0] = new DataFlavor(mimeType);
            flavors[1] = DataFlavor.stringFlavor;
            return flavors;
        }
        catch (ClassNotFoundException e)
        {
            e.printStackTrace();
            return null;
        }
    }
    // 取出該Transferable物件封裝的資料
    public Object getTransferData(DataFlavor flavor)
        throws UnsupportedFlavorException
    {
        if(!isDataFlavorSupported(flavor))
        {
            throw new UnsupportedFlavorException(flavor);
        }
        if (flavor.equals(DataFlavor.stringFlavor))
        {
            return obj.toString();
        }
        return obj;
    }
    public boolean isDataFlavorSupported(DataFlavor flavor)
    {
        return flavor.equals(DataFlavor.stringFlavor) ||
            flavor.getPrimaryType().equals("application")
            && flavor.getSubType().equals("x-java-jvm-local-objectref")
                 && flavor.getRepresentationClass().isAssignableFrom(obj.
  getClass());
    }
}
```

上面程式建立了一個 DataFlavor 物件，用於表示本地 Person 物件參照的資料格式。建立 DataFlavor 物件可以使用如下建構子。

◆ DataFlavor(String mimeType)：根據 mimeType 字串構造 DataFlavor。

程式使用上面建構子建立了 MIME 類型為 "application/x-java-jvm-local-objectref; class="+ clazz.getName() 的 DataFlavor 物件，它表示封裝本地物件參照的資料格式。

有了上面的 LocalObjectSelection 封裝類別後，就可以使用該類別來封裝某個物件的參照，從而將該物件的參照放入本地剪貼簿中。下面程式示範了如何將一個 Person

物件放入本地剪貼簿中，以及從本地剪貼簿中讀取該 Person 物件。

程式清單：codes\11\11.9\CopyPerson.java

```
public class CopyPerson
{
    Frame f = new Frame("複製物件");
    Button copy = new Button("複製");
    Button paste = new Button("貼上");
    TextField name = new TextField(15);
    TextField age = new TextField(15);
    TextArea ta = new TextArea(3 , 30);
    // 建立本地剪貼簿
    Clipboard clipboard = new Clipboard("cp");
    public void init()
    {
        Panel p = new Panel();
        p.add(new Label("姓名"));
        p.add(name);
        p.add(new Label("年齡"));
        p.add(age);
        f.add(p , BorderLayout.NORTH);
        f.add(ta);
        Panel bp = new Panel();
        // 為「複製」按鈕添加事件監聽器
        copy.addActionListener(e -> copyPerson());
        // 為「貼上」按鈕添加事件監聽器
        paste.addActionListener(e ->
        {
            try
            {
                readPerson();
            }
            catch (Exception ee)
            {
                ee.printStackTrace();
            }
        });         bp.add(copy);
        bp.add(paste);
        f.add(bp , BorderLayout.SOUTH);
        f.pack();
        f.setVisible(true);
    }
    public void copyPerson()
    {
        // 以name、age文字方塊的內容建立Person物件
        Person p = new Person(name.getText()
            , Integer.parseInt(age.getText()));
```

```
        // 將Person物件封裝成LocalObjectSelection物件
        LocalObjectSelection ls = new LocalObjectSelection(p);
        // 將LocalObjectSelection物件放入本地剪貼簿中
        clipboard.setContents(ls , null);
    }
    public void readPerson()throws Exception
    {
        // 建立存放Person物件參照的DataFlavor物件
        DataFlavor peronFlavor = new DataFlavor(
            "application/x-java-jvm-local-objectref;class=Person");
        // 取出本地剪貼簿中的內容
        if (clipboard.isDataFlavorAvailable(DataFlavor.stringFlavor))
        {
            Person p = (Person)clipboard.getData(peronFlavor);
            ta.setText(p.toString());
        }
    }
    public static void main(String[] args)
    {
        new CopyPerson().init();
    }
}
```

上面程式中的兩段粗體字程式碼實作了複製、貼上物件的功能，這兩段程式碼與前面複製、貼上圖像的程式碼並沒有太大的區別，只是前面程式使用了 Java 本身提供的 Data.imageFlavor 資料格式，而此處必須自己建立一個 DataFlavor，用以表示封裝 Person 參照的 DataFlavor。運行上面程式，在「姓名」文字方塊內隨意輸入一個字串，在「年齡」文字方塊內輸入年齡數字，然後單擊「複製」按鈕，就可以將根據兩個文字方塊的內容建立的 Person 物件放入本地剪貼簿中；單擊「貼上」按鈕，就可以從本地剪貼簿中讀取剛剛放入的資料，如圖 11.36 所示。

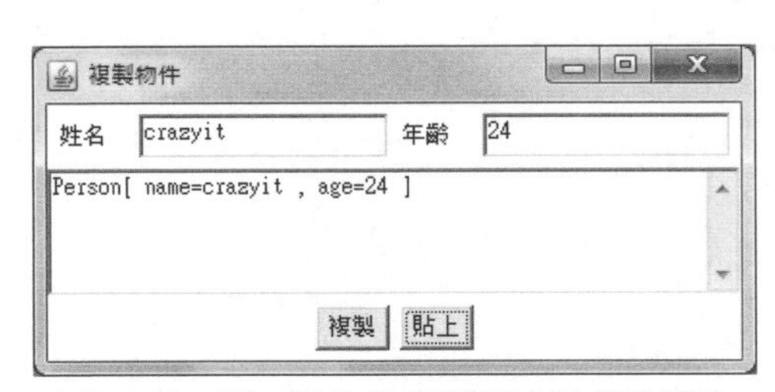

圖11.36　將本地物件複製到本地剪貼簿中

上面程式中使用的 Person 類別是一個普通的 Java 類別，該 Person 類別包含了 name 和 age 兩個成員變數，並提供了一個包含兩個參數的建構子，用於為這兩個 Field 成員變數；並覆寫了 toString() 方法，用於返回該 Person 物件的描述性資訊。關於 Person 類別程式碼可以參考 codes\11\11.9\CopyPerson.java 檔案。

11.9.5 通過系統剪貼簿傳遞Java物件

系統剪貼簿不僅支援傳輸文字、圖像的基本內容，而且支援傳輸序列化的 Java 物件和遠端物件，複製到剪貼簿中的序列化的 Java 物件和遠端物件可以使用另一個 Java 程式（不在同一個虛擬機器內的程式）來讀取。DataFlavor 中提供了 javaSerializedObjectMimeType、javaRemoteObjectMimeType 兩個字串常數來表示序列化的 Java 物件和遠端物件的 MIME 類型，這兩種 MIME 類型提供了複製物件、讀取物件所包含的複雜操作，程式只需建立對應的 Tranferable 實作類別即可。

提示

關於物件序列化請參考本書第15章的介紹——如果某個類別是可序列化的，則該類別的實例可以轉換成二進位串流，從而可以將該物件通過網路傳輸或存放到磁碟上。為了保證某個類別是可序列化的，只要讓該類別實作Serializable介面即可。

下面程式實作了一個 SerialSelection 類別，該類別與前面的 ImageSelection、LocalObjectSelection 實作類別相似，都需要實作 Tranferable 介面，實作該介面的三個方法，並持有一個可序列化的物件。

程式清單：codes\11\11.9\SerialSelection.java

```
public class SerialSelection implements Transferable
{
    // 持有一個可序列化的物件
    private Serializable obj;
    // 建立該類別的物件時傳入被持有的物件
    public SerialSelection(Serializable obj)
    {
        this.obj = obj;
    }
    public DataFlavor[] getTransferDataFlavors()
    {
        DataFlavor[] flavors = new DataFlavor[2];
        // 獲取被封裝物件的類型
        Class clazz = obj.getClass();
        try
        {
            flavors[0] = new DataFlavor(DataFlavor.javaSerializedObjectMimeType
                + ";class=" + clazz.getName());
            flavors[1] = DataFlavor.stringFlavor;
            return flavors;
```

```
        }
        catch (ClassNotFoundException e)
        {
            e.printStackTrace();
            return null;
        }
    }
    public Object getTransferData(DataFlavor flavor)
        throws UnsupportedFlavorException
    {
        if(!isDataFlavorSupported(flavor))
        {
            throw new UnsupportedFlavorException(flavor);
        }
        if (flavor.equals(DataFlavor.stringFlavor))
        {
            return obj.toString();
        }
        return obj;
    }
    public boolean isDataFlavorSupported(DataFlavor flavor)
    {
        return flavor.equals(DataFlavor.stringFlavor) ||
            flavor.getPrimaryType().equals("application")
            && flavor.getSubType().equals("x-java-serialized-object")
                && flavor.getRepresentationClass().isAssignableFrom(obj.
  getClass());
    }
}
```

上面程式也建立了一個 DataFlavor 物件，該物件使用的 MIME 類型為 "application/x-java-serialized- object;class=" + clazz.getName()，它表示封裝可序列化的 Java 物件的資料格式。

有了上面的 SerialSelection 類別後，程式就可以把一個可序列化的物件封裝成 SerialSelection 物件，並將該物件放入系統剪貼簿中，另一個 Java 程式也可以從系統剪貼簿中讀取該物件。下面複製、讀取 Dog 物件的程式與前面的複製、貼上 Person 物件的程式非常相似，只是該程式使用的是系統剪貼簿，而不是本地剪貼簿。

程式清單：codes\11\11.9\CopySerializable.java

```
public class CopySerializable
{
    Frame f = new Frame("複製物件");
    Button copy = new Button("複製");
```

```
Button paste = new Button("貼上");
TextField name = new TextField(15);
TextField age = new TextField(15);
TextArea ta = new TextArea(3 , 30);
// 建立系統剪貼簿
Clipboard clipboard = Toolkit.getDefaultToolkit()
    .getSystemClipboard();
public void init()
{
    Panel p = new Panel();
    p.add(new Label("姓名"));
    p.add(name);
    p.add(new Label("年齡"));
    p.add(age);
    f.add(p , BorderLayout.NORTH);
    f.add(ta);
    Panel bp = new Panel();
    copy.addActionListener(e -> copyDog());
    paste.addActionListener(e ->
    {
        try
        {
            readDog();
        }
        catch (Exception ee)
        {
            ee.printStackTrace();
        }
    });        bp.add(copy);
    bp.add(paste);
    f.add(bp , BorderLayout.SOUTH);
    f.pack();
    f.setVisible(true);
}
public void copyDog()
{
    Dog d = new Dog(name.getText()
        , Integer.parseInt(age.getText()));
    // 把dog實例封裝成SerialSelection物件
    SerialSelection ls =new SerialSelection(d);
    // 把SerialSelection物件放入系統剪貼簿中
    clipboard.setContents(ls , null);
}
public void readDog()throws Exception
{
    DataFlavor peronFlavor = new DataFlavor(DataFlavor
        .javaSerializedObjectMimeType + ";class=Dog");
    if (clipboard.isDataFlavorAvailable(DataFlavor.stringFlavor))
```

```
        {
            // 從系統剪貼簿中讀取資料
            Dog d = (Dog)clipboard.getData(peronFlavor);
            ta.setText(d.toString());
        }
    }
    public static void main(String[] args)
    {
        new CopySerializable().init();
    }
}
```

上面程式中的兩段粗體字程式碼實作了複製、貼上物件的功能，複製時將 Dog 物件封裝成 SerialSelection 物件後放入剪貼簿中；讀取時先建立 application/x-java-serialized-object;class=Dog 類型的 DataFlavor，然後從剪貼簿中讀取對應格式的內容即可。運行上面程式，在「姓名」文字方塊內輸入字串，在「年齡」文字方塊內輸入數字，單擊「複製」按鈕，即可將該 Dog 物件放入系統剪貼簿中。

再次運行上面程式（即啟動另一個虛擬機器），單擊視窗中的「貼上」按鈕，將可以看到系統剪貼簿中的 Dog 物件被讀取出來，啟動系統剪貼簿也可以看到被放入剪貼簿內的 Dog 物件，如圖 11.37 所示。

圖11.37　存取系統剪貼簿中的Dog物件

上面的 Dog 類別也非常簡單，為了讓該類別是可序列化的，讓該類別實作 Serializable 介面即可。讀者可以參考 codes\11\11.9\CopySerializable.java 檔案來查看 Dog 類別的程式碼。

11.10 拖放功能

拖放是非常常見的操作，人們經常會通過拖放操作來完成複製、剪下功能，但這種複製、剪下操作無須剪貼簿支援，程式將資料從拖放源直接傳遞給拖放目標。這種通過拖放實作的複製、剪下效果也被稱為複製、移動。

人們在拖放源中選取一項或多項元素，然後用滑鼠將這些元素拖離它們的初始位置，當拖著這些元素在拖放目標上鬆開滑鼠按鍵時，拖放目標將會查詢拖放源，進而存取到這些元素的相關資訊，並會相應地啟動一些動作。例如，從 Windows 檔案總管中把一個檔案圖示拖放到 WordPad 圖示上，WordPad 將會開啟該檔案。如果在 Eclipse 中選取一段程式碼，然後將這段程式碼拖放到另一個位置，系統將會把這段程式碼從初始位置刪除，並將這段程式碼放到拖放的目標位置。

除此之外，拖放操作還可以與三種鍵組合使用，用以完成特殊功能。

- ◆ 與Ctrl鍵組合使用：表示該拖放操作完成複製功能。例如，可以在Eclipse中通過拖放將一段程式碼剪下到另一個地方，如果在拖放過程中按住Ctrl鍵，系統將完成程式碼複製，而不是剪下。
- ◆ 與Shift鍵組合使用：表示該拖放操作完成移動功能。有些時候直接拖放預設就是進行複製，例如，從Windows檔案總管的一個路徑將檔案圖示拖放到另一個路徑，預設就是進行檔案複製。此時可以結合Shift鍵來進行拖放操作，用以完成移動功能。
- ◆ 與Ctrl、Shift鍵組合使用：表示為目標物件建立捷徑（在UNIX等平台上稱為連結）。

在拖放操作中，資料從拖放源直接傳遞給拖放目標，因此拖放操作主要涉及兩個物件：拖放源和拖放目標。AWT 已經提供了對拖放源和拖放目標的支援，分別由 DragSource 和 DropTarget 兩個類別來表示。下面將具體介紹如何在程式中建立拖放源和拖放目標。

實際上，拖放操作與前面介紹的剪貼簿操作有一定的類似之處，它們之間的差別在於：拖放操作將資料從拖放源直接傳遞給拖放目標，而剪貼簿操作則是先將資料傳遞到剪貼簿上，然後再從剪貼簿傳遞給目標。剪貼簿操作中被傳遞的內容使用 Transferable 介面來封裝，與此類似的是，拖放操作中被傳遞的內容也使用

Transferable 來封裝；剪貼簿操作中被傳遞的資料格式使用 DataFlavor 來表示，拖放操作中同樣使用 DataFlavor 來表示被傳遞的資料格式。

11.10.1 拖放目標

在 GUI 介面中建立拖放目標非常簡單，AWT 提供了 DropTarget 類別來表示拖放目標，可以通過該類別提供的如下建構子來建立一個拖放目標。

◆ DropTarget(Component c, int ops, DropTargetListener dtl)：將c元件建立成一個拖放目標，該拖放目標預設可接受ops值所指定的拖放操作。其中DropTargetListener是拖放操作的關鍵，它負責對拖放操作做出相應的回應。ops可接受如下幾個值。

- DnDConstants.ACTION_COPY：表示「複製」操作的int值。
- DnDConstants.ACTION_COPY_OR_MOVE：表示「複製」或「移動」操作的int值。
- DnDConstants.ACTION_LINK：表示建立「捷徑」操作的int值。
- DnDConstants.ACTION_MOVE：表示「移動」操作的int值。
- DnDConstants.ACTION_NONE：表示無任何操作的int值。

例如，下面程式碼將一個 JFrame 物件建立成拖放目標。

```
// 將當前視窗建立成拖放目標
new DropTarget(jf, DnDConstants.ACTION_COPY , new ImageDropTargetListener());
```

正如從上面程式碼中所看到的，建立拖放目標時需要傳入一個 DropTargetListener 監聽器，該監聽器負責處理使用者的拖放動作。該監聽器裡包含如下 5 個事件處理器。

◆ dragEnter(DropTargetDragEvent dtde)：當游標進入拖放目標時將觸發DropTargetListener監聽器的該方法。

◆ dragExit(DropTargetEvent dtde)：當游標移出拖放目標時將觸發DropTargetListener監聽器的該方法。

◆ dragOver(DropTargetDragEvent dtde)：當游標在拖放目標上移動時將觸發DropTargetListener監聽器的該方法。

◆ drop(DropTargetDropEvent dtde)：當使用者在拖放目標上鬆開滑鼠鍵，拖放結束時將觸發DropTargetListener監聽器的該方法。

◆ dropActionChanged(DropTargetDragEvent dtde)：當使用者在拖放目標上改變了拖放操作，例如按下或鬆開了Ctrl等輔助鍵時將觸發DropTargetListener監聽器的該方法。

通常程式不想為上面每個方法提供回應，即不想覆寫 DropTargetListener 監聽器的每個方法，只想覆寫我們關心的方法，可以通過繼承 DropTargetAdapter 配接器來建立拖放監聽器。下面程式利用拖放目標建立了一個簡單的圖片瀏覽工具，當使用者把一個或多個圖片檔拖入該視窗時，該視窗將會自動開啟每個圖片檔。

程式清單：codes\11\11.10\DropTargetTest.java

```
public class DropTargetTest
{
    final int DESKTOP_WIDTH = 480;
    final int DESKTOP_HEIGHT = 360;
    final int FRAME_DISTANCE = 30;
    JFrame jf = new JFrame("測試拖放目標——把圖片檔拖入該視窗");
    // 定義一個虛擬桌面
    private JDesktopPane desktop = new JDesktopPane();
    // 存放下一個內部視窗的座標點
    private int nextFrameX;
    private int nextFrameY;
    // 定義內部視窗為虛擬桌面的1/2大小
    private int width = DESKTOP_WIDTH / 2;
    private int height = DESKTOP_HEIGHT / 2;
    public void init()
    {
        desktop.setPreferredSize(new Dimension(DESKTOP_WIDTH
            , DESKTOP_HEIGHT));
        // 將當前視窗建立成拖放目標
        new DropTarget(jf, DnDConstants.ACTION_COPY
            , new ImageDropTargetListener());
        jf.add(desktop);
        jf.setDefaultCloseOperation(JFrame.EXIT_ON_CLOSE);
        jf.pack();
        jf.setVisible(true);
    }
    class ImageDropTargetListener extends DropTargetAdapter
    {
        public void drop(DropTargetDropEvent event)
        {
            // 接受複製操作
```

```
        event.acceptDrop(DnDConstants.ACTION_COPY);
        // 獲取拖放的內容
        Transferable transferable = event.getTransferable();
        DataFlavor[] flavors = transferable.getTransferDataFlavors();
        // 遍歷拖放內容裡的所有資料格式
        for (int i = 0; i < flavors.length; i++)
        {
            DataFlavor d = flavors[i];
            try
            {
                // 如果拖放內容的資料格式是檔案列表
                if (d.equals(DataFlavor.javaFileListFlavor))
                {
                    // 取出拖放操作裡的檔案列表
                    List fileList = (List)transferable
                        .getTransferData(d);
                    for (Object f : fileList)
                    {
                        // 顯示每個檔案
                        showImage((File)f , event);
                    }
                }
            }
            catch (Exception e)
            {
                e.printStackTrace();
            }
            // 強制拖放操作結束，停止阻擋拖放目標
            event.dropComplete(true);     // ①
        }
    }
    // 顯示每個檔案的工具方法
    private void showImage(File f , DropTargetDropEvent event)
        throws IOException
    {
        Image image = ImageIO.read(f);
        if (image == null)
        {
            // 強制拖放操作結束，停止阻擋拖放目標
            event.dropComplete(true);      // ②
            JOptionPane.showInternalMessageDialog(desktop
                , "系統不支援這種類型的檔案");
            // 方法返回，不會繼續操作
            return;
        }
        ImageIcon icon = new ImageIcon(image);
        // 建立內部視窗顯示該圖片
        JInternalFrame iframe = new JInternalFrame(f.getName()
```

```
                , true , true , true , true);
            JLabel imageLabel = new JLabel(icon);
            iframe.add(new JScrollPane(imageLabel));
            desktop.add(iframe);
            // 設置內部視窗的原始位置（內部視窗預設大小是0 0，放在0,0位置）
            iframe.reshape(nextFrameX, nextFrameY, width, height);
            // 使該視窗可見，並嘗試選取它
            iframe.show();
            // 運算下一個內部視窗的位置
            nextFrameX += FRAME_DISTANCE;
            nextFrameY += FRAME_DISTANCE;
            if (nextFrameX + width > desktop.getWidth())
                nextFrameX = 0;
            if (nextFrameY + height > desktop.getHeight())
                nextFrameY = 0;
        }
    }
    public static void main(String[] args)
    {
        new DropTargetTest().init();
    }
}
```

上面程式中粗體字程式碼部分建立了一個拖放目標，建立拖放目標很簡單，關鍵是需要為該拖放目標編寫事件監聽器。上面程式中採用 ImageDropTargetListener 物件作為拖放目標的事件監聽器，該監聽器覆寫了 drop() 方法，即當使用者在拖放目標上鬆開滑鼠按鍵時觸發該方法。drop() 方法裡通過 DropTargetDropEvent 物件的 getTransferable() 方法取出被拖放的內容，一旦獲得被拖放的內容後，程式就可以對這些內容進行適當處理，本例中只處理被拖放格式是 DataFlavor.javaFileListFlavor（檔案列表）的內容，處理方法是把所有的圖片檔使用內部視窗顯示出來。

上面程式中①②處的event.dropComplete(true);程式碼用於強制結束拖放事件，釋放拖放目標的阻擋，如果沒有呼叫該方法，或者在彈出對話方塊之後呼叫該方法，將會導致拖放目標被阻擋。在對話方塊被處理之前，拖放目標視窗也不能獲得焦點，這可能不是程式希望的效果，所以程式在彈出內部對話方塊之前強制結束本次拖放操作（因為檔案格式不對），釋放拖放目標的阻擋。

運行該程式時，只要使用者把圖片檔拖入該視窗，程式就會使用內部視窗顯示該圖片。

上面程式中只處理 DataFlavor.javaFileListFlavor 格式的拖放內容；除此之外，還可以處理文字格式的拖放內容，文字格式的拖放內容使用 DataFlavor.stringFlavor 格式來表示。

更複雜的情況是，可能被拖放的內容是帶格式的內容，如 text/html 和 text/rtf 等。為了處理這種內容，需要選擇合適的資料格式，如下程式碼所示：

```
// 如果被拖放的內容是text/html格式的輸入串流
if (d. isMimeTypeEqual("text/html") && d.getRepresentationClass()
    == InputStream.class)
{
    String charset = d.getParameter("charset");
    InputStreamReader reader = new InputStreamReader(
    transferable.getTransferData(d) , charset);
    // 使用IO串流讀取拖放操作的內容
    ...
}
```

關於如何使用 IO 串流來處理被拖放的內容，讀者需要參考本書第 15 章的內容。

11.10.2 拖放源

前面程式使用 DropTarget 建立了一個拖放目標，直接使用系統檔案總管作為拖放源。下面介紹如何在 Java 程式中建立拖放源，建立拖放源比建立拖放目標要複雜一些，因為程式需要把被拖放內容封裝成 Transferable 物件。

建立拖放源的步驟如下。

1. 呼叫DragSource的getDefaultDragSource()方法獲得與平台關聯的DragSource物件。

2. 呼叫DragSource物件的createDefaultDragGestureRecognizer(Component c, int actions, Drag GestureListener dgl)方法將指定元件轉換成拖放源。其中actions用於指定該拖放源可接受哪些拖放操作，而dgl是一個拖放監聽器，該監聽器裡只有一個方法：dragGestureRecognized()，當系統檢測到使用者開始拖放時將會觸發該方法。

如下程式碼將會把一個 JLabel 物件轉換為拖放源。

```
// 將srcLabel元件轉換為拖放源
dragSource.createDefaultDragGestureRecognizer(srcLabel,
    DnDConstants.ACTION_COPY_OR_MOVE, new MyDragGestureListener()
```

為第 2 步中的 DragGestureListener 監聽器提供實作類別，該實作類別需要覆寫該介面裡包含的 drag GestureRecognized() 方法，該方法負責把拖放內容封裝成 Transferable 物件。

下面程式示範了如何把一個 JLabel 轉換成拖放源。

程式清單：codes\11\11.10\DragSourceTest.java

```
public class DragSourceTest
{
    JFrame jf = new JFrame("Swing的拖放支援");
    JLabel srcLabel = new JLabel("Swing的拖放支援.\n"
        +"將該文字區域的內容拖入其他程式.\n");
    public void init()
    {
        DragSource dragSource = DragSource.getDefaultDragSource();
        // 將srcLabel轉換成拖放源，它能接受複製、移動兩種操作
        dragSource.createDefaultDragGestureRecognizer(srcLabel
            , DnDConstants.ACTION_COPY_OR_MOVE
            , event -> {
            // 將JLabel裡的文字資訊包裝成Transferable物件
            String txt = srcLabel.getText();
            Transferable transferable = new StringSelection(txt);
            // 繼續拖放操作，拖放過程中使用手狀游標
            event.startDrag(Cursor.getPredefinedCursor(Cursor
                .HAND_CURSOR), transferable);
        });
        jf.add(new JScrollPane(srcLabel));
        jf.setDefaultCloseOperation(JFrame.EXIT_ON_CLOSE);
        jf.pack();
        jf.setVisible(true);
    }
    public static void main(String[] args)
    {
        new DragSourceTest().init();
    }
}
```

上面程式中粗體字程式碼負責把一個 JLabel 元件建立成拖放源，建立拖放源時指定了一個 DragGestureListener 物件，該物件的 dragGestureRecognized() 方法負責將 JLabel 上的文字轉換成 Transferable 物件後繼續拖放。

運行上面程式後，可以把程式視窗中 JLabel 標籤的內容直接拖到 Eclipse 編輯視窗中，或者直接拖到 EditPlus 編輯視窗中。

除此之外，如果程式希望能精確監聽游標在拖放源上的每個細節，則可以呼叫 DragGestureEvent 物件的 startDrag(Cursor dragCursor, Transferable transferable, DragSourceListener dsl) 方法來繼續拖放操作。該方法需要一個 DragSourceListener 監聽器物件，該監聽器物件裡提供了如下幾個方法。

- dragDropEnd(DragSourceDropEvent dsde)：當拖放操作已經完成時將會觸發該方法。
- dragEnter(DragSourceDragEvent dsde)：當游標進入拖放源元件時將會觸發該方法。
- dragExit(DragSourceEvent dse)：當游標離開拖放源元件時將會觸發該方法。
- dragOver(DragSourceDragEvent dsde)：當游標在拖放源元件上移動時將會觸發該方法。
- dropActionChanged(DragSourceDragEvent dsde)：當使用者在拖放源元件上改變了拖放操作，例如按下或鬆開Ctrl等輔助鍵時將會觸發該方法。

掌握了開發拖放源、拖放目標的方法之後，如果接下來在同一個應用程式中既包括拖放源，也包括拖放目標，這樣即可在同一個 Java 程式的不同元件之間相互拖曳內容。

11.11 本章小結

本章主要介紹了 Java AWT 程式設計的基本知識，雖然在實際開發中很少直接使用 AWT 元件來開發 GUI 應用程式，但本章所介紹的知識會作為 Swing GUI 程式設計的基礎。實際上，AWT 程式設計的佈局管理、事件機制、剪貼簿內容依然適合 Swing GUI 程式設計，所以讀者應好好掌握本章內容。

本章介紹了 Java GUI 介面程式設計以及 AWT 的基本概念，詳細介紹了 AWT 容器和佈局管理器。本章重點介紹了 Java GUI 程式設計的事件機制，詳細描述了事件源、事件、事件監聽器之間的運行機制，AWT 的事件機制也適合 Swing 的事件處理。除此之外，本章也大致介紹了 AWT 裡的常用元件，如按鈕、文字方塊、對話方塊、選單等。本章還介紹了如何在 Java 程式中繪圖，包括繪製各種基本幾何圖形和繪製點陣圖，並通過簡單的彈珠遊戲介紹了如何在 Java 程式中實作動畫效果。

本章最後介紹了 Java 剪貼簿的用法，通過使用剪貼簿，可以讓 Java 程式和作業系統進行資料交換，從而允許把 Java 程式的資料傳入平台中的其他程式，也可以把其他程式中的資料傳入 Java 程式。

本章練習

1. 開發圖形介面運算器。
2. 開發桌面彈珠遊戲。
3. 開發Windows繪圖程式。
4. 開發圖形介面五子棋。

MEMO

CHAPTER 12

Swing程式設計

- Swing程式設計基礎
- Swing元件的繼承層次
- 常見Swing元件的用法
- 使用JToolBar建立工具列
- 顏色選擇對話方塊和檔案瀏覽對話方塊
- Swing提供的特殊容器
- Swing的簡化拖放操作
- 使用JLayer裝飾元件
- 開發透明的、不規則形狀視窗
- 開發進度條
- 開發滑動軸
- 使用JTree和TreeModel開發樹
- 使用JTable和TableModel開發表格
- 使用JTextPane元件

使用 Swing 開發圖形介面比 AWT 更加優秀，因為 Swing 是一種輕量級元件，它採用 100% 的 Java 實作，不再依賴於本地平台的圖形介面，所以可以在所有平台上保持相同的運行效果，對跨平台支援比較出色。

除此之外，Swing 提供了比 AWT 更多的圖形介面元件，因此可以開發出更美觀的圖形介面。由於 AWT 需要呼叫底層平台的 GUI 實作，所以 AWT 只能使用各種平台上 GUI 元件的交集，這大大限制了 AWT 所支援的 GUI 元件。對 Swing 而言，幾乎所有元件都採用純 Java 實作，所以無須考慮底層平台是否支援該元件，因此 Swing 可以提供如 JTabbedPane、JDesktopPane、JInternalFrame 等特殊的容器，也可以提供像 JTree、JTable、JSpinner、JSlider 等特殊的 GUI 元件。

除此之外，Swing 元件都採用 MVC（Model-View-Controller，即模型－檢視－控制器）設計模式，從而可以實作 GUI 元件的顯示邏輯和資料邏輯的分離，允許程式設計師自訂 Render 來改變 GUI 元件的顯示外觀，提供更多的靈活性。

12.1 Swing概述

前一章已經介紹過 AWT 和 Swing 的關係，因此不難知道：實際使用 Java 開發圖形介面程式時，很少使用 AWT 元件，絕大部分時候都是用 Swing 元件開發的。Swing 是由 100% 純 Java 實作的，不再依賴於本地平台的 GUI，因此可以在所有平台上都保持相同的介面外觀。獨立於本地平台的 Swing 元件被稱為輕量級元件；而依賴於本地平台的 AWT 元件被稱為重量級元件。

由於 Swing 的所有元件完全採用 Java 實作，不再呼叫本地平台的 GUI，所以導致 Swing 圖形介面的顯示速度要比 AWT 圖形介面的顯示速度慢一些，但相對於快速發展的硬體設施而言，這種微小的速度差別無妨大礙。

使用 Swing 開發圖形介面有如下幾個優勢。

- Swing元件不再依賴於本地平台的GUI，無須採用各種平台的GUI交集，因此Swing提供了大量圖形介面元件，遠遠超出了AWT所提供的圖形介面元件集。
- Swing元件不再依賴於本地平台GUI，因此不會產生與平台相關的bug。
- Swing元件在各種平台上運行時可以保證具有相同的圖形介面外觀。

Swing 提供的這些優勢，讓 Java 圖形介面程式真正實作了「Write Once, Run Anywhere」的目標。

除此之外，Swing 還有如下兩個特徵。

◆ Swing元件採用MVC（Model-View-Controller，即模型－檢視－控制器）設計模式，其中模型（Model）用於維護元件的各種狀態，檢視（View）是元件的視覺化表現，控制器（Controller）用於控制對於各種事件、元件做出怎樣的回應。當模型發生改變時，它會通知所有依賴它的檢視，檢視會根據模型資料來更新自己。Swing使用UI代理來包裝檢視和控制器，還有另一個模型物件來維護該元件的狀態。例如，按鈕JButton有一個維護其狀態資訊的模型ButtonModel物件。Swing元件的模型是自動設置的，因此一般都使用JButton，而無須關心ButtonModel 物件。因此，Swing的MVC實作也被稱為Model-Delegate（模型－代理）。

提示

對於一些簡單的Swing元件通常無須關心它對應的Model物件，但對於一些高階的Swing元件，如JTree、JTable等需要維護複雜的資料，這些資料就是由該元件對應的Model來維護的。另外，通過建立Model類別的子類別或通過實作適當的介面，可以為元件建立自己的模型，然後用setModel()方法把模型與元件關聯起來。

◆ Swing在不同的平台上表現一致，並且有能力提供本地平台不支援的顯示外觀。由於Swing元件採用MVC模式來維護各元件，所以當元件的外觀被改變時，對元件的狀態資訊（由模型維護）沒有任何影響。因此，Swing可以使用插拔式外觀感覺（Pluggable Look And Feel，PLAF）來控制元件外觀，使得Swing圖形介面在同一個平台上運行時能擁有不同的外觀，使用者可以選擇自己喜歡的外觀。相比之下，在AWT圖形介面中，由於控制元件外觀的對等類別與具體平台相關，因此AWT元件總是具有與本地平台相同的外觀。

Swing 提供了多種獨立於各種平台的 LAF（Look And Feel），預設是一種名為 Metal 的 LAF，這種 LAF 吸收了 Macintosh 平台的風格，因此顯得比較漂亮。Java 7 則提供了一種名為 Nimbus 的 LAF，這種 LAF 更加漂亮。

為了獲取當前 JRE 所支援的 LAF，可以借助於 UIManager 的 getInstalledLookAndFeels() 方法，如下程式所示。

程式清單：codes\ 12\12.1\AllLookAndFeel.java

```
public class AllLookAndFeel
{
    public static void main(String[] args)
    {
        System.out.println("當前系統可用的所有LAF:");
        for (UIManager.LookAndFeelInfo info :
            UIManager.getInstalledLookAndFeels())
        {
            System.out.println(info.getName()
                + "--->" + info);
        }
    }
}
```

提示 除了可以使用Java預設提供的數量不多的幾種LAF之外，還有大量的Java愛好者提供了各種開源的LAF，有興趣的讀者可以自行去下載、體驗各種LAF，使用不同的LAF可以讓Swing應用程式更加美觀。

12.2 Swing基本元件的用法

前面已經提到，Swing 為所有的 AWT 元件提供了對應實作（除了 Canvas 元件之外，因為在 Swing 中無須繼承 Canvas 元件），通常在 AWT 元件的元件名前添加「J」就變成了對應的 Swing 元件。

12.2.1 Java 7 的Swing元件層次

大部分 Swing 元件都是 JComponent 抽象類別的直接或間接子類別（並不是全部的 Swing 元件），JComponent 類別定義了所有子類別元件的通用方法，JComponent 類別是 AWT 裡 java.awt.Container 類別的子類別，這也是 AWT 和 Swing 的聯繫之一。絕大部分 Swing 元件類別繼承了 Container 類別，所以 Swing 元件都可作為容器使用（JFrame 繼承了 Frame 類別）。圖 12.1 顯示了 Swing 元件繼承層次圖。

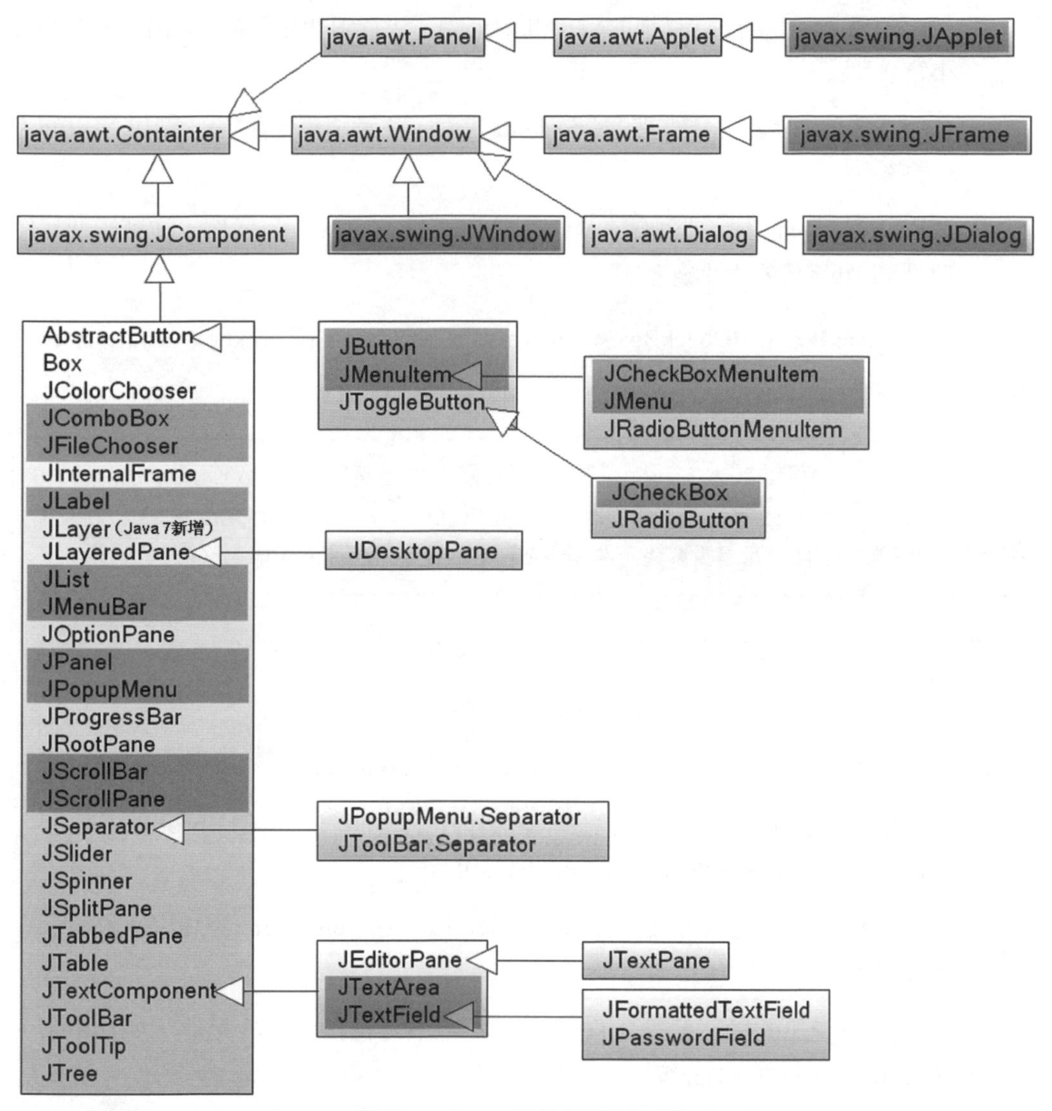

圖12.1　Swing元件繼承層次圖

圖 12.1 中繪製了 Swing 所提供的絕大部分元件，其中以灰色區域覆蓋的元件可以找到與之對應的 AWT 元件；JWindow 與 AWT 中的 Window 相似，代表沒有標題的視窗。讀者不難發現這些 Swing 元件的類別名稱和對應 AWT 元件的類型也基本一致，只要在原來的 AWT 元件類型前添加「J」即可，但有如下幾個例外。

- JComboBox：對應於AWT裡的Choice元件，但比Choice元件功能更豐富。
- JFileChooser：對應於AWT裡的FileDialog元件。

- JScrollBar：對應於AWT裡的Scrollbar元件，注意兩個元件類別名中b字母的大小寫差別。
- JCheckBox：對應於AWT裡的Checkbox元件，注意兩個元件類別名中b字母的大小寫差別。
- JCheckBoxMenuItem：對應於AWT裡的CheckboxMenuItem元件，注意兩個元件類別名中b字母的大小寫差別。

上面 JCheckBox 和 JCheckBoxMenuItem 與 Checkbox 和 CheckboxMenuItem 的差別主要是由早期 Java 命名不太規範造成的。

注意

從圖12.1中可以看出，Swing中包含了4個元件直接繼承了AWT元件，而不是從JComponent衍生的，它們分別是：JFrame、JWindow、JDialog和JApplet，它們並不是輕量級元件，而是重量級元件（需要部分委託給運行平台上GUI元件的對等體）。

將 Swing 元件按功能來分，又可分為如下幾類。

- 頂層容器：JFrame、JApplet、JDialog和JWindow。
- 中間容器：JPanel、JScrollPane、JSplitPane、JToolBar等。
- 特殊容器：在使用者介面上具有特殊作用的中間容器，如JInternalFrame、JRootPane、JLayeredPane和JDestopPane等。
- 基本元件：實作人機互動的元件，如JButton、JComboBox、JList、JMenu、JSlider等。
- 不可編輯資訊的顯示元件：向使用者顯示不可編輯資訊的元件，如JLabel、JProgressBar和JToolTip等。
- 可編輯資訊的顯示元件：向使用者顯示能被編輯的格式化資訊的元件，如JTable、JTextArea和JTextField等。
- 特殊對話方塊元件：可以直接產生特殊對話方塊的元件，如JColorChooser和JFileChooser等。

下面將會依次詳細介紹各種 Swing 元件的用法。

12.2.2 AWT元件的Swing實作

從圖 12.1 中可以看出，Swing 為除了 Canvas 之外的所有 AWT 元件提供了相應的實作，Swing 元件比 AWT 元件的功能更加強大。相對於 AWT 元件，Swing 元件具有如下 4 個額外的功能。

- 可以為Swing元件設置提示資訊。使用setToolTipText()方法，為元件設置對使用者有幫助的提示資訊。
- 很多Swing元件如按鈕、標籤、選單項目等，除了使用文字外，還可以使用圖示修飾自己。為了允許在Swing元件中使用圖示，Swing為Icon介面提供了一個實作類別：ImageIcon，該實作類別代表一個圖像圖示。
- 支援插拔式的外觀風格。每個JComponent物件都有一個相應的ComponentUI物件，為它完成所有的繪畫、事件處理、決定尺寸大小等工作。ComponentUI物件依賴當前使用的PLAF，使用UIManager.setLookAndFeel()方法可以改變圖形介面的外觀風格。
- 支援設置邊框。Swing元件可以設置一個或多個邊框。Swing中提供了各式各樣的邊框供使用者選用，也能建立組合邊框或自己設計邊框。一種空白邊框可以用於增大元件，同時協助佈局管理器對容器中的元件進行合理的佈局。

每個 Swing 元件都有一個對應的 UI 類別，例如 JButton 元件就有一個對應的 ButtonUI 類別來作為 UI 代理。每個 Swing 元件的 UI 代理的類別名稱總是將該 Swing 元件類別名稱的 J 去掉，然後在後面添加 UI 後綴。UI 代理類別通常是一個抽象基底類別，不同的 PLAF 會有不同的 UI 代理實作類別。Swing 類別庫中包含了幾套 UI 代理，每套 UI 代理都幾乎包含了所有 Swing 元件的 ComponentUI 實作，每套這樣的實作都被稱為一種 PLAF 實作。以 JButton 為例，其 UI 代理的繼承層次如圖 12.2 所示。

如果需要改變程式的外觀風格，則可以使用如下程式碼。

```
try
{
    //設置使用Windows風格
    UIManager.setLookAndFeel("com.sun.java.swing.plaf.windows.WindowsLookAndFeel");
    //通過更新f容器以及f容器裡所有元件的UI
    SwingUtilities.updateComponentTreeUI(f);
}
catch(Exception e)
{
    e.printStackTrace();
}
```

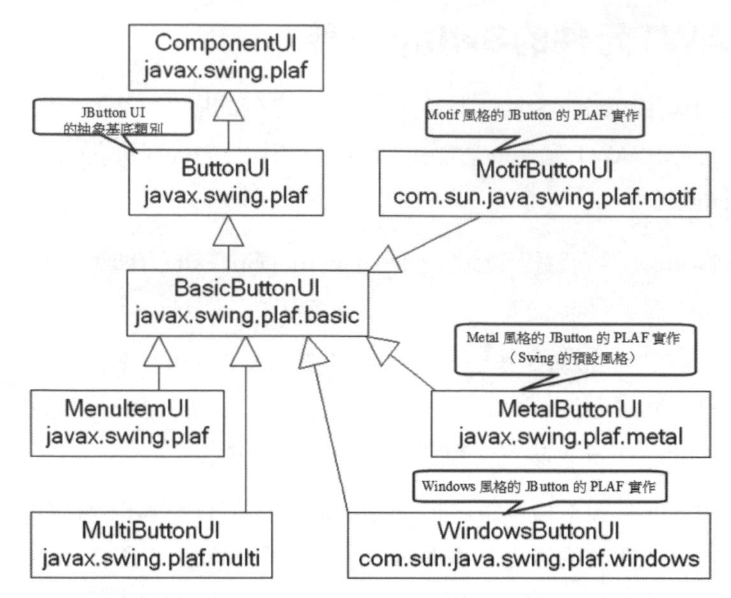

圖12.2 JButton UI代理的繼承層次

下面程式示範了使用 Swing 元件來建立視窗應用程式，該視窗裡包含了選單、右鍵選單以及基本 AWT 元件的 Swing 實作。

程式清單：codes\12\12.2\SwingComponent.java

```
public class SwingComponent
{
    JFrame f = new JFrame("測試");
    // 定義一個按鈕，並為之指定圖示
    Icon okIcon = new ImageIcon("ico/ok.png");
    JButton ok = new JButton("確認" , okIcon);
    // 定義一個單選按鈕，初始處於選取狀態
    JRadioButton male = new JRadioButton("男" , true);
    // 定義一個單選按鈕，初始處於沒有選取狀態
    JRadioButton female = new JRadioButton("女" , false);
    // 定義一個ButtonGroup，用於將上面兩個JRadioButton組合在一起
    ButtonGroup bg = new ButtonGroup();
    // 定義一個核取方塊，初始處於沒有選取狀態。
    JCheckBox married = new JCheckBox("是否已婚？" , false);
    String[] colors = new String[]{"紅色" , "綠色"  , "藍色"};
    // 定義一個下拉選擇框
    JComboBox<String> colorChooser = new JComboBox<>(colors);
    // 定義一個列表選擇框
    JList<String> colorList = new JList<>(colors);
    // 定義一個8列、20欄的多行文字區域
    JTextArea ta = new JTextArea(8, 20);
```

```
// 定義一個40欄的單行文字區域
JTextField name = new JTextField(40);
JMenuBar mb = new JMenuBar();
JMenu file = new JMenu("檔案");
JMenu edit = new JMenu("編輯");
// 建立「新增」選單項目，並為之指定圖示
Icon newIcon = new ImageIcon("ico/new.png");
JMenuItem newItem = new JMenuItem("新增" , newIcon);
// 建立「儲存」選單項目，並為之指定圖示
Icon saveIcon = new ImageIcon("ico/save.png");
JMenuItem saveItem = new JMenuItem("儲存" , saveIcon);
// 建立「結束」選單項目，並為之指定圖示
Icon exitIcon = new ImageIcon("ico/exit.png");
JMenuItem exitItem = new JMenuItem("結束" , exitIcon);
JCheckBoxMenuItem autoWrap = new JCheckBoxMenuItem("自動換行");
// 建立「複製」選單項目，並為之指定圖示
JMenuItem copyItem = new JMenuItem("複製"
    , new ImageIcon("ico/copy.png"));
// 建立「貼上」選單項目，並為之指定圖示
JMenuItem pasteItem = new JMenuItem("貼上"
    , new ImageIcon("ico/paste.png"));
JMenu format = new JMenu("格式");
JMenuItem commentItem = new JMenuItem("註解");
JMenuItem cancelItem = new JMenuItem("取消註解");
// 定義一個右鍵選單用於設置程式風格
JPopupMenu pop = new JPopupMenu();
// 用於組合3個風格選單項目的ButtonGroup
ButtonGroup flavorGroup = new ButtonGroup();
// 建立5個單選按鈕，用於設定程式的外觀風格
JRadioButtonMenuItem metalItem = new JRadioButtonMenuItem("Metal風格" , true);
JRadioButtonMenuItem nimbusItem = new JRadioButtonMenuItem("Nimbus風格");
JRadioButtonMenuItem windowsItem = new JRadioButtonMenuItem("Windows風格");
JRadioButtonMenuItem classicItem = new JRadioButtonMenuItem("Windows經典風格");
JRadioButtonMenuItem motifItem = new JRadioButtonMenuItem("Motif風格");
// ----------------用於執行介面初始化的init方法--------------------
public void init()
{
    // 建立一個裝載了文字方塊、按鈕的JPanel
    JPanel bottom = new JPanel();
    bottom.add(name);
    bottom.add(ok);
    f.add(bottom , BorderLayout.SOUTH);
    // 建立一個裝載了下拉選擇框、三個JCheckBox的JPanel
    JPanel checkPanel = new JPanel();
    checkPanel.add(colorChooser);
    bg.add(male);
    bg.add(female);
```

```
        checkPanel.add(male);
        checkPanel.add(female);
        checkPanel.add(married);
        // 建立一個垂直排列元件的Box，盛裝多行文字區域JPanel
        Box topLeft = Box.createVerticalBox();
        // 使用JScrollPane作為普通元件的JViewPort
        JScrollPane taJsp = new JScrollPane(ta);     // ⑤
        topLeft.add(taJsp);
        topLeft.add(checkPanel);
        // 建立一個水平排列元件的Box，盛裝topLeft、colorList
        Box top = Box.createHorizontalBox();
        top.add(topLeft);
        top.add(colorList);
        // 將top Box容器添加到視窗的中間
        f.add(top);
        // -----------下面開始組合選單，並為選單添加監聽器----------
        // 為newItem設置快捷鍵，設置快捷鍵時要使用大寫字母
        newItem.setAccelerator(KeyStroke.getKeyStroke('N'
            , InputEvent.CTRL_MASK));    // ①
        newItem.addActionListener(e -> ta.append("使用者單擊了「新增」選單\n"));
        // 為file選單添加選單項目
        file.add(newItem);
        file.add(saveItem);
        file.add(exitItem);
        // 為edit選單添加選單項目
        edit.add(autoWrap);
        // 使用addSeparator方法添加選單分隔線
        edit.addSeparator();
        edit.add(copyItem);
        edit.add(pasteItem);
        // 為commentItem元件添加提示資訊
        commentItem.setToolTipText("將程式碼註解起來！");
        // 為format選單添加選單項目
        format.add(commentItem);
        format.add(cancelItem);
        // 使用添加new JMenuItem("-")的方式不能添加選單分隔符
        edit.add(new JMenuItem("-"));
        // 將format選單組合到edit選單中，從而形成二級選單
        edit.add(format);
        // 將file、edit選單添加到mb選單列中
        mb.add(file);
        mb.add(edit);
        // 為f視窗設置選單列
        f.setJMenuBar(mb);
        // -----------下面開始組合右鍵選單，並安裝右鍵選單----------
        flavorGroup.add(metalItem);
        flavorGroup.add(nimbusItem);
        flavorGroup.add(windowsItem);
```

```
        flavorGroup.add(classicItem);
        flavorGroup.add(motifItem);
        pop.add(metalItem);
        pop.add(nimbusItem);
        pop.add(windowsItem);
        pop.add(classicItem);
        pop.add(motifItem);
        // 為5個風格選單建立事件監聽器
        ActionListener flavorListener = e -> {
            try
            {
                switch(e.getActionCommand())
                {
                    case "Metal風格":
                        changeFlavor(1);
                        break;
                    case "Nimbus風格":
                        changeFlavor(2);
                        break;
                    case "Windows風格":
                        changeFlavor(3);
                        break;
                    case "Windows經典風格":
                        changeFlavor(4);
                        break;
                    case "Motif風格":
                        changeFlavor(5);
                        break;
                }
            }
            catch (Exception ee)
            {
                ee.printStackTrace();
            }
        };
        // 為5個風格選單項添加事件監聽器
        metalItem.addActionListener(flavorListener);
        nimbusItem.addActionListener(flavorListener);
        windowsItem.addActionListener(flavorListener);
        classicItem.addActionListener(flavorListener);
        motifItem.addActionListener(flavorListener);
        // 呼叫該方法即可設置右鍵選單，無須使用事件機制
        ta.setComponentPopupMenu(pop);      // ④
        // 設置關閉視窗時，結束程式
        f.setDefaultCloseOperation(JFrame.EXIT_ON_CLOSE);
        f.pack();
        f.setVisible(true);
    }
```

```
    // 定義一個方法，用於改變介面風格
    private void changeFlavor(int flavor)throws Exception
    {
        switch (flavor)
        {
            // 設置Metal風格
            case 1:
                UIManager.setLookAndFeel(
                "javax.swing.plaf.metal.MetalLookAndFeel");
                break;
            // 設置Nimbus風格
            case 2:
                UIManager.setLookAndFeel(
                "javax.swing.plaf.nimbus.NimbusLookAndFeel");
                break;
            // 設置Windows風格
            case 3:
                UIManager.setLookAndFeel(
                "com.sun.java.swing.plaf.windows.WindowsLookAndFeel");
                break;
            // 設置Windows經典風格
            case 4:
                UIManager.setLookAndFeel(
                "com.sun.java.swing.plaf.windows.WindowsClassicLookAndFeel");
                break;
            // 設置Motif風格
            case 5:
                UIManager.setLookAndFeel(
                "com.sun.java.swing.plaf.motif.MotifLookAndFeel");
                break;
        }
        // 更新f視窗內頂級容器以及內部所有元件的UI
        SwingUtilities.updateComponentTreeUI(f.getContentPane());  // ②
        // 更新mb選單列以及內部所有元件的UI
        SwingUtilities.updateComponentTreeUI(mb);
        // 更新pop右鍵選單以及內部所有元件的UI
        SwingUtilities.updateComponentTreeUI(pop);
    }
    public static void main(String[] args)
    {
        // 設置Swing視窗使用Java風格
        // JFrame.setDefaultLookAndFeelDecorated(true);   // ③
        new SwingComponent().init();
    }
}
```

上面程式在建立按鈕、選單項目時傳入了一個 ImageIcon 物件，通過這種方式就可以建立帶圖示的按鈕、選單項目。程式的 init 方法中的粗體字程式碼用於為 comment 選單項目添加提示資訊。運行上面程式，並通過右鍵選單選擇「Nimbus LAF」，可以看到如圖 12.3 所示的視窗。

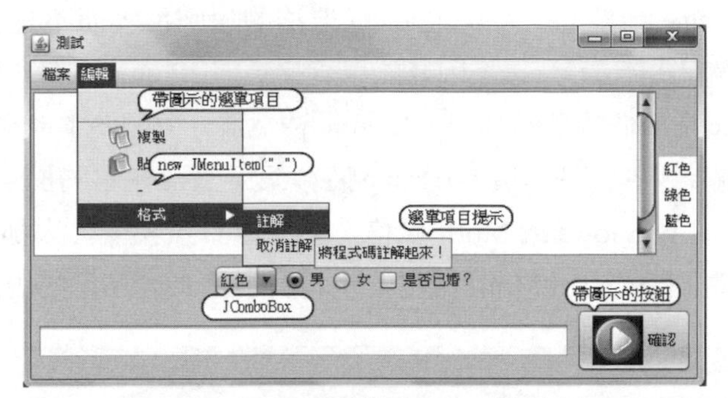

圖12.3　Nimbus風格的Swing圖形介面

從圖 12.3 中可以看出，Swing 選單不允許使用 add(new JMenuItem("-")) 的方式來添加選單分隔符，只能使用 addSeparator() 方法來添加選單分隔符。

提示 Swing專門為選單項目、工具按鈕之間的分隔符提供了一個JSeparator類別，通常使用JMenu或者JPopupMenu的 addSeparator()方法來建立並添加JSeparator物件，而不是直接使用JSeparator。實際上，JSeparator可以用在任何需要使用分隔符的地方。

上面程式為 newItem 選單項目增加了快捷鍵，為 Swing 選單項目指定快捷鍵與為 AWT 選單項目指定快捷鍵的方式有所不同——建立 AWT 選單物件時可以直接傳入 KeyShortcut 物件為其指定快捷鍵；但為 Swing 選單項目指定快捷鍵時必須通過 setAccelerator(KeyStroke ks) 方法來設置（如①處程式所示），其中 KeyStroke 代表一次擊鍵動作，可以直接通過按鍵對應字母來指定該擊鍵動作。

提示 為選單項目指定快捷鍵時應該使用大寫字母來代表按鍵，例如KeyStroke. getKeyStroke ('N' , InputEvent.CTRL_MASK)代表「Ctrl+N」，但KeyStroke. getKeyStroke('n', InputEvent. CTRL_MASK)則不代表「Ctrl+N」。

除此之外，上面程式中的大段粗體字程式碼所定義的 changeFlavor() 方法用於改變程式外觀風格，當使用者單擊多行文字區域裡的右鍵選單時將會觸發該方法，該方法設置 Swing 元件的外觀風格後，再次呼叫 SwingUtilities 類別的 updateComponentTreeUI() 方法來更新指定容器，以及該容器內所有元件的 UI。注意此處更新的是 JFrame 物件 getContentPane() 方法的返回值，而不是直接更新 JFrame 物件本身（如②處程式所示）。這是因為如果直接更新 JFrame 本身，將會導致 JFrame 也被更新，JFrame 是一個特殊的容器，JFrame 依然部分依賴於本地平台的圖形元件。尤其是當取消③處程式碼的註解後，JFrame 將會使用 Java 風格的標題欄、邊框，如果強制 JFrame 更新成 Windows 或 Motif 風格，則會導致該視窗失去標題欄和邊框。如果通過右鍵選單選擇程式使用 Motif 風格，將看到如圖 12.4 所示的視窗。

圖12.4 使用Java風格視窗標題、邊框、Motif顯示風格的視窗

提示 JFrame提供了一個getContentPane()方法，這個方法用於返回該JFrame的頂級容器（即JRootPane物件），這個頂級容器會包含JFrame所顯示的所有非選單元件。可以這樣理解：所有看似放在JFrame中的Swing元件，除選單之外，其實都是放在JFrame對應的頂級容器中的，而JFrame容器裡提供了getContentPane()方法返回的頂級容器。在Java 5以前，Java甚至不允許直接向JFrame中添加元件，必須先呼叫JFrame的getContentPane()方法獲得該視窗的頂級容器，然後將所有元件添加到該頂級容器中。從Java 5以後，Java改寫了JFrame的add()和setLayout()等方法，當程式呼叫JFrame的add()和setLayout()等方法時，實際上是對JFrame的頂級容器進行操作。

從程式中④處程式碼可以看出，為 Swing 元件添加右鍵選單無須像 AWT 中那樣煩瑣，只需要簡單地呼叫 setComponentPopupMenu() 方法來設置右鍵選單即可，無須編寫事件監聽器。由此可見，使用 Swing 元件編寫圖形介面程式更加簡單。

除此之外，如果程式希望使用者單擊視窗右上角的「 」按鈕時，程式結束，也無須使用事件機制，只要呼叫 setDefaultCloseOperation(JFrame.EXIT_ON_CLOSE) 方法即可，Swing 提供的這種方式也是為了簡化介面程式設計。

JScrollPane 元件是一個特殊的元件，它不同於 JFrame、JPanel 等普通容器，它甚至不能指定自己的佈局管理器，它主要用於為其他的 Swing 元件提供捲軸支援，JScrollPane 通常由普通的 Swing 元件，選擇性的垂直、水平捲軸以及選擇性的列、欄標題組成。

簡而言之，如果希望讓 JTextArea、JTable 等元件能有捲軸支援，只要將該元件放入 JScrollPane 中，再將該 JScrollPane 容器添加到視窗中即可。關於 JScrollPane 的詳細說明，讀者可以參考 JScrollPane 的 API 文件。

學生提問：為什麼單擊Swing多行文字區域時不是彈出像AWT多行文字區域中的右鍵選單？

答：這是由Swing元件和AWT元件實作機制不同決定的。前面已經指出，AWT的多行文字區域實際上依賴於本地平台的多行文字區域。簡單地說，當我們在程式中放置一個AWT多行文字區域，且該程式在Windows平台上運行時，該文字區域元件將和記事本工具編輯區具有相同的行為方式，因為該文字區域元件和記事本工具編輯區的底層實作是一樣的。但Swing的多行文字區域元件則是純Java的，它無須任何本地平台GUI的支援，它在任何平台上都具有相同的行為方式，所以Swing多行文字區域元件預設是沒有右鍵選單的，必須由程式設計師顯式為它分配右鍵選單。而且，Swing提供的JTextArea元件預設沒有捲軸（AWT的TextArea是否有捲軸則取決於底層平台的實作），為了讓該多行文字區域具有捲軸，可以將該多行文字區域放到JScrollPane容器中。

提示 JScrollPane對於JTable元件尤其重要，通常需要把JTable放在JScrollPane容器中才可以顯示出JTable元件的標題欄。

12.2.3 為元件設置邊框

可以呼叫 JComponent 提供的 setBorder(Border b) 方法為 Swing 元件設置邊框，其中 Border 是 Swing 提供的一個介面，用於代表元件的邊框。該介面有數量眾多的實作類別，如 LineBorder、MatteBorder、BevelBorder 等，這些 Border 實作類別都提供了相應的建構子用於建立 Border 物件，一旦獲取了 Border 物件之後，就可以呼叫 JComponent 的 setBorder(Border b) 方法為指定元件設置邊框。

TitledBorder 和 CompoundBorder 比較獨特，其中 TitledBorder 的作用並不是為其他元件添加邊框，而是為其他邊框設置標題，當建立 TitledBorder 物件時，需要傳入一個已經存在的 Border 物件，新增立的 TitledBorder 物件會為原有的 Border 物件添加標題；而 CompoundBorder 用於組合兩個邊框，因此建立 CompoundBorder 物件時需要傳入兩個 Border 物件，一個用作元件的內邊框，一個用作元件的外邊框。

除此之外，Swing 還提供了一個 BorderFactory 靜態工廠類別，該類別提供了大量的靜態工廠方法用於返回 Border 實例，這些靜態方法的參數與各 Border 實作類別的建構子參數基本一致。

提示

Border不僅提供了上面所提到的一些Border實作類別，還提供了MetalBorders.oolBarBorder、MetalBorders.TextFieldBorder等Border實作類別，這些實作類別用作Swing元件的預設邊框，程式中通常無須使用這些系統邊框。

為 Swing 元件添加邊框可按如下步驟進行。

① 使用BorderFactory或者XxxBorder建立XxxBorder實例。

② 呼叫Swing元件的setBorder(Border b)方法為該元件設置邊框。

圖 12.5 顯示了系統可用邊框之間的繼承層次。

下面的例子程式示範了為 Panel 容器分別添加如圖 12.5 所示的幾種邊框。

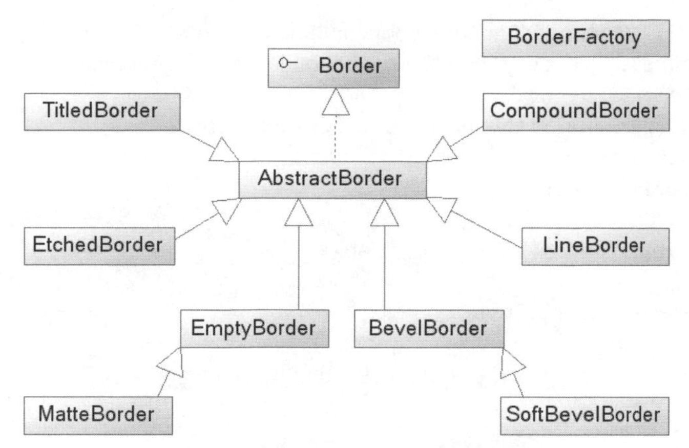

圖12.5　系統可用邊框之間的繼承層次

程式清單：codes\12\12.2\BorderTest.java

```
public class BorderTest
{
    private JFrame jf = new JFrame("測試邊框");
    public void init()
    {
        jf.setLayout(new GridLayout(2, 4));
        // 使用靜態工廠方法建立BevelBorder
        Border bb = BorderFactory.createBevelBorder(
            BevelBorder.RAISED , Color.RED, Color.GREEN
            , Color.BLUE, Color.GRAY);
        jf.add(getPanelWithBorder(bb , "BevelBorder"));
        // 使用靜態工廠方法建立LineBorder
        Border lb = BorderFactory.createLineBorder(Color.ORANGE, 10);
        jf.add(getPanelWithBorder(lb , "LineBorder"));
        // 使用靜態工廠方法建立EmptyBorder，EmptyBorder就是在元件四周留空
        Border eb = BorderFactory.createEmptyBorder(20, 5, 10, 30);
        jf.add(getPanelWithBorder(eb , "EmptyBorder"));
        // 使用靜態工廠方法建立EtchedBorder
        Border etb = BorderFactory.createEtchedBorder(EtchedBorder.RAISED,
        Color.RED, Color.GREEN);
        jf.add(getPanelWithBorder(etb , "EtchedBorder"));
        // 直接建立TitledBorder，TitledBorder就是為原有的邊框增加標題
        TitledBorder tb = new TitledBorder(lb , "測試標題"
            , TitledBorder.LEFT , TitledBorder.BOTTOM
            , new Font("StSong" , Font.BOLD , 18), Color.BLUE);
        jf.add(getPanelWithBorder(tb , "TitledBorder"));
        // 直接建立MatteBorder，MatteBorder是EmptyBorder的子類別，
        // 它可以指定留空區域的顏色或背景，此處是指定顏色
        MatteBorder mb = new MatteBorder(20, 5, 10, 30, Color.GREEN);
        jf.add(getPanelWithBorder(mb , "MatteBorder"));
```

```
        // 直接建立CompoundBorder，CompoundBorder將兩個邊框組合成新邊框
        CompoundBorder cb = new CompoundBorder(new LineBorder(
            Color.RED, 8) , tb);
        jf.add(getPanelWithBorder(cb , "CompoundBorder"));
        jf.pack();
        jf.setVisible(true);
    }
    public static void main(String[] args)
    {
        new BorderTest().init();
    }
    public JPanel getPanelWithBorder(Border b , String BorderName)
    {
        JPanel p = new JPanel();
        p.add(new JLabel(BorderName));
        // 為Panel元件設置邊框
        p.setBorder(b);
        return p;
    }
}
```

運行上面程式，會看到如圖 12.6 所示的效果。

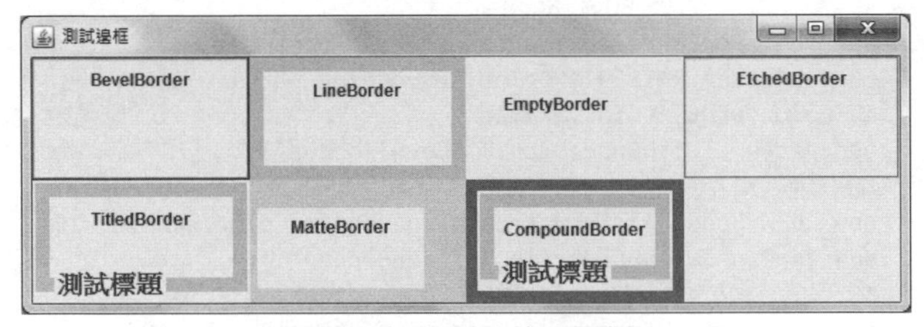

圖12.6 為Swing元件設置邊框

12.2.4 Swing元件的雙緩衝和鍵盤驅動

除此之外，Swing 元件還有如下兩個功能。

- 所有的Swing元件預設啟用雙緩衝繪圖技術。
- 所有的Swing元件都提供了簡單的鍵盤驅動。

Swing 元件預設啟用雙緩衝繪圖技術，使用雙緩衝技術能改進頻繁重繪 GUI 元件的顯示效果（避免閃爍現象）。JComponent 元件預設啟用雙緩衝，無須自己實作雙緩衝。如果想關閉雙緩衝，可以在元件上呼叫 setDoubleBuffered(false) 方法。前一章介

紹五子棋遊戲時已經提到 Swing 元件的雙緩衝技術，而且可以使用 JPanel 代替前一章所有範例程式中的 Canvas 畫布元件，從而可以解決運行那些範例程式時的「閃爍」現象。

JComponent 類別提供了 getInputMap() 和 getActionMap() 兩個方法，其中 getInputMap() 返回一個 InputMap 物件，該物件用於將 KeyStroke 物件（代表鍵盤或其他類似輸入裝置的一次輸入事件）和名字關聯；getActionMap() 返回一個 ActionMap 物件，該物件用於將指定名字和 Action（Action 介面是 ActionListener 介面的子介面，可作為一個事件監聽器使用）關聯，從而可以允許使用者通過鍵盤操作來替代滑鼠驅動 GUI 上的 Swing 元件，相當於為 GUI 元件提供快捷鍵。典型用法如下：

```
// 把一次鍵盤事件和一個aCommand物件關聯
component.getInputMap().put(aKeyStroke, aCommand);
// 將aCommand物件和anAction事件回應關聯
component.getActionMap().put(aCommmand, anAction);
```

下面程式實作這樣一個功能：使用者在單行文字方塊內輸入內容，當輸入完成後，單擊後面的「發送」按鈕即可將文字方塊的內容添加到一個多行文字區域中；或者輸入完成後在文字方塊內按「Ctrl+Enter」鍵也可以將文字方塊的內容添加到一個多行文字區域中。

程式清單：codes\12\12.2\BindKeyTest.java

```
public class BindKeyTest
{
    JFrame jf = new JFrame("測試鍵盤綁定");
    JTextArea jta = new JTextArea(5, 30);
    JButton jb = new JButton("發送");
    JTextField jtf = new JTextField(15);
    public void init()
    {
        jf.add(jta);
        JPanel jp = new JPanel();
        jp.add(jtf);
        jp.add(jb);
        jf.add(jp , BorderLayout.SOUTH);
        // 發送訊息的Action，Action是ActionListener的子介面
        Action sendMsg = new AbstractAction()
        {
            public void actionPerformed(ActionEvent e)
            {
```

```
                jta.append(jtf.getText() + "\n");
                jtf.setText("");
            }
        };
        // 添加事件監聽器
        jb.addActionListener(sendMsg);
        // 將Ctrl+Enter鍵和"send"關聯
        jtf.getInputMap().put(KeyStroke.getKeyStroke('\n'
            , java.awt.event.InputEvent.CTRL_MASK) , "send");
        // 將"send"和sendMsg Action關聯
        jtf.getActionMap().put("send", sendMsg);
        jf.pack();
        jf.setVisible(true);
    }
    public static void main(String[] args)
    {
        new BindKeyTest().init();
    }
}
```

上面程式中粗體字程式碼示範了如何利用鍵盤事件來驅動 Swing 元件，採用這種鍵盤事件機制，無須為 Swing 元件綁定鍵盤監聽器，從而可以重用按鈕單擊事件的事件監聽器，程式十分簡潔。

12.2.5 使用JToolBar建立工具列

Swing 提供了 JToolBar 類別來建立工具列，建立 JToolBar 物件時可以指定如下兩個參數。

- name：該參數指定該工具列的名稱。
- orientation：該參數指定該工具列的方向。

一旦建立了 JToolBar 物件之後，JToolBar 物件還有如下幾個常用方法。

- JButton add(Action a)：通過Action物件為JToolBar添加對應的工具按鈕。
- void addSeparator(Dimension size)：向工具列中添加指定大小的分隔符，Java允許不指定size參數，則添加一個預設大小的分隔符。
- void setFloatable(boolean b)：設置該工具列是否可浮動，即該工具列是否可以拖曳。

◆ void setMargin(Insets m)：設置工具列邊框和工具按鈕之間的頁邊距。

◆ void setOrientation(int o)：設置工具列的方向。

◆ void setRollover(boolean rollover)：設置此工具列的rollover狀態。

上面的大多數方法都比較容易理解，比較難以理解的是 add(Action a) 方法，系統如何為工具列添加 Action 對應的按鈕呢？

Action 介面是 ActionListener 介面的子介面，它除了包含 ActionListener 介面的 actionPerformed() 方法之外，還包含 name 和 icon 兩個屬性，其中 name 用於指定按鈕或選單項目中的文字，而 icon 則用於指定按鈕的圖示或選單項目中的圖示。也就是說，Action 不僅可作為事件監聽器使用，而且可被轉換成按鈕或選單項目。

值得指出的是，Action 本身並不是按鈕，也不是選單項目，只是當把 Action 物件添加到某些容器（也可直接使用 Action 來建立按鈕），如選單和工具欄中時，這些容器會為該 Action 物件建立對應的元件（選單項目和按鈕）。也就是說，這些容器需要負責完成如下事情。

◆ 建立一個適用於該容器的元件（例如，在工具欄中建立一個工具按鈕）。

◆ 從Action物件中獲得對應的屬性來設置該元件（例如，通過name來設置文字，通過icon來設置圖示）。

◆ 檢查Action物件的初始狀態，確定它是否處於啟動狀態，並根據該Action的狀態來決定其對應所有元件的行為。只有處於啟動狀態的Action所對應的Swing元件才可以回應使用者動作。

◆ 通過Action物件為對應元件註冊事件監聽器，系統將為該Action所建立的所有元件註冊同一個事件監聽器（事件處理器就是Action物件裡的actionPerformed()方法）。

例如，程式中有一個選單項目、一個工具按鈕，還有一個普通按鈕都需要完成某個「複製」動作，程式就可以將該「複製」動作定義成 Action，並為之指定 name 和 icon 屬性，然後通過該 Action 來建立選單項目、工具按鈕和普通按鈕，就可以讓這三個元件具有相同的功能。另一個「貼上」按鈕也大致相似，而且「貼上」元件預設不可用，只有當「複製」元件被觸發後，且剪貼簿中有內容時才可用。

程式清單：codes\12\12.2\JToolBarTest.java

```
public class JToolBarTest
{
    JFrame jf = new JFrame("測試工具列");
    JTextArea jta = new JTextArea(6, 35);
    JToolBar jtb = new JToolBar();
    JMenuBar jmb = new JMenuBar();
    JMenu edit = new JMenu("編輯");
    // 獲取系統剪貼簿
    Clipboard clipboard = Toolkit.getDefaultToolkit()
        .getSystemClipboard();
    // 建立"貼上"Action，該Action用於建立選單項目、工具按鈕和普通按鈕
    Action pasteAction = new AbstractAction("貼上"
        , new ImageIcon("ico/paste.png"))
    {
        public void actionPerformed(ActionEvent e)
        {
            // 如果剪貼簿中包含stringFlavor內容
            if (clipboard.isDataFlavorAvailable(DataFlavor.stringFlavor))
            {
                try
                {
                    // 取出剪貼簿中的stringFlavor內容
                    String content = (String)clipboard.getData
                    (DataFlavor.stringFlavor);
                    // 將選取內容取代成剪貼簿中的內容
                    jta.replaceRange(content , jta.getSelectionStart()
                        , jta.getSelectionEnd());
                }
                catch (Exception ee)
                {
                    ee.printStackTrace();
                }
            }
        }
    };
    // 建立"複製"Action
    Action copyAction = new AbstractAction("複製"
        , new ImageIcon("ico/copy.png"))
    {
        public void actionPerformed(ActionEvent e)
        {
            StringSelection contents = new StringSelection(
                jta.getSelectedText());
            // 將StringSelection物件放入剪貼簿中
            clipboard.setContents(contents, null);
            // 如果剪貼簿中包含stringFlavor內容
            if (clipboard.isDataFlavorAvailable(DataFlavor.stringFlavor))
```

```
            {
                // 將pasteAction啟動
                pasteAction.setEnabled(true);
            }
        }
    };
    public void init()
    {
        // pasteAction預設處於不啟動狀態
        pasteAction.setEnabled(false);    // ①
        jf.add(new JScrollPane(jta));
        // 以Action建立按鈕，並將該按鈕添加到Panel中
        JButton copyBn = new JButton(copyAction);
        JButton pasteBn = new JButton(pasteAction);
        JPanel jp = new JPanel();
        jp.add(copyBn);
        jp.add(pasteBn);
        jf.add(jp , BorderLayout.SOUTH);
        // 向工具列中添加Action物件，該物件將會轉換成工具按鈕
        jtb.add(copyAction);
        jtb.addSeparator();
        jtb.add(pasteAction);
        // 向選單中添加Action物件，該物件將會轉換成選單項目
        edit.add(copyAction);
        edit.add(pasteAction);
        // 將edit選單添加到選單列中
        jmb.add(edit);
        jf.setJMenuBar(jmb);
        // 設置工具列和工具按鈕之間的頁邊距。
        jtb.setMargin(new Insets(20 ,10 , 5 , 30));    // ②
        // 向視窗中添加工具列
        jf.add(jtb , BorderLayout.NORTH);
        jf.setDefaultCloseOperation(JFrame.EXIT_ON_CLOSE);
        jf.pack();
        jf.setVisible(true);
    }
    public static void main(String[] args)
    {
        new JToolBarTest().init();
    }
}
```

上面程式中建立了 pasteAction、copyAction 兩個 Action，然後根據這兩個 Action 分別建立了按鈕、工具按鈕、選單項目元件（程式中粗體字程式碼部分），開始時 pasteAction 處於非啟動狀態，則該 Action 對應的按鈕、工具按鈕、選單項目都處於不可用狀態。運行上面程式，會看到如圖 12.7 所示的介面。

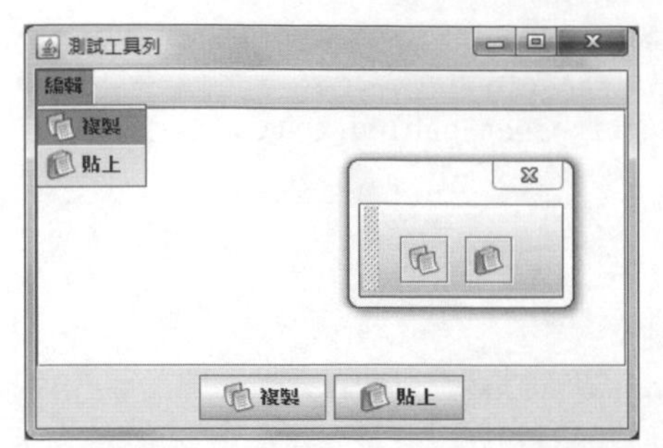

圖12.7　使用Action建立按鈕、工具按鈕和選單項目

圖 12.7 顯示了工具列被拖曳後的效果，這是因為工具列預設處於浮動狀態。除此之外，程式中②號粗體字程式碼設置了工具列和工具按鈕之間的頁邊距，所以可以看到工具列在工具按鈕周圍保留了一些空白區域。

12.2.6 使用JFileChooser和Java 7增強的JColorChooser

JColorChooser 用於建立顏色選擇器對話方塊，該類別的用法非常簡單，該類別主要提供了如下兩個靜態方法。

- showDialog(Component component, String title, Color initialColor)：顯示一個強制回應的顏色選擇器對話方塊，該方法返回使用者所選顏色。其中component指定該對話方塊的parent元件，而title指定該對話方塊的標題，大部分時候都使用該方法來讓使用者選擇顏色。
- createDialog(Component c, String title, boolean modal, JColorChooser chooserPane, ActionListener okListener, ActionListener cancelListener)：該方法返回一個對話方塊，該對話方塊內包含指定的顏色選擇器，該方法可以指定該對話方塊是強制回應的還是非強制回應的（通過modal參數指定），還可以指定該對話方塊內「確定」按鈕的事件監聽器（通過okListener參數指定）和「取消」按鈕的事件監聽器（通過cancelListener參數指定）。

Java 7 為 JColorChooser 增加了一個 HSV 分頁，允許使用者通過 HSV 模式來選擇顏色。

下面程式改寫了前一章的 HandDraw 程式，改為使用 JPanel 作為繪圖元件，而且使用 JColorChooser 來彈出顏色選擇器對話方塊。

程式清單：codes\12\12.2\HandDraw.java

```
public class HandDraw
{
    // 繪圖區的寬度
    private final int AREA_WIDTH = 500;
    // 繪圖區的高度
    private final int AREA_HEIGHT = 400;
    // 下面的preX、preY存放了上一次滑鼠拖曳事件的滑鼠座標
    private int preX = -1;
    private int preY = -1;
    // 定義一個右鍵選單用於設置畫筆顏色
    JPopupMenu pop = new JPopupMenu();
    JMenuItem chooseColor = new JMenuItem("選擇顏色");
    // 定義一個BufferedImage物件
    BufferedImage image = new BufferedImage(AREA_WIDTH
        , AREA_HEIGHT , BufferedImage.TYPE_INT_RGB);
    // 獲取image物件的Graphics
    Graphics g = image.getGraphics();
    private JFrame f = new JFrame("簡單手繪程式");
    private DrawCanvas drawArea = new DrawCanvas();
    // 用於存放畫筆顏色
    private Color foreColor = new Color(255, 0 ,0);
    public void init()
    {
        chooseColor.addActionListener(ae) -> {
            // 下面程式碼直接彈出一個強制回應的顏色選擇對話方塊，並返回使用者選擇的顏色
            // foreColor = JColorChooser.showDialog(f
            //     , "選擇畫筆顏色" , foreColor);    // ①
            // 下面程式碼則彈出一個非強制回應的顏色選擇對話方塊
            // 並可以分別為「確定」按鈕、「取消」按鈕指定事件監聽器
            final JColorChooser colorPane = new JColorChooser(foreColor);
            JDialog jd = JColorChooser.createDialog(f , "選擇畫筆顏色"
                , false, colorPane, e->foreColor = colorPane.getColor(), null);
            jd.setVisible(true);
        });
        // 將選單項目組合成右鍵選單
        pop.add(chooseColor);
        // 將右鍵選單添加到drawArea物件中
        drawArea.setComponentPopupMenu(pop);
        // 將image物件的背景色填充成白色
        g.fillRect(0 , 0 ,AREA_WIDTH , AREA_HEIGHT);
        drawArea.setPreferredSize(new Dimension(AREA_WIDTH , AREA_HEIGHT));
        // 監聽滑鼠移動動作
        drawArea.addMouseMotionListener(new MouseMotionAdapter()
        {
            // 實作按下滑鼠鍵並拖曳的事件處理器
            public void mouseDragged(MouseEvent e)
```

```
            {
                // 如果preX和preY大於0
                if (preX > 0 && preY > 0)
                {
                    // 設置當前顏色
                    g.setColor(foreColor);
                    // 繪製從上一次滑鼠拖曳事件點到本次滑鼠拖曳事件點的線段
                    g.drawLine(preX , preY , e.getX() , e.getY());
                }
                // 將當前滑鼠事件點的X、Y座標存放起來
                preX = e.getX();
                preY = e.getY();
                // 重繪drawArea物件
                drawArea.repaint();
            }
        });
        // 監聽滑鼠事件
        drawArea.addMouseListener(new MouseAdapter()
        {
            // 實作滑鼠鬆開的事件處理器
            public void mouseReleased(MouseEvent e)
            {
                // 鬆開滑鼠鍵時，把上一次滑鼠拖曳事件的X、Y座標設為-1
                preX = -1;
                preY = -1;
            }
        });
        f.add(drawArea);
        f.setDefaultCloseOperation(JFrame.EXIT_ON_CLOSE);
        f.pack();
        f.setVisible(true);
    }
    public static void main(String[] args)
    {
        new HandDraw().init();
    }
    // 讓繪圖區域繼承JPanel類別
    class DrawCanvas extends JPanel
    {
        // 覆寫JPanel的paint方法，實作繪畫
        public void paint(Graphics g)
        {
            // 將image繪製到該元件上
            g.drawImage(image , 0 , 0 , null);
        }
    }
}
```

上面程式分別使用了兩種方式來彈出顏色選擇對話方塊，其中①號粗體字程式碼可彈出一個強制回應的顏色選擇對話方塊，並直接返回使用者選擇的顏色。這種方式簡單明瞭，程式設計簡單。

如果程式有更多額外的需要，則使用程式下面的粗體字程式碼，彈出一個非強制回應的顏色選擇對話方塊（允許程式設定），並為「確定」按鈕指定了事件監聽器，而「取消」按鈕的事件監聽器為 null（也可以為該按鈕指定事件監聽器）。Swing 的顏色選擇對話方塊如圖 12.8 所示。

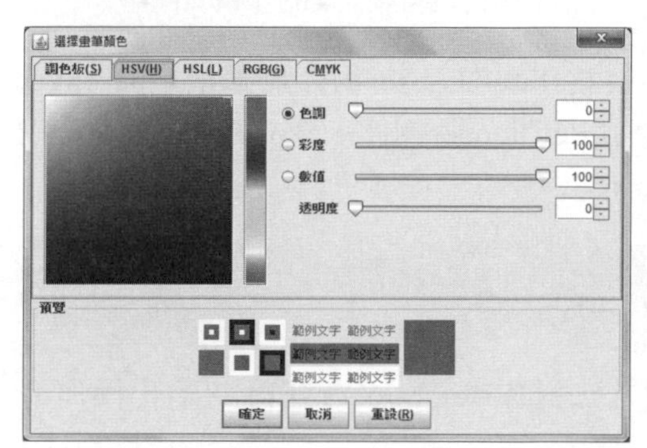

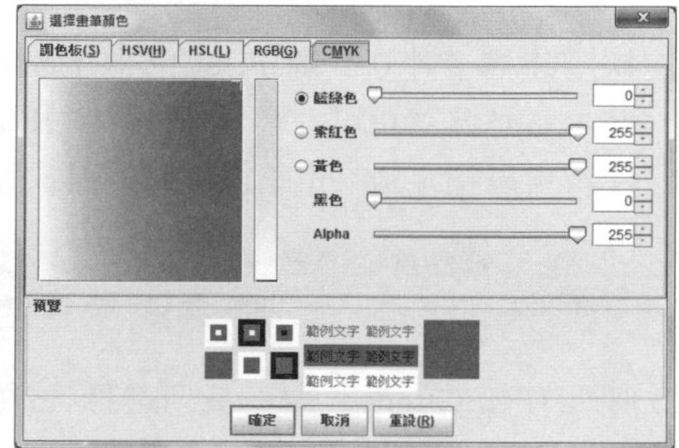

圖12.8　Swing的顏色選擇對話方塊

從圖 12.8 中可以看出，Swing 的顏色選擇對話方塊提供了 5 種方式來選擇顏色，圖中顯示了 HSV 方式、CMYK 方式的顏色選擇器，除此之外，該顏色選擇器還可以使用 RGB、HSL 方式來選擇顏色。

提示　學習過本書第1版的讀者應該知道，在Java 6時，JcolorChooser只提供了三種顏色選擇方式，圖12.8中看到的HSV、CMYK兩種顏色選擇方式都是新增的。

JFileChooser 的功能與 AWT 中的 FileDialog 基本相似，也是用於產生「開啟檔案」、「儲存檔案」對話方塊；與 FileDialog 不同的是，JFileChooser 無須依賴於本地平台的 GUI，它由 100% 純 Java 實作，在所有平台上具有完全相同的行為，並可以在所有平台上具有相同的外觀風格。

為了呼叫 JFileChooser 來開啟一個檔案對話方塊，必須先建立該對話方塊的實例，JFileChooser 提供了多個建構子來建立 JFileChooser 物件，它的建構子總共包含兩個參數。

◆ currentDirectory：指定所建立檔案對話方塊的當前路徑，該參數既可以是一個String類型的路徑，也可以是一個File物件所代表的路徑。

◆ FileSystemView：用於指定基於該檔案系統外觀來建立檔案對話方塊，如果沒有指定該參數，則預設以當前檔案系統外觀建立檔案對話方塊。

JFileChooser 並不是 JDialog 的子類別，所以不能使用 setVisible(true) 方法來顯示該檔案對話方塊，而是呼叫 showXxxDialog() 方法來顯示檔案對話方塊。

使用 JFileChooser 來建立檔案對話方塊並允許使用者選擇檔案的步驟如下。

① 採用建構子建立一個JFileChooser物件，該JFileChooser物件無須指定parent元件，這意味著可以在多個視窗中共用該JFileChooser物件。建立JFileChooser物件時可以指定初始化路徑，如下程式碼所示。

```
// 以當前路徑建立檔案選擇器
JFileChooser chooser = new JFileChooser(".");
```

② 呼叫JFileChooser的一系列選擇性的方法對JFileChooser執行初始化操作。JFileChooser大致有如下幾個常用方法。

◆ setSelectedFile/setSelectedFiles：指定該檔案選擇器預設選擇的檔案（也可以預設選擇多個檔案）。

```
// 預設選擇當前路徑下的123.jpg檔案
chooser.setSelectedFile(new File("123.jpg"));
```

◆ setMultiSelectionEnabled(boolean b)：在預設情況下，該檔案選擇器只能選擇一個檔案，通過呼叫該方法可以設置允許選擇多個檔案（設置參數值為true即可）。

◆ setFileSelectionMode(int mode)：在預設情況下，該檔案選擇器只能選擇檔案，通過呼叫該方法可以設置允許選擇檔案、路徑、檔案與路徑，設置參數值為：JFileChooser. FILES_ONLY、JFileChooser.DIRECTORIES_ONLY、JFileChooser. FILES_AND_DIRECTORIES。

```
// 設置既可選擇檔案，也可選擇路徑
chooser.setFileSelectionMode (JFileChooser.FILES_AND_DIRECTORIES);
```

提示 JFileChooser還提供了一些改變對話方塊標題、改變按鈕標籤、改變按鈕的提示文字等功能的方法，讀者應該查閱API文件來瞭解它們。

③ 如果讓檔案對話方塊實作檔案過濾功能，則需要結合FileFilter類別來進行檔案過濾。JFileChooser提供了兩個方法來安裝檔案過濾器。

◆ addChoosableFileFilter(FileFilter filter)：添加檔案過濾器。通過該方法允許該檔案對話方塊有多個檔案過濾器。

```
// 為檔案對話方塊添加一個檔案過濾器
chooser.addChoosableFileFilter(filter);
```

◆ setFileFilter(FileFilter filter)：設置檔案過濾器。一旦呼叫了該方法，將導致該檔案對話方塊只有一個檔案過濾器。

④ 如果需要改變檔案對話方塊中檔案的檢視外觀，則可以結合FileView類別來改變對話方塊中檔案的檢視外觀。

⑤ 呼叫showXxxDialog方法可以開啟檔案對話方塊，通常如下三個方法可用。

◆ int showDialog(Component parent, String approveButtonText)：彈出檔案對話方塊，該對話方塊的標題、「同意」按鈕的文字（預設是「儲存」或「取消」按鈕）由approveButtonText來指定。

◆ int showOpenDialog(Component parent)：彈出檔案對話方塊，該對話方塊具有預設標題，「同意」按鈕的文字是「開啟」。

◆ int showSaveDialog(Component parent)：彈出檔案對話方塊，該對話方塊具有預設標題，「同意」按鈕的文字是「儲存」。

當使用者單擊「同意」、「取消」按鈕，或者直接關閉檔案對話方塊時才可以關閉該檔案對話方塊，關閉該對話方塊時返回一個 int 類型的值，分別是：JFileChooser.APPROVE_OPTION、JFileChooser.CANCEL _OPTION 和 JFileChooser. ERROR_OPTION。如果希望獲得使用者選擇的檔案，則通常應該先判斷對話方塊的返回值是否為 JFileChooser.APPROVE_OPTION，該選項表明使用者單擊了「開啟」或者「儲存」按鈕。

⑥ JFileChooser提供了如下兩個方法來獲取使用者選擇的檔案或檔案集合。

- File getSelectedFile()：返回使用者選擇的檔案。
- File[] getSelectedFiles()：返回使用者選擇的多個檔案。

按上面的步驟，就可以正常地建立一個「開啟檔案」、「儲存檔案」對話方塊，整個過程非常簡單。如果要使用 FileFilter 類別來進行檔案過濾，或者使用 FileView 類別來改變檔案的檢視風格，則有一點麻煩。

先看使用 FileFilter 類別來進行檔案過濾。Java 在 java.io 套件下提供了一個 FileFilter 介面，該介面主要用於作為 File 類別的 listFiles(FileFilter) 方法的參數，也是一個進行檔案過濾的介面。但此處需要使用位於 javax.swing.filechooser 包下的 FileFilter 抽象類別，該抽象類別包含兩個抽象方法。

- boolean accept(File f)：判斷該過濾器是否接受給定的檔案，只有被該過濾器接受的檔案才可以在對應的檔案對話方塊中顯示出來。
- String getDescription()：返回該過濾器的描述性文字。

如果程式要使用 FileFilter 類別進行檔案過濾，則通常需要擴展該 FileFilter 類別，並覆寫該類別的兩個抽象方法，覆寫 accept() 方法時就可以指定自己的業務規則，指定該檔案過濾器可以接受哪些檔案。例如，如下程式碼：

```
public boolean accept(File f)
{
    // 如果該檔案是路徑，則接受該檔案
    if (f.isDirectory()) return true;
    // 只接受以.gif作為後綴的檔案
    if (name.endsWith(".gif"))
    {
        return true;
    }
    return false
}
```

在預設情況下，JFileChooser 總會在檔案對話方塊的「檔案類型」下拉列表中增加「所有檔案」選項，但可以呼叫 JFileChooser 的 setAcceptAllFileFilterUsed(false) 來取消顯示該選項。

FileView 類別用於改變檔案對話方塊中檔案的檢視風格，FileView 類別也是一個抽象類別，通常程式需要擴展該抽象類別，並有選擇性地覆寫它所包含的如下幾個抽象方法。

- String getDescription(File f)：返回指定檔案的描述。
- Icon getIcon(File f)：返回指定檔案在JFileChooser對話方塊中的圖示。
- String getName(File f)：返回指定檔案的檔名。
- String getTypeDescription(File f)：返回指定檔案所屬檔案類型的描述。
- Boolean isTraversable(File f)：當該檔案是目錄時，返回該目錄是否是可遍歷的。

與覆寫 FileFilter 抽象方法類似的是，覆寫這些方法實際上就是為檔案選擇器對話方塊指定自訂的外觀風格。通常可以通過覆寫 getIcon() 方法來改變檔案對話方塊中的檔案圖示。

下面程式是一個簡單的圖片檢視工具程式，該程式綜合使用了上面所介紹的各知識點。

程式清單：codes\12\12.2\ImageViewer.java

```
public class ImageViewer
{
    // 定義圖片預覽元件的大小
    final int PREVIEW_SIZE = 100;
    JFrame jf = new JFrame("簡單圖片檢視器");
    JMenuBar menuBar = new JMenuBar();
    // 該label用於顯示圖片
    JLabel label = new JLabel();
    // 以當前路徑建立檔案選擇器
    JFileChooser chooser = new JFileChooser(".");
    JLabel accessory = new JLabel();
    // 定義檔案過濾器
    ExtensionFileFilter filter = new ExtensionFileFilter();
    public void init()
    {
        // --------下面開始初始化JFileChooser的相關屬性--------
        //  建立一個FileFilter
        filter.addExtension("jpg");
        filter.addExtension("jpeg");
        filter.addExtension("gif");
        filter.addExtension("png");
        filter.setDescription("圖片檔(*.jpg,*.jpeg,*.gif,*.png)");
        chooser.addChoosableFileFilter(filter);
        // 禁止「檔案類型」下拉列表中顯示「所有檔案」選項
```

```
chooser.setAcceptAllFileFilterUsed(false);    // ①
// 為檔案選擇器指定自訂的FileView物件
chooser.setFileView(new FileIconView(filter));
// 為檔案選擇器指定一個預覽圖片的附件
chooser.setAccessory(accessory);      // ②
// 設置預覽圖片元件的大小和邊框
accessory.setPreferredSize(new Dimension(PREVIEW_SIZE, PREVIEW_SIZE));
accessory.setBorder(BorderFactory.createEtchedBorder());
// 用於檢測被選擇檔案的改變事件
chooser.addPropertyChangeListener(event -> {
    // JFileChooser的被選檔案已經發生了改變
    if (event.getPropertyName() ==
        JFileChooser.SELECTED_FILE_CHANGED_PROPERTY)
    {
        // 獲取使用者選擇的新檔案
        File f = (File) event.getNewValue();
        if (f == null)
        {
            accessory.setIcon(null);
            return;
        }
        // 將所選檔案讀入ImageIcon物件中
        ImageIcon icon = new ImageIcon(f.getPath());
        // 如果圖像太大，則縮小它
        if(icon.getIconWidth() > PREVIEW_SIZE)
        {
            icon = new ImageIcon(icon.getImage().getScaledInstance
                (PREVIEW_SIZE, -1, Image.SCALE_DEFAULT));
        }
        // 改變accessory Label的圖示
        accessory.setIcon(icon);
    }
});
// ------下面程式碼開始為該視窗安裝選單------
JMenu menu = new JMenu("檔案");
menuBar.add(menu);
JMenuItem openItem = new JMenuItem("開啟");
menu.add(openItem);
// 單擊openItem選單項目顯示「開啟檔案」對話方塊
openItem.addActionListener(event -> {
    // 設置檔案對話方塊的當前路徑
    // chooser.setCurrentDirectory(new File("."));
    // 顯示檔案對話方塊
    int result = chooser.showDialog(jf , "開啟圖片檔");
    // 如果使用者選擇了APPROVE（同意）按鈕，即開啟，存放的等效按鈕
    if(result == JFileChooser.APPROVE_OPTION)
    {
        String name = chooser.getSelectedFile().getPath();
```

```
                // 顯示指定圖片
                label.setIcon(new ImageIcon(name));
            }
        });
        JMenuItem exitItem = new JMenuItem("Exit");
        menu.add(exitItem);
        // 為結束選單綁定事件監聽器
        exitItem.addActionListener(event -> System.exit(0));
        jf.setJMenuBar(menuBar);
        // 添加用於顯示圖片的JLabel元件
        jf.add(new JScrollPane(label));
        jf.pack();
        jf.setVisible(true);
    }
    public static void main(String[] args)
    {
        new ImageViewer().init();
    }
}
// 建立FileFilter的子類別，用以實作檔案過濾功能
class ExtensionFileFilter extends FileFilter
{
    private String description;
    private ArrayList<String> extensions = new ArrayList<>();
    // 自訂方法，用於添加檔案副檔名
    public void addExtension(String extension)
    {
        if (!extension.startsWith("."))
        {
            extension = "." + extension;
            extensions.add(extension.toLowerCase());
        }
    }
    // 用於設置該檔案過濾器的描述文字
    public void setDescription(String aDescription)
    {
        description = aDescription;
    }
    // 繼承FileFilter類別必須實作的抽象方法，返回該檔案過濾器的描述文字
    public String getDescription()
    {
        return description;
    }
    // 繼承FileFilter類別必須實作的抽象方法，判斷該檔案過濾器是否接受該檔案
    public boolean accept(File f)
    {
        // 如果該檔案是路徑，則接受該檔案
        if (f.isDirectory()) return true;
```

```
        // 將檔案名轉為小寫（全部轉為小寫後比較，用於忽略檔案名大小寫）
        String name = f.getName().toLowerCase();
        // 遍歷所有可接受的副檔名，如果副檔名相同，該檔案就可接受
        for (String extension : extensions)
        {
            if (name.endsWith(extension))
            {
                return true;
            }
        }
        return false;
    }
}
// 自訂一個FileView類別，用於為指定類型的檔案或資料夾設置圖示
class FileIconView extends FileView
{
    private FileFilter filter;
    public FileIconView(FileFilter filter)
    {
        this.filter = filter;
    }
    // 覆寫該方法，為資料夾、檔案設置圖示
    public Icon getIcon(File f)
    {
        if (!f.isDirectory() && filter.accept(f))
        {
            return new ImageIcon("ico/pict.png");
        }
        else if (f.isDirectory())
        {
            // 獲取所有根路徑
            File[] fList = File.listRoots();
            for (File tmp : fList)
            {
                // 如果該路徑是根路徑
                if (tmp.equals(f))
                {
                    return  new ImageIcon("ico/dsk.png");
                }
            }
            return new ImageIcon("ico/folder.png");
        }
        // 使用預設圖示
        else
        {
            return null;
        }
    }
}
```

上面程式中第二段粗體字程式碼用於為「開啟」選單項指定事件監聽器，當使用者單擊該選單時，程式開啟檔案對話方塊，並將使用者開啟的圖片檔使用 Label 在當前視窗顯示出來。

第三段粗體字程式碼用於覆寫 FileFilter 類別的 accept() 方法，該方法根據檔案後綴來決定是否接受該檔案，其要求是當該檔案的後綴等於該檔案過濾器的 extensions 集合的某一項元素時，則該檔案是可接受的。程式的①處程式碼停用了 JFileChooser 中「所有檔案」選項，從而讓使用者只能看到圖片檔。

第四段粗體字程式碼用於覆寫 FileView 類別的 getIcon() 方法，該方法決定 JFileChooser 對話方塊中檔案、資料夾的圖示——圖示檔案就返回 pict.png 圖示，根資料夾就返回 dsk.png 圖示，而普通資料夾則返回 folder.png 圖示。

運行上面程式，單擊「開啟」選單項目，將看到如圖 12.9 所示的對話方塊。

圖12.9　檔案對話方塊

上面程式中的②處粗體字程式碼還用了 JFileChooser 類別的 setAccessory (JComponent newAccessory) 方法為該檔案對話方塊指定附件，附件將會被顯示在檔案對話方塊的右上角，如圖 12.9 所示。該附件可以是任何 Swing 元件（甚至可以使用容器），本程式中使用一個 JLabel 元件作為該附件元件，該 JLabel 用於顯示使用者所選圖片檔的預覽圖片。該功能的實作很簡單——當使用者選擇的圖片發生改變時，以使用者所選檔案建立 ImageIcon，並將該 ImageIcon 設置成該 Label 的圖示即可。

為了實作當使用者選擇圖片發生改變時，附件元件的 icon 隨之發生改變的功能，必須為 JFileChooser 添加事件監聽器，該事件監聽器負責監聽該對話方塊中使用者所選擇檔案的變化。JComponent 類別中提供了一個 addPropertyChangeListener 方法，該方法可以為該 JFileChooser 添加一個屬性監聽器，用於監聽使用者選擇檔案的變化。程式中第一段粗體字程式碼實作了使用者選擇檔案發生改變時的事件處理器。

12.2.7 使用JOptionPane

通過 JOptionPane 可以非常方便地建立一些簡單的對話方塊，Swing 已經為這些對話方塊添加了相應的元件，無須程式設計師手動添加元件。JOptionPane 提供了如下 4 個方法來建立對話方塊。

- showMessageDialog/showInternalMessageDialog：訊息對話方塊，告知使用者某事已發生，使用者只能單擊「確定」按鈕，類似於JavaScript的alert函數。
- showConfirmDialog/showInternalConfirmDialog：確認對話方塊，向使用者確認某個問題，使用者可以選擇yes、no、cancel等選項。類似於JavaScript的comfirm函數。該方法返回使用者單擊了哪個按鈕。
- showInputDialog/showInternalInputDialog：輸入對話方塊，提示要求輸入某些資訊，類似於JavaScript的prompt函數。該方法返回使用者輸入的字串。
- showOptionDialog/showInternalOptionDialog：自訂選項對話方塊，允許使用自訂選項，可以取代showConfirmDialog所產生的對話方塊，只是用起來更複雜。

JOptionPane 產生的所有對話方塊都是強制回應的，在使用者完成與對話方塊的交互之前，showXxxDialog 方法都將一直阻擋當前執行緒。

JOptionPane 所產生的對話方塊總是具有如圖 12.10 所示的佈局。

圖12.10　JoptionPane產生的對話方塊的佈局

上面這些方法都提供了相應的 showInternalXxxDialog 版本，這種方法以 InternalFrame 的方式開啟對話方塊。關於什麼是 InternalFrame 方式，請參考下一節關於 JInternalFrame 的介紹。

下面就圖 12.10 中所示的 4 個區域分別進行介紹。

(1) 輸入區

如果建立的對話方塊無須接收使用者輸入，則輸入區不存在。輸入區元件可以是普通文字方塊元件，也可以是下拉列表方塊元件。

如果呼叫上面的 showInternalXxxDialog() 方法時指定了一個陣列類型的 selectionValues 參數，則輸入區包含一個下拉列表方塊元件。

（2）圖示區

左上角的圖示會隨建立的對話方塊所包含訊息類型的不同而不同，JOptionPane 可以提供如下 5 種訊息類型。

◆ ERROR_MESSAGE：錯誤訊息，其圖示是一個紅色的X圖示，如圖12.10所示。

◆ INFORMATION_MESSAGE：普通訊息，其預設圖示是藍色的感嘆號。

◆ WARNING_MESSAGE：警告訊息，其預設圖示是黃色感嘆號。

◆ QUESTION_MESSAGE：問題訊息，其預設圖示是綠色問號。

◆ PLAIN_MESSAGE：普通訊息，沒有預設圖示。

實際上，JoptionPane 的所有 showXxxDialog() 方法都可以提供一個選擇性的 icon 參數，用於指定該對話方塊的圖示。

提示

呼叫showXxxDialog方法時還可以指定一個選擇性的title參數，該參數指定所建立對話方塊的標題。

（3）訊息區

不管是哪種對話方塊，其訊息區總是存在的，訊息區的內容通過 message 參數來指定，根據 message 參數的類型不同，訊息區顯示的內容也是不同的。該 message 參數可以是如下幾種類型。

◆ String類型：系統將該字串物件包裝成JLabel物件，然後顯示在對話方塊中。

◆ Icon：該Icon被包裝成JLabel後作為對話方塊的訊息。

◆ Component：將該Component在對話方塊的訊息區中顯示出來。

◆ Object[]：物件陣列被解釋為在縱向排列的一系列message物件，每個message物件根據其實際類型又可以是字串、圖示、元件、物件陣列等。

◆ 其他類型：系統呼叫該物件的toString()方法返回一個字串，並將該字串物件包裝成JLabel物件，然後顯示在對話方塊中。

大部分時候對話方塊的訊息區都是普通字串，但使用 Component 作為訊息區元件則更加靈活，因為該 Component 參數幾乎可以是任何物件，從而可以讓對話方塊的訊息區包含任何內容。

提示

如果使用者希望訊息區的普通字串能換行，則可以使用「\n」字元來實作換行。

(4) 按鈕區

對話方塊底部的按鈕區也是一定存在的，但所包含的按鈕則會隨對話方塊的類型、選項類型而改變。對於呼叫 showInputDialog() 和 showMessageDialog() 方法得到的對話方塊，底部總是包含「確定」和「取消」兩個標準按鈕。

對於 showConfirmDialog() 所開啟的確認對話方塊，則可以指定一個整數類型的 optionType 參數，該參數可以取如下幾個值。

- DEFAULT_OPTION：按鈕區只包含一個「確定」按鈕。
- YES_NO_OPTION：按鈕區包含「是」、「否」兩個按鈕。
- YES_NO_CANCEL_OPTION：按鈕區包含「是」、「否」、「取消」三個按鈕。
- OK_CANCEL_OPTION：按鈕區包含「確定」、「取消」兩個按鈕。

如果使用 showOptionDialog 方法來建立選項對話方塊，則可以通過指定一個 Object[] 類型的 options 參數來設置按鈕區能使用的選項按鈕。與前面的 message 參數類似的是，options 陣列的陣列元素可以是如下幾種類型。

- String類型：使用該字串來建立一個JButton，並將其顯示在按鈕區。
- Icon：使用該Icon來建立一個JButton，並將其顯示在按鈕區。
- Component：直接將該元件顯示在按鈕區。
- 其他類型：系統呼叫該物件的toString()方法返回一個字串，並使用該字串來建立一個JButton，並將其顯示在按鈕區。

當使用者與對話方塊交互結束後，不同類型對話方塊的返回值如下。

- showMessageDialog：無返回值。
- showInputDialog：返回使用者輸入或選擇的字串。
- showConfirmDialog：返回一個整數代表使用者選擇的選項。
- showOptionDialog：返回一個整數代表使用者選擇的選項，如果使用者選擇第一項，則返回0；如果選擇第二項，則返回1……依此類推。

對 showConfirmDialog 所產生的對話方塊，有如下幾個返回值。

- YES_OPTION：使用者單擊了「是」按鈕後返回。
- NO_OPTION：使用者單擊了「否」按鈕後返回。
- CANCEL_OPTION：使用者單擊了「取消」按鈕後返回。
- OK_OPTION：使用者單擊了「確定」按鈕後返回。
- CLOSED_OPTION：使用者單擊了對話方塊右上角的「 」按鈕後返回。

提示

對於showOptionDialog方法所產生的對話方塊，也可能返回一個CLOSED_OPTION值，當使用者單擊了對話方塊右上角的「 」按鈕後將返回該值。

下面程式允許使用 JOptionPane 來彈出各種對話方塊。

程式清單：codes\12\12.2\JOptionPaneTest.java

```
public class JOptionPaneTest
{
    JFrame jf = new JFrame("測試JOptionPane");
    // 定義6個窗格，分別用於定義對話方塊的幾種選項
    private ButtonPanel messagePanel;
    private ButtonPanel messageTypePanel;
    private ButtonPanel msgPanel;
    private ButtonPanel confirmPanel;
    private ButtonPanel optionsPanel;
    private ButtonPanel inputPanel;
    private String messageString = "訊息區內容";
    private Icon messageIcon = new ImageIcon("ico/heart.png");
    private Object messageObject = new Date();
    private Component messageComponent = new JButton("元件訊息");
    private JButton msgBn = new JButton("訊息對話方塊");
    private JButton confrimBn = new JButton("確認對話方塊");
    private JButton inputBn = new JButton("輸入對話方塊");
```

```
    private JButton optionBn = new JButton("選項對話方塊");
    public void init()
    {
        JPanel top = new JPanel();
        top.setBorder(new TitledBorder(new EtchedBorder()
            , "對話方塊的通用選項" , TitledBorder.CENTER ,TitledBorder.TOP));
        top.setLayout(new GridLayout(1 , 2));
        // 訊息類型Panel，該Panel中的選項決定對話方塊的圖示
        messageTypePanel = new ButtonPanel("選擇訊息的類型",
            new String[]{"ERROR_MESSAGE", "INFORMATION_MESSAGE"
                , "WARNING_MESSAGE", "QUESTION_MESSAGE",    "PLAIN_MESSAGE" });
        // 訊息內容類型Panel，該Panel中的選項決定對話方塊訊息區的內容
        messagePanel = new ButtonPanel("選擇訊息內容的類型",
        new String[]{"字串訊息", "圖示訊息", "元件訊息"
            , "普通物件訊息" , "Object[]訊息"});
        top.add(messageTypePanel);
        top.add(messagePanel);
        JPanel bottom = new JPanel();
        bottom.setBorder(new TitledBorder(new EtchedBorder()
            , "彈出不同的對話方塊" , TitledBorder.CENTER ,TitledBorder.TOP));
        bottom.setLayout(new GridLayout(1 , 4));
        // 建立用於彈出訊息對話方塊的Panel
        msgPanel = new ButtonPanel("訊息對話方塊", null);
        msgBn.addActionListener(new ShowAction());
        msgPanel.add(msgBn);
        // 建立用於彈出確認對話方塊的Panel
        confirmPanel = new ButtonPanel("確認對話方塊",
            new String[]{"DEFAULT_OPTION", "YES_NO_OPTION"
                , "YES_NO_CANCEL_OPTION","OK_CANCEL_OPTION"});
        confrimBn.addActionListener(new ShowAction());
        confirmPanel.add(confrimBn);
        // 建立用於彈出輸入對話方塊的Panel
        inputPanel = new ButtonPanel("輸入對話方塊"
            , new String[]{"單行文字方塊","下拉列表選擇框"});
        inputBn.addActionListener(new ShowAction());
        inputPanel.add(inputBn);
        // 建立用於彈出選項對話方塊的Panel
        optionsPanel = new ButtonPanel("選項對話方塊"
            , new String[]{"字串選項", "圖示選項", "物件選項"});
        optionBn.addActionListener(new ShowAction());
        optionsPanel.add(optionBn);
        bottom.add(msgPanel);
        bottom.add(confirmPanel);
        bottom.add(inputPanel);
        bottom.add(optionsPanel);
        Box box = new Box(BoxLayout.Y_AXIS);
        box.add(top);
```

```
        box.add(bottom);
        jf.add(box);
        jf.setDefaultCloseOperation(JFrame.EXIT_ON_CLOSE);
        jf.pack();
        jf.setVisible(true);
    }
    // 根據使用者選擇返回選項類型
    private int getOptionType()
    {
        switch(confirmPanel.getSelection())
        {
            case "DEFAULT_OPTION":
                return JOptionPane.DEFAULT_OPTION;
            case "YES_NO_OPTION":
                return JOptionPane.YES_NO_OPTION;
            case "YES_NO_CANCEL_OPTION":
                return JOptionPane.YES_NO_CANCEL_OPTION;
            default:
                return JOptionPane.OK_CANCEL_OPTION;
        }
    }
    // 根據使用者選擇返回訊息
    private Object getMessage()
    {
        switch(messagePanel.getSelection())
        {
            case "字串訊息":
                return messageString;
            case "圖示訊息":
                return messageIcon;
            case "元件訊息":
                return messageComponent;
            case "普通物件訊息":
                return messageObject;
            default:
                return new Object[]{messageString , messageIcon
                    , messageObject , messageComponent};
        }
    }
    // 根據使用者選擇返回訊息類型（決定圖示區的圖示）
    private int getDialogType()
    {
        switch(messageTypePanel.getSelection())
        {
            case "ERROR_MESSAGE":
                return JOptionPane.ERROR_MESSAGE;
```

```
            case "INFORMATION_MESSAGE":
                return JOptionPane.INFORMATION_MESSAGE;
            case "WARNING_MESSAGE":
                return JOptionPane.WARNING_MESSAGE;
            case "QUESTION_MESSAGE":
                return JOptionPane.QUESTION_MESSAGE;
            default:
                return JOptionPane.PLAIN_MESSAGE;
        }
    }
    private Object[] getOptions()
    {
        switch(optionsPanel.getSelection())
        {
            case "字串選項":
                return new String[]{"a" , "b" , "c" , "d"};
            case "圖示選項":
                return new Icon[]{new ImageIcon("ico/1.gif")
                    , new ImageIcon("ico/2.gif")
                    , new ImageIcon("ico/3.gif")
                    , new ImageIcon("ico/4.gif")};
            default:
                return new Object[]{new Date() ,new Date() , new Date()};
        }
    }
    // 為各按鈕定義事件監聽器
    private class ShowAction implements ActionListener
    {
        public void actionPerformed(ActionEvent event)
        {
            switch(event.getActionCommand())
            {
                case "確認對話方塊":
                    JOptionPane.showConfirmDialog(jf , getMessage()
                        ,"確認對話方塊", getOptionType(), getDialogType());
                    break;
                case "輸入對話方塊":
                    if (inputPanel.getSelection().equals("單行文字方塊"))
                    {
                        JOptionPane.showInputDialog(jf, getMessage()
                            , "輸入對話方塊", getDialogType());
                    }
                    else
                    {
                        JOptionPane.showInputDialog(jf, getMessage()
                            , "輸入對話方塊", getDialogType() , null
                            , new String[]{"輕量級Java EE企業應用實戰"
```

```
                        , "瘋狂Java講義"}, "瘋狂Java講義");
                    }
                    break;
                case "訊息對話方塊":
                    JOptionPane.showMessageDialog(jf,getMessage()
                        ,"訊息對話方塊", getDialogType());
                    break;
                case "選項對話方塊":
                    JOptionPane.showOptionDialog(jf , getMessage()
                        , "選項對話方塊", getOptionType() , getDialogType()
                        , null,getOptions(), "a");
                    break;
            }
        }
    }
    public static void main(String[] args)
    {
        new JOptionPaneTest().init();
    }
}
// 定義一個JPanel類別擴展類別，該類別的物件包含多個縱向排列的
// JRadioButton控制項，且Panel擴展類別可以指定一個字串作為TitledBorder
class ButtonPanel extends JPanel
{
    private ButtonGroup group;
    public ButtonPanel(String title, String[] options)
    {
        setBorder(BorderFactory.createTitledBorder(BorderFactory
            .createEtchedBorder(), title));
        setLayout(new BoxLayout(this, BoxLayout.Y_AXIS));
        group = new ButtonGroup();
        for (int i = 0; options!= null && i < options.length; i++)
        {
            JRadioButton b = new JRadioButton(options[i]);
            b.setActionCommand(options[i]);
            add(b);
            group.add(b);
            b.setSelected(i == 0);
        }
    }
    // 定義一個方法，用於返回使用者選擇的選項
    public String getSelection()
    {
        return group.getSelection().getActionCommand();
    }
}
```

運行上面程式，會看到如圖 12.11 所示的視窗。

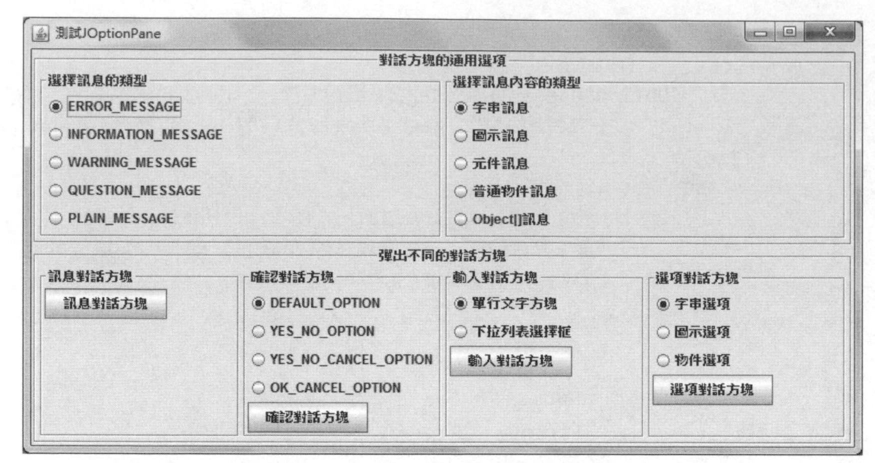

圖12.11　測試對話方塊的視窗

圖 12.11 已經非常清楚地顯示了 JOptionPane 所支援的 4 種對話方塊，以及所有對話方塊的通用選項、每個對話方塊的特定選項。如果使用者選擇「INFORMATION_MESSAGE」、「圖示訊息」，然後開啟「下拉列表選擇框」的輸入對話方塊，將開啟如圖 12.12 所示的對話方塊。

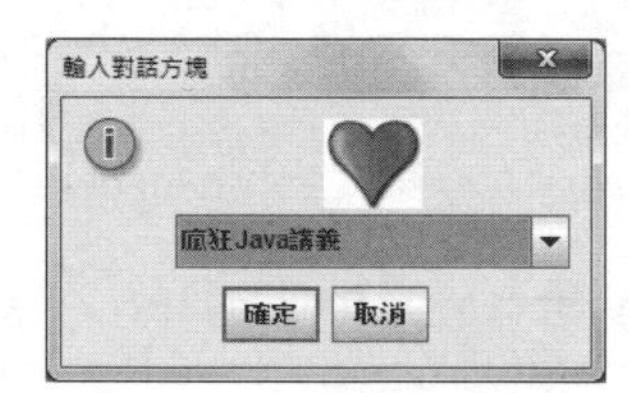

圖12.12　對話方塊實例

讀者可以通過運行上面程式來查看 JOptionPane 所建立的各種對話方塊。

12.3 Swing中的特殊容器

Swing 提供了一些具有特殊功能的容器，這些特殊容器可以用於建立一些更複雜的使用者介面。下面將依次介紹這些特殊容器。

12.3.1 使用JSplitPane

JSplitPane 用於建立一個分割窗格，它可以將一個元件（通常是一個容器）分割成兩個部分，並提供一個分割軸，使用者可以拖曳該分割軸來調整兩個部分的大小。圖 12.13 顯示了分割窗格效果，圖中所示的視窗先被分成左右兩塊，其中左邊一塊又被分為上下兩塊。

從圖 12.13 中可以看出，分割窗格的實質是一個特殊容器，該容器只能容納兩個元件，而且分割窗格又分為上下分割、左右分割兩種情形，所以建立分割窗格的程式碼非常簡單，如下程式碼所示。

```
new JSplitPane(方向, 左/上元件, 右/下元件)
```

除此之外，建立分割窗格時可以指定一個 newContinuousLayout 參數，該參數指定該分割窗格是否支援「連續佈局」，如果分割窗格支援連續佈局，則使用者拖曳分割軸時兩邊元件將會不斷調整大小；如果不支援連續佈局，則拖曳分割軸時兩邊元件不會調整大小，而是只看到一條虛擬的分割軸在移動，如圖 12.14 所示。

圖12.13　分割窗格效果

圖12.14　不支援連續佈局的虛擬分割軸

JSplitPane 預設關閉連續佈局特性，因為使用連續佈局需要不斷重繪兩邊的元件，因此運行效率很低。如果需要啟用指定 JSplitPane 窗格的連續佈局功能，則可以使用如下程式碼：

```
// 啟用JSplitPane的連續佈局功能
jsp.setContinuousLayout(true);
```

除此之外，正如圖 12.13 中看到的，上下分割窗格的分割軸中還有兩個三角箭頭，這兩個箭頭被稱為「一觸即展」鍵，當使用者單擊某個三角箭頭時，將看到箭頭所指的元件縮小到沒有，而另一個元件則擴大到佔據整個窗格。如果需要啟用「一觸即展」特性，使用如下程式碼即可：

```
// 啟用「一觸即展」特性
jsp.setOneTouchExpandable(true);
```

JSplitPane 分割窗格還有如下幾個可用方法來設置該窗格的相關特性。

- setDividerLocation(double proportionalLocation)：設置分割軸的位置為JSplitPane的某個百分比。
- setDividerLocation(int location)：通過像素值設置分割軸的位置。
- setDividerSize(int newSize)：通過像素值設置分割軸的大小。
- setLeftComponent(Component comp)/setTopComponent(Component comp)：將指定元件放置到分割窗格的左邊或者上面。
- setRightComponent(Component comp)/setBottomComponent(Component comp)：將指定元件放置到分割窗格的右邊或者下面。

下面程式簡單示範了 JSplitPane 的用法。

程式清單：codes\12\12.3\SplitPaneTest.java

```
public class SplitPaneTest
{
    Book[] books = new Book[]{
        new Book("瘋狂Java講義" , new ImageIcon("ico/java.png")
            , "國內關於Java程式設計最全面的圖書\n看得懂，學得會")
        , new Book("輕量級Java EE企業應用實戰" , new ImageIcon("ico/ee.png")
            , "SSH整合開發的經典圖書，值得擁有")
        , new Book("瘋狂Android講義" , new ImageIcon("ico/android.png")
            , "全面介紹Android平台應用程式\n開發的各方面知識")
    };
    JFrame jf = new JFrame("測試JSplitPane");
    JList<Book> bookList = new JList<>(books);
    JLabel bookCover = new JLabel();
    JTextArea bookDesc = new JTextArea();
```

```
    public void init()
    {
        // 為三個元件設置最佳大小
        bookList.setPreferredSize(new Dimension(150, 300));
        bookCover.setPreferredSize(new Dimension(300, 150));
        bookDesc.setPreferredSize(new Dimension(300, 150));
        // 為下拉列表添加事件監聽器
        bookList.addListSelectionListener(event {
            Book book = (Book)bookList.getSelectedValue();
            bookCover.setIcon(book.getIco());
            bookDesc.setText(book.getDesc());
        });
        // 建立一個垂直的分割窗格，
        // 將bookCover放在上面，將bookDesc放在下面, 支援連續佈局
        JSplitPane left = new JSplitPane(JSplitPane.VERTICAL_SPLIT
            , true , bookCover, new JScrollPane(bookDesc));
        // 啟用「一觸即展」特性
        left.setOneTouchExpandable(true);
        // 下面程式碼設置分割軸的大小
        // left.setDividerSize(50);
        // 設置該分割窗格根據所包含元件的最佳大小來調整佈局
        left.resetToPreferredSizes();
        // 建立一個水平的分割窗格
        // 將left元件放在左邊，將bookList元件放在右邊
        JSplitPane content = new JSplitPane(JSplitPane.HORIZONTAL_SPLIT
            , left, bookList);
        jf.add(content);
        jf.setDefaultCloseOperation(JFrame.EXIT_ON_CLOSE);
        jf.pack();
        jf.setVisible(true);
    }
    public static void main(String[] args)
    {
        new SplitPaneTest().init();
    }
}
```

上面程式碼中粗體字程式碼建立了兩個 JSplitPane，其中一個支援連續佈局，另一個不支援連續佈局。運行上面程式，將可看到如圖 12.13 所示的介面。

12.3.2 使用JTabbedPane

JTabbedPane 可以很方便地在視窗上放置多個分頁，每個分頁相當於獲得了一個與外部容器具有相同大小的元件擺放區域。通過這種方式，就可以在一個容器裡放置更多的元件，例如 Windows 7 的「系統內容」對話方塊，這個對話方塊裡包含了 5 個分頁。

如果需要使用 JTabbedPane 在視窗上建立分頁，則可以按如下步驟進行。

① 建立一個JTabbedPane物件，JTabbedPane提供了幾個多載的建構子，這些建構子裡一共包含如下兩個參數。

- tabPlacement：該參數指定分頁標題的放置位置，例如前面介紹的「系統內容」對話方塊裡分頁的標題放在視窗頂部。Swing支援將分頁標題放在視窗的4個方位：TOP（頂部）、LEFT（左邊）、BOTTOM（底部）和RIGHT（右邊）。
- tabLayoutPolicy：指定分頁標題的佈局策略。當視窗不足以在同一行擺放所有的分頁標題時，Swing有兩種處理方式——將分頁標題換行（JTabbedPane.WRAP_TAB_LAYOUT）排列，或者使用捲軸來控制分頁標題的顯示（SCROLL_TAB_LAYOUT）。

提示

即使建立JTabbedPane時沒有指定這兩個參數，程式也可以在後面改變JTabbedPane的這兩個屬性。例如，通過setTabLayoutPolicy()方法改變分頁標題的佈局策略；使用setTabPlacement()方法設置分頁標題的放置位置。

例如，下面程式碼建立一個 JTabbedPane 物件，該 JTabbedPane 的分頁標題位於視窗左側，當視窗的一行不能擺放所有的分頁標題時，JTabbedPane 將採用換行方式來排列分頁標題。

```
JTabbedPane tabPane = new JTabbedPane(JTabbedPane.LEFT
    , JTabbedPane.WRAP-TAB_LAYOUT);
```

② 呼叫JTabbedPane物件的addTab()、insertTab()、setComponentAt()、removeTabAt()方法來增加、插入、修改和刪除分頁。其中addTab()方法總是在最前面增加分頁，而insertTab()、setComponentAt()、removeTabAt()方法都可以使用一個index參數，表示在指定位置插入分頁，修改指定位置的分頁，刪除指定位置的分頁。

添加分頁時可以指定該分頁的標題（title）、圖示（icon），以及該 Tab 頁面的元件（component）及提示資訊（tip），這 4 個參數都可以是 null；如果某個參數是 null，則對應的內容為空。

不管使用增加、插入、修改哪種操作來改變 JTabbedPane 中的分頁，都是傳入一個 Component 元件作為分頁。也就是說，如果希望在某個分頁內放置更多的元件，則必須先將這些元件放置到一個容器（例如 JPanel）裡，然後將該容器設置為 JTabbedPane 指定位置的元件。

注意

不要使用JTabbedPane的add()方法來添加元件，該方法是JTabbedPane覆寫Containner容器中的add()方法，如果使用該add()方法來添加Tab頁面，每次添加的分頁會直接覆蓋原有的分頁。

③ 如果需要讓某個分頁顯示出來，則可以通過呼叫JTabbedPane的setSelectedIndex()方法來實作。例如如下程式碼：

```
// 設置第三個Tab頁面處於顯示狀態
tabPane.setSelectedIndex(2);
// 設置最後一個Tab頁面處於顯示狀態
tabPane.setSelectedIndex(tabPanel.getTabCount() - 1);
```

④ 正如上面程式碼見到的，程式還可通過JTabbedPane提供的一系列方法來操作JTabbedPane的相關屬性。例如，有如下幾個常用方法。

- setDisabledIconAt(int index, Icon disabledIcon)：將指定位置的停用圖示設置為icon，該圖示也可以是null，表示不使用停用圖示。
- setEnabledAt(int index, boolean enabled)：設置指定位置的分頁是否啟用。
- setForegroundAt(int index, Color foreground)：設置指定位置分頁的前景色為foreground。該顏色可以是null，這時將使用該JTabbedPane的前景色作為此分頁的前景色。
- setIconAt(int index, Icon icon)：設置指定位置分頁的圖示。
- setTitleAt(int index, String title)：設置指定位置分頁的標題為title，該title可以是null，這表明設置該分頁的標題為空。
- setToolTipTextAt(int index, String toolTipText)：設置指定位置分頁的提示文字。

實際上，Swing 也為這些 setter 方法提供了對應的 getter 方法，用於返回這些屬性。

如果程式需要監聽使用者單擊分頁的事件，例如，當使用者單擊某個分頁時才載入該分頁的內容，則可以使用 ChangeListener 監聽器來監聽 JTabbedPane 物件。例如如下程式碼：

```
tabPane.addChangeListener(listener);
```

當使用者單擊分頁時，系統將把該事件封裝成 ChangeEvent 物件，並作為參數來觸發 ChangeListener 裡的 stateChanged 事件處理器方法。

下面程式定義了具有 5 個分頁的 JTabbedPane 窗格，該程式可以讓使用者選擇分頁佈局策略、分頁位置。

程式清單：codes\12\12.3\JTabbedPaneTest.java

```
public class JTabbedPaneTest
{
    JFrame jf = new JFrame("測試Tab頁面");
    // 建立一個Tab頁面的分頁放在左邊，採用換行佈局策略的JTabbedPane
    JTabbedPane tabbedPane = new JTabbedPane(JTabbedPane.LEFT
        , JTabbedPane.WRAP_TAB_LAYOUT);
    ImageIcon icon = new ImageIcon("ico/close.gif");
    String[] layouts = {"換行佈局" , "捲軸佈局"};
    String[] positions = {"左邊" , "頂部" , "右邊" , "底部"};
    Map<String , String> books = new LinkedHashMap<>();
    public void init()
    {
        books.put("瘋狂Java講義" , "java.png");
        books.put("輕量級Java EE企業應用實戰" , "ee.png");
        books.put("瘋狂Ajax講義" , "ajax.png");
        books.put("瘋狂Android講義" , "android.png");
        books.put("經典Java EE企業應用實戰" , "classic.png");
        String tip = "可看到本書的封面照片";
        // 向JTabbedPane中添加5個分頁，指定了標題、圖示和提示
        // 但該分頁的元件為null
        for (String bookName : books.keySet())
        {
            tabbedPane.addTab(bookName, icon, null , tip);
        }
        jf.add(tabbedPane, BorderLayout.CENTER);
        // 為JTabbedPane添加事件監聽器
        tabbedPane.addChangeListener(event -> {
            // 如果被選擇的元件依然是空
            if (tabbedPane.getSelectedComponent() == null)
            {
```

```
                // 獲取所選分頁
                int n = tabbedPane.getSelectedIndex();
                // 為指定分頁載入內容
                loadTab(n);
            }
        });
        // 系統預設選擇第一頁，載入第一頁內容
        loadTab(0);
        tabbedPane.setPreferredSize(new Dimension(500 , 300));
        // 增加控制分頁佈局、分頁位置的單選按鈕
        JPanel buttonPanel = new JPanel();
        ChangeAction action = new ChangeAction();
        buttonPanel.add(new ButtonPanel(action
            , "選擇分頁佈局策略" , layouts));
        buttonPanel.add (new ButtonPanel(action
            , "選擇分頁位置" , positions));
        jf.add(buttonPanel, BorderLayout.SOUTH);
        jf.setDefaultCloseOperation(JFrame.EXIT_ON_CLOSE);
        jf.pack();
        jf.setVisible(true);
    }
    // 為指定分頁載入內容
    private void loadTab(int n)
    {
        String title = tabbedPane.getTitleAt(n);
        // 根據分頁的標題獲取對應的圖書封面
        ImageIcon bookImage = new ImageIcon("ico/"
            + books.get(title));
        tabbedPane.setComponentAt(n , new JLabel(bookImage));
        // 改變分頁的圖示
        tabbedPane.setIconAt(n, new ImageIcon("ico/open.gif"));
    }
    // 定義改變分頁的佈局策略、放置位置的監聽器
    class ChangeAction implements ActionListener
    {
        public void actionPerformed(ActionEvent event)
        {
            JRadioButton source = (JRadioButton)event.getSource();
            String selection = source.getActionCommand();
            // 設置分頁的標題佈局策略
            if (selection.equals(layouts[0]))
            {
                tabbedPane.setTabLayoutPolicy(
                    JTabbedPane.WRAP_TAB_LAYOUT);
            }
            else if (selection.equals(layouts[1]))
```

```
            {
                tabbedPane.setTabLayoutPolicy(
                    JTabbedPane.SCROLL_TAB_LAYOUT);
            }
            // 設置分頁的標題放置位置
            else if (selection.equals(positions[0]))
            {
                tabbedPane.setTabPlacement(JTabbedPane.LEFT);
            }
            else if (selection.equals(positions[1]))
            {
                tabbedPane.setTabPlacement(JTabbedPane.TOP);
            }
            else if (selection.equals(positions[2]))
            {
                tabbedPane.setTabPlacement(JTabbedPane.RIGHT);
            }
            else if (selection.equals(positions[3]))
            {
                tabbedPane.setTabPlacement(JTabbedPane.BOTTOM);
            }
        }
    }
    public static void main(String[] args)
    {
        new JTabbedPaneTest().init();
    }
}
// 定義一個JPanel類別擴展類別，該類別的物件包含多個縱向排列的JRadioButton控制項
// 且JPanel擴展類別可以指定一個字串作為TitledBorder
class ButtonPanel extends JPanel
{
    private ButtonGroup group;
    public ButtonPanel(JTabbedPaneTest.ChangeAction action
        , String title, String[] labels)
    {
        setBorder(BorderFactory.createTitledBorder(BorderFactory
            .createEtchedBorder(), title));
        setLayout(new BoxLayout(this, BoxLayout.X_AXIS));
        group = new ButtonGroup();
        for (int i = 0; labels!= null && i < labels.length; i++)
        {
            JRadioButton b = new JRadioButton(labels[i]);
            b.setActionCommand(labels[i]);
            add(b);
```

```
                // 添加事件監聽器
                b.addActionListener(action);
                group.add(b);
                b.setSelected(i == 0);
            }
        }
}
```

上面程式中的粗體字程式碼是操作 JTabbedPane 各種屬性的程式碼，這些程式碼完成了向 JTabbedPane 中添加分頁、改變分頁圖示等操作。程式運行後會看到如圖 12.15 所示的分頁效果。

如果選擇捲軸佈局，並選擇將分頁放在底部，將看到如圖 12.16 所示的分頁效果。

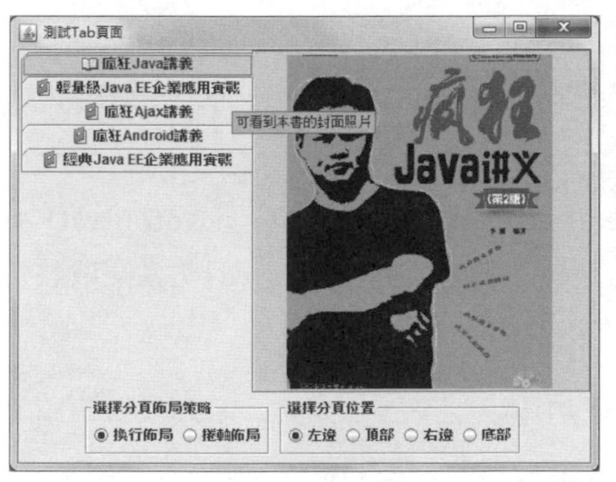

圖12.15 分頁效果一

圖12.16 分頁效果二

12.3.3 使用JLayeredPane、JDesktopPane和JInternalFrame

JLayeredPane 是一個代表有層次深度的容器，它允許元件在需要時互相重疊。當向 JLayeredPane 容器中添加元件時，需要為該元件指定一個深度索引，其中層次索引較高的層裡的元件位於其他層的元件之上。

JLayeredPane 還將容器的層次深度分成幾個預設層，程式只是將元件放入相應的層，從而可以更容易地確保元件的正確重疊，無須為元件指定具體的深度索引。JLayeredPane 提供了如下幾個預設層。

◆ DEFAULT_LAYER：大多數元件位於的標準層。這是最底層。

◆ PALETTE_LAYER：調色板層位於預設層之上。該層對於浮動工具欄和調色板很有用，因此可以位於其他元件之上。

◆ MODAL_LAYER：該層用於顯示強制回應對話方塊。它們將出現在容器中所有工具欄、調色板或標準元件的上面。

◆ POPUP_LAYER：該層用於顯示右鍵選單，與對話方塊、工具提示和普通元件關聯的彈出式視窗將出現在對應的對話方塊、工具提示和普通元件之上。

◆ DRAG_LAYER：該層用於放置拖放過程中的元件（關於拖放操作請看下一節內容），拖放操作中的元件位於所有元件之上。一旦拖放操作結束後，該元件將重新分配到其所屬的正常層。

注意

每一層都是一個不同的整數。可以在呼叫 add() 的過程中通過Integer參數指定該元件所在的層。也可以傳入上面幾個靜態常數，它們分別等於0，100，200，300，400等值。

除此之外，也可以使用 JLayeredPane 的 moveToFront()、moveToBack() 和 setPosition() 方法在元件所在層中對其進行重定位，還可以使用 setLayer() 方法更改該元件所屬的層。

下面程式簡單示範了 JLayeredPane 容器的用法。

程式清單：codes\12\12.3\JLayeredPaneTest.java

```
public class JLayeredPaneTest
{
    JFrame jf = new JFrame("測試JLayeredPane");
    JLayeredPane layeredPane = new JLayeredPane();
    public void init()
    {
        // 向layeredPane中添加3個元件
        layeredPane.add(new ContentPanel(10 , 20 , "瘋狂Java講義"
            , "ico/java.png"), JLayeredPane.MODAL_LAYER);
        layeredPane.add(new ContentPanel(100 , 60 , "瘋狂Android講義"
            , "ico/android.png"), JLayeredPane.DEFAULT_LAYER);
        layeredPane.add(new ContentPanel(190 , 100
            , "輕量級Java EE企業應用實戰", "ico/ee.png"), 4);
        layeredPane.setPreferredSize(new Dimension(400, 300));
        layeredPane.setVisible(true);
        jf.add(layeredPane);
        jf.pack();
        jf.setDefaultCloseOperation(JFrame.EXIT_ON_CLOSE);
```

```
        jf.setVisible(true);
    }
    public static void main(String[] args)
    {
        new JLayeredPaneTest().init();
    }
}
// 擴展了JPanel類別，可以直接建立一個放在指定位置
// 且有指定標題、放置指定圖示的JPanel物件
class ContentPanel extends JPanel
{
    public ContentPanel(int xPos , int yPos
        , String title , String ico)
    {
        setBorder(BorderFactory.createTitledBorder(
            BorderFactory.createEtchedBorder(), title));
        JLabel label = new JLabel(new ImageIcon(ico));
        add(label);
        setBounds(xPos , yPos , 160, 220);    // ①
    }
}
```

上面程式中粗體字程式碼向 JLayeredPane 中添加了三個 Panel 元件，每個 Panel 元件都必須顯式設置大小和位置（程式中①處程式碼設置了 Panel 元件的大小和位置），否則該元件不能被顯示出來。

運行上面程式，會看到如圖 12.17 所示的運行效果。

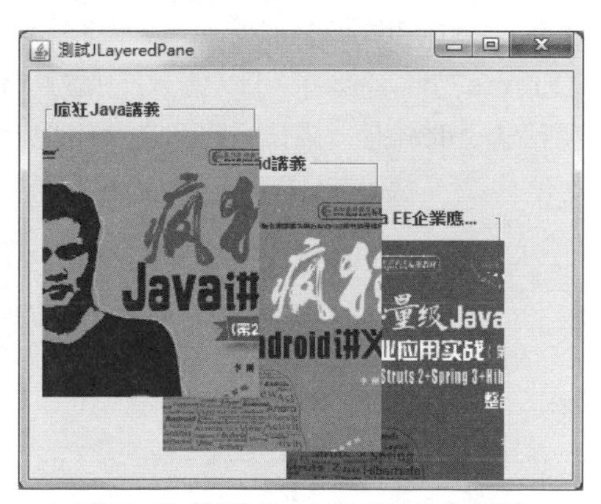

圖12.17 使用JLayeredPane的效果

注意

向JLayeredPane中添加元件時，必須顯式設置該元件的大小和位置，否則該元件不能顯示出來。

JLayeredPane 的子類別 JDesktopPane 容器更加常用——很多應用程式都需要啟動多個內部視窗來顯示資訊（典型的如 Eclipse、EditPlus 都使用了這種內部視窗來分別顯示每個 Java 原始檔），這些內部視窗都屬於同一個外部視窗，當外部視窗最小化時，這些內部視窗都被隱藏起來。在 Windows 環境中，這種使用者介面被稱為多重文件介面（Multiple Document Interface，MDI）。

使用 Swing 可以非常簡單地建立出這種 MDI 介面，通常，內部視窗有自己的標題欄、標題、圖示、三個視窗按鈕，並允許拖曳改變內部視窗的大小和位置，但內部視窗不能拖出外部視窗。

> **提示** 內部視窗與外部視窗表現方式上的唯一區別在於：外部視窗的桌面是實際運行平台的桌面，而內部視窗以外部視窗的指定容器作為桌面。就其實作機制來看，外部視窗和內部視窗則完全不同，外部視窗需要部分依賴於本地平台的GUI元件，屬於重量級元件；而內部視窗則採用100%的Java實作，屬於輕量級元件。

JDesktopPane 需要和 JInternalFrame 結合使用，其中 JDesktopPane 代表一個虛擬桌面，而 JInternalFrame 則用於建立內部視窗。使用 JDesktopPane 和 JInternalFrame 建立內部視窗按如下步驟進行即可。

1. 建立一個JDesktopPane物件。JDesktopPane類別僅提供了一個無參數的建構子，通過該建構子建立JDesktopPane物件，該物件代表一個虛擬桌面。

2. 使用JInternalFrame建立一個內部視窗。建立內部視窗與建立JFrame視窗有一些區別，建立JInternalFrame物件時除了可以傳入一個字串作為該內部視窗的標題之外，還可以傳入4個boolean值，用於指定該內部視窗是否允許改變視窗大小、關閉視窗、最大化視窗、最小化視窗。例如，下面程式碼可以建立一個內部視窗。

```
// 建立內部視窗
final JInternalFrame iframe = new JInternalFrame("新文件",
    true, // 可改變大小
    true, // 可關閉
    true, // 可最大化
    true); // 可最小化
```

3. 一旦獲得了內部視窗之後，該視窗的用法和普通視窗的用法基本相似，一樣可以指定該視窗的佈局管理器，一樣可以向視窗內添加元件、改變視窗圖示等。關於操作內部視窗具體存在哪些方法，請參閱JInternalFrame類別的API文件。

④ 將該內部視窗以合適大小、在合適位置顯示出來。與普通視窗類似的是，該視窗預設大小是0 0像素，位於0,0位置（虛擬桌面的左上角處），並且預設處於隱藏狀態，程式可以通過如下程式碼將內部視窗顯示出來。

```
// 同時設置視窗的大小和位置
iframe.reshape(20, 20, 300, 400);
// 使該視窗可見，並嘗試選取它
iframe.show();
```

⑤ 將內部視窗添加到JDesktopPane容器中，再將JDesktopPane容器添加到其他容器中。

外部視窗的show()方法已經過時了，不再推薦使用。但內部視窗的show()方法沒有過時，該方法不僅可以讓內部視窗顯示出來，而且可以讓該視窗處於選取狀態。

JDesktopPane不能獨立存在，必須將JDesktopPane添加到其他頂級容器中才可以正常使用。

下面程式示範了如何使用 JDesktopPane 和 JInternalFrame 來建立 MDI 介面。

程式清單：codes\12\12.3\JInternalFrameTest.java

```
public class JInternalFrameTest
{
    final int DESKTOP_WIDTH = 480;
    final int DESKTOP_HEIGHT = 360;
    final int FRAME_DISTANCE = 30;
    JFrame jf = new JFrame("MDI介面");
    // 定義一個虛擬桌面
    private MyJDesktopPane desktop = new MyJDesktopPane();
    // 存放下一個內部視窗的座標點
    private int nextFrameX;
    private int nextFrameY;
    // 定義內部視窗為虛擬桌面的1/2大小
    private int width = DESKTOP_WIDTH / 2;
    private int height = DESKTOP_HEIGHT / 2;
    // 為主視窗定義兩個選單
    JMenu fileMenu = new JMenu("檔案");
    JMenu windowMenu = new JMenu("視窗");
    // 定義newAction用於建立選單和工具按鈕
```

```
Action newAction = new AbstractAction("新增"
    , new ImageIcon("ico/new.png"))
{
    public void actionPerformed(ActionEvent event)
    {
        // 建立內部視窗
        final JInternalFrame iframe = new JInternalFrame("新文件",
            true, // 可改變大小
            true, // 可關閉
            true, // 可最大化
            true); // 可最小化
        iframe.add(new JScrollPane(new JTextArea(8, 40)));
        // 將內部視窗添加到虛擬桌面中
        desktop.add(iframe);
        // 設置內部視窗的原始位置（內部視窗預設大小是0 0，放在0,0位置）
        iframe.reshape(nextFrameX, nextFrameY, width, height);
        // 使該視窗可見，並嘗試選取它
        iframe.show();
        // 計算下一個內部視窗的位置
        nextFrameX += FRAME_DISTANCE;
        nextFrameY += FRAME_DISTANCE;
        if (nextFrameX + width > desktop.getWidth()) nextFrameX = 0;
        if (nextFrameY + height > desktop.getHeight()) nextFrameY = 0;
    }
};
// 定義exitAction用於建立選單和工具按鈕
Action exitAction = new AbstractAction("結束"
    , new ImageIcon("ico/exit.png"))
{
    public void actionPerformed(ActionEvent event)
    {
        System.exit(0);
    }
};
public void init()
{
    // 為視窗安裝選單列和工具列
    JMenuBar menuBar = new JMenuBar();
    JToolBar toolBar = new JToolBar();
    jf.setJMenuBar(menuBar);
    menuBar.add(fileMenu);
    fileMenu.add(newAction);
    fileMenu.add(exitAction);
    toolBar.add(newAction);
    toolBar.add(exitAction);
    menuBar.add(windowMenu);
    JMenuItem nextItem = new JMenuItem("下一個");
    nextItem.addActionListener(event -> desktop.selectNextWindow());
```

```
        windowMenu.add(nextItem);
        JMenuItem cascadeItem = new JMenuItem("級聯");
        cascadeItem.addActionListener(event ->
            // 級聯顯示視窗，內部視窗的大小是外部視窗的0.75倍
            desktop.cascadeWindows(FRAME_DISTANCE , 0.75));
        windowMenu.add(cascadeItem);
        JMenuItem tileItem = new JMenuItem("平鋪");
        // 平鋪顯示所有內部視窗
        tileItem.addActionListener(event -> desktop.tileWindows());
        windowMenu.add(tileItem);
        final JCheckBoxMenuItem dragOutlineItem = new
            JCheckBoxMenuItem("僅顯示拖曳視窗的輪廓");
        dragOutlineItem.addActionListener(event ->
            // 根據該選單項目是否選擇來決定採用哪種拖曳模式
            desktop.setDragMode(dragOutlineItem.isSelected()
                ? JDesktopPane.OUTLINE_DRAG_MODE
                : JDesktopPane.LIVE_DRAG_MODE));    // ①
        windowMenu.add(dragOutlineItem);
        desktop.setPreferredSize(new Dimension(480, 360));
        // 將虛擬桌面添加到頂級JFrame容器中
        jf.add(desktop);
        jf.add(toolBar , BorderLayout.NORTH);
        jf.setDefaultCloseOperation(JFrame.EXIT_ON_CLOSE);
        jf.pack();
        jf.setVisible(true);
    }
    public static void main(String[] args)
    {
        new JInternalFrameTest().init();
    }
}
class MyJDesktopPane extends JDesktopPane
{
    // 將所有的視窗以級聯方式顯示
    // 其中offset是兩個視窗的位移距離
    // scale是內部視窗與JDesktopPane的大小比例
    public void cascadeWindows(int offset , double scale)
    {
        // 定義級聯顯示視窗時內部視窗的大小
        int width = (int)(getWidth() * scale);
        int height = (int)(getHeight() * scale);
        // 用於存放級聯視窗時每個視窗的位置
        int x = 0;
        int y = 0;
        for (JInternalFrame frame : getAllFrames())
        {
            try
            {
```

```
                // 取消內部視窗的最大化、最小化
                frame.setMaximum(false);
                frame.setIcon(false);
                // 把視窗重新放置在指定位置
                frame.reshape(x, y, width, height);
                x += offset;
                y += offset;
                // 如果到了虛擬桌面邊界
                if (x + width > getWidth()) x = 0;
                if (y + height > getHeight()) y = 0;
            }
            catch (PropertyVetoException e)
            {}
        }
    }
    // 將所有視窗以平鋪方式顯示
    public void tileWindows()
    {
        // 統計所有視窗
        int frameCount = 0;
        for (JInternalFrame frame : getAllFrames())
        {
            frameCount++;
        }
        // 運算需要多少行、多少列才可以平鋪所有視窗
        int rows = (int) Math.sqrt(frameCount);
        int cols = frameCount / rows;
        // 需要額外增加到其他列中的視窗
        int extra = frameCount % rows;
        // 運算平鋪時內部視窗的大小
        int width = getWidth() / cols;
        int height = getHeight() / rows;
        // 用於存放平鋪視窗時每個視窗在橫向、縱向上的索引
        int x = 0;
        int y = 0;
        for (JInternalFrame frame : getAllFrames())
        {
            try
            {
                // 取消內部視窗的最大化、最小化
                frame.setMaximum(false);
                frame.setIcon(false);
                // 將視窗放在指定位置
                frame.reshape(x * width, y * height, width, height);
                y++;
                // 每排完一列視窗
                if (y == rows)
                {
```

```
                    // 開始排放下一列視窗
                    y = 0;
                    x++;
                    // 如果額外多出的視窗與剩下的列數相等
                    // 則後面所有列都需要多排列一個視窗
                    if (extra == cols - x)
                    {
                        rows++;
                        height = getHeight() / rows;
                    }
                }
            }
            catch (PropertyVetoException e)
            {}
        }
    }
    // 選取下一個非圖示視窗
    public void selectNextWindow()
    {
        JInternalFrame[] frames = getAllFrames();
        for (int i = 0; i < frames.length; i++)
        {
            if (frames[i].isSelected())
            {
                // 找出下一個非最小化的視窗，嘗試選取它
                // 如果選取失敗，則繼續嘗試選取下一個視窗
                int next = (i + 1) % frames.length;
                while (next != i)
                {
                    // 如果該視窗不是處於最小化狀態
                    if (!frames[next].isIcon())
                    {
                        try
                        {
                            frames[next].setSelected(true);
                            frames[next].toFront();
                            frames[i].toBack();
                            return;
                        }
                        catch (PropertyVetoException e)
                        {}
                    }
                    next = (next + 1) % frames.length;
                }
            }
        }
    }
}
```

上面程式中粗體字程式碼示範了建立 JDesktopPane 虛擬桌面，建立 JInternatFrame 內部視窗，並將內部視窗添加到虛擬桌面中，最後將虛擬桌面添加到頂級 JFrame 容器中的過程。

運行上面程式，會看到如圖 12.18 所示的內部視窗效果。

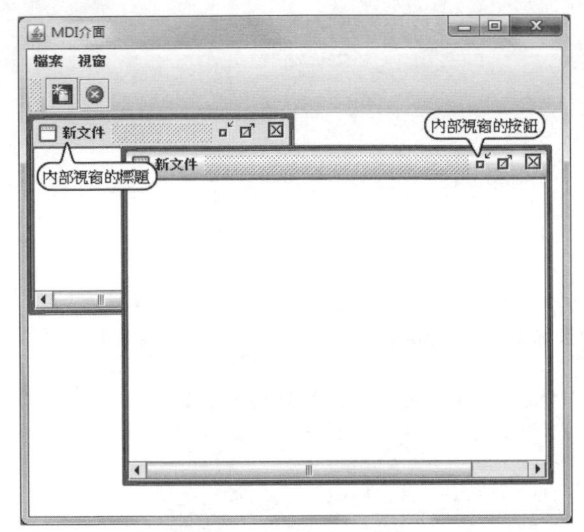

圖12.18　內部視窗效果

在預設情況下，當使用者拖曳視窗時，內部視窗會緊緊跟隨使用者滑鼠的移動，這種操作會導致系統不斷重繪虛擬桌面的內部視窗，從而引起效能下降。為了改變這種拖曳模式，可以設置當使用者拖曳內部視窗時，虛擬桌面上僅繪出該內部視窗的輪廓。可以通過呼叫 JDesktopPane 的 setDragMode() 方法來改變內部視窗的拖曳模式，該方法接收如下兩個參數值。

◆ JDesktopPane.OUTLINE_DRAG_MODE：拖曳過程中僅顯示內部視窗的輪廓。

◆ JDesktopPane.LIVE_DRAG_MODE：拖曳過程中顯示完整視窗，這是預設選項。

上面程式中①處程式碼允許使用者根據 JCheckBoxMenuItem 的狀態來決定視窗採用哪種拖曳模式。

讀者可能會發現，程式建立虛擬桌面時並不是直接建立 JDesktopPane 物件，而是先擴展了 JDesktopPane 類別，為該類別增加了如下三個方法。

◆ cascadeWindows()：級聯顯示所有的內部視窗。

◆ tileWindows()：平鋪顯示所有的內部視窗。

◆ selectNextWindow()：選取當前視窗的下一個視窗。

JDesktopPane 沒有提供這三個方法，但這三個方法在 MDI 應用程式裡又是如此常用，以至於開發者總需要自己來擴展 JDesktopPane 類別，而不是直接使用該類別。這是一個非常有趣的地方——Oracle 似乎認為這些方法太過簡單，不屑為之，於是開發者只能自己實作，這給程式設計帶來一些麻煩。

級聯顯示視窗其實很簡單，先根據內部視窗與 JDesktopPane 的大小比例運算出每個內部視窗的大小，然後以此重新排列每個視窗，重排之前讓相鄰兩個視窗在橫向、縱向上產生一定的位移即可。

平鋪顯示視窗相對複雜一點，程式先運算需要幾行、幾列可以顯示所有的視窗，如果還剩下多餘（不能整除）的視窗，則依次分佈到最後幾列中。圖 12.19 顯示了平鋪視窗的效果。

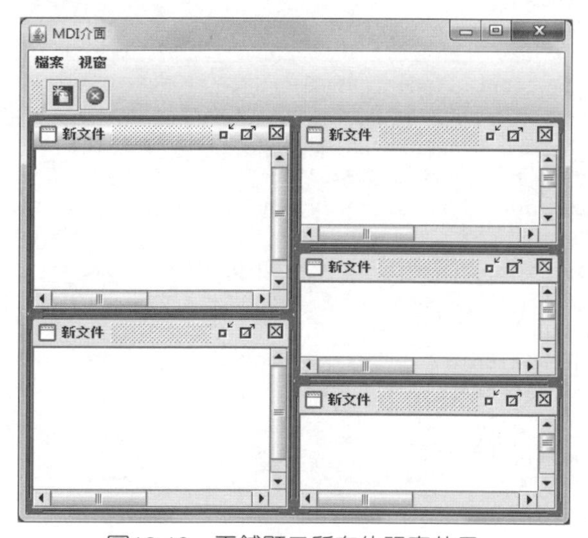

圖12.19　平鋪顯示所有的視窗效果

前面介紹 JOptionPane 時提到該類別包含了多個多載的 showInternalXxxDialog() 方法，這些方法用於彈出內部對話方塊，當使用該方法來彈出內部對話方塊時通常需要指定一個父元件，這個父元件既可以是虛擬桌面（JDesktopPane 物件），也可以是內部視窗（JInternalFrame 物件）。下面程式示範了如何彈出內部對話方塊。

程式清單：codes\12\12.3\InternalDialogTest.java

```
public class InternalDialogTest
{
    private JFrame jf = new JFrame("測試內部對話方塊");
    private JDesktopPane desktop = new JDesktopPane();
    private JButton internalBn = new JButton("內部視窗的對話方塊");
    private JButton deskBn = new JButton("虛擬桌面的對話方塊");
    // 定義一個內部視窗，該視窗可拖曳，但不可最大化、最小化、關閉
    private JInternalFrame iframe = new JInternalFrame("內部視窗");
    public void init()
    {
        // 向內部視窗中添加元件
        iframe.add(new JScrollPane(new JTextArea(8, 40)));
        desktop.setPreferredSize(new Dimension(400, 300));
        // 把虛擬桌面添加到JFrame視窗中
        jf.add(desktop);
        // 設置內部視窗的大小、位置
        iframe.reshape(0 , 0 , 300 , 200);
        // 顯示並選取內部視窗
        iframe.show();
        desktop.add(iframe);
        JPanel jp = new JPanel();
        deskBn.addActionListener(event ->
            // 彈出內部對話方塊，以虛擬桌面作為父元件
            JOptionPane.showInternalMessageDialog(desktop
                , "屬於虛擬桌面的對話方塊"));
        internalBn.addActionListener(event ->
            // 彈出內部對話方塊，以內部視窗作為父元件
            JOptionPane.showInternalMessageDialog(iframe
                , "屬於內部視窗的對話方塊"));
        jp.add(deskBn);
        jp.add(internalBn);
        jf.add(jp , BorderLayout.SOUTH);
        jf.pack();
        jf.setVisible(true);
    }
    public static void main(String[] args)
    {
        new InternalDialogTest().init();
    }
}
```

上面程式中兩行粗體字彈出兩個內部對話方塊，這兩個對話方塊一個以虛擬桌面作為父視窗，一個以內部視窗作為父元件。運行上面程式會看到如圖 12.20 所示的內部視窗的對話方塊。

圖12.20　內部視窗的對話方塊

12.4 Swing簡化的拖放功能

從 JDK 1.4 開始，Swing 的部分元件已經提供了預設的拖放支援，從而能以更簡單的方式進行拖放操作。Swing 中支援拖放操作的元件如表 12.1 所示。

表12.1 支援拖放操作的Swing元件

Swing元件	作為拖放源匯出	作為拖放目標接收
JColorChooser	匯出顏色物件的本地參照	可接收任何顏色
JFileChooser	匯出檔案列表	無
JList	匯出所選擇節點的HTML描述	無
JTable	匯出所選取的行	無
JTree	匯出所選擇節點的HTML描述	無
JTextComponent	匯出所選文字	接收文字，其子類別JTextArea還可接收檔案列表，負責將檔案開啟

在預設情況下，表 12.1 中的這些 Swing 元件都沒有啟動拖放支援，可以呼叫這些元件的 setDrag Enabled (true) 方法來啟動拖放支援。下面程式示範了 Swing 提供的拖放支援。

程式清單：codes\12\12.4\SwingDndSupport.java

```
public class SwingDndSupport
{
    JFrame jf = new JFrame("Swing的拖放支援");
    JTextArea srcTxt = new JTextArea(8 , 30);
    JTextField jtf = new JTextField(34);
```

```
    public void init()
    {
        srcTxt.append("Swing的拖放支援.\n");
        srcTxt.append("將該文字區域的內容拖入其他程式.\n");
        // 啟動文字區域和單行文字方塊的拖放支援
        srcTxt.setDragEnabled(true);
        jtf.setDragEnabled(true);
        jf.add(new JScrollPane(srcTxt));
        jf.add(jtf , BorderLayout.SOUTH);
        jf.setDefaultCloseOperation(JFrame.EXIT_ON_CLOSE);
        jf.pack();
        jf.setVisible(true);
    }
    public static void main(String[] args)
    {
        new SwingDndSupport().init();
    }
}
```

上面程式中的兩行粗體字程式碼負責開始多行文字區域和單行文字方塊的拖放支援。運行上面程式，會看到如圖 12.21 所示的介面。

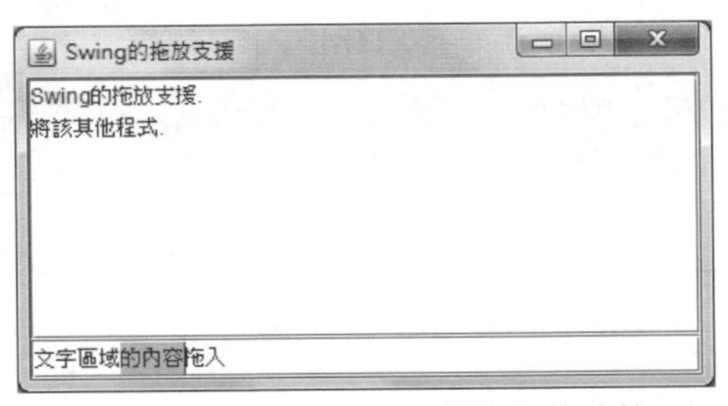

圖12.21　啟用Swing元件的拖放功能

除此之外，Swing 還提供了一種非常特殊的類別：TransferHandler，它可以直接將某個元件的指定屬性設置成拖放目標，前提是該元件具有該屬性的 setter 方法。例如，JTextArea 類別提供了一個 setForeground(Color) 方法，這樣即可利用 TransferHandler 將 foreground 定義成拖放目標。程式碼如下：

```
// 允許直接將一個Color物件拖入該JTextArea物件，並賦給它的foreground屬性
txt.setTransferHandler(new TransferHandler("foreground"));
```

下面程式可以直接把顏色選擇器窗格中的顏色拖放到指定文字區域中，用以改變指定文字區域的前景色。

程式清單：codes\12\12.4\TransferHandlerTest.java

```
public class TransferHandlerTest
{
    private JFrame jf = new JFrame("測試TransferHandler");
    JColorChooser chooser = new JColorChooser();
    JTextArea txt = new JTextArea("測試TransferHandler\n"
        + "直接將上面顏色拖入以改變文字顏色");
    public void init()
    {
        // 啟動顏色選擇器窗格和文字區域的拖放功能
        chooser.setDragEnabled(true);
        txt.setDragEnabled(true);
        jf.add(chooser, BorderLayout.SOUTH);
        // 允許直接將一個Color物件拖入該JTextArea物件
        // 並賦給它的foreground屬性
        txt.setTransferHandler(new TransferHandler("foreground"));
        jf.add(new JScrollPane(txt));
        jf.setDefaultCloseOperation(JFrame.EXIT_ON_CLOSE);
        jf.pack();
        jf.setVisible(true);
    }
    public static void main(String[] args)
    {
        new TransferHandlerTest().init();
    }
}
```

上面程式中的粗體字程式碼將 JTextArea 的 foreground 屬性轉換成拖放目標，它可以接收任何 Color 物件。而 JColorChooser 啟動拖放功能後可以匯出顏色物件的本地參照，從而可以直接將該顏色物件拖給 JTextArea 的 foreground 屬性。運行上面程式，會看到如圖 12.22 所示的介面。

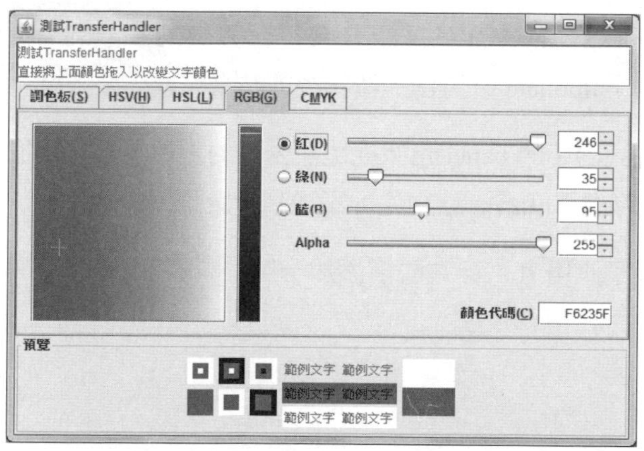

圖12.22　通過拖放操作改變文字區域的前景色

從圖 12.22 中可以看出，當使用者把顏色選擇器窗格中預覽區的顏色拖到上面多行文字區域後，多行文字區域的顏色也隨之發生改變。

12.5 Java 7新增的Swing功能

Java 7 提供的重大更新就包括了對 Swing 的更新，對 Swing 的更新除了前面介紹的 Nimbus 外觀、改進的 JColorChooser 元件之外，還有兩個很有用的更新——JLayer 和建立不規則視窗。下面將會詳細介紹這兩個知識點。

12.5.1 使用JLayer裝飾元件

JLayer 的功能是在指定元件上額外地添加一個裝飾層，開發者可以在這個裝飾層上進行任意繪製（直接覆寫 paint(Graphics g, JComponent c) 方法），這樣就可以為指定元件添加任意裝飾。

JLayer 一般總是要和 LayerUI 一起使用，而 LayerUI 用於被擴展，擴展 LayerUI 時覆寫它的 paint(Graphics g, JComponent c) 方法，在該方法中繪製的內容會對指定元件進行裝飾。

實際上，使用 JLayer 很簡單，只要如下兩行程式碼即可。

```
// 建立LayerUI物件
LayerUI<JComponent> layerUI = new XxxLayerUI();
// 使用layerUI來裝飾指定的JPanel元件
JLayer<JComponent> layer = new JLayer<JComponent>(panel, layerUI);
```

上面程式中的 XxxLayerUI 就是開發者自己擴展的子類別，這個子類別會覆寫 paint(Graphics g, JComponent c) 方法，覆寫該方法來完成「裝飾層」的繪製。

上面第二行程式碼中的 panel 元件就是被裝飾的元件，接下來把 layer 物件（layer 物件包含了被裝飾物件和 LayerUi 物件）添加到指定容器中即可。

下面程式示範了使用 JLayer 為視窗添加一層「蒙版」的效果。

程式清單：codes\12\12.5\JLayerTest.java

```
class FirstLayerUI extends LayerUI<JComponent>
{
    public void paint(Graphics g, JComponent c)
    {
        super.paint(g, c);
        Graphics2D g2 = (Graphics2D) g.create();
        // 設置透明效果
        g2.setComposite(AlphaComposite.getInstance(
            AlphaComposite.SRC_OVER, .5f));
        // 使用漸變畫筆繪圖
        g2.setPaint(new GradientPaint(0 , 0 , Color.RED
            , 0 , c.getHeight() , Color.BLUE));
        // 繪製一個與被裝飾元件具有相同大小的元件
        g2.fillRect(0, 0, c.getWidth(), c.getHeight());        // ①
        g2.dispose();
    }
}
public class JLayerTest
{
    public void init()
    {
        JFrame f = new JFrame("JLayer測試");
        JPanel p = new JPanel();
        ButtonGroup group = new ButtonGroup();
        JRadioButton radioButton;
        // 建立3個RadioButton，並將它們添加成一組
        p.add(radioButton = new JRadioButton("網購購買", true));
        group.add(radioButton);
        p.add(radioButton = new JRadioButton("書店購買"));
        group.add(radioButton);
        p.add(radioButton = new JRadioButton("圖書館借閱"));
        group.add(radioButton);
        // 添加3個JCheckBox
        p.add(new JCheckBox("瘋狂Java講義"));
        p.add(new JCheckBox("瘋狂Android講義"));
        p.add(new JCheckBox("瘋狂Ajax講義"));
        p.add(new JCheckBox("輕量級Java EE企業應用"));
        JButton orderButton = new JButton("投票");
        p.add(orderButton);
        // 建立LayerUI物件
        LayerUI<JComponent> layerUI = new FirstLayerUI();       // ②
        // 使用layerUI來裝飾指定的JPanel元件
        JLayer<JComponent> layer = new JLayer<JComponent>(p, layerUI);
        // 將裝飾後的JPanel元件添加到容器中
        f.add(layer);
        f.setSize(300, 170);
```

```
        f.setDefaultCloseOperation (JFrame.EXIT_ON_CLOSE);
        f.setVisible (true);
    }
    public static void main(String[] args)
    {
        new JLayerTest().init();
    }
}
```

上面程式中開發了一個 FirstLayerUI，它擴展了 LayerUI，覆寫 paint(Graphics g, JComponent c) 方法時繪製了一個半透明的、與被裝飾元件具有相同大小的矩形。接下來在 main 方法中使用這個 LayerUI 來裝飾指定的 JPanel 元件，並把 JLayer 添加到 JFrame 容器中，這就達到了對 JPanel 進行包裝的效果。運行該程式，可以看到如圖 12.23 所示的效果。

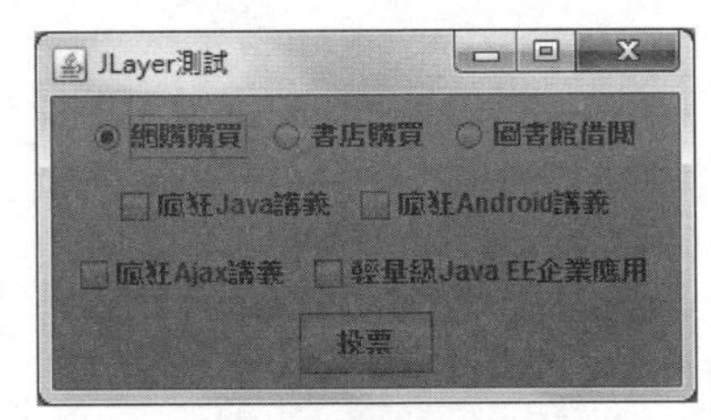

圖12.23　被裝飾的JPanel

由於開發者可以覆寫 paint(Graphics g, JComponent c) 方法，因此獲得對被裝飾層的全部控制權——想怎麼繪製，就怎麼繪製！因此開發者可以「隨心所欲」地對指定元件進行裝飾。例如，下面提供的 LayerUI 則可以為被裝飾元件增加「模糊」效果。程式如下（程式清單同上）。

```
class BlurLayerUI extends LayerUI<JComponent>
{
    private BufferedImage screenBlurImage;
    private BufferedImageOp operation;
    public BlurLayerUI()
    {
        float ninth = 1.0f / 9.0f;
        // 定義模糊參數
        float[] blurKernel = {
            ninth, ninth, ninth,
            ninth, ninth, ninth,
            ninth, ninth, ninth
        };
```

```
        // ConvolveOp代表一個模糊處理，它將原圖片的每一個像素與周圍
        // 像素的顏色進行混合，從而運算出當前像素的顏色值
        operation = new ConvolveOp(
            new Kernel(3, 3, blurKernel),
            ConvolveOp.EDGE_NO_OP, null);
    }
    public void paint(Graphics g, JComponent c)
    {
        int w = c.getWidth();
        int h = c.getHeight();
        // 如果被裝飾視窗大小為0 0，直接返回
        if (w == 0 || h == 0)
            return;
        // 如果screenBlurImage沒有初始化，或它的尺寸不對
        if (screenBlurImage == null
            || screenBlurImage.getWidth() != w
            || screenBlurImage.getHeight() != h)
        {
            // 重新增立新的BufferdImage
            screenBlurImage = new BufferedImage(w
                , h , BufferedImage.TYPE_INT_RGB);
        }
        Graphics2D ig2 = screenBlurImage.createGraphics();
        // 把被裝飾元件的介面繪製到當前screenBlurImage上
        ig2.setClip(g.getClip());
        super.paint(ig2, c);
        ig2.dispose();
        Graphics2D g2 = (Graphics2D)g;
        // 對JLayer裝飾的元件進行模糊處理
        g2.drawImage(screenBlurImage, operation, 0, 0);
    }
}
```

上面程式擴展了 LayerUI，覆寫了 paint(Graphics g, JComponent c) 方法，覆寫該方法時也是繪製了一個與被裝飾元件具有相同大小的矩形，只是這種繪製添加了模糊效果。

將 JLayerTest.java 中的②號粗體字程式碼改為使用 BlurLayerUI，再次運行該程式，將可以看到如圖 12.24 所示的「毛玻璃」視窗。

圖12.24 使用JLayer裝飾的「毛玻璃」視窗

除此之外，開發者自訂的 LayerUI 還可以增加事件機制，這種事件機制能讓裝飾層回應使用者動作，隨著使用者動作動態地改變 LayerUI 上的繪製效果。比如下面的 LayerUI 範例，程式通過回應滑鼠事件，可以在視窗上增加「探照燈」效果。程式如下（程式清單同上）。

```
class SpotlightLayerUI extends LayerUI<JComponent>
{
    private boolean active;
    private int cx, cy;
    public void installUI(JComponent c)
    {
        super.installUI(c);
        JLayer layer = (JLayer)c;
        // 設置JLayer可以回應滑鼠事件和滑鼠動作事件
        layer.setLayerEventMask(AWTEvent.MOUSE_EVENT_MASK
            | AWTEvent.MOUSE_MOTION_EVENT_MASK);        // ①
    }
    public void uninstallUI(JComponent c)
    {
        JLayer layer = (JLayer)c;
        // 設置JLayer不回應任何事件
        layer.setLayerEventMask(0);
        super.uninstallUI(c);
    }
    public void paint(Graphics g, JComponent c)
    {
        Graphics2D g2 = (Graphics2D)g.create();
        super.paint (g2, c);
        // 如果處於啟動狀態
        if (active)
        {
            // 定義一個cx、cy位置的點
            Point2D center = new Point2D.Float(cx, cy);
            float radius = 72;
            float[] dist = {0.0f, 1.0f};
            Color[] colors = {Color.YELLOW , Color.BLACK};
            // 以center為中心、colors為顏色陣列建立環形漸變
            RadialGradientPaint p = new RadialGradientPaint(center
                , radius , dist , colors);
            g2.setPaint(p);
            // 設置漸變效果
            g2.setComposite(AlphaComposite.getInstance(
                AlphaComposite.SRC_OVER, .6f));
            // 繪製矩形
            g2.fillRect(0, 0, c.getWidth(), c.getHeight());
        }
```

```
        g2.dispose();
    }
    // 處理滑鼠事件的方法
    public void processMouseEvent(MouseEvent e, JLayer layer)
    {
        if (e.getID() == MouseEvent.MOUSE_ENTERED)
            active = true;
        if (e.getID() == MouseEvent.MOUSE_EXITED)
            active = false;
        layer.repaint();
    }
    // 處理滑鼠動作事件的方法
    public void processMouseMotionEvent(MouseEvent e, JLayer layer)
    {
        Point p = SwingUtilities.convertPoint(
            e.getComponent(), e.getPoint(), layer);
        // 獲取滑鼠動作事件發生點的座標
        cx = p.x;
        cy = p.y;
        layer.repaint();
    }
}
```

上面程式中覆寫了 LayerUI 的 installUI(JComponent c) 方法，覆寫該方法時控制該元件能回應滑鼠事件和滑鼠動作事件，如粗體字程式碼所示。接下來程式覆寫了 processMouseMotionEvent() 方法，該方法負責為 LayerUI 上的滑鼠事件提供回應——當滑鼠在介面上移動時，程式會改變 cx、cy 的座標值，覆寫 paint(Graphics g, JComponent c) 方法時會在 cx、cy 對應的點繪製一個環形漸變，這就可以充當「探照燈」效果了。將 JLayerTest.java 中的②號粗體字程式碼改為使用 SpotlightLayerUI，再次運行該程式，即可看到如圖 12.25 所示的效果。

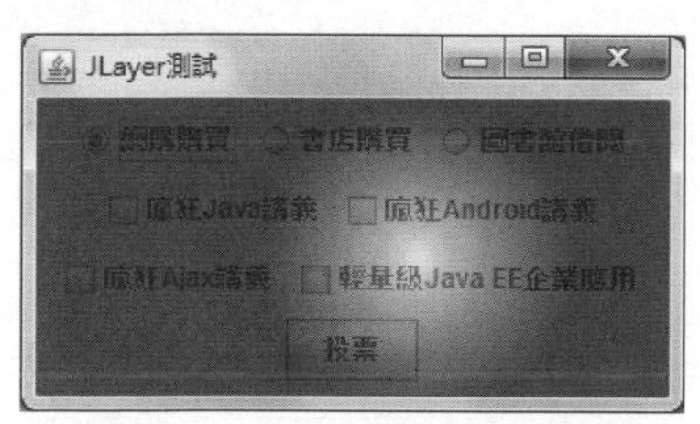

圖12.25　視窗上的「探照燈」效果

既然可以讓 LayerUI 上的繪製效果回應滑鼠動作，當然也可以在 LayerUI 上繪製「動畫」——所謂動畫，就是通過定時器控制 LayerUI 上繪製的圖形動態地改變即可。

接下來覆寫的 LayerUI 使用了 Timer 來定時地改變 LayerUI 上的繪製，程式繪製了一個旋轉中的「齒輪」，這個旋轉的齒輪可以提醒使用者「程式正在處理中」。

下面程式覆寫 LayerUI 時繪製了 12 條輻射狀的線條，並通過 Timer 來不斷地改變這 12 條線條的排列角度，這樣就可以形成「轉動的齒輪」了。程式提供的 WaitingLayerUI 類別程式碼如下。

程式清單：codes\12\12.5\WaitingJLayerTest.java

```
class WaitingLayerUI extends LayerUI<JComponent>
{
    private boolean isRunning;
    private Timer timer;
    // 記錄轉過的角度
    private int angle;        // ①
    public void paint(Graphics g, JComponent c)
    {
        super.paint(g, c);
        int w = c.getWidth();
        int h = c.getHeight();
        // 已經停止運行，直接返回
        if (!isRunning)
            return;
        Graphics2D g2 = (Graphics2D)g.create();
        Composite urComposite = g2.getComposite();
        g2.setComposite(AlphaComposite.getInstance(
            AlphaComposite.SRC_OVER, .5f));
        // 填充矩形
        g2.fillRect(0, 0, w, h);
        g2.setComposite(urComposite);
        // -----下面程式碼開始繪製轉動中的「齒輪」----
        // 運算得到寬、高中較小值的1/5
        int s = Math.min(w , h) / 5;
        int cx = w / 2;
        int cy = h / 2;
        g2.setRenderingHint(RenderingHints.KEY_ANTIALIASING
            , RenderingHints.VALUE_ANTIALIAS_ON);
        // 設置筆觸
        g2.setStroke( new BasicStroke(s / 2
            , BasicStroke.CAP_ROUND , BasicStroke.JOIN_ROUND));
        g2.setPaint(Color.BLUE);
        // 畫筆繞被裝飾元件的中心轉過angle度
        g2.rotate(Math.PI * angle / 180, cx, cy);        // ②
        // 迴圈繪製12條線條，形成「齒輪」
        for (int i = 0; i < 12; i++)
        {
            float scale = (11.0f - (float)i) / 11.0f;
```

```
            g2.drawLine(cx + s, cy, cx + s * 2, cy);
            g2.rotate(-Math.PI / 6, cx, cy);
            g2.setComposite(AlphaComposite.getInstance(
                AlphaComposite.SRC_OVER, scale));
        }
        g2.dispose();
    }
    // 控制等待（齒輪開始轉動）的方法
    public void start()
    {
        // 如果已經在運行中，直接返回
        if (isRunning)
            return;
        isRunning = true;
        // 每隔0.1秒重繪一次
        timer = new Timer(100, e -> {
            if (isRunning)
            {
                // 觸發applyPropertyChange()方法，讓JLayer重繪
                // 在這行程式碼中，後面兩個參數沒有意義
                firePropertyChange("crazyitFlag", 0 , 1);
                // 角度加6
                angle += 6;      // ③
                // 到達360角度後再從0開始
                if (angle >= 360)
                    angle = 0;
            }
        });
        timer.start();
    }
    // 控制停止等待（齒輪停止轉動）的方法
    public void stop()
    {
        isRunning = false;
        // 最後通知JLayer重繪一次，清除曾經繪製的圖形
        firePropertyChange("crazyitFlag", 0 , 1);
        timer.stop();
    }
    public void applyPropertyChange(PropertyChangeEvent pce
        , JLayer layer)
    {
        // 控制JLayer重繪
        if (pce.getPropertyName().equals("crazyitFlag"))
        {
            layer.repaint();
        }
    }
}
```

上面程式中的①號粗體字程式碼定義了一個 angle 變數，它負責控制 12 條線條的旋轉角度。程式使用 Timer 定時地改變 angle 變數的值（每隔 0.1 秒 angle 加 6），如③號粗體字程式碼所示。控制了 angle 角度之後，程式根據該 angle 角度繪製 12 條線條，如②號粗體字程式碼所示。

提供了 WaitingLayerUI 之後，接下來使用該 WaitingLayerUI 與使用前面的 UI 沒有任何區別。不過程式需要通過特定事件來顯示 WaitingLayerUI 的繪製（就是呼叫它的 start() 方法），下面程式為按鈕添加了事件監聽器——當使用者單擊該按鈕時，程式會呼叫 WaitingLayerUI 物件的 start() 方法（程式清單同上）。

```
// 為orderButton綁定事件監聽器：單擊該按鈕時，呼叫layerUI的start()方法
orderButton.addActionListener(ae -> {
    layerUI.start();
    // 如果stopper定時器已停止，則啟動它
    if (!stopper.isRunning())
    {
        stopper.start();
    }
});
```

除此之外，上面程式碼中還用到了 stopper 計時器，它會控制在一段時間（比如 4 秒）之後停止繪製 WaitingLayerUI，因此程式還通過如下程式碼進行控制（程式清單同上）。

```
// 設置4秒之後執行指定動作：呼叫layerUI的stop()方法
final Timer stopper = new Timer(4000, ae -> layerUI.stop());
// 設置stopper定時器只觸發一次
stopper.setRepeats(false);
```

再次運行該程式，可以看到如圖 12.26 所示的「動畫裝飾」效果。

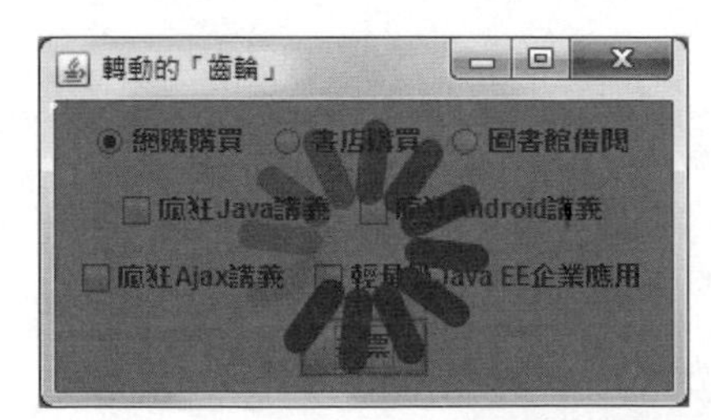

圖12.26　JLayer產生的「動畫裝飾」效果

通過上面幾個例子可以看出，Swing 提供的 JLayer 為視窗美化提供了無限可能性。只要你想做的，比如希望使用者完成輸入之後，立即在後面顯示一個簡單的提示按鈕（鉤表示輸入正確，叉表示輸入錯誤）……都可以通過 JLayer 繪製。

12.5.2 建立透明、不規則形狀視窗

Java 7 為 Frame 提供了如下兩個方法。

- setShape(Shape shape)：設置視窗的形狀，可以將視窗設置成任意不規則的形狀。
- setOpacity(float opacity)：設置視窗的透明度，可以將視窗設置成半透明的。當opacity為1.0f時，該視窗完全不透明。

這兩個方法簡單、易用，可以直接改變視窗的形狀和透明度。除此之外，如果希望開發出漸變透明的視窗，則可以考慮使用一個漸變透明的 JPanel 來代替 JFrame 的 ContentPane；按照這種思路，還可以開發出有圖片背景的視窗。

下面程式示範了如何開發出透明、不規則的視窗。

程式清單：codes\12\12.5\NonRegularWindow.java

```
public class NonRegularWindow extends JFrame
    implements ActionListener
{
    // 定義3個視窗
    JFrame transWin = new JFrame("透明視窗");
    JFrame gradientWin = new JFrame("漸變透明視窗");
    JFrame bgWin = new JFrame("背景圖片視窗");
    JFrame shapeWin = new JFrame("橢圓視窗");
    public NonRegularWindow()
    {
        super("不規則視窗測試");
        setLayout(new FlowLayout());
        JButton transBn = new JButton("透明視窗");
        JButton gradientBn = new JButton("漸變透明視窗");
        JButton bgBn = new JButton("背景圖片視窗");
        JButton shapeBn = new JButton("橢圓視窗");
        // 為3個按鈕添加事件監聽器
        transBn.addActionListener(this);
        gradientBn.addActionListener(this);
        bgBn.addActionListener(this);
        shapeBn.addActionListener(this);
```

```
        add(transBn);
        add(gradientBn);
        add(bgBn);
        add(shapeBn);
        //-------設置透明視窗-------
        transWin.setLayout(new GridBagLayout());
        transWin.setSize(300,200);
        transWin.add(new JButton("透明視窗裡的簡單按鈕"));
        // 設置透明度為0.65f，透明度為1f時完全不透明
        transWin.setOpacity(0.65f);
        //-------設置漸變透明的視窗-------
        gradientWin.setBackground(new Color(0,0,0,0));
        gradientWin.setSize(new Dimension(300,200));
        // 使用一個JPanel物件作為漸變透明的背景
        JPanel panel = new JPanel()
        {
            protected void paintComponent(Graphics g)
            {
                if (g instanceof Graphics2D)
                {
                    final int R = 240;
                    final int G = 240;
                    final int B = 240;
                    // 建立一個漸變畫筆
                    Paint p = new GradientPaint(0.0f, 0.0f
                        , new Color(R, G, B, 0)
                        , 0.0f, getHeight()
                        , new Color(R, G, B, 255) , true);
                    Graphics2D g2d = (Graphics2D)g;
                    g2d.setPaint(p);
                    g2d.fillRect(0, 0, getWidth(), getHeight());
                }
            }
        };
        // 使用JPanel物件作為JFrame的contentPane
        gradientWin.setContentPane(panel);
        panel.setLayout(new GridBagLayout());
        gradientWin.add(new JButton("漸變透明視窗裡的簡單按鈕"));
        //-------設置有背景圖片的視窗-------
        bgWin.setBackground(new Color(0,0,0,0));
        bgWin.setSize(new Dimension(300,200));
        // 使用一個JPanel物件作為背景圖片
        JPanel bgPanel = new JPanel()
        {
            protected void paintComponent(Graphics g)
            {
```

```
                try
                {
                    Image bg = ImageIO.read(new File("images/java.png"));
                    // 繪製一張圖片作為背景
                    g.drawImage(bg , 0 , 0 , getWidth() , getHeight() ,  null);
                }
                catch (IOException ex)
                {
                    ex.printStackTrace();
                }
            }
        };
        // 使用JPanel物件作為JFrame的contentPane
        bgWin.setContentPane(bgPanel);
        bgPanel.setLayout(new GridBagLayout());
        bgWin.add(new JButton("有背景圖片視窗裡的簡單按鈕"));
        //-------設置橢圓形視窗-------
        shapeWin.setLayout(new GridBagLayout());
        shapeWin.setUndecorated(true);
        shapeWin.setOpacity(0.7f);
        // 通過為shapeWin添加監聽器來設置視窗的形狀
        // 當shapeWin視窗的大小被改變時，程式動態設置該視窗的形狀
        shapeWin.addComponentListener(new ComponentAdapter()
        {
            // 當視窗大小被改變時，橢圓的大小也會相應地改變
            public void componentResized(ComponentEvent e)
            {
                // 設置視窗的形狀
                shapeWin.setShape(new Ellipse2D.Double(0 , 0
                    , shapeWin.getWidth() , shapeWin.getHeight()));  // ①
            }
        });
        shapeWin.setSize(300,200);
        shapeWin.add(new JButton("橢圓形視窗裡的簡單按鈕"));
        //-------設置主程式的視窗-------
        setDefaultCloseOperation(JFrame.EXIT_ON_CLOSE);
        pack();
        setVisible(true);
    }
    public void actionPerformed(ActionEvent event)
    {
        switch(event.getActionCommand())
        {
            case "透明視窗":
                transWin.setVisible(true);
                break;
```

```
            case "漸變透明視窗":
                gradientWin.setVisible(true);
                break;
            case "背景圖片視窗":
                bgWin.setVisible(true);
                break;
            case "橢圓視窗":
                shapeWin.setVisible(true);
                break;
        }
    }
    public static void main(String[] args)
    {
        JFrame.setDefaultLookAndFeelDecorated(true);
        new NonRegularWindow();
    }
}
```

上面程式中的粗體字程式碼就是設置透明視窗、漸變透明視窗、有背景圖片視窗的關鍵程式碼；當需要開發不規則形狀的視窗時，程式往往會為該視窗實作一個 ComponentListener，該監聽器負責監聽視窗大小發生改變的事件——當視窗大小發生改變時，程式呼叫視窗的 setShape() 方法來控制視窗的形狀，如 ①號粗體字程式碼所示。

運行上面程式，開啟透明視窗和漸變透明視窗，效果如圖 12.27 所示。

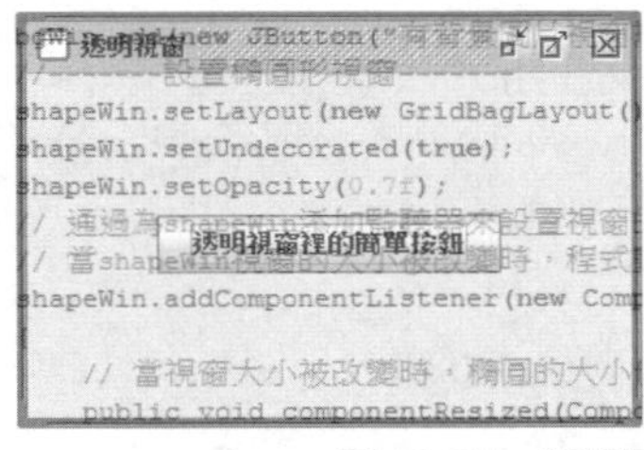

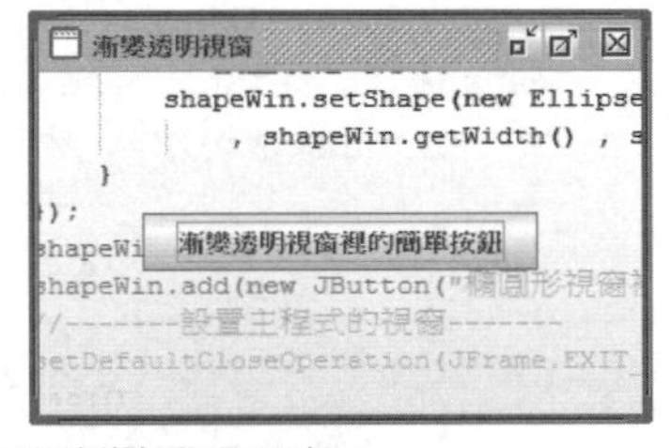

圖12.27　透明視窗和漸變透明視窗

開啟有背景圖片視窗和橢圓視窗，效果如圖 12.28 所示。

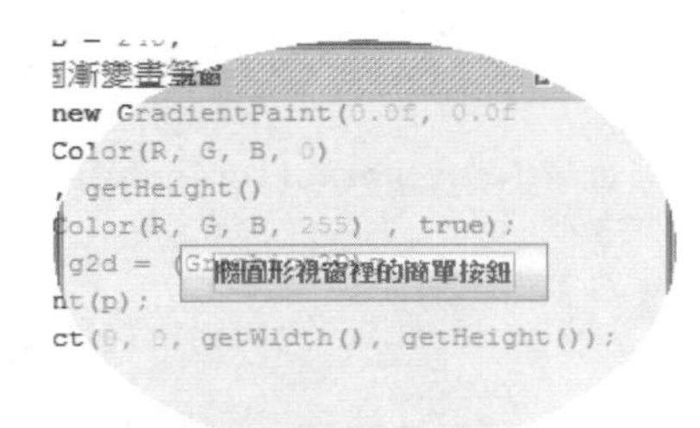

圖12.28　有背景圖片視窗和橢圓視窗

12.6 使用JProgressBar、ProgressMonitor和BoundedRangeModel建立進度條

進度條是圖形介面中廣泛使用的 GUI 元件，當複製一個較大的檔案時，作業系統會顯示一個進度條，用於標識複製操作完成的比例；當啟動 Eclipse 等程式時，因為需要載入較多的資源，故而啟動速度較慢，程式也會在啟動過程中顯示一個進度條，用以表示該軟體啟動完成的比例……

12.6.1 建立進度條

使用 JProgressBar 可以非常方便地建立進度條，使用 JProgressBar 建立進度條可按如下步驟進行。

① 建立一個JProgressBar物件，建立該物件時可以指定三個參數，用於設置進度條的排列方向（豎直和水平）、進度條的最大值和最小值。也可以在建立該物件時不傳入任何參數，而是在後面程式中修改這三個屬性。例如，如下程式碼建立了JProgressBar物件。

```
// 建立一條垂直進度條
JProgressBar bar = new JProgressBar(JProgressBar.VERTICAL );
```

② 呼叫該物件的常用方法設置進度條的普通屬性。JProgressBar除了提供設置排列方向、最大值、最小值的setter和getter方法之外，還提供了如下三個方法：

- setBorderPainted(boolean b)：設置該進度條是否使用邊框。
- setIndeterminate(boolean newValue)：設置該進度條是否是進度不確定的進度條，如果指定一個進度條的進度不確定，將看到一個滑桿在進度條中左右移動。
- setStringPainted(boolean newValue)：設置是否在進度條中顯示完成百分比。

當然，JProgressBar 也為上面三個屬性提供了 getter 方法，但這三個 getter 方法通常沒有太大作用。

③ 當程式中工作進度改變時，呼叫JProgressBar物件的setValue()方法。當進度條的完成進度發生改變時，程式還可以呼叫進度條物件的如下兩個方法。

- double getPercentComplete()：返回進度條的完成百分比。
- String getString()：返回進度字串的當前值。

下面程式示範了使用進度條的簡單例子。

程式清單：codes\12\12.6\JProgressBarTest.java

```
public class JProgressBarTest
{
    JFrame frame = new JFrame("測試進度條");
    // 建立一條垂直進度條
    JProgressBar bar = new JProgressBar(JProgressBar.VERTICAL );
    JCheckBox indeterminate = new JCheckBox("不確定進度");
    JCheckBox noBorder = new JCheckBox("不繪製邊框");
    public void init()
    {
        Box box = new Box(BoxLayout.Y_AXIS);
        box.add(indeterminate);
        box.add(noBorder);
        frame.setLayout(new FlowLayout());
        frame.add(box);
        // 把進度條添加到JFrame視窗中
        frame.add(bar);
        // 設置進度條的最大值和最小值
        bar.setMinimum(0);
        bar.setMaximum(100);
        // 設置在進度條中繪製完成百分比
        bar.setStringPainted(true);
        // 根據該選擇框決定是否繪製進度條的邊框
        noBorder.addActionListener(event ->
            bar.setBorderPainted(!noBorder.isSelected()));
        indeterminate.addActionListener(event -> {
            // 設置該進度條的進度是否確定
            bar.setIndeterminate(indeterminate.isSelected());
            bar.setStringPainted(!indeterminate.isSelected());
        });        frame.setDefaultCloseOperation(JFrame.EXIT_ON_CLOSE);
        frame.pack();
        frame.setVisible(true);
        // 採用迴圈方式來不斷改變進度條的完成進度
        for (int i = 0 ; i <= 100 ; i++)
        {
            // 改變進度條的完成進度
            bar.setValue(i);
            try
            {
                // 程式暫停0.1秒
                Thread.sleep(100);
```

```
            }
            catch (Exception e)
            {
                e.printStackTrace();
            }
        }
    }
    public static void main(String[] args)
    {
        new JProgressBarTest().init();
    }
}
```

上面程式中的粗體字程式碼建立了一個垂直進度條，並通過方法來設置進度條的外觀形式——是否包含邊框，是否在進度條中顯示完成百分比，並通過一個迴圈來不斷改變進度條的 value 屬性，該 value 將會自動轉換成進度條的完成百分比。

運行該程式，將看到如圖 12.29 所示的效果。

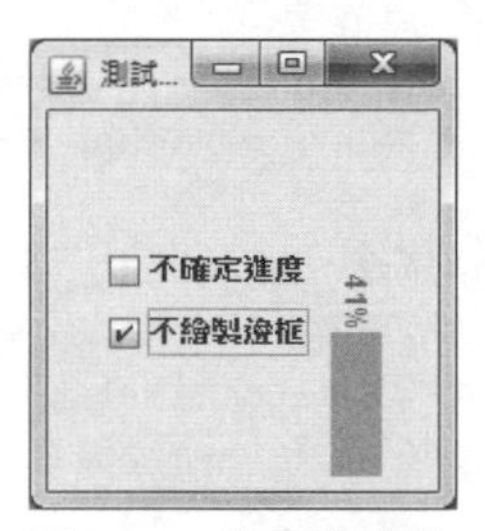

圖12.29 使用進度條

在上面程式中，在主程式中使用迴圈來改變進度條的 value 屬性，即修改進度條的完成百分比，這是沒有任何意義的事情。通常會希望用進度條去檢測其他任務的完成情況，而不是在其他任務的執行過程中主動修改進度條的 value 屬性，因為其他任務可能根本不知道進度條的存在。此時可以使用一個計時器來不斷取得目標任務的完成情況，並根據其完成情況來修改進度條的 value 屬性。下面程式改寫了上面程式，使用一個 SimulatedTarget 來模擬一個耗時的任務。

程式清單：codes\12\12.6\JProgressBarTest2.java

```
public class JProgressBarTest2
{
    JFrame frame = new JFrame("測試進度條");
    // 建立一條垂直進度條
    JProgressBar bar = new JProgressBar(JProgressBar.VERTICAL);
    JCheckBox indeterminate = new JCheckBox("不確定進度");
```

```
    JCheckBox noBorder = new JCheckBox("不繪製邊框");
    public void init()
    {
        Box box = new Box(BoxLayout.Y_AXIS);
        box.add(indeterminate);
        box.add(noBorder);
        frame.setLayout(new FlowLayout());
        frame.add(box);
        // 把進度條添加到JFrame視窗中
        frame.add(bar);
        // 設置在進度條中繪製完成百分比
        bar.setStringPainted(true);
        // 根據該選擇框決定是否繪製進度條的邊框
        noBorder.addActionListener(event ->
            bar.setBorderPainted(!noBorder.isSelected()));
        final SimulatedActivity target = new SimulatedActivity(1000);
        // 以啟動一條執行緒的方式來執行一個耗時的任務
        new Thread(target).start();
        // 設置進度條的最大值和最小值
        bar.setMinimum(0);
        // 以總任務量作為進度條的最大值
        bar.setMaximum(target.getAmount());
        Timer timer = new Timer(300 , e -> bar.setValue(target.getCurrent()));
        timer.start();
        indeterminate.addActionListener(event -> {
            // 設置該進度條的進度是否確定
            bar.setIndeterminate(indeterminate.isSelected());
            bar.setStringPainted(!indeterminate.isSelected());
        });
        frame.setDefaultCloseOperation(JFrame.EXIT_ON_CLOSE);
        frame.pack();
        frame.setVisible(true);
    }
    public static void main(String[] args)
    {
        new JProgressBarTest2().init();
    }
}
// 模擬一個耗時的任務
class SimulatedActivity implements Runnable
{
    // 任務的當前完成量
    private volatile int current;
    // 總任務量
    private int amount;
    public SimulatedActivity(int amount)
    {
```

```
        current = 0;
        this.amount = amount;
    }
    public int getAmount()
    {
        return amount;
    }
    public int getCurrent()
    {
        return current;
    }
    // run方法代表不斷完成任務的過程
    public void run()
    {
        while (current < amount)
        {
            try
            {
                Thread.sleep(50);
            }
            catch(InterruptedException e)
            {
            }
            current++;
        }
    }
}
```

上面程式的運行效果與前一個程式的運行效果大致相同，但這個程式中的JProgressBar就實用多了，它可以檢測並顯示SimulatedTarget的完成進度。

提示 SimulatedActivity類別實作了Runnable介面，這是一個特殊的介面，實作該介面可以實作多執行緒功能。關於多執行緒的介紹請參考本書第16章內容。

Swing元件大都將外觀顯示和內部資料分離，JProgressBar也不例外，JProgressBar元件有一個用於存放其狀態資料的Model物件，這個物件由BoundedRangeModel物件表示，程式呼叫JProgressBar物件的setValue()方法時，實際上是設置BoundedRangeModel物件的value屬性。

程式可以修改BoundedRangeModel物件的minimum屬性和maximum屬性，當該Model物件的這兩個屬性被修改後，它所對應的JProgressBar物件的這兩個屬性也會隨之修改，因為JProgressBar物件的所有狀態資料都是存放在該Model物件中的。

程式監聽 JProgressBar 完成比例的變化，也是通過為 BoundedRangeModel 提供監聽器來實作的。BoundedRangeModel 提供了如下一個方法來添加監聽器。

- addChangeListener(ChangeListener x)：用於監聽JProgressBar完成比例的變化，每當JProgressBar的value屬性被改變時，系統都會觸發ChangeListener監聽器的stateChanged()方法。例如，下面程式碼為進度條的狀態變化添加了一個監聽器。

```
// JProgressBar的完成比例發生變化時會觸發該方法
bar.getModel().addChangeListener(ce -> {
    // 對進度變化進行合適處理
    ...
});
```

12.6.2 建立進度對話方塊

ProgressMonitor 的用法與 JProgressBar 的用法基本相似，只是 ProgressMonitor 可以直接建立一個進度對話方塊。ProgressMonitor 提供了如下建構子。

- ProgressMonitor(Component parentComponent, Object message, String note, int min, int max)：該建構子中的parentComponent參數用於設置該進度對話方塊的父元件，message用於設置該進度對話方塊的描述資訊，note用於設置該進度對話方塊的提示文字，min和max用於設置該對話方塊所包含進度條的最小值和最大值。

例如，如下程式碼建立了一個進度對話方塊。

```
final ProgressMonitor dialog = new ProgressMonitor(null ,"等待任務完成" ,
    "已完成：" , 0 , target.getAmount());
```

使用上面程式碼建立的進度對話方塊如圖 12.30 所示。

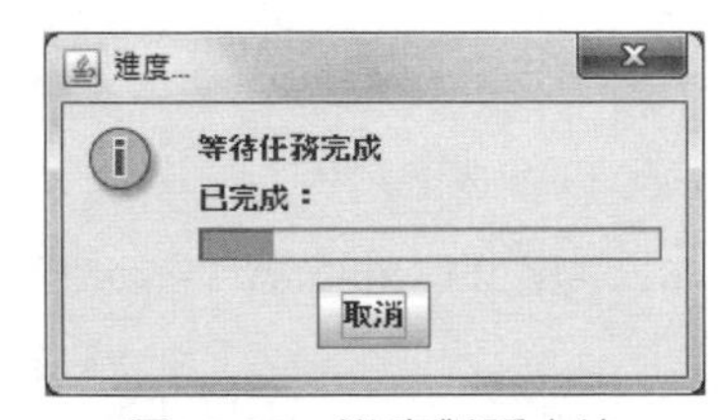

圖12.30　進度對話方塊

如圖 12.30 所示，該對話方塊中包含了一個「取消」按鈕，如果程式希望判斷使用者是否單擊了該按鈕，則可以通過 ProgressMonitor 的 isCanceled() 方法進行判斷。

使用 ProgressMonitor 建立的對話方塊裡包含的進度條是非常固定的，程式甚至不能設置該進度條是否包含邊框（總是包含邊框），不能設置進度不確定，不能改變進度條的方向（總是水平方向）。

與普通進度條類似的是，進度對話方塊也不能自動監視目標任務的完成進度，程式通過呼叫進度對話方塊的 setProgress() 方法來改變進度條的完成比例（該方法類似於 JProgressBar 的 setValue() 方法）。

下面程式同樣採用前面的 SimulatedTarget 來模擬一個耗時的任務，並建立了一個進度對話方塊來監測該任務的完成百分比。

程式清單：codes\12\12.6\ProgressMonitorTest.java

```
public class ProgressMonitorTest
{
    Timer timer;
    public void init()
    {
        final SimulatedActivity target = new SimulatedActivity(1000);
        // 以啟動一條執行緒的方式來執行一個耗時的任務
        final Thread targetThread = new Thread(target);
        targetThread.start();
        final ProgressMonitor dialog = new ProgressMonitor(null
            , "等待任務完成" , "已完成：" , 0 , target.getAmount());
        timer = new Timer(300 , e -> {
            // 以任務的當前完成量設置進度對話方塊的完成比例
            dialog.setProgress(target.getCurrent());
            // 如果使用者單擊了進度對話方塊中的「取消」按鈕
            if (dialog.isCanceled())
            {
                // 停止計時器
                timer.stop();
                // 中斷任務的執行緒
                targetThread.interrupt();     // ①
                // 系統結束
                System.exit(0);
            }
        });
        timer.start();
    }
    public static void main(String[] args)
    {
```

```
        new ProgressMonitorTest().init();
    }
}
```

上面程式中的粗體字程式碼建立了一個進度對話方塊，並建立了一個 Timer 計時器不斷詢問 SimulatedTarget 任務的完成比例，進而設置進度對話方塊裡進度條的完成比例。而且該計時器還負責監聽使用者是否單擊了進度對話方塊中的「取消」按鈕，如果使用者單擊了該按鈕，則中止執行 SimulatedTarget 任務的執行緒，並停止計時器，同時結束該程式。運行該程式，會看到如圖 12.30 所示的對話方塊。

提示 

程式中①處程式碼用於中止執行緒的執行，讀者可以參考第16章內容來理解這行程式碼。

12.7 使用JSlider和BoundedRangeModel建立滑動軸

JSlider 的用法和 JProgressBar 的用法非常相似，這一點可以從它們共享同一個 Model 類別看出來。使用 JSlider 可以建立一個滑動軸，這個滑動軸同樣有最小值、最大值和當前值等屬性。JSlider 與 JprogressBar 的主要區別如下。

- JSlider不是採用填充顏色的方式來表示該元件的當前值，而是採用滑桿的位置來表示該元件的當前值。
- JSlider允許使用者手動改變滑動軸的當前值。
- JSlider允許為滑動軸指定刻度值，這系列的刻度值既可以是連續的數字，也可以是自訂的刻度值，甚至可以是圖示。

使用 JSlider 建立滑動軸的步驟如下。

① 使用JSlider的建構子建立一個JSlider物件，JSlider有多個多載的建構子，但這些建構子總共可以接收如下4個參數。

- orientation：指定該滑動軸的擺放方向，預設是水平擺放。可以接收JSlider.VERTICAL和JSlider.HORIZONTAL兩個值。

◆ min：指定該滑動軸的最小值，該屬性值預設為0。

◆ max：指定該滑動軸的最大值，該屬性值預設是為100。

◆ value：指定該滑動軸的當前值，該屬性值預設是為50。

② 呼叫JSlider的如下方法來設置滑動軸的外觀樣式。

◆ setExtent(int extent)：設置滑動軸上的保留區，使用者拖曳滑桿時不能超過保留區。例如，最大值為100的滑動軸，如果設置保留區為20，則滑桿最大只能拖曳到80。

◆ setInverted(boolean b)：設置是否需要反轉滑動軸，滑動軸的滑軌上刻度值預設從小到大、從左到右排列。如果該方法設置為true，則排列方向會反轉過來。

◆ setLabelTable(Dictionary labels)：為該滑動軸指定刻度標籤。該方法的參數是Dictionary類型，它是一個古老的、抽象集合類別，其子類別是Hashtable。傳入的Hashtable集合物件的key-value對為{ Integer value, java.swing.JComponent label }格式，刻度標籤可以是任何元件。

◆ setMajorTickSpacing(int n)：設置主刻度標記的間隔。

◆ setMinorTickSpacing(int n)：設置次刻度標記的間隔。

◆ setPaintLabels(boolean b)：設置是否在滑桿上繪製刻度標籤。如果沒有為該滑動軸指定刻度標籤，則預設繪製將刻度值的數值作為標籤。

◆ setPaintTicks(boolean b)： 設置是否在滑桿上繪製刻度標記。

◆ setPaintTrack(boolean b)：設置是否為滑桿繪製滑軌。

◆ setSnapToTicks(boolean b)：設置滑桿是否必須停在滑道的有刻度處。如果設置為true，則滑桿只能停在有刻度處；如果使用者沒有將滑桿拖到有刻度處，則系統自動將滑桿定位到最近的刻度處。

③ 如果程式需要在使用者拖曳滑桿時做出相應處理，則應為該JSlider物件添加事件監聽器。JSlider提供了addChangeListener()方法來添加事件監聽器，該監聽器負責監聽滑動值的變化。

④ 將JSlider物件添加到其他容器中顯示出來。

下面程式示範了如何使用 JSlider 來建立滑動軸。

程式清單：codes\12\12.7\JSliderTest.java

```
public class JSliderTest
{
    JFrame mainWin = new JFrame("滑動軸示範");
    Box sliderBox = new Box(BoxLayout.Y_AXIS);
    JTextField showVal = new JTextField();
    ChangeListener listener;
    public void init()
    {
        // 定義一個監聽器，用於監聽所有的滑動軸
        listener = event -> {
            // 取出滑動軸的值，並在文字中顯示出來
            JSlider source = (JSlider) event.getSource();
            showVal.setText("當前滑動軸的值為："
                + source.getValue());
        };
        // -----------添加一個普通滑動軸-----------
        JSlider slider = new JSlider();
        addSlider(slider, "普通滑動軸");
        // -----------添加保留區為30的滑動軸-----------
        slider = new JSlider();
        slider.setExtent(30);
        addSlider(slider, "保留區為30");
        // ---添加帶主、次刻度的滑動軸，並設置其最大值、最小值---
        slider = new JSlider(30 , 200);
        // 設置繪製刻度
        slider.setPaintTicks(true);
        // 設置主、次刻度的間距
        slider.setMajorTickSpacing(20);
        slider.setMinorTickSpacing(5);
        addSlider(slider, "有刻度");
        // -----------添加滑桿必須停在刻度處的滑動軸-----------
        slider = new JSlider();
        // 設置滑桿必須停在刻度處
        slider.setSnapToTicks(true);
        // 設置繪製刻度
        slider.setPaintTicks(true);
        // 設置主、次刻度的間距
        slider.setMajorTickSpacing(20);
        slider.setMinorTickSpacing(5);
        addSlider(slider, "滑桿停在刻度處");
        // -----------添加沒有滑軌的滑動軸-----------
        slider = new JSlider();
        // 設置繪製刻度
        slider.setPaintTicks(true);
        // 設置主、次刻度的間距
        slider.setMajorTickSpacing(20);
        slider.setMinorTickSpacing(5);
```

```
// 設置不繪製滑軌
slider.setPaintTrack(false);
addSlider(slider, "無滑軌");
// -----------添加方向反轉的滑動軸-----------
slider = new JSlider();
// 設置繪製刻度
slider.setPaintTicks(true);
// 設置主、次刻度的間距
slider.setMajorTickSpacing(20);
slider.setMinorTickSpacing(5);
// 設置方向反轉
slider.setInverted(true);
addSlider(slider, "方向反轉");
// --------添加繪製預設刻度標籤的滑動軸--------
slider = new JSlider();
// 設置繪製刻度
slider.setPaintTicks(true);
// 設置主、次刻度的間距
slider.setMajorTickSpacing(20);
slider.setMinorTickSpacing(5);
// 設置繪製刻度標籤，預設繪製數值刻度標籤
slider.setPaintLabels(true);
addSlider(slider, "數值刻度標籤");
// ------添加繪製Label類型的刻度標籤的滑動軸------
slider = new JSlider();
// 設置繪製刻度
slider.setPaintTicks(true);
// 設置主、次刻度的間距
slider.setMajorTickSpacing(20);
slider.setMinorTickSpacing(5);
// 設置繪製刻度標籤
slider.setPaintLabels(true);
Dictionary<Integer, Component> labelTable = new Hashtable<>();
labelTable.put(0, new JLabel("A"));
labelTable.put(20, new JLabel("B"));
labelTable.put(40, new JLabel("C"));
labelTable.put(60, new JLabel("D"));
labelTable.put(80, new JLabel("E"));
labelTable.put(100, new JLabel("F"));
// 指定刻度標籤，標籤是JLabel
slider.setLabelTable(labelTable);
addSlider(slider, "JLable標籤");
// ------添加繪製Label類型的刻度標籤的滑動軸------
slider = new JSlider();
// 設置繪製刻度
slider.setPaintTicks(true);
// 設置主、次刻度的間距
slider.setMajorTickSpacing(20);
slider.setMinorTickSpacing(5);
```

```
        // 設置繪製刻度標籤
        slider.setPaintLabels(true);
        labelTable = new Hashtable<Integer, Component>();
        labelTable.put(0, new JLabel(new ImageIcon("ico/0.GIF")));
        labelTable.put(20, new JLabel(new ImageIcon("ico/2.GIF")));
        labelTable.put(40, new JLabel(new ImageIcon("ico/4.GIF")));
        labelTable.put(60, new JLabel(new ImageIcon("ico/6.GIF")));
        labelTable.put(80, new JLabel(new ImageIcon("ico/8.GIF")));
        // 指定刻度標籤，標籤是ImageIcon
        slider.setLabelTable(labelTable);
        addSlider(slider, "Icon標籤");
        mainWin.add(sliderBox, BorderLayout.CENTER);
        mainWin.add(showVal, BorderLayout.SOUTH);
        mainWin.setDefaultCloseOperation(JFrame.EXIT_ON_CLOSE);
        mainWin.pack();
        mainWin.setVisible(true);
    }
    // 定義一個方法，用於將滑動軸添加到容器中
    public void addSlider(JSlider slider, String description)
    {
        slider.addChangeListener(listener);
        Box box = new Box(BoxLayout.X_AXIS);
        box.add(new JLabel(description + "："));
        box.add(slider);
        sliderBox.add(box);
    }
    public static void main(String[] args)
    {
        new JSliderTest().init();
    }
}
```

上面程式向視窗中添加了多個滑動軸，程式通過粗體字程式碼來控制不同滑動軸的不同外觀。運行上面程式，會看到如圖 12.31 所示的各種滑動軸的效果。

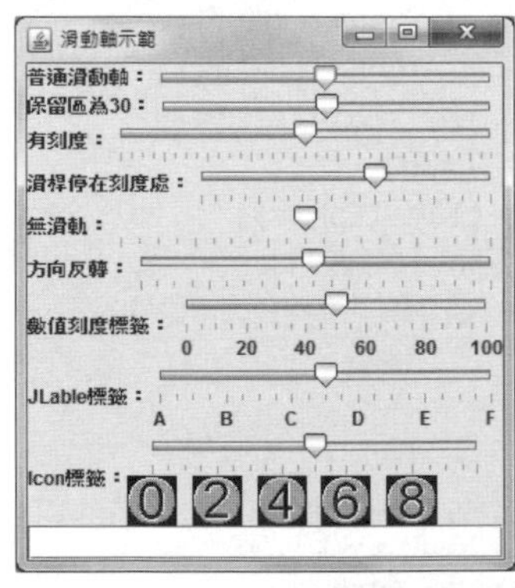

圖12.31 各種滑動軸的效果

JSlider 也使用 BoundedRangeModel 作為存放其狀態資料的 Model 物件，程式可以直接修改 Model 物件來改變滑動軸的狀態，但大部分時候程式無須使用該 Model 物件。JSlider 也提供了 addChange Listener() 方法來為滑動軸添加監聽器，無須像 JProgressBar 那樣監聽它所對應的 Model 物件。

12.8 使用JSpinner和SpinnerModel建立微調控制器

JSpinner 元件是一個帶有兩個小箭頭的文字方塊，這個文字方塊只能接收滿足要求的資料，使用者既可以通過兩個小箭頭調整該微調控制器的值，也可以直接在文字方塊內輸入內容作為該微調控制器的值。當使用者在該文字方塊內輸入時，如果輸入的內容不滿足要求，系統將會拒絕使用者輸入。典型的 JSpinner 元件如圖 12.32 所示。

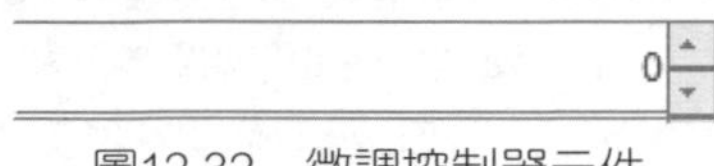

圖12.32　微調控制器元件

JSpinner 元件常常需要和 SpinnerModel 結合使用，其中 JSpinner 元件控制該元件的外觀表現，而 SpinnerModel 則控制該元件內部的狀態資料。

JSpinner 元件的值可以是數值、日期和 List 中的值，Swing 為這三種類型的值提供了 SpinnerNumberModel、SpinnerDateModel 和 SpinnerListModel 三個 SpinnerModel 實作類別；除此之外，JSpinner 元件的值還可以是任意序列，只要這個序列可以通過 previous()、next() 獲取值即可。在這種情況下，使用者必須自行提供 SpinnerModel 實作類別。

使用 JSpinner 元件非常簡單，JSpinner 提供了如下兩個建構子。

- JSpinner()：建立一個預設的微調控制器。
- JSpinner(SpinnerModel model)：使用指定的SpinnerModel來建立微調控制器。

採用第一個建構子建立的預設微調控制器只接收整數值，初始值是 0，最大值和最小值沒有任何限制。每單擊向下箭頭或者向上箭頭一次，該元件裡的值分別減 1 或加 1。

使用 JSpinner 關鍵在於使用它對應的三個 SpinnerModel，下面依次介紹這三個 SpinnerModel。

- SpinnerNumberModel：這是最簡單的SpinnerModel，建立該SpinnerModel時可以指定4個參數：最大值、最小值、初始值、步長，其中步長控制單擊上、下箭頭時相鄰兩個值之間的差。這4個參數既可以是整數，也可以是浮點數。
- SpinnerDateModel：建立該SpinnerModel時可以指定4個參數：起始時間、結束時間、初始時間和時間差，其中時間差控制單擊上、下箭頭時相鄰兩個時間之間的差值。
- SpinnerListModel：建立該SpinnerModel只需要傳入一個List或者一個陣列作為序列值即可。該List的集合元素和陣列元素可以是任意類型的物件，但由於JSpinner元件的文字方塊只能顯示字串，所以JSpinner顯示每個物件toString()方法的返回值。

提示 從圖12.32中可以看出，JSpinner建立的微調控制器和ComboBox有點像（由Swing的JComboBox提供，ComboBox既允許通過下拉列表方塊進行選擇，也允許直接輸入），區別在於ComboBox可以產生一個下拉列表方塊供使用者選擇，而JSpinner元件只能通過上、下箭頭逐項選擇。使用ComboBox通常必須明確指定下拉列表方塊中每一項的值，但使用JSpinner則只需給定一個範圍，並指定步長即可；當然，使用JSpinner也可以明確給出每一項的值（就是對應使用SpinnerListModel）。

為了控制 JSpinner 中值的顯示格式，JSpinner 還提供了一個 setEditor() 方法。Swing 提供了如下 3 個特殊的 Editor 來控制值的顯示格式。

- JSpinner.DateEditor：控制JSpinner中日期值的顯示格式。
- JSpinner.ListEditor：控制JSpinner中List項目的顯示格式。
- JSpinner.NumberEditor：控制JSpinner中數值的顯示格式。

下面程式示範了幾種使用 JSpinner 的情形。

程式清單：codes\12\12.8\JSpinnerTest.java

```
public class JSpinnerTest
{
    final int SPINNER_NUM = 6;
    JFrame mainWin = new JFrame("微調控制器示範");
    Box spinnerBox = new Box(BoxLayout.Y_AXIS);
```

```
JSpinner[] spinners = new JSpinner[SPINNER_NUM];
JLabel[] valLabels = new JLabel[SPINNER_NUM];
JButton okBn = new JButton("確定");
public void init()
{
    for (int i = 0 ; i < SPINNER_NUM ; i++ )
    {
        valLabels[i] = new JLabel();
    }
    // -----------普通JSpinner-----------
    spinners[0] = new JSpinner();
    addSpinner(spinners[0], "普通" , valLabels[0]);
    // -----------指定最小值、最大值、步長的JSpinner-----------
    // 建立一個SpinnerNumberModel物件，指定最小值、最大值和步長
    SpinnerNumberModel numModel = new SpinnerNumberModel(
        3.4 , -1.1 , 4.3 , 0.1);
    spinners[1] = new JSpinner(numModel);
    addSpinner(spinners[1], "數值範圍" , valLabels[1]);
    // -----------使用SpinnerListModel的JSpinner------------
    String[] books = new String[]
    {
        "輕量級Java EE企業應用實戰"
        , "瘋狂Java講義"
        , "瘋狂Ajax講義"
    };
    // 使用字串陣列建立SpinnerListModel物件
    SpinnerListModel bookModel = new SpinnerListModel(books);
    // 使用SpinnerListModel物件建立JSpinner物件
    spinners[2] = new JSpinner(bookModel);
    addSpinner(spinners[2], "字串序列值" , valLabels[2]);
    // -----------使用序列值是ImageIcon的JSpinner------------
    ArrayList<ImageIcon> icons = new ArrayList<>();
    icons.add(new ImageIcon("a.gif"));
    icons.add(new ImageIcon("b.gif"));
    // 使用ImageIcon陣列建立SpinnerListModel物件
    SpinnerListModel iconModel = new SpinnerListModel(icons);
    // 使用SpinnerListModel物件建立JSpinner物件
    spinners[3] = new JSpinner(iconModel);
    addSpinner(spinners[3], "圖示序列值" , valLabels[3]);
    // -----------使用SpinnerDateModel的JSpinner------------
    // 分別獲取起始時間、結束時間、初時時間
    Calendar cal = Calendar.getInstance();
    Date init = cal.getTime();
    cal.add(Calendar.DAY_OF_MONTH , -3);
    Date start = cal.getTime();
    cal.add(Calendar.DAY_OF_MONTH , 8);
    Date end = cal.getTime();
```

```
        // 建立一個SpinnerDateModel物件，指定最小時間、最大時間和初始時間
        SpinnerDateModel dateModel = new SpinnerDateModel(init
            , start , end , Calendar.HOUR_OF_DAY);
        // 以SpinnerDateModel物件建立JSpinner
        spinners[4] = new JSpinner(dateModel);
        addSpinner(spinners[4], "時間範圍" , valLabels[4]);
        // -----------使用DateEditor來格式化JSpinner------------
        dateModel = new SpinnerDateModel();
        spinners[5] = new JSpinner(dateModel);
        // 建立一個JSpinner.DateEditor物件，用於對指定的Spinner進行格式化
        JSpinner.DateEditor editor = new JSpinner.DateEditor(
            spinners[5] , "西元yyyy年MM月dd日 HH時");
        // 設置使用JSpinner.DateEditor物件進行格式化
        spinners[5].setEditor(editor);
        addSpinner(spinners[5], "使用DateEditor" , valLabels[5]);
        // 為「確定」按鈕添加一個事件監聽器
        okBn.addActionListener(evt -> {
            // 取出每個微調控制器的值，並將該值用後面的Label標籤顯示出來
            for (int i = 0 ; i < SPINNER_NUM ; i++)
            {
                // 將微調控制器的值通過指定的JLabel顯示出來
                valLabels[i].setText(spinners[i].getValue().toString());
            }
        });
        JPanel bnPanel = new JPanel();
        bnPanel.add(okBn);
        mainWin.add(spinnerBox, BorderLayout.CENTER);
        mainWin.add(bnPanel, BorderLayout.SOUTH);
        mainWin.setDefaultCloseOperation(JFrame.EXIT_ON_CLOSE);
        mainWin.pack();
        mainWin.setVisible(true);
    }
    // 定義一個方法，用於將滑動軸添加到容器中
    public void addSpinner(JSpinner spinner
        , String description , JLabel valLabel)
    {
        Box box = new Box(BoxLayout.X_AXIS);
        JLabel desc = new JLabel(description + "：");
        desc.setPreferredSize(new Dimension(100 , 30));
        box.add(desc);
        box.add(spinner);
        valLabel.setPreferredSize(new Dimension(180 , 30));
        box.add(valLabel);
        spinnerBox.add(box);
    }
    public static void main(String[] args)
    {
```

```
        new JSpinnerTest().init();
    }
}
```

上面程式建立了 6 個 JSpinner 物件，並將它們添加到視窗中顯示出來，程式中的粗體字程式碼用於控制每個微調控制器的具體行為。

第一個 JSpinner 元件是一個預設的微調控制器，其初始值是 0，步長是 1，只能接收整數值。

第二個 JSpinner 通過 SpinnerNumberModel 來建立，指定了 JSpinner 的最小值為 1.1、最大值為 4.3、初始值為 3.4、步長為 0.1，所以使用者單擊該微調控制器的上、下箭頭時，微調控制器的值之間的差值是 0.1，並只能處於 1.1~4.3 之間。

第三個 JSpinner 通過 SpinnerListModel 來建立的，建立 SpinnerListModel 物件時指定字串陣列作為多個序列值，所以當使用者單擊該微調控制器的上、下箭頭時，微調控制器的值總是在該字串陣列之間選擇。

第四個 JSpinner 也是通過 SpinnerListModel 來建立的，雖然傳給 SpinnerListModel 物件的構造參數是集合元素為 ImageIcon 的 List 物件，但 JSpinner 只能顯示字串內容，所以它會把每個 ImageIcon 物件的 toString() 方法返回值當成微調控制器的多個序列值。

第五個 JSpinner 通過 SpinnerDateModel 來建立，而且指定了最小時間、最大時間和初始時間，所以使用者單擊該微調控制器的上、下箭頭時，微調控制器裡的時間只能處於指定時間範圍之間。這裡需要注意的是，SpinnerDateModel 的第 4 個參數沒有太大的作用，它不能控制兩個相鄰時間之間的差。當使用者在 JSpinner 元件內選取該時間的指定時間欄位時，例如年份，則兩個相鄰時間的時間差就是 1 年。

第六個 JSpinner 使用 JSpinner.DateEditor 來控制時間微調控制器裡日期、時間的顯示格式，建立 JSpinner.DateEditor 物件時需要傳入一個日期時間格式字串（dateFormatPattern），該參數用於控制日期、時間的顯示格式，關於這個格式字串的定義方式可以參考 SimpleDateFormat 類別的介紹。本例程式中使用 " 西元 yyyy 年 MM 月 dd 日 HH 時 " 作為格式字串。

運行上面程式，會看到如圖 12.33 所示的視窗。

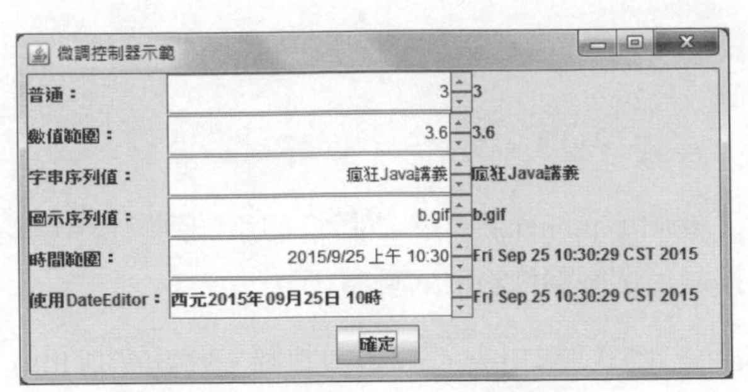

圖12.33　JSpinner元件的用法示範

程式中還提供了一個「確定」按鈕，當單擊該按鈕時，系統會把每個微調控制器的值通過對應的 JLabel 標籤顯示出來，如圖 12.33 所示。

12.9 使用JList、JComboBox建立列表方塊

無論從哪個角度來看，JList 和 JComboBox 都是極其相似的，它們都有一個列表方塊，只是 JComboBox 的列表方塊需要以下拉方式顯示出來；JList 和 JComboBox 都可以通過呼叫 setRenderer() 方法來改變列表項目的表現形式。甚至維護這兩個元件的 Model 都是相似的，JList 使用 ListModel，JComboBox 使用 ComboBoxModel，而 ComboBoxModel 是 ListModel 的子類別。

12.9.1 簡單列表方塊

如果僅僅希望建立一個簡單的列表方塊（包括 JList 和 JComboBox），則直接使用它們的建構子即可，它們的建構子都可接收一個物件陣列或元素類型任意的 Vector 作為參數，這個物件陣列或元素類型任意的 Vector 裡的所有元素將轉換為列表方塊的列表項目。

使用 JList 和 JComboBox 來建立簡單列表方塊非常簡單，只需要按如下步驟進行即可。

1. 使用JList或者JComboBox的建構子建立一個列表方塊物件，建立JList或JComboBox時，應該傳入一個Vector物件或者Object[]陣列作為建構子參數，其中使用JComboBox建立的列表方塊必須單擊右邊的向下箭頭才會出現。

② 呼叫JList或JComboBox的各種方法來設置列表方塊的外觀行為，其中JList可以呼叫如下幾個常用的方法。

- addSelectionInterval(int anchor, int lead)：在已經選取列表項目的基礎上增加選取從anchor到lead索引範圍內的所有列表項目。
- setFixedCellHeight、setFixedCellWidth：設置每個列表項目具有指定的高度和寬度。
- setLayoutOrientation(int layoutOrientation)：設置列表方塊的佈局方向，該屬性可以接收三個值，即JList.HORIZONTAL_WRAP、JList.VERTICAL_WRAP和JList.VERTICAL（預設），用於指定當列表方塊長度不足以顯示所有的列表項目時，列表方塊如何排列所有的列表項目。
- setSelectedIndex(int index)：設置預設選擇哪一個列表項目。
- setSelectedIndices(int[] indices)：設置預設選擇哪一批列表項目（多個）。
- setSelectedValue(Object anObject, boolean shouldScroll)：設置選取哪個列表項目的值，第二個參數決定是否捲動到選取項目。
- setSelectionBackground(Color selectionBackground)：設置選取項目的背景色。
- setSelectionForeground(Color selectionForeground)：設置選取項目的前景色。
- setSelectionInterval(int anchor, int lead)：設置選取從anchor到lead索引範圍內的所有列表項目。
- setSelectionMode(int selectionMode)：設置選取模式。支援如下3個值。
  - ListSelectionModel.SINGLE_SELECTION：每次只能選擇一個列表項目。在這種模式中，setSelectionInterval 和 addSelectionInterval 是等效的。
  - ListSelectionModel.SINGLE_INTERVAL_SELECTION：每次只能選擇一個連續區域。在此模式中，如果需要添加的區域沒有與已選擇區域相鄰或重疊，則不能添加該區域。簡而言之，在這種模式下每次可以選擇多個列表項目，但多個列表項目必須處於連續狀態。
  - ListSelectionModel.MULTIPLE_INTERVAL_SELECTION：在此模式中，選擇沒有任何限制。該模式是預設設置。
- setVisibleRowCount(int visibleRowCount)：設置該列表方塊的可視高度足以顯示多少項目。

JComboBox 則提供了如下幾個常用方法。

- setEditable(boolean aFlag)：設置是否允許直接修改JComboBox文字方塊的值，預設不允許。
- setMaximumRowCount(int count)：設置下拉列表方塊的可視高度可以顯示多少個列表項目。
- setSelectedIndex(int anIndex)：根據索引設置預設選取哪一個列表項目。
- setSelectedItem(Object anObject)：根據列表項目的值設置預設選取哪一個列表項目。

提示  JComboBox沒有設置選擇模式的方法，因為JComboBox最多只能選取一項，所以沒有必要設置選擇模式。

如果需要監聽列表方塊選擇項目的變化，則可以通過添加對應的監聽器來實作。通常 JList 使用 addListSelectionListener() 方法添加監聽器，而 JComboBox 採用 addItemListener() 方法添加監聽器。

下面程式示範了 JList 和 JCombox 的用法，並允許使用者通過單選按鈕來控制 JList 的選項佈局、選擇模式，在使用者選擇圖書之後，這些圖書會在視窗下面的文字區域裡顯示出來。

程式清單：codes\12\12.9\ListTest.java

```
public class ListTest
{
    private JFrame mainWin = new JFrame("測試列表方塊");
    String[] books = new String[]
    {
        "瘋狂Java講義"
        , "輕量級Java EE企業應用實戰"
        , "瘋狂Android講義"
        , "瘋狂Ajax講義"
        , "經典Java EE企業應用實戰"
    };
    // 用一個字串陣列來建立一個JList物件
    JList<String> bookList = new JList<>(books);
    JComboBox<String> bookSelector;
```

```
// 定義佈局選擇按鈕所在的窗格
JPanel layoutPanel = new JPanel();
ButtonGroup layoutGroup = new ButtonGroup();
// 定義選擇模式按鈕所在的窗格
JPanel selectModePanel = new JPanel();
ButtonGroup selectModeGroup = new ButtonGroup();
JTextArea favoriate = new JTextArea(4 , 40);
public void init()
{
    // 設置JList的可視高度可同時顯示3個列表項目
    bookList.setVisibleRowCount(3);
    // 預設選取第3項到第5項（第1項的索引是0）
    bookList.setSelectionInterval(2, 4);
    addLayoutButton("縱向捲動", JList.VERTICAL);
    addLayoutButton("縱向換行", JList.VERTICAL_WRAP);
    addLayoutButton("橫向換行", JList.HORIZONTAL_WRAP);
    addSelectModelButton("無限制", ListSelectionModel
        .MULTIPLE_INTERVAL_SELECTION);
    addSelectModelButton("單選", ListSelectionModel
        .SINGLE_SELECTION);
    addSelectModelButton("單範圍", ListSelectionModel
        .SINGLE_INTERVAL_SELECTION);
    Box listBox = new Box(BoxLayout.Y_AXIS);
    // 將JList元件放在JScrollPane中，再將該JScrollPane添加到listBox容器中
    listBox.add(new JScrollPane(bookList));
    // 添加佈局選擇按鈕窗格、選擇模式按鈕窗格
    listBox.add(layoutPanel);
    listBox.add(selectModePanel);
    // 為JList添加事件監聽器
    bookList.addListSelectionListener(e -> {  // ①
        // 獲取使用者所選擇的所有圖書
        List<String> books = bookList.getSelectedValuesList();
        favoriate.setText("");
        for (String book : books )
        {
            favoriate.append(book + "\n");
        }
    });
    Vector<String> bookCollection = new Vector<>();
    bookCollection.add("瘋狂Java講義");
    bookCollection.add("輕量級Java EE企業應用實戰");
    bookCollection.add("瘋狂Android講義");
    bookCollection.add("瘋狂Ajax講義");
    bookCollection.add("經典Java EE企業應用實戰");
    // 用一個Vector物件來建立一個JComboBox物件
    bookSelector = new JComboBox<>(bookCollection);
```

```
    // 為JComboBox添加事件監聽器
    bookSelector.addItemListener(e -> {  // ②
        // 獲取JComboBox所選取的項目
        Object book = bookSelector.getSelectedItem();
        favoriate.setText(book.toString());
    });
    // 設置可以直接編輯
    bookSelector.setEditable(true);
    // 設置下拉列表方塊的可視高度可同時顯示4個列表項目
    bookSelector.setMaximumRowCount(4);
    JPanel p = new JPanel();
    p.add(bookSelector);
    Box box = new Box(BoxLayout.X_AXIS);
    box.add(listBox);
    box.add(p);
    mainWin.add(box);
    JPanel favoriatePanel = new JPanel();
    favoriatePanel.setLayout(new BorderLayout());
    favoriatePanel.add(new JScrollPane(favoriate));
    favoriatePanel.add(new JLabel("您喜歡的圖書：")
        , BorderLayout.NORTH);
    mainWin.add(favoriatePanel , BorderLayout.SOUTH);
    mainWin.setDefaultCloseOperation(JFrame.EXIT_ON_CLOSE);
    mainWin.pack();
    mainWin.setVisible(true);
}
private void addLayoutButton(String label, final int orientation)
{
    layoutPanel.setBorder(new TitledBorder(new EtchedBorder()
        , "確定選項佈局"));
    JRadioButton button = new JRadioButton(label);
    // 把該單選按鈕添加到layoutPanel窗格中
    layoutPanel.add(button);
    // 預設選取第一個按鈕
    if(layoutGroup.getButtonCount() == 0)
        button.setSelected(true);
    layoutGroup.add(button);
    button.addActionListener(event ->
        // 改變列表方塊裡列表項的佈局方向
        bookList.setLayoutOrientation(orientation));
}
private void addSelectModelButton(String label, final int selectModel)
{
    selectModePanel.setBorder(new TitledBorder(new EtchedBorder()
        , "確定選擇模式"));
    JRadioButton button = new JRadioButton(label);
```

```
            // 把該單選按鈕添加到selectModePanel窗格中
            selectModePanel.add(button);
            // 預設選取第一個按鈕
            if (selectModeGroup.getButtonCount() == 0)
            button.setSelected(true);
            selectModeGroup.add(button);
            button.addActionListener(event ->
                // 改變列表方塊裡的選擇模式
                bookList.setSelectionMode(selectModel));
        }
        public static void main(String[] args)
        {
            new ListTest().init();
        }
    }
```

上面程式中的粗體字程式碼實作了使用字串陣列建立一個 JList 物件，並通過呼叫一些方法來改變該 JList 的表現外觀；使用 Vector 建立一個 JComboBox 物件，並通過呼叫一些方法來改變該 JComboBox 的表現外觀。

程式中①②號粗體字程式碼為 JList 物件和 JComboBox 物件添加事件監聽器，當使用者改變兩個列表方塊裡的選擇時，程式會把使用者選擇的圖書顯示在下面的文字區域內。運行上面程式，會看到如圖 12.34 所示的效果。

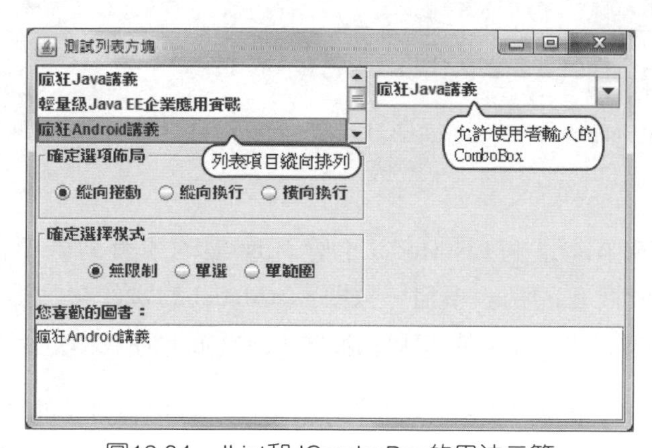

圖12.34　JList和JComboBox的用法示範

從圖 12.34 中可以看出，因為 JComboBox 設置了 setEditable(true)，所以可以直接在該元件中輸入使用者自己喜歡的圖書，當輸入結束後，輸入的圖書名會直接顯示在視窗下面的文字區域內。

注意

JList預設沒有捲軸，必須將其放在JScrollPane中才有捲軸，通常總是將JList放在JScrollPane中使用，所以程式中先將JList放到JScrollPane容器中，再將該JScrollPane添加到視窗中。要在JList中選取多個選項，可以使用Ctrl或Shift輔助鍵，按住Ctrl鍵才可以在原來選取的列表項目基礎上添加選取新的列表項目；按Shift鍵可以選取連續區域的所有列表項目。

12.9.2 不強制儲存列表項目的ListModel和ComboBoxModel

正如前面提到的，Swing 的絕大部分元件都採用了 MVC 的設計模式，其中 JList 和 JComboBox 都只負責元件的外觀顯示，而元件底層的狀態資料維護則由對應的 Model 負責。JList 對應的 Model 是 ListModel 介面，JComboBox 對應的 Model 是 ComboBoxModel 介面，這兩個介面負責維護 JList 和 JComboBox 元件裡的列表項目。其中 ListModel 介面的程式碼如下：

```
public interface ListModel<E>
{
    // 返回列表項目的數量
    int getSize();
    // 返回指定索引處的列表項目
    E getElementAt(int index);
    // 為列表項目添加一個監聽器，當列表項目發生變化時將觸發該監聽器
    void addListDataListener(ListDataListener l);
    // 刪除列表項目上的指定監聽器
    void removeListDataListener(ListDataListener l);
}
```

從上面介面來看，這個 ListModel 不管 JList 裡的所有列表項目的儲存形式，它甚至不強制儲存所有的列表項目，只要 ListModel 的實作類別提供了 getSize() 和 getElementAt() 兩個方法，JList 就可以根據該 ListModel 物件來產生列表方塊。

ComboBoxModel 繼承了 ListModel，它添加了「選擇項目」的概念，選擇項目代表 JComboBox 顯示區域內可見的列表項目。ComboBoxModel 為「選擇項目」提供了兩個方法，下面是 ComboBoxModel 介面的程式碼。

```
public interface ComboBoxModel<E> extends ListModel<E>
{
    // 設置選取「選擇項目」
    void setSelectedItem(Object anItem);
```

```
    // 獲取「選擇項目」的值
    Object getSelectedItem();
}
```

因為 ListModel 不強制存放所有的列表項目，因此可以為它建立一個實作類別：NumberListModel，這個實作類別只需要傳入數字上限、數字下限和步長，程式就可以自動為之實作上面的 getSize() 方法和 getElementAt() 方法，從而允許直接使用一個數字範圍來建立 JList 物件。

實作 getSize() 方法的程式碼如下：

```
public int getSize()
{
    return (int)Math.floor(end.subtract(start)
        .divide(step).doubleValue()) + 1;
}
```

用「(上限－下限)÷ 步長＋ 1」即得到該 ListModel 中包含的列表項的個數。

注意

程式使用BigDecimal變數來存放上限、下限和步長，而不是直接使用double變數來存放這三個屬性，主要是為了實作對數值的精確運算，所以上面程式中的end、start和step都是BigDecimal類型的變數。

實作 getElementAt() 方法也很簡單，「下限 步長 索引」就是指定索引處的元素，該方法的具體實作請參考 ListModelTest.java。

下面程式為 ListModel 提供了 NumberListModel 實作類別，並為 ComboBoxModel 提供了 NumberComboBoxModel 實作類別，這兩個實作類別允許程式使用數值範圍來建立 JList 和 JComboBox 物件。

程式清單：codes\12\12.9\ListModelTest.java

```
public class ListModelTest
{
    private JFrame mainWin = new JFrame("測試ListModel");
    // 根據NumberListModel物件來建立一個JList物件
    private JList<BigDecimal> numScopeList = new JList<>(
        new NumberListModel(1 , 21 , 2));
    // 根據NumberComboBoxModel物件來建立JComboBox物件
    private JComboBox<BigDecimal> numScopeSelector = new JComboBox<>(
        new NumberComboBoxModel(0.1 , 1.2 , 0.1));
```

```
    private JTextField showVal = new JTextField(10);
    public void init()
    {
        // JList的可視高度可同時顯示4個列表項目
        numScopeList.setVisibleRowCount(4);
        // 預設選取第3項到第5項（第1項的索引是0）
        numScopeList.setSelectionInterval(2, 4);
        // 設置每個列表項目具有指定的高度和寬度
        numScopeList.setFixedCellHeight(30);
        numScopeList.setFixedCellWidth(90);
        // 為numScopeList添加監聽器
        numScopeList.addListSelectionListener(e -> {
            // 獲取使用者所選取的所有數字
            List<BigDecimal> nums = numScopeList.getSelectedValuesList();
            showVal.setText("");
            // 把使用者選取的數字添加到單行文字方塊中
            for (BigDecimal num : nums )
            {
                showVal.setText(showVal.getText()
                    + num.toString() + ", ");
            }
        });
        // 設置列表項目的可視高度可顯示5個列表項目
        numScopeSelector.setMaximumRowCount(5);
        Box box = new Box(BoxLayout.X_AXIS);
        box.add(new JScrollPane(numScopeList));
        JPanel p = new JPanel();
        p.add(numScopeSelector);
        box.add(p);
        // 為numScopeSelector添加監聽器
        numScopeSelector.addItemListener(e -> {
            // 獲取JComboBox中選取的數字
            Object num = numScopeSelector.getSelectedItem();
            showVal.setText(num.toString());
        });
        JPanel bottom = new JPanel();
        bottom.add(new JLabel("您選擇的值是："));
        bottom.add(showVal);
        mainWin.add(box);
        mainWin.add(bottom , BorderLayout.SOUTH);
        mainWin.setDefaultCloseOperation(JFrame.EXIT_ON_CLOSE);
        mainWin.pack();
        mainWin.setVisible(true);
    }
    public static void main(String[] args)
    {
        new ListModelTest().init();
    }
```

```
}
class NumberListModel extends AbstractListModel<BigDecimal>
{
    protected BigDecimal start;
    protected BigDecimal end;
    protected BigDecimal step;
    public NumberListModel(double start
        , double end , double step)
    {
        this.start = BigDecimal.valueOf(start);
        this.end = BigDecimal.valueOf(end);
        this.step = BigDecimal.valueOf(step);
    }
    // 返回列表項目的個數
    public int getSize()
    {
        return (int)Math.floor(end.subtract(start)
            .divide(step).doubleValue()) + 1;
    }
    // 返回指定索引處的列表項目
    public BigDecimal getElementAt(int index)
    {
        return BigDecimal.valueOf(index)
            .multiply(step).add(start);
    }
}
class NumberComboBoxModel extends NumberListModel
    implements ComboBoxModel<BigDecimal>
{
    // 用於存放使用者選取項目的索引
    private int selectId = 0;
    public NumberComboBoxModel(double start
        , double end , double step)
    {
        super(start , end , step);
    }
    // 設置選取「選擇項目」
    public void setSelectedItem(Object anItem)
    {
        if (anItem instanceof BigDecimal)
        {
            BigDecimal target = (BigDecimal)anItem;
            // 根據選取的值來修改選取項目的索引
            selectId = target.subtract(super.start)
                .divide(step).intValue();
        }
    }
```

```
    // 獲取「選擇項目」的值
    public BigDecimal getSelectedItem()
    {
        // 根據選取項目的索引來取得選取項目
        return BigDecimal.valueOf(selectId)
            .multiply(step).add(start);
    }
}
```

上面程式中的粗體字程式碼分別使用 NumberListModel 和 NumberComboBoxModel 建立了一個 JList 和 JComboBox 物件，建立這兩個列表方塊時無須指定每個列表項目，只需給出數值的上限、下限和步長即可。運行上面程式，會看到如圖 12.35 所示的視窗。

圖12.35 根據數值範圍建立的JList和JComboBox

12.9.3 強制儲存列表項目的DefaultListModel和DefaultComboBoxModel

前面只是介紹了如何建立 JList、JComboBox 物件，當呼叫 JList 和 JComboBox 建構子時傳入陣列或 Vector 作為參數，這些陣列元素或集合元素將會作為列表項目。當使用 JList 或 JComboBox 時常常還需要動態地增加、刪除列表項目。

對於 JComboBox 類別，它提供了如下幾個方法來增加、插入和刪除列表項目。

- addItem(E anObject)：向JComboBox中的添加一個列表項目。
- insertItemAt(E anObject, int index)：向JComboBox的指定索引處插入一個列表項目。
- removeAllItems()：刪除JComboBox中的所有列表項目。
- removeItem(E anObject)：刪除JComboBox中的指定列表項目。
- removeItemAt(int anIndex)：刪除JComboBox指定索引處的列表項目。

提示 上面這些方法的參數類型是E，這是由於Java 7為JComboBox、JList、ListModel都增加了泛型支援，這些介面都有形如JComboBox<E>、JList<E>、ListModel<E>的泛型宣告，因此它們裡面的方法可使用E作為參數或返回值的類型。

通過這些方法就可以增加、插入和刪除 JComboBox 中的列表項目，但 JList 並沒有提供這些類似的方法。實際上，對於直接通過陣列或 Vector 建立的 JList 物件，則很難向該 JList 中添加或刪除列表項目。如果需要建立一個可以增加、刪除列表項目的 JList 物件，則應該在建立 JList 時顯式使用 DefaultListModel 作為構造參數。因為 DefaultListModel 作為 JList 的 Model，它負責維護 JList 元件的所有列表資料，所以可以通過向 DefaultListModel 中添加、刪除元素來實作向 JList 物件中增加、刪除列表項目。DefaultListModel 提供了如下幾個方法來添加、刪除元素。

- add(int index, E element)：在該ListModel的指定位置處插入指定元素。
- addElement(E obj)：將指定元素添加到該ListModel的末尾。
- insertElementAt(E obj, int index)：在該ListModel的指定位置處插入指定元素。
- Object remove(int index)：刪除該ListModel中指定位置處的元素。
- removeAllElements()：刪除該ListModel中的所有元素，並將其的大小設置為零。
- removeElement(E obj)：刪除該ListModel中第一個與參數匹配的元素。
- removeElementAt(int index)：刪除該ListModel中指定索引處的元素。
- removeRange(int fromIndex, int toIndex)：刪除該ListModel中指定範圍內的所有元素。
- set(int index, E element)：將該ListModel指定索引處的元素取代成指定元素。
- setElementAt(E obj, int index)：將該ListModel指定索引處的元素取代成指定元素。

上面這些方法有些功能是重複的，這是由於 Java 的歷史原因造成的。如果通過 DefaultListModel 來建立 JList 元件，則就可以通過呼叫上面的這些方法來添加、刪除 DefaultListModel 中的元素，從而實作對 JList 裡列表項目的增加、刪除。下面程式示範了如何向 JList 中添加、刪除列表項目。

程式清單：codes\12\12.9\DefaultListModelTest.java

```
public class DefaultListModelTest
{
    private JFrame mainWin = new JFrame("測試DefaultListModel");
    // 定義一個JList物件
    private JList<String> bookList;
    // 定義一個DefaultListModel物件
    private DefaultListModel<String> bookModel
        = new DefaultListModel<>();
    private JTextField bookName = new JTextField(20);
    private JButton removeBn = new JButton("刪除選取圖書") ;
    private JButton addBn = new JButton("添加指定圖書");
    public void init()
    {
        // 向bookModel中添加元素
        bookModel.addElement("瘋狂Java講義");
        bookModel.addElement("輕量級Java EE企業應用實戰");
        bookModel.addElement("瘋狂Android講義");
        bookModel.addElement("瘋狂Ajax講義");
        bookModel.addElement("經典Java EE企業應用實戰");
        // 根據DefaultListModel物件建立一個JList物件
        bookList = new JList<>(bookModel);
        // 設置最大可視高度
        bookList.setVisibleRowCount(4);
        // 只能單選
        bookList.setSelectionMode(ListSelectionModel.SINGLE_SELECTION);
        // 為添加按鈕添加事件監聽器
        addBn.addActionListener(evt -> {
            // 當bookName文字方塊的內容不為空時
            if (!bookName.getText().trim().equals(""))
            {
                // 向bookModel中添加一個元素
                // 系統會自動向JList中添加對應的列表項目
                bookModel.addElement(bookName.getText());
            }
        });
        // 為刪除按鈕添加事件監聽器
        removeBn.addActionListener(evt -> {
            // 如果使用者已經選取一項
            if (bookList.getSelectedIndex() >= 0)
            {
                // 從bookModel中刪除指定索引處的元素
                // 系統會自動刪除JList對應的列表項目
                bookModel.removeElementAt(bookList.getSelectedIndex());
            }
        });
        JPanel p = new JPanel();
        p.add(bookName);
        p.add(addBn);
        p.add(removeBn);
```

```
        // 添加bookList元件
        mainWin.add(new JScrollPane(bookList));
        // 將p窗格添加到視窗中
        mainWin.add(p , BorderLayout.SOUTH);
        mainWin.setDefaultCloseOperation(JFrame.EXIT_ON_CLOSE);
        mainWin.pack();
        mainWin.setVisible(true);
    }
    public static void main(String[] args)
    {
        new DefaultListModelTest().init();
    }
}
```

上面程式中的粗體字程式碼通過一個 DefaultListModel 建立了一個 JList 物件，然後在兩個按鈕的事件監聽器中分別向 DefaultListModel 物件中添加、刪除元素，從而實作了向 JList 物件中添加、刪除列表項目。運行上面程式，會看到如圖 12.36 所示的視窗。

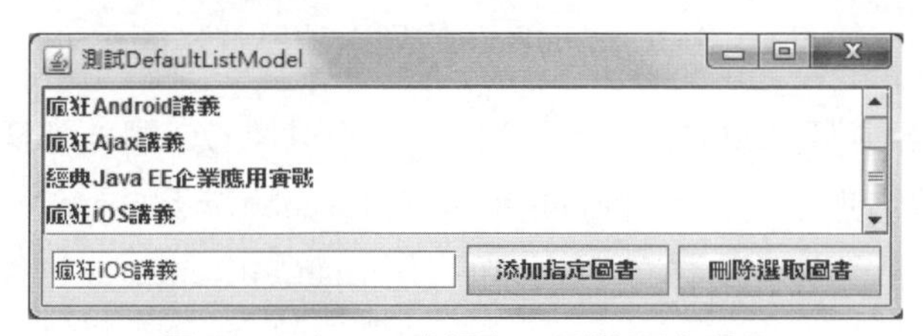

圖12.36 向JList中添加、刪除列表項目

學生提問：為什麼JComboBox提供了添加、刪除列表項目的方法？而JList沒有提供添加、刪除列表項目的方法呢？

答：因為直接使用陣列、Vector建立的JList和JComboBox所對應的Model實作類別不同。使用陣列、Vector建立的JComboBox的Model類別是DefaultComboBoxModel，這是一個元素可變的集合類別，所以使用陣列、Vector建立的JComboBox可以直接添加、刪除列表項目，因此JComboxBox提供了添加、刪除列表項目的方法；但使用陣列、Vector建立的JList所對應的Model類別分別是JList$1（JList的第一個匿名內部類別）、JList$2（JList的第二個匿名內部類別），這兩個匿名內部類別都是元素不可變的集合類別，所以使用陣列、Vector建立的JList不可以直接添加、刪除列表項目，因此JList沒有提供添加、刪除列表項目的方法。如果想建立列表項目可變的JList物件，則要顯式使用DefaultListModel物件作為Model，而DefaultListModel才是元素可變的集合類別，可以直接通過修改DefaultListModel裡的元素來改變JList裡的列表項目。

DefaultListModel 和 DefaultComboBoxModel 是兩個強制存放所有列表項目的 Model 類別，它們使用 Vector 來存放所有的列表項目。從 DefaultListModelTest 程式中可以看出，DefaultListModel 的用法和 Vector 的用法非常相似。實際上，DefaultListModel 和 DefaultComboBoxModel 從功能上來看，與一個 Vector 並沒有太大的區別。如果要建立列表項目可變的 JList 元件，使用 DefaultListModel 作為構造參數即可，讀者可以把 DefaultListModel 當成一個特殊的 Vector；建立列表項目可變的 JComboBox 元件，當然也可以顯式使用 DefaultComboBoxModel 作為參數，但這並不是必需的，因為 JComboBox 預設使用 DefaultComboBoxModel 作為對應的 model 物件。

12.9.4 使用ListCellRenderer改變列表項目外觀

前面程式中的 JList 和 JComboBox 採用的都是簡單的字串列表項目，實際上，JList 和 JComboBox 還可以支援圖示列表項目，如果在建立 JList 或 JComboBox 時傳入圖示陣列，則建立的 JList 和 JComboBox 的列表項目就是圖示。

如果希望列表項目是更複雜的元件，例如，希望像 QQ 程式那樣每個列表項目既有圖示，也有字串，那麼可以通過呼叫 JList 或 JComboBox 的 setCellRenderer(ListCellRenderer cr) 方法來實作，該方法需要接收一個 ListCellRenderer 物件，該物件代表一個列表項目繪製器。

ListCellRenderer 是一個介面，該介面裡包含一個方法：

```
public Component getListCellRendererComponent(JList list, Object value
    , int index, bolean isSelected, boolean cellHasFocus)
```

上面的 getListCellRendererComponent() 方法返回一個 Component 元件，該元件就代表了 JList 或 JComboBox 的每個列表項目。

注意

自訂繪製JList和JComboBox的列表項目所用的方法相同，所用的列表項目繪製器也相同，故本節以JList為例。

ListCellRenderer 只是一個介面，它並未強制指定列表項目繪製器屬於哪種元件，因此可擴展任何元件來實作 ListCellRenderer 介面。通常採用擴展其他容器（如JPanel）的方式來實作列表項目繪製器，實作列表項目繪製器時可通過覆寫paintComponent()的方法來改變儲存格的外觀行為。例如下面程式，覆寫paintComponent()方法時先繪製好友圖像，再繪製好友名字。

程式清單：codes\12\12.9\ListRenderingTest.java

```
public class ListRenderingTest
{
    private JFrame mainWin = new JFrame("好友列表");
    private String[] friends = new String[]
    {
        "李清照",
        "蘇格拉底",
        "李白",
        "弄玉",
        "虎頭"
    };
    // 定義一個JList物件
    private JList friendsList = new JList(friends);
    public void init()
    {
        // 設置該JList使用ImageCellRenderer作為列表項目繪製器
        friendsList.setCellRenderer(new ImageCellRenderer());
        mainWin.add(new JScrollPane(friendsList));
        mainWin.setDefaultCloseOperation(JFrame.EXIT_ON_CLOSE);
        mainWin.pack();
        mainWin.setVisible(true);
    }
    public static void main(String[] args)
    {
        new ListRenderingTest().init();
    }
}
class ImageCellRenderer extends JPanel
    implements ListCellRenderer
{
    private ImageIcon icon;
    private String name;
    // 定義繪製儲存格時的背景色
    private Color background;
    // 定義繪製儲存格時的前景色
    private Color foreground;
    public Component getListCellRendererComponent(JList list
        , Object value , int index
        , boolean isSelected , boolean cellHasFocus)
    {
```

```
        icon = new ImageIcon("ico/" + value + ".gif");
        name = value.toString();
        background = isSelected ? list.getSelectionBackground()
            : list.getBackground();
        foreground = isSelected ? list.getSelectionForeground()
            : list.getForeground();
        // 返回該JPanel物件作為列表項目繪製器
        return this;
    }
    // 覆寫paintComponent()方法，改變JPanel的外觀
    public void paintComponent(Graphics g)
    {
        int imageWidth = icon.getImage().getWidth(null);
        int imageHeight = icon.getImage().getHeight(null);
        g.setColor(background);
        g.fillRect(0, 0, getWidth(), getHeight());
        g.setColor(foreground);
        // 繪製好友圖示
        g.drawImage(icon.getImage() , getWidth() / 2
            - imageWidth / 2 , 10 , null);
        g.setFont(new Font("SansSerif" , Font.BOLD , 18));
        // 繪製好友使用者名稱
        g.drawString(name, getWidth() / 2
            - name.length() * 10 , imageHeight + 30 );
    }
    // 通過該方法來設置該ImageCellRenderer的最佳大小
    public Dimension getPreferredSize()
    {
        return new Dimension(60, 80);
    }
}
```

上面程式中的粗體字程式碼顯式指定了該 JList 物件使用 ImageCellRenderer 作為列表項目繪製器，ImageCellRenderer 覆寫了 paintComponent() 方法來繪製儲存格內容。除此之外，ImageCellRenderer 還覆寫了 getPreferredSize() 方法，該方法返回一個 Dimension 物件，用於描述該列表項目繪製器的最佳大小。運行上面程式，會看到如圖 12.37 所示的視窗。

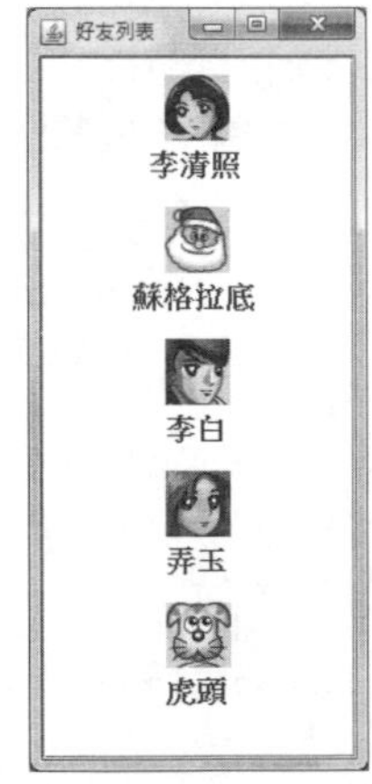

圖12.37 使用ListCellRenderer繪製列表項目

通過使用自訂的列表項目繪製器，可以讓 JList 和 JComboBox 的列表項目是任意元件，並且可以在該元件上任意添加內容。

12.10 使用JTree和TreeModel建立樹

樹也是圖形使用者介面中使用非常廣泛的 GUI 元件，例如使用 Windows 檔案總管時，將看到如圖 12.38 所示的樹狀目錄。

如圖 12.38 所示的樹，代表電腦世界裡的樹，它從自然界實際的樹抽象而來。電腦世界裡的樹是由一系列具有嚴格父子關係的節點組成的，每個節點既可以是其上一級節點的子節點，也可以是其下一級節點的父節點，因此同一個節點既可以是父節點，也可以是子節點（類似於一個人，他既是他兒子的父親，又是他父親的兒子）。

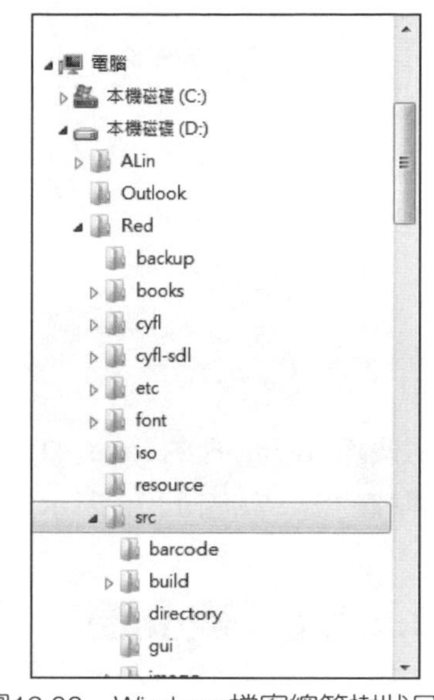

圖12.38　Windows檔案總管樹狀目錄

如果按節點是否包含子節點來分，節點分為如下兩種。

◆ 普通節點：包含子節點的節點。

◆ 葉子節點：沒有子節點的節點，因此葉子節點不可作為父節點。

如果按節點是否具有唯一的父節點來分，節點又可分為如下兩種。

◆ 根節點：沒有父節點的節點，根節點不可作為子節點。

◆ 普通節點：具有唯一父節點的節點。

一棵樹只能有一個根節點，如果一棵樹有了多個根節點，那它就不是一棵樹了，而是多棵樹的集合，有時也被稱為森林。圖 12.39 顯示了電腦世界裡樹的一些專業術語。

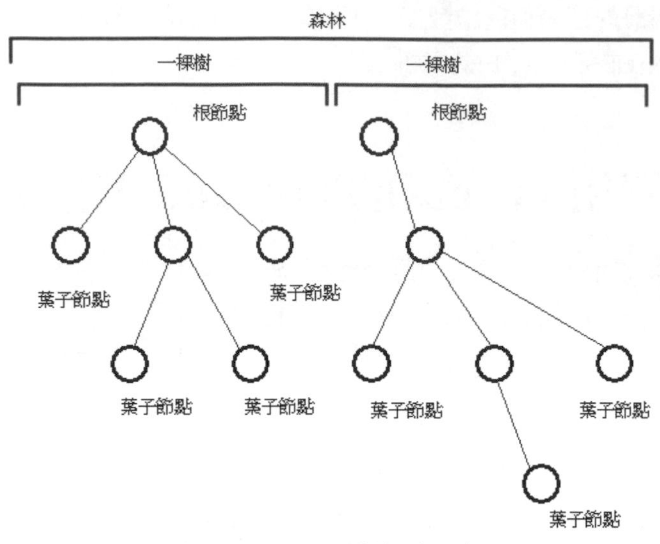

圖12.39 電腦世界裡樹的示意圖

使用 Swing 裡的 Jtree、TreeModel 及其相關的輔助類別可以很輕鬆地開發出電腦世界裡的樹，如圖 12.39 所示。

12.10.1 建立樹

Swing 使用 JTree 物件來代表一棵樹（實際上，JTree 可以代表森林，因為在使用 JTree 建立樹時可以傳入多個根節點），JTree 樹中節點可以使用 TreePath 來標識，該物件封裝了當前節點及其所有的父節點。必須指出，節點及其所有的父節點才能唯一地標識一個節點；也可以使用行數來標識，如圖 12.39 所示，顯示區域的每一行都標識一個節點。

當一個節點具有子節點時，該節點有兩種狀態。

- 展開狀態：當父節點處於展開狀態時，其子節點是可見的。
- 折疊狀態：當父節點處於折疊狀態時，其子節點都是不可見的。

如果某個節點是可見的，則該節點的父節點（包括直接的、間接的父節點）都必須處於展開狀態，只要有任意一個父節點處於折疊狀態，該節點就是不可見的。

如果希望建立一棵樹，則直接使用 JTree 的建構子建立 JTree 物件即可。JTree 提供了如下幾個常用建構子。

◆ JTree(TreeModel newModel)：使用指定的資料模型建立JTree物件，它預設顯示根節點。

◆ JTree(TreeNode root)：使用root作為根節點建立JTree物件，它預設顯示根節點。

◆ JTree(TreeNode root, boolean asksAllowsChildren)：使用root作為根節點建立JTree物件，它預設顯示根節點。asksAllowsChildren參數控制怎樣的節點才算葉子節點，如果該參數為true，則只有當程式使用setAllowsChildren(false)顯式設置某個節點不允許添加子節點時（以後也不會擁有子節點），該節點才會被JTree當成葉子節點；如果該參數為false，則只要某個節點當時沒有子節點（不管以後是否擁有子節點），該節點都會被JTree當成葉子節點。

上面的第一個建構子需要顯式傳入一個 TreeModel 物件，Swing 為 TreeModel 提供了一個 DefaultTreeModel 實作類別，通常可先建立 DefaultTreeModel 物件，然後利用 DefaultTreeModel 來建立 JTree，但通過 DefaultTreeModel 的 API 文件會發現，建立 DefaultTreeModel 物件依然需要傳入根節點，所以直接通過根節點建立 JTree 更加簡潔。

為了利用根節點來建立 JTree，程式需要建立一個 TreeNode 物件。TreeNode 是一個介面，該介面有一個 MutableTreeNode 子介面，Swing 為該介面提供了預設的實作類別：DefaultMutableTreeNode，程式可以通過 DefaultMutableTreeNode 來為樹建立節點，並通過 DefaultMutableTreeNode 提供的 add() 方法建立各節點之間的父子關係，然後呼叫 JTree 的 JTree(TreeNode root) 建構子來建立一棵樹。

圖 12.40 顯示了 JTree 相關類別的關係，從該圖可以看出 DefaultTreeModel 是 TreeModel 的預設實作類別，當程式通過 TreeNode 類別建立 JTree 時，其狀態資料實際上由 DefaultTreeModel 物件維護，因為建立 JTree 時傳入的 TreeNode 物件，實際上傳給了 DefaultTreeModel 物件。

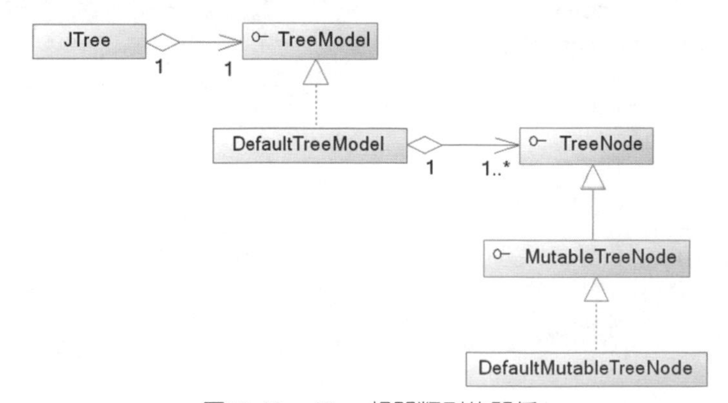

圖12.40　JTree相關類別的關係

提示

DefaultTreeModel也提供了DefaultTreeModel(TreeNode root)建構子，用於接收一個TreeNode根節點來建立一個預設的TreeModel物件；當程式中通過傳入一個根節點來建立JTree物件時，實際上是將該節點傳入對應的DefaultTreeModel物件，並使用該DefaultTreeModel物件來建立JTree物件。

下面程式建立了一棵最簡單的 Swing 樹。

程式清單：codes\12\12.10\SimpleJTree.java

```
public class SimpleJTree
{
    JFrame jf = new JFrame("簡單樹");
    JTree tree;
    DefaultMutableTreeNode root;
    DefaultMutableTreeNode guangdong;
    DefaultMutableTreeNode guangxi;
    DefaultMutableTreeNode foshan;
    DefaultMutableTreeNode shantou;
    DefaultMutableTreeNode guilin;
    DefaultMutableTreeNode nanning;
    public void init()
    {
        // 依次建立樹中的所有節點
        root = new DefaultMutableTreeNode("中國");
        guangdong = new DefaultMutableTreeNode("廣東");
        guangxi = new DefaultMutableTreeNode("廣西");
        foshan = new DefaultMutableTreeNode("佛山");
        shantou = new DefaultMutableTreeNode("汕頭");
        guilin = new DefaultMutableTreeNode("桂林");
        nanning = new DefaultMutableTreeNode("南寧");
        // 通過add()方法建立樹節點之間的父子關係
        guangdong.add(foshan);
        guangdong.add(shantou);
        guangxi.add(guilin);
        guangxi.add(nanning);
        root.add(guangdong);
        root.add(guangxi);
        // 以根節點建立樹
        tree = new JTree(root);   //①
        jf.add(new JScrollPane(tree));
        jf.pack();
        jf.setDefaultCloseOperation(JFrame.EXIT_ON_CLOSE);
        jf.setVisible(true);
    }
```

```
    public static void main(String[] args)
    {
        new SimpleJTree().init();
    }
}
```

上面程式中的粗體字程式碼建立了一系列的 DefaultMutableTreeNode 物件，並通過 add() 方法為這些節點建立了相應的父子關係。程式中①號粗體字程式碼則以一個根節點建立了一個 JTree 物件。當程式把 JTree 物件添加到其他容器中後，JTree 就會在該容器中繪製出一棵 Swing 樹。運行上面程式，會看到如圖 12.41 所示的視窗。

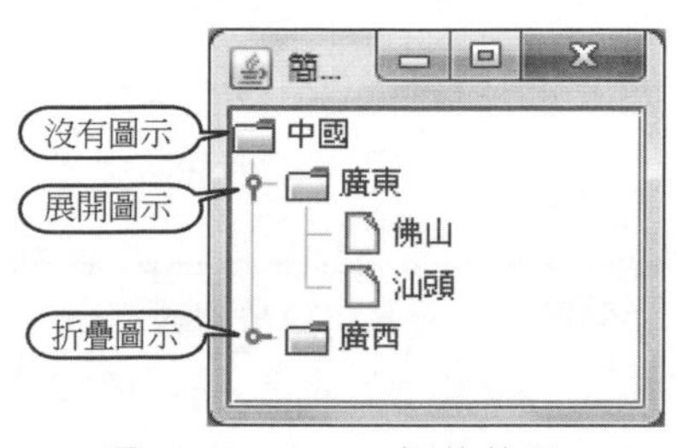

圖12.41　Swing樹的效果

從圖 12.41 中可以看出，Swing 樹的預設風格是使用一個特殊圖示來表示節點的展開、折疊，而不是使用我們熟悉的「+」、「-」圖示來表示節點的展開、折疊。如果希望使用「+」、「-」圖示來表示節點的展開、折疊，則可以考慮使用 Windows 風格。

從圖 12.41 中可以看出，Swing 樹預設使用連接線來連接所有節點，程式可以使用如下程式碼來強制 JTree 不顯示節點之間的連接線。

```
// 沒有連接線
tree.putClientProperty("JTree.lineStyle" , "None");
```

或者使用如下程式碼來強制節點之間只有水平分隔線。

```
// 水平分隔線
tree.putClientProperty("JTree.lineStyle" , "Horizontal");
```

圖 12.41 中顯示的根節點前沒有繪製表示節點展開、折疊的特殊圖示，如果希望根節點也繪製表示節點展開、折疊的特殊圖示，則使用如下程式碼。

```
// 設置是否顯示根節點的「展開、折疊」圖示，預設是false
tree.setShowsRootHandles(true);
```

JTree 甚至允許把整個根節點都隱藏起來，可以通過如下程式碼來隱藏根節點。

```
// 設置根節點是否可見，預設是true
tree.setRootVisible(false);
```

DefaultMutableTreeNode 是 JTree 預設的樹節點，該類別提供了大量的方法來存取樹中的節點，包括遍歷該節點的所有子節點的兩個方法。DefaultMutableTreeNode 提供了深度優先遍歷、廣度優先遍歷兩種方法。

- Enumeration breadthFirstEnumeration()/preorderEnumeration()：按廣度優先的順序遍歷以此節點為根的子樹，並返回所有節點組成的列舉物件。
- Enumeration depthFirstEnumeration()/postorderEnumeration()：按深度優先的順序遍歷以此節點為根的子樹，並返回所有節點組成的列舉物件。

關於樹的深度優先和廣度優先遍歷演算法已經不屬於本書的介紹範圍，讀者可以參考《瘋狂Java程序員的基本修養》學習有關樹的更詳細內容。

除此之外，DefaultMutableTreeNode 也提供了大量的方法來獲取指定節點的兄弟節點、父節點、子節點等，常用的有如下幾個方法。

- DefaultMutableTreeNode getNextSibling()：返回此節點的下一個兄弟節點。

  TreeNode getParent()：返回此節點的父節點。如果此節點沒有父節點，則返回null。
- TreeNode[] getPath()：返回從根節點到達此節點的所有節點組成的陣列。
- DefaultMutableTreeNode getPreviousSibling()：返回此節點的上一個兄弟節點。
- TreeNode getRoot()：返回包含此節點的樹的根節點。
- TreeNode getSharedAncestor(DefaultMutableTreeNode aNode)：返回此節點和aNode最近的共同祖先。
- int getSiblingCount()：返回此節點的兄弟節點數。
- boolean isLeaf()：返回該節點是否是葉子節點。
- boolean isNodeAncestor(TreeNode anotherNode)：判斷anotherNode是否是當前節點的祖先節點（包括父節點）。

- boolean isNodeChild(TreeNode aNode)：如果 aNode 是此節點的子節點，則返回 true。
- boolean isNodeDescendant(DefaultMutableTreeNode anotherNode)：如果 anotherNode是此節點的後代，包括是此節點本身、此節點的子節點或此節點的子節點的後代，都將返回true。
- boolean isNodeRelated(DefaultMutableTreeNode aNode)：當aNode和當前節點位於同一棵樹中時返回true。
- boolean isNodeSibling(TreeNode anotherNode)：返回anotherNode是否是當前節點的兄弟節點。
- boolean isRoot()：返回當前節點是否是根節點。
- Enumeration pathFromAncestorEnumeration(TreeNode ancestor)：返回從指定祖先節點到當前節點的所有節點組成的列舉物件。

12.10.2 拖曳、編輯樹節點

JTree 產生的樹預設是不可編輯的，不可以添加、刪除節點，也不可以改變節點資料；如果想讓某個 JTree 物件變成可編輯狀態，則可以呼叫 JTree 的 setEditable(boolean b) 方法，傳入 true 即可把這棵樹變成可編輯的樹（可以添加、刪除節點，也可以改變節點資料）。

一旦將 JTree 物件設置成可編輯狀態後，程式就可以為指定節點添加子節點、兄弟節點，也可以修改、刪除指定節點。

前面簡單提到過，JTree 處理節點有兩種方式：一種是根據 TreePath；另一種是根據節點的行號，所有 JTree 顯示的節點都有一個唯一的行號（從 0 開始）。只有那些被顯示出來的節點才有行號，這就帶來一個潛在的問題——如果該節點之前的節點被展開、折疊或增加、刪除後，那麼該節點的行號就會發生變化，因此通過行號來識別節點可能有一些不確定的地方；相反，使用 TreePath 來識別節點則會更加穩定。

可以使用檔案系統來類比 JTree，從圖 12.38 中可以看出，實際上所有的檔案系統都採用樹狀結構，其中 Windows 的檔案系統是森林，因為 Windows 包含 C、D 等多個根路徑，而 UNIX、Linux 的檔案系統是一棵樹，只有一個根路徑。如果直接給出

abc 資料夾（類似於 JTree 中的節點），系統不能準確地尋找該路徑；如果給出 D:\xyz\abc，系統就可以準確地尋找到該路徑，這個 D:\xyz\abc 實際上由三個資料夾組成：D:、xyz、abc，其中 D: 是該路徑的根路徑。類似地，TreePath 也採用這種方式來唯一地標識節點。

TreePath 保持著從根節點到指定節點的所有節點，TreePath 由一系列節點組成，而不是單獨的一個節點。JTree 的很多方法都用於返回一個 TreePath 物件，當程式得到一個 TreePath 後，可能只需要獲取最後一個節點，則可以呼叫 TreePath 的 getLastPathComponent() 方法。例如需要獲得 JTree 中被選定的節點，則可以通過如下兩行程式碼來實作。

```
// 獲取選取節點所在的TreePath
TreePath path = tree.getSelectionPath();
// 獲取指定TreePath的最後一個節點
TreeNode target = (TreeNode)path.getLastPathComponent();
```

又因為 JTree 經常需要查詢被選取的節點，所以 JTree 提供了一個 getLastSelectedPathComponent() 方法來獲取選取的節點。比如採用下面程式碼也可以獲取選取的節點。

```
// 獲取選取的節點
TreeNode target = (TreeNode) tree.getLastSelectedPathComponent();
```

可能有讀者對上面這行程式碼感到奇怪，getLastSelectedPathComponent() 方法返回的不是 TreeNode 嗎？ getLastSelectedPathComponent() 方法返回的不一定是 TreeNode，該方法的返回值是 Object。因為 Swing 把 JTree 設計得非常複雜，JTree 把所有的狀態資料都交給 TreeModel 管理，而 JTree 本身並沒有與 TreeNode 發生關聯（從圖 12.40 可以看出這一點），只是因為 DefaultTreeModel 需要 TreeNode 而已，如果開發者自己提供一個 TreeModel 實作類別，這個 TreeModel 實作類別完全可以與 TreeNode 沒有任何關係。當然，對於大部分 Swing 開發者而言，無須理會 JTree 的這些過於複雜的設計。

如果已經有了從根節點到當前節點的一系列節點所組成的節點陣列，也可以通過 TreePath 提供的建構子將這些節點轉換成 TreePath 物件，如下程式碼所示。

```
// 將一個節點陣列轉換成TreePath物件
TreePath tp = new TreePath(nodes);
```

獲取了選取的節點之後，即可通過 DefaultTreeModel（它是 Swing 為 TreeModel 提供的唯一一個實作類別）提供的一系列方法來插入、刪除節點。DefaultTreeModel 類別有一個非常優秀的設計，當使用 DefaultTreeModel 插入、刪除節點後，該 DefaultTreeModel 會自動通知對應的 JTree 重繪所有節點，使用者可以立即看到程式所做的修改。

也可以直接通過 TreeNode 提供的方法來添加、刪除和修改節點，但通過 TreeNode 改變節點時，程式必須顯式呼叫 JTree 的 updateUI() 通知 JTree 重繪所有節點，讓使用者看到程式所做的修改。

下面程式實作了增加、修改和刪除節點的功能，並允許使用者通過拖曳將一個節點變成另一個節點的子節點。

程式清單：codes\12\12.10\EditJTree.java

```
public class EditJTree
{
    JFrame jf;
    JTree tree;
    // 上面JTree物件對應的model
    DefaultTreeModel model;
    // 定義幾個初始節點
    DefaultMutableTreeNode root = new DefaultMutableTreeNode("中國");
    DefaultMutableTreeNode guangdong = new DefaultMutableTreeNode("廣東");
    DefaultMutableTreeNode guangxi = new DefaultMutableTreeNode("廣西");
    DefaultMutableTreeNode foshan = new DefaultMutableTreeNode("佛山");
    DefaultMutableTreeNode shantou = new DefaultMutableTreeNode("汕頭");
    DefaultMutableTreeNode guilin = new DefaultMutableTreeNode("桂林");
    DefaultMutableTreeNode nanning = new DefaultMutableTreeNode("南寧");
    // 定義需要被拖曳的TreePath
    TreePath movePath;
    JButton addSiblingButton = new JButton("添加兄弟節點");
    JButton addChildButton = new JButton("添加子節點");
    JButton deleteButton = new JButton("刪除節點");
    JButton editButton = new JButton("編輯當前節點");
    public void init()
    {
        guangdong.add(foshan);
        guangdong.add(shantou);
        guangxi.add(guilin);
        guangxi.add(nanning);
        root.add(guangdong);
        root.add(guangxi);
        jf = new JFrame("可編輯節點的樹");
        tree = new JTree(root);
```

```
// 獲取JTree對應的TreeModel物件
model = (DefaultTreeModel)tree.getModel();
// 設置JTree可編輯
tree.setEditable(true);
MouseListener ml = new MouseAdapter()
{
    // 按下滑鼠時獲得被拖曳的節點
    public void mousePressed(MouseEvent e)
    {
        // 如果需要唯一確定某個節點，則必須通過TreePath來獲取
        TreePath tp = tree.getPathForLocation(
            e.getX() , e.getY());
        if (tp != null)
        {
            movePath = tp;
        }
    }
    // 鬆開滑鼠時獲得需要拖到哪個父節點
    public void mouseReleased(MouseEvent e)
    {
        // 根據鬆開滑鼠時的TreePath來獲取TreePath
        TreePath tp = tree.getPathForLocation(
            e.getX(), e.getY());
        if (tp != null && movePath != null)
        {
            // 阻止向子節點拖曳
            if (movePath.isDescendant(tp) && movePath != tp)
            {
                JOptionPane.showMessageDialog(jf,
                    "目標節點是被移動節點的子節點，無法移動！",
                    "非法操作", JOptionPane.ERROR_MESSAGE );
                return;
            }
            // 不是向子節點移動，滑鼠按下、鬆開的也不是同一個節點
            else if (movePath != tp)
            {
                // add方法先將該節點從原父節點下刪除，再添加到新父節點下
                ((DefaultMutableTreeNode)tp.getLastPathComponent())
                    .add((DefaultMutableTreeNode)movePath
                    .getLastPathComponent());
                movePath = null;
                tree.updateUI();
            }
        }
    }
};
```

```
// 為JTree添加滑鼠監聽器
tree.addMouseListener(ml);
JPanel panel = new JPanel();
// 實作添加兄弟節點的監聽器
addSiblingButton.addActionListener(event -> {
    // 獲取選取的節點
    DefaultMutableTreeNode selectedNode = (DefaultMutableTreeNode)
        tree.getLastSelectedPathComponent();
    // 如果節點為空，則直接返回
    if (selectedNode == null) return;
    // 獲取該選取節點的父節點
    DefaultMutableTreeNode parent = (DefaultMutableTreeNode)
        selectedNode.getParent();
    // 如果父節點為空，則直接返回
    if (parent == null) return;
    // 建立一個新節點
    DefaultMutableTreeNode newNode = new
        DefaultMutableTreeNode("新節點");
    // 獲取選取節點的選取索引
    int selectedIndex = parent.getIndex(selectedNode);
    // 在選取位置插入新節點
    model.insertNodeInto(newNode, parent, selectedIndex + 1);
    // --------下面程式碼實作顯示新節點（自動展開父節點）-------
    // 獲取從根節點到新節點的所有節點
    TreeNode[] nodes = model.getPathToRoot(newNode);
    // 使用指定的節點陣列來建立TreePath
    TreePath path = new TreePath(nodes);
    // 顯示指定的TreePath
    tree.scrollPathToVisible(path);
});
panel.add(addSiblingButton);
// 實作添加子節點的監聽器
addChildButton.addActionListener(event -> {
    // 獲取選取的節點
    DefaultMutableTreeNode selectedNode = (DefaultMutableTreeNode)
        tree.getLastSelectedPathComponent();
    // 如果節點為空，則直接返回
    if (selectedNode == null) return;
    // 建立一個新節點
    DefaultMutableTreeNode newNode = new
        DefaultMutableTreeNode("新節點");
    // 通過model來添加新節點，則無須呼叫JTree的updateUI方法
    // model.insertNodeInto(newNode, selectedNode
    //      , selectedNode.getChildCount());
    // 通過節點添加新節點，則需要呼叫tree的updateUI方法
    selectedNode.add(newNode);
```

```
            // --------下面程式碼實作顯示新節點（自動展開父節點）-------
            TreeNode[] nodes = model.getPathToRoot(newNode);
            TreePath path = new TreePath(nodes);
            tree.scrollPathToVisible(path);
            tree.updateUI();
        });
        panel.add(addChildButton);
        // 實作刪除節點的監聽器
        deleteButton.addActionListener(event -> {
            DefaultMutableTreeNode selectedNode = (DefaultMutableTreeNode)
                tree.getLastSelectedPathComponent();
            if (selectedNode != null && selectedNode.getParent() != null)
            {
                // 刪除指定節點
                model.removeNodeFromParent(selectedNode);
            }
        });
        panel.add(deleteButton);
        // 實作編輯節點的監聽器
        editButton.addActionListener(event -> {
            TreePath selectedPath = tree.getSelectionPath();
            if (selectedPath != null)
            {
                // 編輯選取的節點
                tree.startEditingAtPath(selectedPath);
            }
        });
        panel.add(editButton);
        jf.add(new JScrollPane(tree));
        jf.add(panel , BorderLayout.SOUTH);
        jf.pack();
        jf.setDefaultCloseOperation(JFrame.EXIT_ON_CLOSE);
        jf.setVisible(true);
    }
    public static void main(String[] args)
    {
        new EditJTree().init();
    }
}
```

上面程式中實作拖曳節點也比較容易——當使用者按下滑鼠時獲取滑鼠事件發生位置的樹節點，並把該節點賦給 movePath 變數；當使用者鬆開滑鼠時獲取滑鼠事件發生位置的樹節點，作為目標節點需要拖到的父節點，把 movePath 從原來的節點中刪除，添加到新的父節點中即可（TreeNode 的 add() 方法可以同時完成這兩個操作）。

程式中的粗體字程式碼是實作整個程式的關鍵程式碼，讀者可以結合程式運行效果來研究該程式碼。運行上面程式，會看到如圖 12.42 所示的效果。

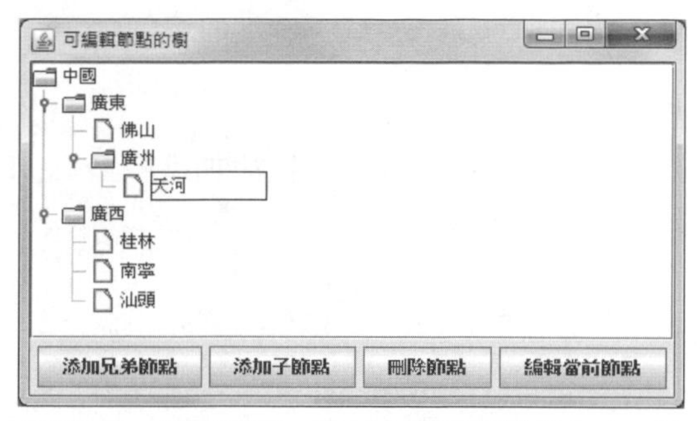

圖12.42　可以拖曳、添加、刪除節點的Swing樹

選取圖 12.42 中的某個節點並雙擊，或者單擊「編輯當前節點」按鈕，就可以進入該節點的編輯狀態，系統啟動預設的儲存格編輯器來編輯該節點，JTree 的儲存格編輯器與 JTable 的儲存格編輯器都實作了相同的 CellEditor 介面。本書將在下一節與 JTable 一起介紹如何自訂節點編輯器。

12.10.3　監聽節點事件

JTree 專門提供了一個 TreeSelectionModel 物件來存放該 JTree 選取狀態的資訊。也就是說，JTree 元件背後隱藏了兩個 model 物件，其中 TreeModel 用於存放該 JTree 的所有節點資料，而 TreeSelectionModel 用於存放該 JTree 的所有選取狀態的資訊。

提示  對於大部分開發者而言，無須關心TreeSelectionModel的存在，程式可以通過JTree提供的getSelectionPath()方法和getSelectionPaths()方法來獲取該JTree被選取的TreePath，但實際上這兩個方法底層實作依然依賴於TreeSelectionModel，只是普通開發者一般無須關心這些底層細節而已。

程式可以改變 JTree 的選擇模式，但必須先獲取該 JTree 對應的 TreeSelection Model 物件，再呼叫該物件的 setSelectionMode() 方法來設置該 JTree 的選擇模式。該方法支援如下三個參數。

- TreeSelectionModel.CONTINUOUS_TREE_SELECTION：可以連續選取多個 TreePath。

◆ TreeSelectionModel.DISCONTINUOUS_TREE_SELECTION：該選項對於選擇沒有任何限制。

◆ TreeSelectionModel.SINGLE_TREE_SELECTION：每次只能選擇一個 TreePath。

與 JList 操作類似，按下 Ctrl 輔助鍵，用於添加選取多個 JTree 節點；按下 Shift 輔助鍵，用於選擇連續區域裡的所有 JTree 節點。

JTree 提供了如下兩個常用的添加監聽器的方法。

◆ addTreeExpansionListener(TreeExpansionListener tel)：添加樹節點展開/折疊事件的監聽器。

◆ addTreeSelectionListener(TreeSelectionListener tsl)：添加樹節點選擇事件的監聽器。

下面程式設置 JTree 只能選擇單個 TreePath，並為節點選擇事件添加事件監聽器。

程式清單：codes\12\12.10\SelectJTree.java

```
public class SelectJTree
{
    JFrame jf = new JFrame("監聽樹的選擇事件");
    JTree tree;
    // 定義幾個初始節點
    DefaultMutableTreeNode root = new DefaultMutableTreeNode("中國");
    DefaultMutableTreeNode guangdong = new DefaultMutableTreeNode("廣東");
    DefaultMutableTreeNode guangxi = new DefaultMutableTreeNode("廣西");
    DefaultMutableTreeNode foshan = new DefaultMutableTreeNode("佛山");
    DefaultMutableTreeNode shantou = new DefaultMutableTreeNode("汕頭");
    DefaultMutableTreeNode guilin = new DefaultMutableTreeNode("桂林");
    DefaultMutableTreeNode nanning = new DefaultMutableTreeNode("南寧");
    JTextArea eventTxt = new JTextArea(5 , 20);
    public void init()
    {
        // 通過add()方法建立樹節點之間的父子關係
        guangdong.add(foshan);
        guangdong.add(shantou);
        guangxi.add(guilin);
        guangxi.add(nanning);
        root.add(guangdong);
        root.add(guangxi);
        // 以根節點建立樹
        tree = new JTree(root);
```

```
        // 設置只能選擇一個TreePath
        tree.getSelectionModel().setSelectionMode(
            TreeSelectionModel.SINGLE_TREE_SELECTION);
        // 添加監聽樹節點選擇事件的監聽器
        // 當JTree中被選擇節點發生改變時，將觸發該方法
        tree.addTreeSelectionListener(e -> {
            if (e.getOldLeadSelectionPath() != null)
                eventTxt.append("原選取的節點路徑："
                + e.getOldLeadSelectionPath().toString() + "\n");
            eventTxt.append("新選取的節點路徑："
                + e.getNewLeadSelectionPath().toString() + "\n");
        });         // 設置是否顯示根節點的展開/折疊圖示，預設是false
        tree.setShowsRootHandles(true);
        // 設置根節點是否可見，預設是true
        tree.setRootVisible(true);
        Box box = new Box(BoxLayout.X_AXIS);
        box.add(new JScrollPane(tree));
        box.add(new JScrollPane(eventTxt));
        jf.add(box);
        jf.pack();
        jf.setDefaultCloseOperation(JFrame.EXIT_ON_CLOSE);
        jf.setVisible(true);
    }
    public static void main(String[] args)
    {
        new SelectJTree().init();
    }
}
```

上面程式中的第一行粗體字程式碼設置了該 JTree 物件採用 SINGLE_TREE_SELECTION 選擇模式，即每次只能選取該 JTree 的一個 TreePath。第二段粗體字程式碼為該 JTree 添加了一個節點選擇事件的監聽器，當該 JTree 中被選擇節點發生改變時，該監聽器就會被觸發。運行上面程式，會看到如圖 12.43 所示的效果。

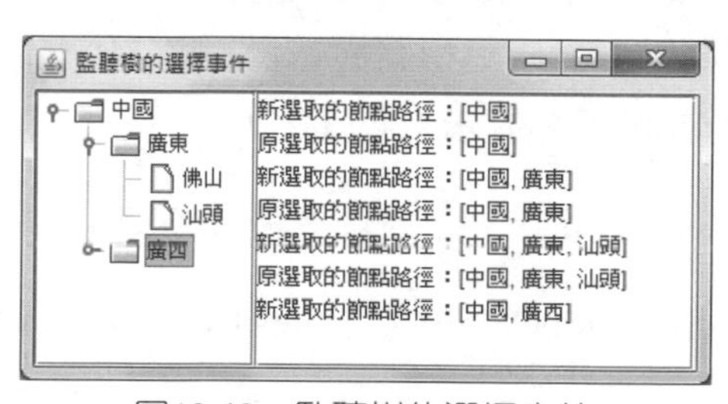

圖12.43　監聽樹的選擇事件

不要通過監聽滑鼠事件來監聽所選節點的變化，因為JTree中節點的選擇完全可以通過鍵盤來操作，不通過滑鼠單擊亦可。

12.10.4 使用DefaultTreeCellRenderer改變節點外觀

對比圖 12.38 和圖 12.41 所示的兩棵樹，不難發現圖 12.38 所示的樹更美觀，因為圖 12.38 所示的樹節點的圖示非常豐富，而圖 12.41 所示的樹節點的圖示太過於單一。

實際上，JTree 也可以改變樹節點的外觀，包括改變節點的圖示、字型等，甚至可以自由繪製節點外觀。為了改變樹節點的外觀，可以通過為樹指定自己的 CellRenderer 來實作，JTree 預設使用 DefaultTreeCellRenderer 來繪製每個節點。通過查看 API 文件可以發現：DefaultTreeCellRenderer 是 JLabel 的子類別，該 JLabel 包含了該節點的圖示和文字。

改變樹節點的外觀樣式，可以有如下三種方式。

- 使用DefaultTreeCellRenderer直接改變節點的外觀，這種方式可以改變整棵樹所有節點的字型、顏色和圖示。
- 為JTree指定DefaultTreeCellRenderer的擴展類別物件作為JTree的節點繪製器，該繪製器負責為不同節點使用不同的字型、顏色和圖示。通常使用這種方式來改變節點的外觀。
- 為JTree指定一個實作TreeCellRenderer介面的節點繪製器，該繪製器可以為不同的節點自由繪製任意內容，這是最複雜但最靈活的節點繪製器。

第一種方式最簡單，但靈活性最差，因為它會改變整棵樹所有節點的外觀。在這種情況下，Jtree 的所有節點依然使用相同的圖示，相當於整體取代了 Jtree 中節點的所有預設圖示。使用者指定的節點圖示未必就比 JTree 預設的圖示美觀。

DefaultTreeCellRenderer 提供了如下幾個方法來修改節點的外觀。

- setBackgroundNonSelectionColor(Color newColor)：設置用於非選定節點的背景顏色。
- setBackgroundSelectionColor(Color newColor)：設置節點在選取狀態下的背景顏色。

- setBorderSelectionColor(Color newColor)：設置選取狀態下節點的邊框顏色。
- setClosedIcon(Icon newIcon)：設置處於折疊狀態下非葉子節點的圖示。
- setFont(Font font)：設置節點文字的字型。
- setLeafIcon(Icon newIcon)：設置葉子節點的圖示。
- setOpenIcon(Icon newIcon)：設置處於展開狀態下非葉子節點的圖示。
- setTextNonSelectionColor(Color newColor)：設置繪製非選取狀態下節點文字的顏色。
- setTextSelectionColor(Color newColor)：設置繪製選取狀態下節點文字的顏色。

下面程式直接使用 DefaultTreeCellRenderer 來改變樹節點的外觀。

程式清單：codes\12\12.10\ChangeAllCellRender.java

```
public class ChangeAllCellRender
{
    JFrame jf = new JFrame("改變所有節點的外觀");
    JTree tree;
    // 定義幾個初始節點
    DefaultMutableTreeNode root = new DefaultMutableTreeNode("中國");
    DefaultMutableTreeNode guangdong = new DefaultMutableTreeNode("廣東");
    DefaultMutableTreeNode guangxi = new DefaultMutableTreeNode("廣西");
    DefaultMutableTreeNode foshan = new DefaultMutableTreeNode("佛山");
    DefaultMutableTreeNode shantou = new DefaultMutableTreeNode("汕頭");
    DefaultMutableTreeNode guilin = new DefaultMutableTreeNode("桂林");
    DefaultMutableTreeNode nanning = new DefaultMutableTreeNode("南寧");
    public void init()
    {
        // 通過add()方法建立樹節點之間的父子關係
        guangdong.add(foshan);
        guangdong.add(shantou);
        guangxi.add(guilin);
        guangxi.add(nanning);
        root.add(guangdong);
        root.add(guangxi);
        // 以根節點建立樹
        tree = new JTree(root);
        // 建立一個DefaultTreeCellRenderer物件
        DefaultTreeCellRenderer cellRender = new DefaultTreeCellRenderer();
        // 設置非選定節點的背景顏色
        cellRender.setBackgroundNonSelectionColor(new
            Color(220 , 220 , 220));
```

```
        // 設置節點在選取狀態下的背景顏色
        cellRender.setBackgroundSelectionColor(new Color(140 , 140, 140));
        // 設置選取狀態下節點的邊框顏色
        cellRender.setBorderSelectionColor(Color.BLACK);
        // 設置處於折疊狀態下非葉子節點的圖示
        cellRender.setClosedIcon(new ImageIcon("icon/close.gif"));
        // 設置節點文字的字型
        cellRender.setFont(new Font("SansSerif" , Font.BOLD , 16));
        // 設置葉子節點的圖示
        cellRender.setLeafIcon(new ImageIcon("icon/leaf.png"));
        // 設置處於展開狀態下非葉子節點的圖示
        cellRender.setOpenIcon(new ImageIcon("icon/open.gif"));
        // 設置繪製非選取狀態下節點文字的顏色
        cellRender.setTextNonSelectionColor(new Color(255 , 0 , 0));
        // 設置繪製選取狀態下節點文字的顏色
        cellRender.setTextSelectionColor(new Color(0 , 0 , 255));
        tree.setCellRenderer(cellRender);
        // 設置是否顯示根節點的展開/折疊圖示，預設是false
        tree.setShowsRootHandles(true);
        // 設置節點是否可見，預設是true
        tree.setRootVisible(true);
        jf.add(new JScrollPane(tree));
        jf.pack();
        jf.setDefaultCloseOperation(JFrame.EXIT_ON_CLOSE);
        jf.setVisible(true);
    }
    public static void main(String[] args)
    {
        new ChangeAllCellRender().init();
    }
}
```

上面程式中的粗體字程式碼建立了一個 DefaultTreeCellRenderer 物件，並通過該物件改變了 Jtree 中所有節點的字型、顏色和圖示。運行上面程式，會看到如圖 12.44 所示的效果。

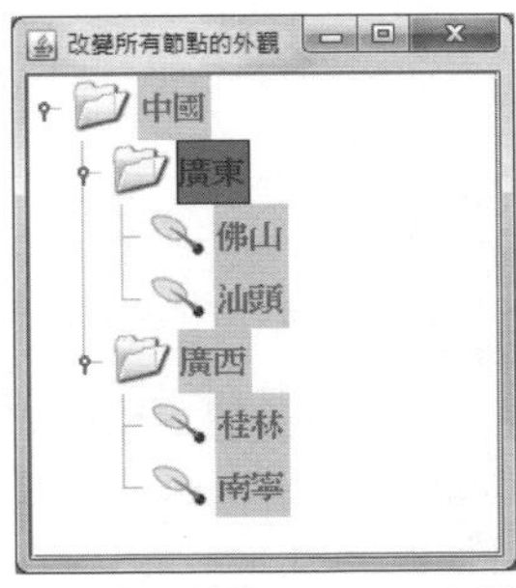

圖12.44 直接使用DefaultTreeCellRenderer改變所有節點的外觀效果

從圖 12.44 中可以看出，Jtree 中的所有節點全部被改變了，相當於完全替代了 Jtree 中所有節點的預設圖示、字型和顏色。但所有的葉子節點依然保持相同的外觀，所有的非葉子節點也保持相同的外觀。這種改變依然不能滿足更複雜的需求，例如，如果需要不同類型的節點呈現出不同的外觀，則不能直接使用 DefaultTreeCellRenderer 來改變節點的外觀，可以採用擴展 DefaultTreeCellRenderer 的方式來實作該需求。

提示

不要試圖通過TreeCellRenderer來改變表示節點展開/折疊的圖示，因為該圖示是由Metal風格決定的。如果需要改變該圖示，則可以考慮改變該JTree的外觀風格。

12.10.5 擴展DefaultTreeCellRenderer改變節點外觀

DefaultTreeCellRenderer 實作類別實作了 TreeCellRenderer 介面，該介面裡只有一個用於繪製節點內容的方法：getTreeCellRendererComponent()，該方法負責繪製 JTree 節點。如果讀者還記得前面介紹的繪製 JList 的列表項目外觀的內容，應該對該方法非常熟悉——與 ListCellRenderer 介面類似的是，getTreeCellRendererComponent() 方法返回一個 Component 物件，該物件就是 JTree 的節點元件。

DefaultTreeCellRenderer 類別繼承了 JLabel，實作 getTreeCellRendererComponent() 方法時返回 this，即返回一個特殊的 JLabel 物件。如果需要根據節點內容來改變節點的外觀，則可以再次擴展 DefaultTreeCellRenderer 類別，並再次覆寫它提供的 getTreeCellRendererComponent() 方法。

下面程式模擬了一個資料庫物件導覽樹，程式可以根據節點的類型來繪製節點的圖示。在本程式中為了給每個節點指定節點類型，程式不再使用 String 作為節點資料，而是使用 NodeData 來封裝節點資料，並覆寫了 NodeData 的 toString() 方法。

注意

使用Object類型的物件來建立TreeNode物件時，DefaultTreeCellRenderer預設使用該物件的toString()方法返回的字串作為該節點的標籤。

程式清單：codes\12\12.10\ExtendsDefaultTreeCellRenderer.java

```
public class ExtendsDefaultTreeCellRenderer
{
    JFrame jf = new JFrame("根據節點類型定義圖示");
    JTree tree;
    // 定義幾個初始節點
    DefaultMutableTreeNode root = new DefaultMutableTreeNode(
        new NodeData(DBObjectType.ROOT , "資料庫導覽"));
    DefaultMutableTreeNode salaryDb = new DefaultMutableTreeNode(
        new NodeData(DBObjectType.DATABASE , "公司工資資料庫"));
    DefaultMutableTreeNode customerDb = new DefaultMutableTreeNode(
        new NodeData(DBObjectType.DATABASE , "公司客戶資料庫"));
    // 定義salaryDb的兩個子節點
    DefaultMutableTreeNode employee = new DefaultMutableTreeNode(
        new NodeData(DBObjectType.TABLE , "員工表"));
    DefaultMutableTreeNode attend = new DefaultMutableTreeNode(
        new NodeData(DBObjectType.TABLE , "考勤表"));
    // 定義customerDb的一個子節點
    DefaultMutableTreeNode contact = new DefaultMutableTreeNode(
        new NodeData(DBObjectType.TABLE , "聯繫方式表"));
    // 定義employee的三個子節點
    DefaultMutableTreeNode id = new DefaultMutableTreeNode(
        new NodeData(DBObjectType.INDEX , "員工ID"));
    DefaultMutableTreeNode name = new DefaultMutableTreeNode(
        new NodeData(DBObjectType.COLUMN , "姓名"));
    DefaultMutableTreeNode gender = new DefaultMutableTreeNode(
        new NodeData(DBObjectType.COLUMN , "性別"));
    public void init()
    {
        // 通過add()方法建立樹節點之間的父子關係
        root.add(salaryDb);
        root.add(customerDb);
        salaryDb.add(employee);
        salaryDb.add(attend);
        customerDb.add(contact);
        employee.add(id);
        employee.add(name);
        employee.add(gender);
        // 以根節點建立樹
        tree = new JTree(root);
        // 設置該JTree使用自訂的節點繪製器
        tree.setCellRenderer(new MyRenderer());
        // 設置是否顯示根節點的展開/折疊圖示，預設是false
        tree.setShowsRootHandles(true);
        // 設置節點是否可見，預設是true
        tree.setRootVisible(true);
        try
```

```
        {
            // 設置使用Windows風格外觀
            UIManager.setLookAndFeel("com.sun.java.swing.plaf."
                + "windows.WindowsLookAndFeel");
        }
        catch (Exception ex){}
        // 更新JTree的UI外觀
        SwingUtilities.updateComponentTreeUI(tree);
        jf.add(new JScrollPane(tree));
        jf.pack();
        jf.setDefaultCloseOperation(JFrame.EXIT_ON_CLOSE);
        jf.setVisible(true);
    }
    public static void main(String[] args)
    {
        new ExtendsDefaultTreeCellRenderer().init();
    }
}
// 定義一個NodeData類別，用於封裝節點資料
class NodeData
{
    public int nodeType;
    public String nodeData;
    public NodeData(int nodeType , String nodeData)
    {
        this.nodeType = nodeType;
        this.nodeData = nodeData;
    }
    public String toString()
    {
        return nodeData;
    }
}
// 定義一個介面，該介面裡包含資料庫物件類型的常數
interface DBObjectType
{
    int ROOT = 0;
    int DATABASE = 1;
    int TABLE = 2;
    int COLUMN = 3;
    int INDEX = 4;
}
class MyRenderer extends DefaultTreeCellRenderer
{
    // 初始化5個圖示
    ImageIcon rootIcon = new ImageIcon("icon/root.gif");
    ImageIcon databaseIcon = new ImageIcon("icon/database.gif");
    ImageIcon tableIcon = new ImageIcon("icon/table.gif");
```

```
    ImageIcon columnIcon = new ImageIcon("icon/column.gif");
    ImageIcon indexIcon = new ImageIcon("icon/index.gif");
    public Component getTreeCellRendererComponent(JTree tree
        , Object value , boolean sel , boolean expanded
        , boolean leaf , int row , boolean hasFocus)
    {
        // 執行父類別預設的節點繪製操作
        super.getTreeCellRendererComponent(tree , value
            , sel, expanded , leaf , row , hasFocus);
        DefaultMutableTreeNode node = (DefaultMutableTreeNode)value;
        NodeData data = (NodeData)node.getUserObject();
        // 根據資料節點裡的nodeType資料決定節點圖示
        ImageIcon icon = null;
        switch(data.nodeType)
        {
            case DBObjectType.ROOT:
                icon = rootIcon;
                break;
            case DBObjectType.DATABASE:
                icon = databaseIcon;
                break;
            case DBObjectType.TABLE:
                icon = tableIcon;
                break;
            case DBObjectType.COLUMN:
                icon = columnIcon;
                break;
            case DBObjectType.INDEX:
                icon = indexIcon;
                break;
        }
        // 改變圖示
        this.setIcon(icon);
        return this;
    }
}
```

程式中的粗體字程式碼強制 JTree 使用自訂的節點繪製器：MyRenderer，該節點繪製器繼承了 DefaultTreeCellRenderer 類別，並覆寫了 getTreeCellRendererComponent() 方法。該節點繪製器覆寫該節點時根據節點的 nodeType 屬性改變其圖示。運行上面程式，會看到如圖 12.45 所示的效果。

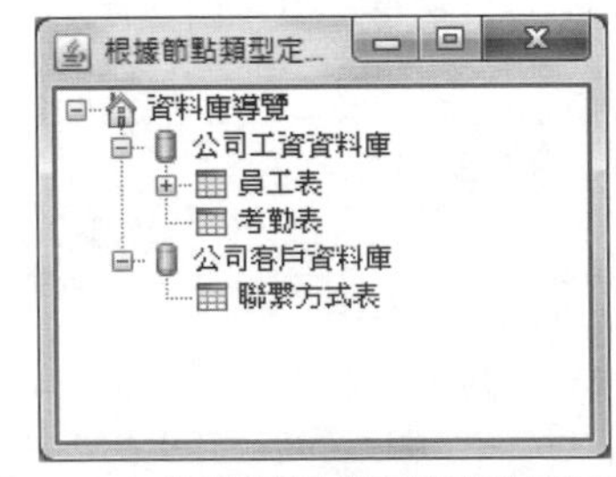

圖12.45　根據節點類型繪製節點圖示

從圖 12.45 中可以看出，JTree 中表示節點展開、折疊的圖示已經改為了「+」和「-」，這是因為本程式強制 JTree 使用了 Windows 風格。

12.10.6 實作TreeCellRenderer改變節點外觀

這種方式是最靈活的方式，程式實作 TreeCellRenderer 介面時同樣需要實作 getTreeCellRendererComponent() 方法，該方法可以返回任意類型的元件，該元件將作為 JTree 的節點。通過這種方式可以最大程度地改變 JTree 的節點外觀。

與前面實作 ListCellRenderer 介面類似的是，本實例程式同樣通過擴展 JPanel 來實作 TreeCellRenderer，實作 TreeCellRenderer 的方式與前面實作 ListCellRenderer 的方式基本相似，所以讀者將會看到一個完全不同的 JTree。

程式清單：codes\12\12.10\CustomTreeNode.java

```
public class CustomTreeNode
{
    JFrame jf = new JFrame("自訂樹的節點");
    JTree tree;
    // 定義幾個初始節點
    DefaultMutableTreeNode friends = new DefaultMutableTreeNode("我的好友");
    DefaultMutableTreeNode qingzhao = new DefaultMutableTreeNode("李清照");
    DefaultMutableTreeNode suge = new DefaultMutableTreeNode("蘇格拉底");
    DefaultMutableTreeNode libai = new DefaultMutableTreeNode("李白");
    DefaultMutableTreeNode nongyu = new DefaultMutableTreeNode("弄玉");
    DefaultMutableTreeNode hutou = new DefaultMutableTreeNode("虎頭");
    public void init()
    {
        // 通過add()方法建立樹節點之間的父子關係
        friends.add(qingzhao);
        friends.add(suge);
        friends.add(libai);
        friends.add(nongyu);
        friends.add(hutou);
        // 以根節點建立樹
        tree = new JTree(friends);
        // 設置是否顯示根節點的展開/折疊圖示，預設是false
        tree.setShowsRootHandles(true);
        // 設置節點是否可見，預設是true
        tree.setRootVisible(true);
        // 設置使用自訂的節點繪製器
        tree.setCellRenderer(new ImageCellRenderer());
        jf.add(new JScrollPane(tree));
        jf.pack();
```

```
        jf.setDefaultCloseOperation(JFrame.EXIT_ON_CLOSE);
        jf.setVisible(true);
    }
    public static void main(String[] args)
    {
        new CustomTreeNode().init();
    }
}
// 實作自己的節點繪製器
class ImageCellRenderer extends JPanel implements TreeCellRenderer
{
    private ImageIcon icon;
    private String name;
    // 定義繪製儲存格時的背景色
    private Color background;
    // 定義繪製儲存格時的前景色
    private Color foreground;
    public Component getTreeCellRendererComponent(JTree tree
        , Object value , boolean sel , boolean expanded
        , boolean leaf , int row , boolean hasFocus)
    {
        icon = new ImageIcon("icon/" + value + ".gif");
        name = value.toString();
        background = hasFocus ? new Color(140 , 200 ,235)
            : new Color(255 , 255 , 255);
        foreground = hasFocus ? new Color(255 , 255 ,3)
            : new Color(0 , 0 , 0);
        // 返回該JPanel物件作為儲存格繪製器
        return this;
    }
    // 覆寫paintComponent方法，改變JPanel的外觀
    public void paintComponent(Graphics g)
    {
        int imageWidth = icon.getImage().getWidth(null);
        int imageHeight = icon.getImage().getHeight(null);
        g.setColor(background);
        g.fillRect(0 , 0 , getWidth() , getHeight());
        g.setColor(foreground);
        // 繪製好友圖示
        g.drawImage(icon.getImage() , getWidth() / 2
            - imageWidth / 2 , 10 , null);
        g.setFont(new Font("SansSerif" , Font.BOLD , 18));
        // 繪製好友使用者名稱
        g.drawString(name, getWidth() / 2
            - name.length() * 10 , imageHeight + 30 );
    }
```

```
    // 通過該方法來設置該ImageCellRenderer的最佳大小
    public Dimension getPreferredSize()
    {
        return new Dimension(80, 80);
    }
}
```

上面程式中的粗體字程式碼設置JTree物件使用自訂的節點繪製器：ImageCellRenderer，該節點繪製器實作了TreeCellRenderer介面的getTreeCellRendererComponent()方法，該方法返回this，也就是一個特殊的JPanel物件，這個特殊的JPanel覆寫了paintComponent()方法，重新繪製了JPanel的外觀——根據節點資料來繪製圖示和文字。運行上面程式，會看到如圖12.46所示的樹。

這看上去似乎不太像一棵樹，但可從每個節點前的連接線、表示節點的展開/折疊的圖示中看出這依然是一棵樹。

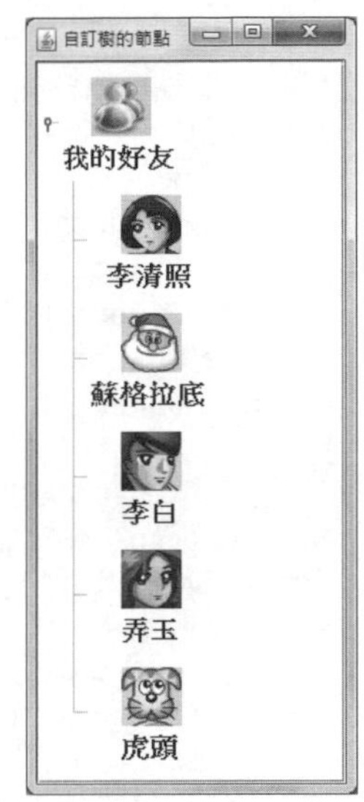

圖12.46 自行自訂樹節點的外觀

12.11 使用JTable和TableModel建立表格

表格也是GUI程式中常用的元件，表格是一個由多列、多欄組成的二維顯示區。Swing的JTable以及相關類別提供了這種表格支援，通過使用JTable以及相關類別，程式既可以使用簡單的程式碼建立出表格來顯示二維資料，也可以開發出功能豐富的表格，還可以為表格自訂各種顯示外觀、編輯特性。

12.11.1 建立表格

使用JTable來建立表格是非常容易的事情，JTable可以把一個二維資料包裝成一個表格，這個二維資料既可以是一個二維陣列，也可以是集合元素為Vector的Vector物件（Vector裡包含Vector形成二維資料）。除此之外，為了給該表格的每一欄指定欄標題，還需要傳入一個一維資料作為欄標題，這個一維資料既可以是一維陣列，也可以是 Vector 物件。下面程式使用二維陣列和一維陣列來建立一個簡單表格。

程式清單：codes\12\12.11\SimpleTable.java

```
public class SimpleTable
{
    JFrame jf = new JFrame("簡單表格");
    JTable table;
    // 定義二維陣列作為表格資料
    Object[][] tableData =
    {
        new Object[]{"李清照" , 29 , "女"},
        new Object[]{"蘇格拉底", 56 , "男"},
        new Object[]{"李白", 35 , "男"},
        new Object[]{"弄玉", 18 , "女"},
        new Object[]{"虎頭" , 2 , "男"}
    };
    // 定義一維資料作為欄標題
    Object[] columnTitle = {"姓名" , "年齡" , "性別"};
    public void init()
    {
        // 以二維陣列和一維陣列來建立一個JTable物件
        table = new JTable(tableData , columnTitle);
        // 將JTable物件放在JScrollPane中
        // 並將該JScrollPane放在視窗中顯示出來
        jf.add(new JScrollPane(table));
        jf.pack();
        jf.setDefaultCloseOperation(JFrame.EXIT_ON_CLOSE);
        jf.setVisible(true);
    }
    public static void main(String[] args)
    {
        new SimpleTable().init();
    }
}
```

上面程式中的粗體字程式碼建立了兩個 Object 陣列，第一個二維陣列作為 JTable 的資料，第二個一維陣列作為 JTable 的欄標題。建立二維陣列時利用了 JDK 1.5 提供的自動裝箱功能——雖然直接指定的陣列元素是 int 類型的整數，但系統會將它包裝成 Integer 物件。

學生提問：我們指定的表格資料、表格列標題都是Object類型的陣列，JTable如何顯示這些Object物件？

答：在預設情況下，JTable的表格資料、表格欄標題全部是字串內容，因此JTable會使用這些Object物件的toString()方法的返回值作為表格資料、表格欄標題。如果需要特殊對待某些表格資料，例如把它們當成圖示或其他類型的物件來處理，則可以通過特定的TableModel或指定自己的儲存格繪製器來實作。

在預設情況下，JTable 的所有儲存格、欄標題顯示的全部是字串內容。除此之外，通常應該將 JTable 物件放在 JScrollPane 容器中，由 JScrollPane 為 JTable 提供 ViewPort。

注意

通常總是會把JTable物件放在JScrollPane中顯示，使用JScrollPane來包裝JTable不僅可以為JTable增加捲軸，而且可以讓JTable的欄標題顯示出來；如果不把JTable放在JScrollPane中顯示，JTable預設不會顯示欄標題。

運行上面程式，會看到如圖 12.47 所示的簡單表格。

簡單表格

姓名	年齡	性別
李清照	29	女
蘇格拉底	56	男
李白	35	男
弄玉	18	女
虎頭	2	男

圖12.47　簡單表格

雖然產生如圖 12.47 所示表格的程式碼非常簡單，但這個表格已經表現出豐富的功能。該表格具有如下幾個功能。

- 當表格高度不足以顯示所有的資料列時，該表格會自動顯示捲軸。
- 當把滑鼠移動到兩欄之間的分界符時，滑鼠形狀會變成可調整大小的形狀，表明使用者可以自由調整表格欄的大小。
- 當在表格欄上按下滑鼠並拖曳時，可以將表格的整欄拖曳到其他位置。
- 當單擊某一個儲存格時，系統會自動選取該儲存格所在的列。
- 當雙擊某一個儲存格時，系統會自動進入該儲存格的修改狀態。

運行 SimpleTable.java 程式，當拖曳兩欄分界線來調整某欄的欄寬時，將看到該欄後面的所有欄的欄寬都會發生相應的改變，但該欄前面的所有欄的欄寬都不會發生改變，整個表格的寬度不會發生改變。

JTable 提供了一個 setAutoResizeMode() 方法來控制這種調整方式，該方法可以接收如下幾個值。

◆ JTable.AUTO_RESIZE_OFF：關閉JTable的自動調整功能，當調整某一欄的寬度時，其他欄的寬度不會發生改變，只有表格的寬度會隨之改變。

◆ JTable.AUTO_RESIZE_NEXT_COLUMN：只調整下一欄的寬度，其他欄及表格的寬度不會發生改變。

◆ JTable.AUTO_RESIZE_SUBSEQUENT_COLUMNS：平均調整當前欄後面所有欄的寬度，當前欄的前面所有欄及表格的寬度都不會發生變化，這是預設的調整方式。

◆ JTable.AUTO_RESIZE_LAST_COLUMN：只調整最後一欄的寬度，其他欄及表格的寬度不會發生改變。

◆ JTable.AUTO_RESIZE_ALL_COLUMNS：平均調整表格中所有欄的寬度，表格的寬度不會發生改變。

JTable 預設採用平均調整當前欄後面所有欄的寬度的方式，這種方式允許使用者從左到右依次調整每一欄的寬度，以達到最好的顯示效果。

注意

儘量避免使用平均調整表格中所有欄的寬度的方式，這種方式將會導致使用者調整某一欄時，其餘所有欄都隨之發生改變，從而使得使用者很難把每一欄的寬度都調整到具有最好的顯示效果。

如果需要精確控制每一欄的寬度，則可通過 TableColumn 物件來實作。JTable 使用 TableColumn 來表示表格中的每一欄，JTable 中表格欄的所有屬性，如最佳寬度、是否可調整寬度、最小和最大寬度等都存放在該 TableColumn 中。此外，TableColumn 還允許為該欄指定特定的儲存格繪製器和儲存格編輯器（這些內容將在後面講解）。TableColumn 具有如下方法。

◆ setMaxWidth(int maxWidth)：設置該欄的最大寬度。如果指定的maxWidth小於該欄的最小寬度，則maxWidth被設置成最小寬度。

- setMinWidth(int minWidth)：設置該欄的最小寬度。
- setPreferredWidth(int preferredWidth)：設置該欄的最佳寬度。
- setResizable(boolean isResizable)：設置是否可以調整該欄的寬度。
- sizeWidthToFit()：調整該欄的寬度，以適合其標題儲存格的寬度。

在預設情況下，當使用者單擊 JTable 的任意一個儲存格時，系統預設會選取該儲存格所在欄的整列，也就是說，JTable 表格預設的選擇單元是列。當然也可通過 JTable 提供的 setRowSelectionAllowed() 方法來改變這種設置，如果為該方法傳入 false 參數，則可以關閉這種每次選擇一列的方式。

除此之外，JTable 還提供了一個 setColumnSelectionAllowed() 方法，該方法用於控制選擇單元是否是欄，如果為該方法傳入 true 參數，則當使用者單擊某個儲存格時，系統會選取該儲存格所在的欄。

如果同時呼叫 setColumnSelectionAllowed(true) 和 setRowSelectionAllowed(true) 方法，則該表格的選擇單元是儲存格。實際上，同時呼叫這兩個方法相當於呼叫 setCellSelectionEnabled(true) 方法。與此相反，如果呼叫 setCellSelectionEnabled(false) 方法，則相當於同時呼叫 setColumnSelectionAllowed(false) 和 setRowSelectionAllowed (false) 方法，即使用者無法選取該表格的任何地方。

與 JList、JTree 類似的是，JTable 使用了一個 ListSelectionModel 表示該表格的選擇狀態，程式可以通過 ListSelectionModel 來控制 JTable 的選擇模式。JTable 的選擇模式有如下三種。

- ListSelectionModel.MULTIPLE_INTERVAL_SELECTION：沒有任何限制，可以選擇表格中任何表格單元，這是預設的選擇模式。通過Shift和Ctrl輔助鍵的幫助可以選擇多個表格單元。
- ListSelectionModel.SINGLE_INTERVAL_SELECTION：選擇單個連續區域，該選項可以選擇多個表格單元，但多個表格單元之間必須是連續的。通過Shift輔助鍵的幫助來選擇連續區域。
- ListSelectionModel.SINGLE_SELECTION：只能選擇單個表格單元。

程式通常通過如下程式碼來改變 JTable 的選擇模式。

```
// 設置該表格只能選取單個表格單元
table.getSelectionModel().setSelectionMode(ListSelectionModel.SINGLE_SELECTION);
```

存放JTable選擇狀態的model類別就是ListSelectionModel，這並不是筆誤。

下面程式示範了如何控制每欄的寬度、控制表格的寬度調整模式、改變表格的選擇單元和表格的選擇模式。

程式清單：codes\12\12.11\AdjustingWidth.java

```
public class AdjustingWidth
{
    JFrame jf = new JFrame("調整表格欄寬");
    JMenuBar menuBar = new JMenuBar();
    JMenu adjustModeMenu = new JMenu("調整方式");
    JMenu selectUnitMenu = new JMenu("選擇單元");
    JMenu selectModeMenu = new JMenu("選擇方式");
    // 定義5個單選框按鈕，用以控制表格的寬度調整方式
    JRadioButtonMenuItem[] adjustModesItem = new JRadioButtonMenuItem[5];
    // 定義3個單選框按鈕，用以控制表格的選擇方式
    JRadioButtonMenuItem[] selectModesItem = new JRadioButtonMenuItem[3];
    JCheckBoxMenuItem rowsItem = new JCheckBoxMenuItem("選擇列");
    JCheckBoxMenuItem columnsItem = new JCheckBoxMenuItem("選擇欄");
    JCheckBoxMenuItem cellsItem = new JCheckBoxMenuItem("選擇儲存格");
    ButtonGroup adjustBg = new ButtonGroup();
    ButtonGroup selectBg = new ButtonGroup();
    // 定義一個int類型的陣列，用於存放表格所有的寬度調整方式
    int[] adjustModes = new int[]{
        JTable.AUTO_RESIZE_OFF
        , JTable.AUTO_RESIZE_NEXT_COLUMN
        , JTable.AUTO_RESIZE_SUBSEQUENT_COLUMNS
        , JTable.AUTO_RESIZE_LAST_COLUMN
        , JTable.AUTO_RESIZE_ALL_COLUMNS
    };
    int[] selectModes = new int[]{
        ListSelectionModel.MULTIPLE_INTERVAL_SELECTION
        , ListSelectionModel.SINGLE_INTERVAL_SELECTION
        , ListSelectionModel.SINGLE_SELECTION
    };
    JTable table;
    // 定義二維陣列作為表格資料
    Object[][] tableData =
    {
        new Object[]{"李清照" , 29 , "女"},
        new Object[]{"蘇格拉底", 56 , "男"},
        new Object[]{"李白", 35 , "男"},
```

```
        new Object[]{"弄玉", 18 , "女"},
        new Object[]{"虎頭" , 2 , "男"}
    };
    // 定義一維資料作為欄標題
    Object[] columnTitle = {"姓名" , "年齡" , "性別"};
    public void init()
    {
        // 以二維陣列和一維陣列來建立一個JTable物件
        table = new JTable(tableData , columnTitle);
        // -----------為視窗安裝設置表格調整方式的選單-----------
        adjustModesItem[0] = new JRadioButtonMenuItem("只調整表格");
        adjustModesItem[1] = new JRadioButtonMenuItem("只調整下一欄");
        adjustModesItem[2] = new JRadioButtonMenuItem("平均調整餘下欄");
        adjustModesItem[3] = new JRadioButtonMenuItem("只調整最後一欄");
        adjustModesItem[4] = new JRadioButtonMenuItem("平均調整所有欄");
        menuBar.add(adjustModeMenu);
        for (int i = 0; i < adjustModesItem.length ; i++)
        {
            // 預設選取第三個選單項目，即對應表格預設的寬度調整方式
            if (i == 2)
            {
                adjustModesItem[i].setSelected(true);
            }
            adjustBg.add(adjustModesItem[i]);
            adjustModeMenu.add(adjustModesItem[i]);
            final int index = i;
            // 為設置調整方式的選單項目添加監聽器
            adjustModesItem[i].addActionListener(evt -> {
                // 如果當前選單項目處於選取狀態，表格使用對應的調整方式
                if (adjustModesItem[index].isSelected())
                {
                    table.setAutoResizeMode(adjustModes[index]);  // ①
                }
            });
        }
        // -----------為視窗安裝設置表格選擇方式的選單-----------
        selectModesItem[0] = new JRadioButtonMenuItem("無限制");
        selectModesItem[1] = new JRadioButtonMenuItem("單獨的連續區");
        selectModesItem[2] = new JRadioButtonMenuItem("單選");
        menuBar.add(selectModeMenu);
        for (int i = 0; i < selectModesItem.length ; i++)
        {
            // 預設選取第一個選單項目，即對應表格預設的選擇方式
            if (i == 0)
            {
            selectModesItem[i].setSelected(true);
            }
```

```
        selectBg.add(selectModesItem[i]);
        selectModeMenu.add(selectModesItem[i]);
        final int index = i;
        // 為設置選擇方式的選單項目添加監聽器
        selectModesItem[i].addActionListener(evt -> {
            // 如果當前選單項目處於選取狀態，表格使用對應的選擇方式
            if (selectModesItem[index].isSelected())
            {
                table.getSelectionModel().setSelectionMode
                    (selectModes[index]);      // ②
            }
        });
    }
    menuBar.add(selectUnitMenu);
    // -----為視窗安裝設置表格選擇單元的選單-----
    rowsItem.setSelected(table.getRowSelectionAllowed());
    columnsItem.setSelected(table.getColumnSelectionAllowed());
    cellsItem.setSelected(table.getCellSelectionEnabled());
    rowsItem.addActionListener(event -> {
        table.clearSelection();
        // 如果該選單項目處於選取狀態，設置表格的選擇單元是列
        table.setRowSelectionAllowed(rowsItem.isSelected());
        // 如果選擇列、選擇欄同時被選取，其實質是選擇儲存格
        cellsItem.setSelected(table.getCellSelectionEnabled());
    });
    selectUnitMenu.add(rowsItem);
    columnsItem.addActionListener(new ActionListener()
    {
        public void actionPerformed(ActionEvent event)
        {
            table.clearSelection();
            // 如果該選單項目處於選取狀態，設置表格的選擇單元是欄
            table.setColumnSelectionAllowed(columnsItem.isSelected());
            // 如果選擇列、選擇欄同時被選取，其實質是選擇儲存格
            cellsItem.setSelected(table.getCellSelectionEnabled());
        }
    });
    selectUnitMenu.add(columnsItem);
    cellsItem.addActionListener(event -> {
        table.clearSelection();
        // 如果該選單項目處於選取狀態，設置表格的選擇單元是儲存格
        table.setCellSelectionEnabled(cellsItem.isSelected());
        // 該選項的改變會同時影響選擇列、選擇欄兩個選單
        rowsItem.setSelected(table.getRowSelectionAllowed());
        columnsItem.setSelected(table.getColumnSelectionAllowed());
    });
```

```
        selectUnitMenu.add(cellsItem);
        jf.setJMenuBar(menuBar);
        // 分別獲取表格的三個表格連，並設置三欄的最小寬、最佳寬度和最大寬度
        TableColumn nameColumn = table.getColumn(columnTitle[0]);
        nameColumn.setMinWidth(40);
        TableColumn ageColumn = table.getColumn(columnTitle[1]);
        ageColumn.setPreferredWidth(50);
        TableColumn genderColumn = table.getColumn(columnTitle[2]);
        genderColumn.setMaxWidth(50);
        // 將JTable物件放在JScrollPane中，並將該JScrollPane放在視窗中顯示出來
        jf.add(new JScrollPane(table));
        jf.pack();
        jf.setDefaultCloseOperation(JFrame.EXIT_ON_CLOSE);
        jf.setVisible(true);
    }
    public static void main(String[] args)
    {
        new AdjustingWidth().init();
    }
}
```

上面程式中的①號粗體字程式碼根據選項按鈕選單來設置表格的寬度調整方式，②號粗體字程式碼根據選項按鈕選單來設置表格的選擇模式，最後一段粗體字程式碼通過 JTable 的 getColumn() 方法獲取指定列，並分別設置三列的最佳、最大、最小寬度。如果選取「只調整表格」選單項目，並把第一列寬度拖大，將看到如圖 12.48 所示的介面。

上面程式中還有三段粗體字程式碼，分別用於為三個核取方塊選單添加監聽器，根據核取方塊選單的選取狀態來決定表格的選擇單元。如果程式採用 JTable 預設的選擇模式（無限制的選擇模式），並設置表格的選擇單元是儲存格，則可看到如圖 12.49 所示的介面。

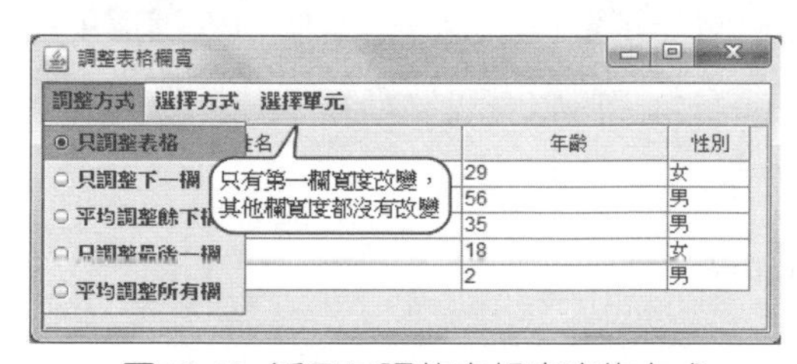

圖12.48 採用只調整表格寬度的方式

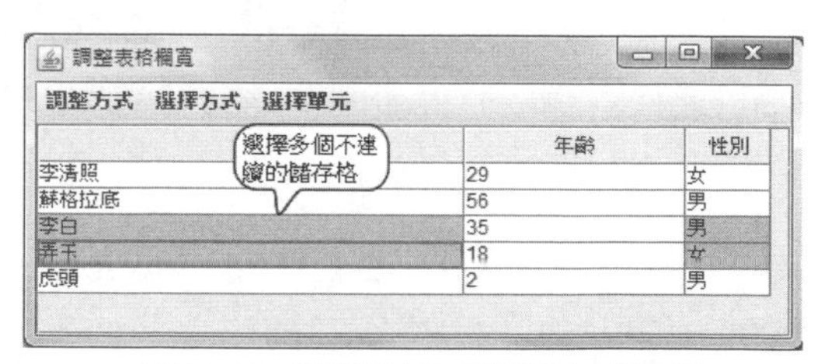

圖12.49 選擇多個不連續的儲存格

12.11.2 TableModel和監聽器

與 JList、JTree 類似的是，JTable 採用了 TableModel 來存放表格中的所有狀態資料；與 ListModel 類似的是，TableModel 也不強制存放該表格顯示的資料。雖然在前面程式中看到的是直接利用一個二維陣列來建立 JTable 物件，但也可以通過 TableModel 物件來建立表格。如果需要利用 TableModel 來建立表格物件，則可以利用 Swing 提供的 AbstractTableModel 抽象類別，該抽象類別已經實作了 TableModel 介面裡的大部分方法，程式只需要為該抽象類別實作如下三個抽象方法即可。

- getColumnCount()：返回該TableModel物件的欄數量。
- getRowCount()：返回該TableModel物件的列數量。
- getValueAt()：返回指定列、指定欄的儲存格值。

覆寫這三個方法後只是告訴 JTable 產生該表格所需的基本資訊，如果想指定 JTable 產生表格的欄名，還需要覆寫 getColumnName(int c) 方法，該方法返回一個字串，該字串將作為第 c+1 欄的欄名。

在預設情況下，AbstractTableModel 的 boolean isCellEditable(int rowIndex, int columnIndex) 方法返回 false，表明該表格的儲存格處於不可編輯狀態，如果想讓使用者直接修改儲存格的內容，則需要覆寫該方法，並讓該方法返回 true。覆寫該方法後，只實作了介面上儲存格的可編輯，如果需要控制實際的編輯操作，還需要覆寫該類別的 setValueAt(Object aValue, int rowIndex, int columnIndex) 方法。

關於 TableModel 的典型應用就是用於封裝 JDBC 程式設計裡的 ResultSet，程式可以利用 TableModel 來封裝資料庫查詢得到的結果集，然後使用 JTable 把該結果集顯示出來。還可以允許使用者直接編輯表格的儲存格，當使用者編輯完成後，程式將使用者所做的修改寫入資料庫。下面程式簡單實作了這種功能——當使用者選擇了指定的資料表後，程式將顯示該資料表中的全部資料，使用者可以直接在該表格內修改資料表的記錄。

程式清單：codes\12\12.11\TableModelTest.java

```
public class TableModelTest
{
    JFrame jf = new JFrame("資料表管理工具");
    private JScrollPane scrollPane;
    private ResultSetTableModel model;
```

```
// 用於裝載資料表的JComboBox
private JComboBox<String> tableNames = new JComboBox<>();
private JTextArea changeMsg = new JTextArea(4, 80);
private ResultSet rs;
private Connection conn;
private Statement stmt;
public void init()
{
    // 為JComboBox添加事件監聽器，當使用者選擇某個資料表時，觸發該方法
    tableNames.addActionListener(event -> {
        try
        {
            // 如果裝載JTable的JScrollPane不為空
            if (scrollPane != null)
            {
                // 從主視窗中刪除表格
                jf.remove(scrollPane);
            }
            // 從JComboBox中取出使用者試圖管理的資料表的表名
            String tableName = (String) tableNames.getSelectedItem();
            // 如果結果集不為空，則關閉結果集
            if (rs != null)
            {
                rs.close();
            }
            String query = "select * from " + tableName;
            // 查詢使用者選擇的資料表
            rs = stmt.executeQuery(query);
            // 使用查詢到的ResultSet建立TableModel物件
            model = new ResultSetTableModel(rs);
            // 為TableModel添加監聽器，監聽使用者的修改
            model.addTableModelListener(evt -> {
                int row = evt.getFirstRow();
                int column = evt.getColumn();
                changeMsg.append("修改的欄:" + column
                    + ",修改的列:" + row + "修改後的值:"
                    + model.getValueAt(row , column));
            });
            // 使用TableModel建立JTable，並將對應表格添加到視窗中
            JTable table = new JTable(model);
            scrollPane = new JScrollPane(table);
            jf.add(scrollPane, BorderLayout.CENTER);
            jf.validate();
        }
        catch (SQLException e)
        {
            e.printStackTrace();
```

```
        }
    });
    JPanel p = new JPanel();
    p.add(tableNames);
    jf.add(p, BorderLayout.NORTH);
    jf.add(new JScrollPane(changeMsg), BorderLayout.SOUTH);
    try
    {
        // 獲取資料庫連接
        conn = getConnection();
        // 獲取資料庫的MetaData物件
        DatabaseMetaData meta = conn.getMetaData();
        // 建立Statement
        stmt = conn.createStatement(ResultSet.TYPE_SCROLL_INSENSITIVE
            , ResultSet.CONCUR_UPDATABLE);
        // 查詢當前資料庫的全部資料表
        ResultSet tables = meta.getTables(null, null, null
            , new String[] { "TABLE" });
        // 將全部資料表添加到JComboBox中
        while (tables.next())
        {
            tableNames.addItem(tables.getString(3));
        }
        tables.close();
    }
    catch (IOException e)
    {
        e.printStackTrace();
    }
    catch (Exception e)
    {
        e.printStackTrace();
    }
    jf.addWindowListener(new WindowAdapter()
    {
        public void windowClosing(WindowEvent event)
        {
            try
            {
                if (conn != null) conn.close();
            }
            catch (SQLException e)
            {
                e.printStackTrace();
            }
        }
    });
```

```
        jf.pack();
        jf.setDefaultCloseOperation(JFrame.EXIT_ON_CLOSE);
        jf.setVisible(true);
    }
    private static Connection getConnection()
        throws SQLException, IOException , ClassNotFoundException
    {
        // 通過載入conn.ini檔案來獲取資料庫連接的詳細資訊
        Properties props = new Properties();
        FileInputStream in = new FileInputStream("conn.ini");
        props.load(in);
        in.close();
        String drivers = props.getProperty("jdbc.drivers");
        String url = props.getProperty("jdbc.url");
        String username = props.getProperty("jdbc.username");
        String password = props.getProperty("jdbc.password");
        // 載入資料庫驅動
        Class.forName(drivers);
        // 取得資料庫連接
        return DriverManager.getConnection(url, username, password);
    }
    public static void main(String[] args)
    {
        new TableModelTest().init();
    }
}
// 擴展AbstractTableModel，用於將一個ResultSet包裝成TableModel
class ResultSetTableModel extends AbstractTableModel   // ①
{
    private ResultSet rs;
    private ResultSetMetaData rsmd;
    // 建構子，初始化rs和rsmd兩個屬性
    public ResultSetTableModel(ResultSet aResultSet)
    {
        rs = aResultSet;
        try
        {
            rsmd = rs.getMetaData();
        }
        catch (SQLException e)
        {
            e.printStackTrace();
        }
    }
    // 覆寫getColumnName方法，用於為該TableModel設置欄名
    public String getColumnName(int c)
    {
```

```
    try
    {
        return rsmd.getColumnName(c + 1);
    }
    catch (SQLException e)
    {
        e.printStackTrace();
        return "";
    }
}
// 覆寫getColumnCount方法，用於設置該TableModel的欄數
public int getColumnCount()
{
    try
    {
        return rsmd.getColumnCount();
    }
    catch (SQLException e)
    {
        e.printStackTrace();
        return 0;
    }
}
// 覆寫getValueAt方法，用於設置該TableModel指定儲存格的值
public Object getValueAt(int r, int c)
{
    try
    {
        rs.absolute(r + 1);
        return rs.getObject(c + 1);
    }
    catch(SQLException e)
    {
        e.printStackTrace();
        return null;
    }
}
// 覆寫getRowCount方法，用於設置該TableModel的列數
public int getRowCount()
{
    try
    {
        rs.last();
        return rs.getRow();
    }
    catch(SQLException e)
    {
```

```
            e.printStackTrace();
            return 0;
        }
    }
    // 覆寫isCellEditable返回true，讓每個儲存格可編輯
    public boolean isCellEditable(int rowIndex, int columnIndex)
    {
        return true;
    }
    // 覆寫setValueAt()方法，當使用者編輯儲存格時，將會觸發該方法
    public void setValueAt(Object aValue , int row,int column)
    {
        try
        {
            // 結果集定位到對應的列數
            rs.absolute(row + 1);
            // 修改儲存格對應的值
            rs.updateObject(column + 1 , aValue);
            // 提交修改
            rs.updateRow();
            // 觸發儲存格的修改事件
            fireTableCellUpdated(row, column);
        }
        catch (SQLException evt)
        {
            evt.printStackTrace();
        }
    }
}
```

上面程式的關鍵在於①號粗體字程式碼所擴展的 ResultSetTableModel 類別，該類別繼承了 AbstractTableModel 父類別，根據其 ResultSet 來覆寫 getColumnCount()、getRowCount() 和 getValueAt() 三個方法，從而允許該表格可以將該 ResultSet 裡的所有記錄顯示出來。除此之外，該擴展類別還覆寫了 isCellEditable() 和 setValueAt() 兩個方法——覆寫前一個方法實作允許使用者編輯儲存格的功能，覆寫後一個方法實作當使用者編輯儲存格時將所做的修改同步到資料庫的功能。

程式中的粗體字程式碼使用 ResultSet 建立了一個 TableModel 物件，並為該 TableModel 添加事件監聽器，然後把該 TableModel 使用 JTable 顯示出來。當使用者修改該 JTable 對應表格裡儲存格的內容時，該監聽器會檢測到這種修改，並將這種修改資訊通過下面的文字區域顯示出來。

提示 上面程式大量使用了JDBC程式設計中的JDBC連接資料庫、獲取可更新的結果集、ResultSetMetaData、DatabaseMetaData等知識，讀者可能一時難以讀懂，可以參考本書第13章的內容來閱讀本程式。該程式的運行需要底層資料庫的支援，所以讀者應按第13章的內容正常安裝MySQL資料庫，並將codes\12\12.11\路徑下的mysql.sql腳本匯入資料庫，修改conn.ini檔案中的資料庫連接資訊才可運行該程式。使用JDBC連接資料庫還需要載入JDBC驅動，所以本章為運行該程式提供了一個run.cmd批次檔，讀者可以通過該檔案來運行該程式。不要直接運行該程式，否則可能出現java.lang.ClassNotFoundException: com.mysql.jdbc.Driver異常。

運行上面程式，會看到如圖 12.50 所示的介面。

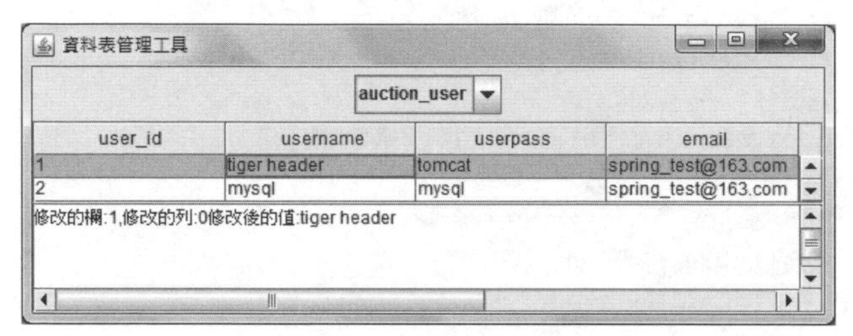

圖12.50　使用JTable管理資料表記錄

從圖 12.50 中可以看出，當修改指定儲存格的記錄時，添加在 TableModel 上的監聽器就會被觸發。當修改 JTable 儲存格裡的內容時，底層資料表裡的記錄也會做出相應的改變。

不僅使用者可以擴展 AbstractTableModel 抽象類別，Swing 本身也為 AbstractTableModel 提供了一個 DefaultTableModel 實作類別，程式可以通過使用 DefaultTableModel 實作類別來建立 JTable 物件。通過 DefaultTableModel 物件建立 JTable 物件後，就可以呼叫它提供的方法來添加資料列、插入資料列、刪除資料列和移動資料列。DefaultTableModel 提供了如下幾個方法來控制資料列操作。

- addColumn()：該方法用於為TableModel增加一欄，該方法有三個多載的版本，實際上該方法只是將原來隱藏的資料欄顯示出來。
- addRow()：該方法用於為TableModel增加一列，該方法有兩個多載的版本。
- insertRow()：該方法用於在TableModel的指定位置插入一列，該方法有兩個多載的版本。
- removeRow(int row)：該方法用於刪除TableModel中的指定列。

◆ moveRow(int start, int end, int to)：該方法用於移動TableModel中指定範圍的資料列。

通過 DefaultTableModel 提供的這樣幾個方法，程式就可以動態地改變表格裡的資料列。

提示 Swing為TableModel提供了兩個實作類別，其中一個是DefaultTableModel，另一個是JTable的匿名內部類別。如果直接使用二維陣列來建立JTable物件，維護該JTable狀態資訊的model物件就是JTable匿名內部類別的實例；當使用Vector來建立JTable物件時，維護該JTable狀態資訊的model物件就是DefaultTableModel實例。

12.11.3 TableColumnModel和監聽器

JTable 使用 TableColumnModel 來存放該表格所有資料欄的狀態資料，如果程式需要存取 JTable 的所有欄狀態資訊，則可以通過獲取該 JTable 的 TableColumnModel 來實作。TableColumnModel 提供了如下幾個方法來增加、刪除和移動資料欄。

◆ addColumn(TableColumn aColumn)：該方法用於為TableModel添加一欄。該方法主要用於將原來隱藏的資料欄顯示出來。

◆ moveColumn(int columnIndex, int newIndex)：該方法用於將指定欄移動到其他位置。

◆ removeColumn(TableColumn column)：該方法用於從TableModel中刪除指定欄。實際上，該方法並未真正刪除指定欄，只是將該欄在TableColumnModel中隱藏起來，使之不可見。

注意 當呼叫removeColumn()刪除指定欄之後，呼叫TableColumnModel的getColumnCount()方法也會看到返回的欄數減少了，看起來很像真正刪除了該欄。但使用setValueAt()方法為該欄設置值時，依然可以設置成功，這表明這些欄依然是存在的。

實際上，JTable 也提供了對應的方法來增加、刪除和移動資料欄，不過 JTable 的這些方法實際上還是需要委託給它所對應的 TableColumnModel 來完成。圖 12.51 顯示了 JTable 及其主要輔助類別之間的關係。

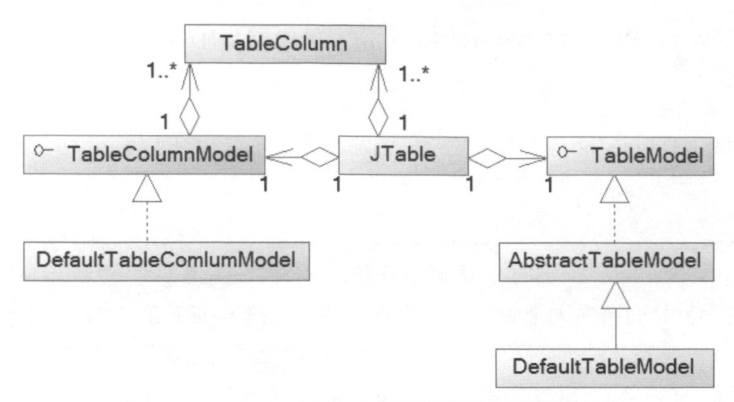

圖12.51　JTable及其主要輔助類別之間的關係

下面程式示範了如何通過 DefaultTableModel 和 TableColumnModel 動態地改變表格的列、欄。

程式清單：codes\12\12.11\DefaultTableModelTest.java

```
public class DefaultTableModelTest
{
    JFrame mainWin = new JFrame("管理資料列、資料欄");
    final int COLUMN_COUNT = 5;
    DefaultTableModel model;
    JTable table;
    // 用於存放被隱藏欄的List集合
    ArrayList<TableColumn> hiddenColumns = new ArrayList<>();
    public void init()
    {
        model = new DefaultTableModel(COLUMN_COUNT ,COLUMN_COUNT);
        for (int i = 0; i < COLUMN_COUNT ; i++ )
        {
            for (int j = 0; j < COLUMN_COUNT ; j++ )
            {
                model.setValueAt("老儲存格值 " + i + " " + j , i , j);
            }
        }
        table = new JTable(model);
        mainWin.add(new JScrollPane(table), BorderLayout.CENTER);
        // 為視窗安裝選單
        JMenuBar menuBar = new JMenuBar();
        mainWin.setJMenuBar(menuBar);
        JMenu tableMenu = new JMenu("管理");
        menuBar.add(tableMenu);
        JMenuItem hideColumnsItem = new JMenuItem("隱藏選取欄");
        hideColumnsItem.addActionListener(event -> {
```

```
        // 獲取所有選取欄的索引
        int[] selected = table.getSelectedColumns();
        TableColumnModel columnModel = table.getColumnModel();
        // 依次把每一個選取的欄隱藏起來，並使用List存放這些欄
        for (int i = selected.length - 1; i >= 0; i--)
        {
            TableColumn column = columnModel.getColumn(selected[i]);
            // 隱藏指定欄
            table.removeColumn(column);
            // 把隱藏的欄存放起來，確保以後可以顯示出來
            hiddenColumns.add(column);
        }
    });
    tableMenu.add(hideColumnsItem);
    JMenuItem showColumnsItem = new JMenuItem("顯示隱藏欄");
    showColumnsItem.addActionListener(event -> {
        // 把所有隱藏的欄依次顯示出來
        for (TableColumn tc : hiddenColumns)
        {
            // 依次把所有隱藏的欄顯示出來
            table.addColumn(tc);
        }
        // 清空存放隱藏欄的List集合
        hiddenColumns.clear();
    });
    tableMenu.add(showColumnsItem);
    JMenuItem addColumnItem = new JMenuItem("插入選取欄");
    addColumnItem.addActionListener(event -> {
        // 獲取所有選取欄的索引
        int[] selected = table.getSelectedColumns();
        TableColumnModel columnModel = table.getColumnModel();
        // 依次把選取的欄添加到JTable之後
        for (int i = selected.length - 1; i >= 0; i--)
        {
            TableColumn column = columnModel
                .getColumn(selected[i]);
            table.addColumn(column);
        }
    });
    tableMenu.add(addColumnItem);
    JMenuItem addRowItem = new JMenuItem("增加列");
    addRowItem.addActionListener(event -> {
        // 建立一個String陣列作為新增列的內容
        String[] newCells = new String[COLUMN_COUNT];
        for (int i = 0; i < newCells.length; i++)
        {
            newCells[i] = "新儲存格值 " + model.getRowCount()
                + " " + i;
```

```
            }
            // 向TableModel中新增一列
            model.addRow(newCells);
        });
        tableMenu.add(addRowItem);
        JMenuItem removeRowsItem = new  JMenuItem("刪除選取列");
        removeRowsItem.addActionListener(event -> {
            // 獲取所有選取列
            int[] selected = table.getSelectedRows();
            // 依次刪除所有選取列
            for (int i = selected.length - 1; i >= 0; i--)
            {
                model.removeRow(selected[i]);
            }
        });
        tableMenu.add(removeRowsItem);
        mainWin.pack();
        mainWin.setDefaultCloseOperation(JFrame.EXIT_ON_CLOSE);
        mainWin.setVisible(true);
    }
    public static void main(String[] args)
    {
        new DefaultTableModelTest().init();
    }
}
```

上面程式中的粗體字程式碼部分就是程式控制隱藏欄、顯示隱藏欄、增加資料列和刪除資料列的程式碼。除此之外，程式還實作了一個功能：當使用者選取某個資料欄之後，還可以將該資料欄添加到該表格的後面——但不要忘記了 add() 方法的功能，它只是將已有的資料欄顯示出來，並不是真正添加資料欄。運行上面程式，會看到如圖 12.52 所示的介面。

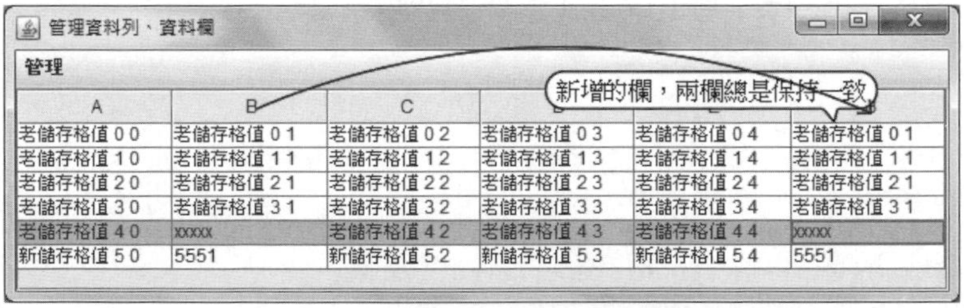

A	B	C			
老儲存格值 0 0	老儲存格值 0 1	老儲存格值 0 2	老儲存格值 0 3	老儲存格值 0 4	老儲存格值 0 1
老儲存格值 1 0	老儲存格值 1 1	老儲存格值 1 2	老儲存格值 1 3	老儲存格值 1 4	老儲存格值 1 1
老儲存格值 2 0	老儲存格值 2 1	老儲存格值 2 2	老儲存格值 2 3	老儲存格值 2 4	老儲存格值 2 1
老儲存格值 3 0	老儲存格值 3 1	老儲存格值 3 2	老儲存格值 3 3	老儲存格值 3 4	老儲存格值 3 1
老儲存格值 4 0	xxxxx	老儲存格值 4 2	老儲存格值 4 3	老儲存格值 4 4	xxxxx
新儲存格值 5 0	5551	新儲存格值 5 2	新儲存格值 5 3	新儲存格值 5 4	5551

圖12.52　新增資料列、資料欄的效果

從圖 12.52 中可以看出，雖然程式新增了一欄，但新增欄的欄名依然是 B，如果修改新增欄內的儲存格的值時，看到原來的 B 欄的值也隨之改變，由此可見，

addColumn() 方法只是將原有的欄顯示出來而已。程式還允許新增資料列，當執行 addRows() 方法時需要傳入陣列或 Vector 參數，該參數裡包含的多個數值將作為新增列的資料。

如果程式需要監聽 JTable 裡欄狀態的改變，例如監聽欄的增加、刪除、移動等改變，則必須使用該 JTable 所對應的 TableColumnModel 物件，該物件提供了一個 addColumnModelListener() 方法來添加監聽器，該監聽器介面裡包含如下幾個方法。

◆ columnAdded(TableColumnModelEvent e)：當向TableColumnModel裡添加資料欄時將會觸發該方法。

◆ columnMarginChanged(ChangeEvent e)：當由於頁面距（Margin）的改變引起欄狀態改變時將會觸發該方法。

◆ columnMoved(TableColumnModelEvent e)：當移動TableColumnModel裡的資料欄時將會觸發該方法。

◆ columnRemoved(TableColumnModelEvent e)：當刪除TableColumnModel裡的資料欄時將會觸發該方法。

◆ columnSelectionChanged(ListSelectionEvent e)：當改變表格的選擇模式時將會觸發該方法。

但表格的資料欄通常需要程式來控制增加、刪除，使用者操作通常無法直接為表格增加、刪除資料欄，所以使用監聽器來監聽 TableColumnModel 改變的情況比較少見。

12.11.4 實作排序

使用 JTable 實作的表格並沒有實作根據指定欄排序的功能，但開發者可以利用 AbstractTableModel 類別來實作該功能。由於 TableModel 不強制要求存放表格裡的資料，只要 TableModel 實作了 getValueAt()、getColumnCount() 和 getRowCount() 三個方法，JTable 就可以根據該 TableModel 產生表格。因此可以建立一個 SortableTableModel 實作類別，它可以將原 TableModel 包裝起來，並實作根據指定欄排序的功能。

程式建立的SortableTableModel實作類別會對原TableModel進行包裝，但它實際上並不存放任何資料，它會把所有的方法實作委託給原TableModel完成。SortableTableModel僅存放原TableModel裡每列的列索引，當程式對SortableTableModel的指定欄排序時，實際上僅僅對SortableTableModel裡的列索引進列排序——這樣造成的結果是：SortableTableModel裡的資料列的列索引與原TableModel裡資料列的列索引不一致，所以對於TableModel的那些涉及列索引的方法都需要進行相應的轉換。下面程式實作了SortableTableModel類別，並使用該類別來實作對表格根據指定欄排序的功能。

程式清單：codes\12\12.11\SortTable.java

```
public class SortTable
{
    JFrame jf = new JFrame("可按欄排序的表格");
    // 定義二維陣列作為表格資料
    Object[][] tableData =
    {
        new Object[]{"李清照" , 29 , "女"},
        new Object[]{"蘇格拉底", 56 , "男"},
        new Object[]{"李白", 35 , "男"},
        new Object[]{"弄玉", 18 , "女"},
        new Object[]{"虎頭" , 2 , "男"}
    };
    // 定義一維資料作為欄標題
    Object[] columnTitle = {"姓名" , "年齡" , "性別"};
    // 以二維陣列和一維陣列來建立一個JTable物件
    JTable table = new JTable(tableData , columnTitle);
    // 將原表格裡的model包裝成新的SortTableModel物件
    SortableTableModel sorterModel = new SortableTableModel(
        table.getModel());
    public void init()
    {
        // 使用包裝後的SortableTableModel物件作為JTable的model物件
        table.setModel(sorterModel);
        // 為每欄的欄標題增加滑鼠監聽器
        table.getTableHeader().addMouseListener(new MouseAdapter()
        {
            public void mouseClicked(MouseEvent event)    // ①
            {
                // 如果單擊次數小於2，即不是雙擊，直接返回
                if (event.getClickCount() < 2)
                {
                    return;
                }
```

```
                // 找出滑鼠雙擊事件所在的欄索引
                int tableColumn = table.columnAtPoint(event.getPoint());
                // 將JTable中的欄索引轉換成對應TableModel中的欄索引
                int modelColumn = table.convertColumnIndexToModel(tableColumn);
                // 根據指定欄進行排序
                sorterModel.sort(modelColumn);
            }
        });
        // 將JTable物件放在JScrollPane中，並將該JScrollPane顯示出來
        jf.add(new JScrollPane(table));
        jf.pack();
        jf.setDefaultCloseOperation(JFrame.EXIT_ON_CLOSE);
        jf.setVisible(true);
    }
    public static void main(String[] args)
    {
        new SortTable().init();
    }
}
class SortableTableModel extends AbstractTableModel
{
    private TableModel model;
    private int sortColumn;
    private Row[] rows;
    // 將一個已經存在的TableModel物件包裝成SortableTableModel物件
    public SortableTableModel(TableModel m)
    {
        // 將被封裝的TableModel傳入
        model = m;
        rows = new Row[model.getRowCount()];
        // 將原TableModel中每列記錄的索引使用Row陣列存放起來
        for (int i = 0; i < rows.length; i++)
        {
            rows[i] = new Row(i);
        }
    }
    // 實作根據指定欄進行排序
    public void sort(int c)
    {
        sortColumn = c;
        java.util.Arrays.sort(rows);
        fireTableDataChanged();
    }
    // 下面三個方法需要存取model中的資料，所以涉及本model中資料
    // 和被包裝model資料中的索引轉換，程式使用rows陣列完成這種轉換
    public Object getValueAt(int r, int c)
    {
```

```
        return model.getValueAt(rows[r].index, c);
    }
    public boolean isCellEditable(int r, int c)
    {
        return model.isCellEditable(rows[r].index, c);
    }
    public void setValueAt(Object aValue, int r, int c)
    {
        model.setValueAt(aValue, rows[r].index, c);
    }
    // 下面方法的實作把該model的方法委託給原封裝的model來實作
    public int getRowCount()
    {
        return model.getRowCount();
    }
    public int getColumnCount()
    {
        return model.getColumnCount();
    }
    public String getColumnName(int c)
    {
        return model.getColumnName(c);
    }
    public Class getColumnClass(int c)
    {
        return model.getColumnClass(c);
    }
    // 定義一個Row類別，該類別用於封裝JTable中的一列
    // 實際上它並不封裝列資料，它只封裝列索引
    private class Row implements Comparable<Row>
    {
        // 該index存放著被封裝Model裡每列記錄的列索引
        public int index;
        public Row(int index)
        {
            this.index = index;
        }
        // 實作兩列之間的大小比較
        public int compareTo(Row other)
        {
            Object a = model.getValueAt(index, sortColumn);
            Object b = model.getValueAt(other.index, sortColumn);
            if (a instanceof Comparable)
            {
                return ((Comparable)a).compareTo(b);
            }
            else
            {
```

```
                return a.toString().compareTo(b.toString());
            }
        }
    }
}
```

上面程式是在 SimpleTable 程式的基礎上改變而來的，改變的部分就是增加了兩行粗體字程式碼和①號粗體字程式碼區塊。其中粗體字程式碼負責把原 JTable 的 model 物件包裝成 SortableTableModel 實例，並設置原 JTable 使用 SortableTableModel 實例作為對應的 model 物件；而①號粗體字程式碼部分則用於為該表格的欄標題增加滑鼠監聽器：當用滑鼠雙擊指定欄時，SortableTableModel 物件根據指定欄進行排序。

程式中還使用了convertColumnIndexToModel()方法把JTable中的欄索引轉換成TableModel中的欄索引。這是因為JTable中的欄允許使用者隨意拖曳，因此可能造成JTable中的欄索引與TableModel中的欄索引不一致。

運行上面程式，並雙擊「年齡」欄標題，將看到如圖 12.53 所示的排序效果。

可按欄排序的表格

姓名	年齡	性別
虎頭	2	男
弄玉	18	女
李清照	29	女
李白	35	男
蘇格拉底	56	男

圖12.53　根據「年齡」欄排序的效果

實際上，上面程式的關鍵在於 SortableTableModel 類別，該類別使用 rows[] 陣列來存放原 TableModel 裡的列索引。為了讓程式可以對 rows[] 陣列元素根據指定欄排序，程式使用了 Row 類別來封裝列索引，並實作了 compareTo() 方法，該方法實作了根據指定欄來比較兩列大小的功能，從而允許程式根據指定欄對 rows[] 陣列元素進行排序。

12.11.5　繪製儲存格內容

前面看到的所有表格的儲存格內容都是字串，實際上表格的儲存格內容也可以是更複雜的內容。JTable 使用 TableCellRenderer 繪製儲存格，Swing 為該介面提供了一個實作類別：DefaultTableCellRenderer，該儲存格繪製器可以繪製如下三種類型的儲存格值（根據其 TableModel 的 getColumnClass() 方法來決定該儲存格值的類型）。

◆ Icon：預設的儲存格繪製器會把該類型的儲存格值繪製成該Icon物件所代表的圖示。

◆ Boolean：預設的儲存格繪製器會把該類型的儲存格值繪製成複選按鈕。

◆ Object：預設的儲存格繪製器在儲存格內繪製出該物件的toString()方法返回的字串。

在預設情況下，如果程式直接使用二維陣列或 Vector 來建立 JTable，程式將會使用 JTable 的匿名內部類別或 DefaultTableModel 充當該表格的 model 物件，這兩個 TableModel 的 getColumnClass() 方法的返回值都是 Object。這意味著，即使該二維陣列裡值的類型是 Icon，但由於兩個預設的 TableModel 實作類別的 getColumnClass() 方法總是返回 Object，這將導致預設的儲存格繪製器把 Icon 值當成 Object 值處理——只是繪製出其 toString() 方法返回的字串。

為了讓預設的儲存格繪製器可以將 Icon 類型的值繪製成圖示，把 Boolean 類型的值繪製成核取方塊，建立 JTable 時所使用的 TableModel 絕不能採用預設的 TableModel，必須採用擴展後的 TableModel 類別，如下所示。

```
// 定義一個DefaultTableModel類別的子類別
class ExtendedTableModel extends DefaultTableModel
{
    ...
    // 覆寫getColumnClass方法，根據每欄的第一個值來返回每欄真實的資料類型
    public Class getColumnClass(int c)
    {
        return getValueAt(0 , c).getClass();
    }
}
```

提供了上面的 ExtendedTableModel 類別之後，程式應該先建立 ExtendedTableModel 物件，再利用該物件來建立 JTable，這樣就可以保證 JTable 的 model 物件的 getColumnClass() 方法會返回每欄真實的資料類型，預設的儲存格繪製器就會將 Icon 類型的儲存格值繪製成圖示，將 Boolean 類型的儲存格值繪製成核取方塊。

如果希望程式採用自己自訂的儲存格繪製器，則必須實作自己的儲存格繪製器，儲存格繪製器必須實作 TableCellRenderer 介面。與前面的 TreeCellRenderer 介面完全相似，該介面裡也只包含一個 getTableCellRendererComponent() 方法，該方法返回的 Component 將會作為指定儲存格繪製的元件。

提示 Swing提供了一致的程式設計模型，不管是JList、JTree還是JTable，它們所使用的儲存格繪製器都有一致的程式設計模型，分別需要擴展ListCellRenderer、TreeCellRenderer或TableCellRenderer，擴展這三個基底類別時都需要覆寫getXxxCellRendererComponent()方法，該方法的返回值將作為被繪製的元件。

一旦實作了自己的儲存格繪製器之後，還必須將該儲存格繪製器安裝到指定的JTable物件上，為指定的JTable物件安裝儲存格繪製器有如下兩種方式。

- 局部方式（欄級）：呼叫TableColumn的setCellRenderer()方法為指定欄安裝指定的儲存格繪製器。
- 全域方式（表級）：呼叫JTable的setDefaultRenderer()方法為指定的JTable物件安裝儲存格繪製器。setDefaultRenderer()方法需要傳入兩個參數，即欄類型和儲存格繪製器，表明指定類型的資料欄才會使用該儲存格繪製器。

注意 當某一欄既符合全域繪製器的規則，又符合局部繪製器的規則時，局部繪製器將會負責繪製該儲存格，全域繪製器不會產生任何作用。除此之外，TableColumn還包含了一個setHeaderRenderer()方法，該方法可以為指定欄的欄標題安裝儲存格繪製器。

下面程式提供了一個ExtendedTableModel類別，該類別擴展了DefaultTableModel，覆寫了父類別的getColumnClass()方法，該方法根據每欄的第一個值來決定該欄的資料類型；下面程式還提供了一個自訂的儲存格繪製器，它使用圖示來形象地表明每個好友的性別。

程式清單：codes\12\12.11\TableCellRendererTest.java

```
public class TableCellRendererTest
{
    JFrame jf = new JFrame("使用儲存格繪製器");
    JTable table;
    // 定義二維陣列作為表格資料
    Object[][] tableData =
    {
        new Object[]{"李清照" , 29 , "女"
            , new ImageIcon("icon/3.gif") , true},
        new Object[]{"蘇格拉底", 56 , "男"
            , new ImageIcon("icon/1.gif") , false},
        new Object[]{"李白", 35 , "男"
            , new ImageIcon("icon/4.gif") , true},
```

```
            new Object[]{"弄玉", 18 , "女"
                , new ImageIcon("icon/2.gif") , true},
            new Object[]{"虎頭" , 2 , "男"
                , new ImageIcon("icon/5.gif") , false}
        };
        // 定義一維資料作為欄標題
        String[] columnTitle = {"姓名" , "年齡" , "性別"
            , "主頭像" , "是否中國人"};
        public void init()
        {
            // 以二維陣列和一維陣列來建立一個ExtendedTableModel物件
            ExtendedTableModel model = new ExtendedTableModel(columnTitle
                , tableData);
            // 以ExtendedTableModel來建立JTable
            table = new JTable( model);
            table.setRowSelectionAllowed(false);
            table.setRowHeight(40);
            // 獲取第三欄
            TableColumn lastColumn = table.getColumnModel().getColumn(2);
            // 對第三欄採用自訂的儲存格繪製器
            lastColumn.setCellRenderer(new GenderTableCellRenderer());
            // 將JTable物件放在JScrollPane中，並將該JScrollPane顯示出來
            jf.add(new JScrollPane(table));
            jf.pack();
            jf.setDefaultCloseOperation(JFrame.EXIT_ON_CLOSE);
            jf.setVisible(true);
        }
        public static void main(String[] args)
        {
            new TableCellRendererTest().init();
        }
}
class ExtendedTableModel extends DefaultTableModel
{
    // 重新提供一個建構子，該建構子的實作委託給DefaultTableModel父類別
    public ExtendedTableModel(String[] columnNames , Object[][] cells)
    {
        super(cells , columnNames);
    }
    // 覆寫getColumnClass方法，根據每欄的第一個值來返回其真實的資料類型
    public Class getColumnClass(int c)
    {
        return getValueAt(0 , c).getClass();
    }
}
```

```
// 定義自訂的儲存格繪製器
class GenderTableCellRenderer extends JPanel
    implements TableCellRenderer
{
    private String cellValue;
    // 定義圖示的寬度和高度
    final int ICON_WIDTH = 23;
    final int ICON_HEIGHT = 21;
    public Component getTableCellRendererComponent(JTable table
        , Object value , boolean isSelected , boolean hasFocus
        , int row , int column)
    {
        cellValue = (String)value;
        // 設置選取狀態下繪製邊框
        if (hasFocus)
        {
            setBorder(UIManager.getBorder("Table.focusCellHighlightBorder"));
        }
        else
        {
            setBorder(null);
        }
        return this;
    }
    // 覆寫paint()方法，負責繪製該儲存格內容
    public void paint(Graphics g)
    {
        // 如果表格值為"男"或"male"，則繪製一個男性圖示
        if (cellValue.equalsIgnoreCase("男")
            || cellValue.equalsIgnoreCase("male"))
        {
            drawImage(g , new ImageIcon("icon/male.gif").getImage());
        }
        // 如果表格值為"女"或"female"，則繪製一個女性圖示
        if (cellValue.equalsIgnoreCase("女")
            || cellValue.equalsIgnoreCase("female"))
        {
            drawImage(g , new ImageIcon("icon/female.gif").getImage());
        }
    }
    // 繪製圖示的方法
    private void drawImage(Graphics g , Image image)
    {
        g.drawImage(image, (getWidth() - ICON_WIDTH ) / 2
            , (getHeight() - ICON_HEIGHT) / 2 , null);
    }
}
```

上面程式中沒有直接使用二維陣列和一維陣列來建立 JTable 物件，而是採用 ExtendedTableModel 物件來建立 JTable 物件（如第一段粗體字程式碼所示）。ExtendedTableModel 類別覆寫了父類別的 getColumnClass() 方法，該方法將會根據每欄實際的值來返回該欄的類型（如第二段粗體字程式碼所示）。

程式提供了一個 GenderTableCellRenderer 類別，該類別實作了 TableCellRenderer 介面，可以作為儲存格繪製器使用。該類別繼承了 JPanel 容器，覆寫 getTableCellRendererComponent() 方法時返回 this，這表明它會使用 JPanel 物件作為儲存格繪製器。

提示 
讀者可以將ExtendedTableModel補充得更加完整一主要是將DefaultTableModel中的幾個建構子重新公開出來，以後程式中可以使用ExtendedTableModel類別作為JTable的model類別，這樣建立的JTable就可以將Icon欄、Boolean欄繪製成圖示和核取方塊。

運行上面程式，會看到如圖 12.54 所示的效果。

12.11.6 編輯儲存格內容

如果使用者雙擊 JTable 表格的指定儲存格，系統將會開始編輯該儲存格的內容。在預設情況下，系統會使用文字方塊來編輯該儲存格的內容，包括如圖 12.54 所示表格的圖示儲存格。與此類似的是，如果使用者雙擊 JTree 的節點，預設也會採用文字方塊來編輯節點的內容。

但如果儲存格內容不是文字內容，而是如圖 12.54 所示的圖形類型時，使用者當然不希望使用文字編輯器來編輯該儲存格的內容，因為這種編輯方式非常不直觀，使用者體驗相當差。為了避免這種情況，可以實作自己的儲存格編輯器，從而可以給使用者提供更好的操作介面。

實作 JTable 的儲存格編輯器應該實作 TableCellEditor 介面，實作 JTree 的節點編輯器需要實作 TreeCellEditor 介面，這兩個介面有非常緊密的聯繫。它們有一個共同的父介面：CellEditor；而且它們有一個共同的實作類別：DefaultCellEditor。關於 TableCellEditor 和 TreeCellEditor 兩個介面及其實作類別之間的關係如圖 12.55 所示。

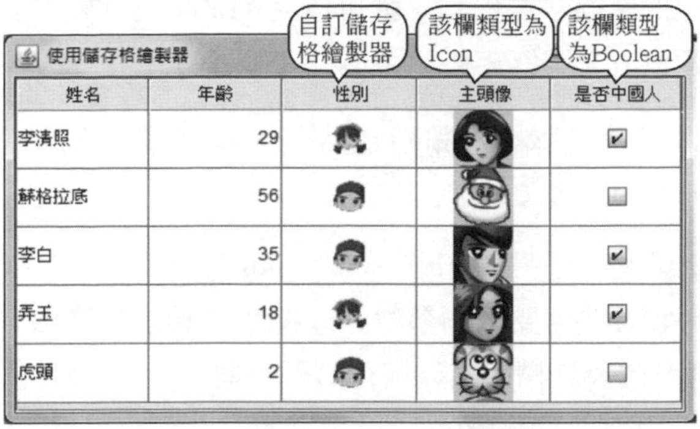

自訂儲存格繪製器

該欄類型為Icon

該欄類型為Boolean

使用儲存格繪製器

姓名	年齡	性別	主頭像	是否中國人
李清照	29			☑
蘇格拉底	56			☐
李白	35			☑
弄玉	18			☑
虎頭	2			☐

圖12.54　覆寫getColumnClass()方法和自訂儲存格繪製器

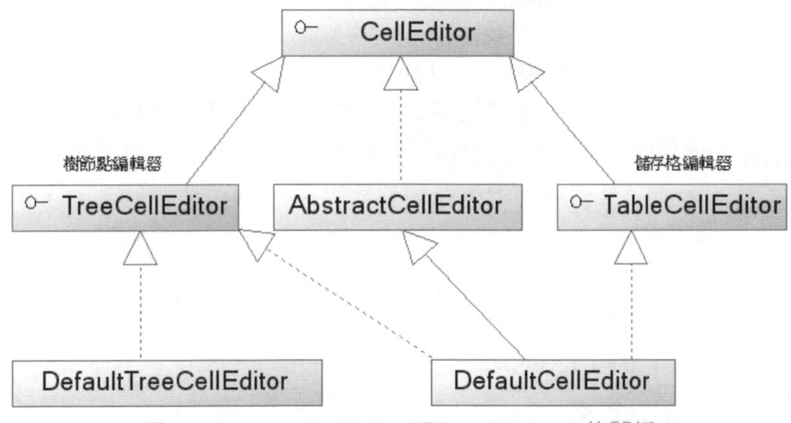

圖12.55　TableCellEditor和TreeCellEditor的關係

從圖 12.55 中可以看出，Swing 為 TableCellEditor 提供了 DefaultCellEditor 實作類別（也可作為 TreeCellEditor 的實作類別），DefaultCellEditor 類別有三個建構子，它們分別使用文字方塊、核取方塊和 JComboBox 作為儲存格編輯器，其中使用文字方塊編輯器是最常見的情形，如果儲存格的值是 Boolean 類型，則系統預設使用核取方塊編輯器（如圖 12.54 中最右邊一欄所示），這兩種情形都是前面見過的情形。如果想指定某欄使用 JComboBox 作為儲存格編輯器，則需要顯式建立 JComboBox 實例，然後以此實例來建立 DefaultCellEditor 編輯器。

實作 TableCellEditor 介面可以開發自己的儲存格編輯器，但這種做法比較煩瑣；通常會使用擴展 DefaultCellEditor 類別的方式，這種方式比較簡單。TableCellEditor 介面定義了一個 getTableCellEditor Component() 方法，該方法返回一個 Component 物件，該物件就是該儲存格的編輯器。

一旦實作了自己的儲存格編輯器，就可以為 JTable 物件安裝該儲存格編輯器，與安裝儲存格繪製器類似，安裝儲存格編輯器也有兩種方式。

◆ 局部方式（欄級）：為特定欄指定儲存格編輯器，通過呼叫TableColumn的setCellEditor()方法為該欄安裝儲存格編輯器。

◆ 全域方式（表級）：呼叫JTable的setDefaultEditor()方法為該表格安裝預設的儲存格編輯器。該方法需要兩個參數，即欄類型和儲存格編輯器，這兩個參數表明對於指定類型的資料欄使用該儲存格編輯器。

與儲存格繪製器相似的是，如果有一欄同時滿足欄級儲存格編輯器和表級儲存格編輯器的要求，系統將採用欄級儲存格編輯器。

下面程式實作了一個 ImageCellEditor 編輯器，該編輯器由一個不可直接編輯的文字方塊和一個按鈕組成，當使用者單擊該按鈕時，該編輯器彈出一個檔案選擇器，方便使用者選擇圖示檔。除此之外，下面程式還建立了一個基於 JComboBox 的 DefaultCellEditor 類別，該編輯器允許使用者通過下拉列表來選擇圖示。

程式清單：codes\12\12.11\TableCellEditorTest.java

```
public class TableCellEditorTest
{
    JFrame jf = new JFrame("使用儲存格編輯器");
    JTable table;
    // 定義二維陣列作為表格資料
    Object[][] tableData =
    {
        new Object[]{"李清照" , 29 , "女" , new ImageIcon("icon/3.gif")
            , new ImageIcon("icon/3.gif") , true},
        new Object[]{"蘇格拉底", 56 , "男" , new ImageIcon("icon/1.gif")
            , new ImageIcon("icon/1.gif") , false},
        new Object[]{"李白", 35 , "男" , new ImageIcon("icon/4.gif")
            , new ImageIcon("icon/4.gif") , true},
        new Object[]{"弄玉", 18 , "女" , new ImageIcon("icon/2.gif")
            , new ImageIcon("icon/2.gif") , true},
        new Object[]{"虎頭" , 2 , "男" , new ImageIcon("icon/5.gif")
            , new ImageIcon("icon/5.gif") , false}
    };
    // 定義一維資料作為欄標題
    String[] columnTitle = {"姓名" , "年齡" , "性別" , "主頭像"
        , "次頭像" , "是否中國人"};
    public void init()
    {
```

```
        // 以二維陣列和一維陣列來建立一個ExtendedTableModel物件
        ExtendedTableModel model = new ExtendedTableModel(
            columnTitle , tableData);
        // 以ExtendedTableModel來建立JTable
        table = new JTable(model);
        table.setRowSelectionAllowed(false);
        table.setRowHeight(40);
        // 為該表格指定預設的編輯器
        table.setDefaultEditor(ImageIcon.class, new ImageCellEditor());
        // 獲取第5欄
        TableColumn lastColumn = table.getColumnModel().getColumn(4);
        // 建立JComboBox物件，並添加多個圖示列表項目
        JComboBox<ImageIcon> editCombo = new JComboBox<>();
        for (int i = 1; i <= 10; i++)
        {
            editCombo.addItem(new ImageIcon("icon/" + i + ".gif"));
        }
        // 設置第5欄使用基於JComboBox的DefaultCellEditor
        lastColumn.setCellEditor(new DefaultCellEditor(editCombo));
        // 將JTable物件放在JScrollPane中，並將該JScrollPane放在視窗中顯示出來
        jf.add(new JScrollPane(table));
        jf.pack();
        jf.setDefaultCloseOperation(JFrame.EXIT_ON_CLOSE);
        jf.setVisible(true);
    }
    public static void main(String[] args)
    {
        new TableCellEditorTest().init();
    }
}
class ExtendedTableModel extends DefaultTableModel
{
    // 重新提供一個建構子，該建構子的實作委託給DefaultTableModel父類別
    public ExtendedTableModel(String[] columnNames , Object[][] cells)
    {
        super(cells , columnNames);
    }
    // 覆寫getColumnClass方法，根據每欄的第一個值返回該欄真實的資料類型
    public Class getColumnClass(int c)
    {
        return getValueAt(0 , c).getClass();
    }
}
// 擴展DefaultCellEditor來實作TableCellEditor類別
class ImageCellEditor extends DefaultCellEditor
{
```

```
// 定義檔案選擇器
private JFileChooser fDialog = new JFileChooser(); ;
private JTextField field = new JTextField(15);
private JButton button = new JButton("...");
public ImageCellEditor()
{
    // 因為DefaultCellEditor沒有無參數的建構子
    // 所以這裡顯式呼叫父類別有參數的建構子
    super(new JTextField());
    initEditor();
}
private void initEditor()
{
    field.setEditable(false);
    // 為按鈕添加監聽器，當使用者單擊該按鈕時
    // 系統將出現一個檔案選擇器讓使用者選擇圖示檔
    button.addActionListener(e -> browse());
    // 為檔案選擇器安裝檔案過濾器
    fDialog.addChoosableFileFilter(new FileFilter()
    {
        public boolean accept(File f)
        {
            if (f.isDirectory())
            {
                return true;
            }
            String extension = Utils.getExtension(f);
            if (extension != null)
            {
                if (extension.equals(Utils.tiff)
                    || extension.equals(Utils.tif)
                    || extension.equals(Utils.gif)
                    || extension.equals(Utils.jpeg)
                    || extension.equals(Utils.jpg)
                    || extension.equals(Utils.png))
                {
                    return true;
                }
                else
                {
                    return false;
                }
            }
            return false;
        }
        public String getDescription()
```

```
            {
                return "有效的圖片檔";
            }
        });
        fDialog.setAcceptAllFileFilterUsed(false);
    }
    // 覆寫TableCellEditor介面的getTableCellEditorComponent方法
    // 該方法返回儲存格編輯器，該編輯器是一個JPanel
    // 該容器包含一個文字方塊和一個按鈕
    public Component getTableCellEditorComponent(JTable table
        , Object value , boolean isSelected , int row , int column)  // ①
    {
        this.button.setPreferredSize(new Dimension(20, 20));
        JPanel panel = new JPanel();
        panel.setLayout(new BorderLayout());
        field.setText(value.toString());
        panel.add(this.field, BorderLayout.CENTER);
        panel.add(this.button, BorderLayout.EAST);
        return panel;
    }
    public Object getCellEditorValue()
    {
        return new ImageIcon(field.getText());
    }
    private void browse()
    {
        // 設置、開啟檔案選擇器
        fDialog.setCurrentDirectory(new File("icon"));
        int result = fDialog.showOpenDialog(null);
        // 如果單擊了檔案選擇器的「取消」按鈕
        if (result == JFileChooser.CANCEL_OPTION)
        {
            // 取消編輯
            super.cancelCellEditing();
            return;
        }
        // 如果單擊了檔案選擇器的「確定」按鈕
        else
        {
            // 設置field的內容
            field.setText("icon/" + fDialog.getSelectedFile().getName());
        }
    }
}
class Utils
{
```

```
    public final static String jpeg = "jpeg";
    public final static String jpg = "jpg";
    public final static String gif = "gif";
    public final static String tiff = "tiff";
    public final static String tif = "tif";
    public final static String png = "png";
    // 獲取檔案副檔名的方法
    public static String getExtension(File f)
    {
        String ext = null;
        String s = f.getName();
        int i = s.lastIndexOf('.');
        if (i > 0 &&  i < s.length() - 1)
        {
            ext = s.substring(i + 1).toLowerCase();
        }
        return ext;
    }
}
```

上面程式中實作了一個 ImageCellEditor 編輯器，程式中的粗體字程式碼將該儲存格編輯器註冊成 ImageIcon 類型的儲存格編輯器，如果某一欄的資料類型是 ImageIcon，則預設使用該儲存格編輯器。ImageCellEditor 擴展了 DefaultCellEditor 基底類別，覆寫 getTableCellEditorComponent() 方法返回一個 JPanel，該 JPanel 裡包含一個文字方塊和一個按鈕。

除此之外，程式中的粗體字程式碼還為最後一欄安裝了一個基於 JComboBox 的 DefaultCellEditor。

運行上面程式，雙擊倒數第 3 欄的任意儲存格，開始編輯該儲存格，將看到如圖 12.56 所示的視窗。

雙擊第 5 欄的任意儲存格，開始編輯該儲存格，將看到如圖 12.57 所示的視窗。

圖12.56 自訂儲存格編輯器

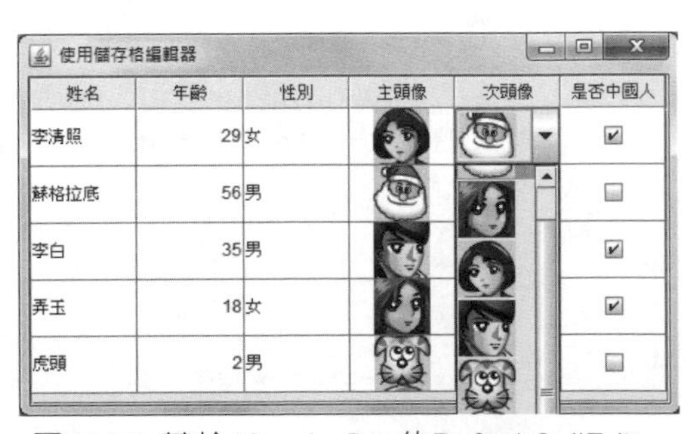

圖12.57 基於JComboBox的DefaultCellEditor

通過圖 12.56 和圖 12.57 可以看出，如果儲存格的值需要從多個列舉值之中選擇，則使用 DefaultCellEditor 即可。使用自訂的儲存格編輯器則非常靈活，可以取得儲存格編輯器的全部控制權。

12.12 使用JFormattedTextField和JTextPane建立格式文字

Swing 使用 JTextComponent 作為所有文字輸入元件的父類別，從圖 12.1 中可以看出，Swing 為該類別提供了三個子類別：JTextArea、JTextField 和 JEditorPane，並為 JEditorPane 提供了一個 JTextPane 子類別，JEditorPane 和 JTextPane 是兩個典型的格式文字編輯器，也是本節介紹的重點。JTextArea 和 JTextField 是兩個常見的文字元件，比較簡單，本節不會再次介紹它們。

JTextField 衍生了兩個子類別：JPasswordField 和 JFormattedTextField，它們代表密碼輸入框和格式化文字輸入框。

與其他的 Swing 元件類似，所有的文字輸入元件也遵循了 MVC 的設計模式，即每個文字輸入元件都有對應的 model 來存放其狀態資料；與其他的 Swing 元件不同的是，文字輸入元件的 model 介面不是 XxxModel 介面，而是 Document 介面，Document 既包括有格式的文字，也包括無格式的文字。不同的文字輸入元件對應的 Document 不同。

12.12.1 監聽Document的變化

如果希望檢測到任何文字輸入元件裡所輸入內容的變化，則可以通過監聽該元件對應的 Document 來實作。JTextComponent 類別裡提供了一個 getDocument() 方法，該方法用於獲取所有文字輸入元件對應的 Document 物件。

Document 提供了一個 addDocumentListener() 方法來為 Document 添加監聽器，該監聽器必須實作 DocumentListener 介面，該介面裡提供了如下三個方法。

- changedUpdate(DocumentEvent e)：當Document裡的屬性或屬性集發生了變化時觸發該方法。
- insertUpdate(DocumentEvent e)：當向Document中插入文字時觸發該方法。

◆ removeUpdate(DocumentEvent e)：當從Document中刪除文字時觸發該方法。

對於上面的三個方法而言，如果僅需要檢測文字的變化，則無須實作第一個方法。但 Swing 並沒有為 DocumentListener 介面提供配接器（難道是 Oracle 的疏忽），所以程式依然要為第一個方法提供空實作。

除此之外，還可以為檔案輸入元件添加一個復原監聽器，這樣就允許使用者復原以前的修改。添加復原監聽器的方法是 addUndoableEditListener()，該方法需要接收一個 UndoableEditListener 監聽器，該監聽器裡包含了 undoableEditHappened() 方法，當文件裡發生了可復原的編輯操作時將會觸發該方法。

下面程式示範了如何為一個普通文字區域的 Document 添加監聽器，當使用者在目標文字區域裡輸入、刪除文字時，程式會顯示出使用者所做的修改。該文字區域還支援復原操作，當使用者按「Ctrl+Z」鍵時，該文字區域會復原使用者剛剛輸入的內容。

程式清單：codes\12\12.12\MonitorText.java

```
public class MonitorText
{
    JFrame mainWin = new JFrame("監聽Document物件");
    JTextArea target = new JTextArea(4, 35);
    JTextArea msg = new JTextArea(5, 35);
    JLabel label = new JLabel("文字區域的修改資訊");
    Document doc = target.getDocument();
    // 存放復原操作的List物件
    LinkedList<UndoableEdit> undoList = new LinkedList<>();
    // 最多允許復原多少次
    final int UNDO_COUNT = 20;
    public void init()
    {
        msg.setEditable(false);
        // 添加DocumentListener
        doc.addDocumentListener(new DocumentListener()
        {
            // 當Document的屬性或屬性集發生了變化時觸發該方法
            public void changedUpdate(DocumentEvent e){}
            // 當向Document中插入文字時觸發該方法
            public void insertUpdate(DocumentEvent e)
            {
                int offset = e.getOffset();
                int len = e.getLength();
```

```
            // 取得插入事件的位置
            msg.append("插入文字的長度：" + len + "\n");
            msg.append("插入文字的起始位置：" + offset + "\n");
            try
            {
                msg.append("插入文字內容："
                    + doc.getText(offset, len) + "\n");
            }
            catch (BadLocationException evt)
            {
                evt.printStackTrace();
            }
        }
        // 當從Document中刪除文字時觸發該方法
        public void removeUpdate(DocumentEvent e)
        {
            int offset = e.getOffset();
            int len = e.getLength();
            // 取得插入事件的位置
            msg.append("刪除文字的長度：" + len + "\n");
            msg.append("刪除文字的起始位置：" + offset + "\n");
        }
    });
    // 添加可復原操作的監聽器
    doc.addUndoableEditListener(e -> {
        // 每次發生可復原操作時都會觸發該程式碼區塊        // ①
        UndoableEdit edit = e.getEdit();
        if (edit.canUndo() && undoList.size() < UNDO_COUNT)
        {
            // 將復原操作裝入List內
            undoList.add(edit);
        }
        // 已經達到了最大復原次數
        else if (edit.canUndo() && undoList.size() >= UNDO_COUNT)
        {
            // 彈出第一個復原操作
            undoList.pop();
            // 將復原操作裝入List內
            undoList.add(edit);
        }
    });
    // 為「Ctrl+Z」按鍵添加監聽器
    target.addKeyListener(new KeyAdapter()
    {
        public void keyTyped(KeyEvent e)      // ②
        {
```

```
                // 如果按鍵是「Ctrl + Z」
                if (e.getKeyChar() == 26)
                {
                    if (undoList.size() > 0)
                    {
                        // 移出最後一個可復原操作，並取消該操作
                        undoList.removeLast().undo();
                    }
                }
            }
        });
        Box box = new Box(BoxLayout.Y_AXIS);
        box.add(new JScrollPane(target));
        JPanel panel = new JPanel();
        panel.add(label);
        box.add(panel);
        box.add(new JScrollPane(msg));
        mainWin.add(box);
        mainWin.pack();
        mainWin.setDefaultCloseOperation(JFrame.EXIT_ON_CLOSE);
        mainWin.setVisible(true);
    }
    public static void main(String[] args) throws Exception
    {
        new MonitorText().init();
    }
}
```

上面程式中的兩段粗體字程式碼實作了 Document 中插入文字、刪除文字的事件處理器，當使用者向 Document 中插入文字、刪除文字時，程式將會把這些修改資訊添加到下面的一個文字區域裡。

程式中①號粗體字程式碼是可復原操作的事件處理器，當使用者在該文字區域內進行可復原操作時，這段程式碼將會被觸發，這段程式碼把使用者剛剛進行的可復原操作以 List 存放起來，以便在合適的時候復原使用者所做的修改。

程式中②號粗體字程式碼主要用於為「Ctrl+Z」按鍵添加按鍵監聽器，當使用者按下「Ctrl+Z」鍵時，程式從存放可復原操作的 List 中取出最後一個可復原操作，並復原該操作的修改。

運行上面程式，會看到如圖 12.58 所示的運行結果。

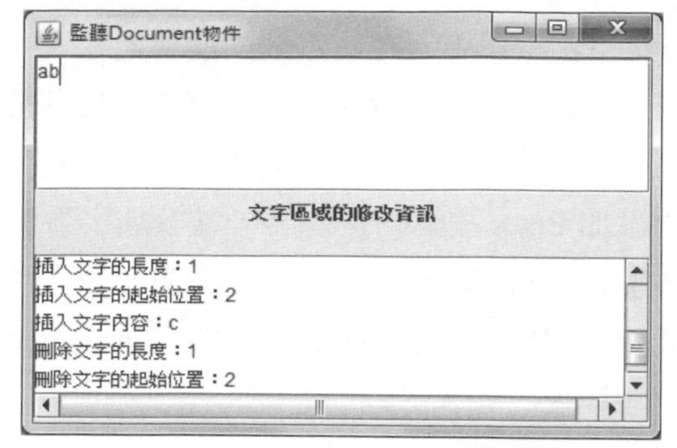

圖12.58　為Document添加監聽器

12.12.2　使用JPasswordField

JPasswordField 是 JTextField 的一個子類別，它是 Swing 的 MVC 設計的產品——JPasswordField 和 JTextField 的各種特徵幾乎完全一樣，只是當使用者向 JPasswordField 輸入內容時，JPasswordField 並不會顯示出使用者輸入的內容，而是以 echo 字元（通常是星號和黑點）來代替使用者輸入的所有字元。

JPasswordField 和 JTextField 的用法幾乎完全一樣，連建構子的個數和參數都完全一樣。但是 JPasswordField 多了一個 setEchoChar(Char ch) 方法，該方法用於設置該密碼框的 echo 字元——當使用者在密碼輸入框內輸入時，每個字元都會使用該 echo 字元代替。

除此之外，JPasswordField 覆寫了 JTextComponent 的 getText() 方法，並且不再推薦使用 getText() 方法返回字串密碼框的字串，因為 getText() 方法所返回的字串會一直停留在虛擬機器中，直到垃圾回收，這可能導致存在一些安全隱患，所以 JPasswordField 提供了一個 getPassword() 方法，該方法返回一個字元陣列，而不是返回字串，從而提供了更好的安全機制。

當程式使用完getPassword()方法返回的字元陣列後，應該立即清空該字元陣列的內容，以防該陣列洩露密碼資訊。

12.12.3 使用JFormattedTextField

在有些情況下，程式不希望使用者在輸入框內隨意地輸入，例如，程式需要使用者輸入一個有效的時間，或者需要使用者輸入一個有效的物品價格，如果使用者輸入不合理，程式應該阻止使用者輸入。對於這種需求，通常的做法是為該文字方塊添加失去焦點的監聽器，再添加 Enter 按鍵的監聽器，當該文字方塊失去焦點時，或者該使用者在該文字方塊內按 Enter 鍵時，就檢測使用者輸入是否合法。這種做法基本可以解決該問題，但程式設計比較煩瑣！ Swing 提供的 JFormattedTextField 可以更優雅地解決該問題。

使用 JFormattedTextField 與使用普通文字行有一個區別——它需要指定一個文字格式，只有當使用者的輸入滿足該格式時，JFormattedTextField 才會接收使用者輸入。JFormattedTextField 可以使用如下兩種類型的格式。

- JFormattedTextField.AbstractFormatter：該內部類別有一個子類別DefaultFormatter，而DefaultFormatter又有一個非常實用的MaskFormatter子類別，允許程式以遮罩的形式指定文字格式。
- Format：主要由DateFormat和NumberFormat兩個格式器組成，這兩個格式器可以指定JFormattedTextField所能接收的格式字串。

建立 JFormattedTextField 物件時可以傳入上面任意一個格式器，成功地建立了 JFormattedTextField 物件之後，JFormattedTextField 物件的用法和普通 TextField 的用法基本相似，一樣可以呼叫 setColumns() 來設置該文字方塊的寬度，呼叫 setFont() 來設置該文字方塊內的字型等。除此之外，JFormattedTextField 還包含如下三個特殊方法。

- Object getValue()：獲取該格式化文字方塊裡的值。
- void setValue(Object obj)：設置該格式化文字方塊的初始值。
- void setFocusLostBehavior(int behavior)：設置該格式化文字方塊失去焦點時的行為，該方法可以接收如下4個值。
    - JFormattedTextField.COMMIT：如果使用者輸入的內容滿足格式器的要求，則該格式化文字方塊顯示的文字變成使用者輸入的內容，呼叫getValue()方法返回的是該文字方塊內顯示的內容；如果使用者輸入的內容不滿足格式器的要求，則該格式化文字方塊顯示的依然是使用者輸入的內容，但呼叫getValue()方法返回的不是該文字方塊內顯示的內容，而是上一個滿足要求的值。

- JFormattedTextField.COMMIT_OR_REVERT：這是預設值。如果使用者輸入的內容滿足格式器的要求，則該格式化文字方塊顯示的文字、getValue()方法返回的都是使用者輸入的內容；如果使用者輸入的內容不滿足格式器的要求，則該格式化文字方塊顯示的文字、getValue()方法返回的都是上一個滿足要求的值。
- JFormattedTextField.PERSIST：不管使用者輸入的內容是否滿足格式器的要求，該格式化文字方塊都顯示使用者輸入的內容，getValue()方法返回的都是上一個滿足要求的值。
- JFormattedTextField.REVERT：不管使用者輸入的內容是否滿足格式器的要求，該格式化文字方塊顯示的內容、getValue()方法返回的都是上一個滿足要求的值。在這種情況下，不管使用者輸入什麼內容對該文字方塊都沒有任何影響。

上面三個方法中獲取格式化文字方塊內容的方法返回 Object 類型，而不是返回 String 類型；與之對應的是，設置格式化文字方塊初始值的方法需要傳入 Object 類型參數，而不是 String 類型參數，這都是因為格式化文字方塊會將文字方塊內容轉換成指定格式對應的物件，而不再是普通字串。

DefaultFormatter 是一個功能非常強大的格式器，它可以格式化任何類別的實例，只要該類別包含一個帶一個字串參數的建構子，並提供對應的 toString() 方法（該方法的返回值就是傳入給建構子字串參數的值）即可。

例如，URL 類別包含一個 URL(String spec) 建構子，且 URL 物件的 toString() 方法恰好返回剛剛傳入的 spec 參數，因此可以使用 DefaultFormatter 來格式化 URL 物件。當格式化文字方塊失去焦點時，該格式器就會呼叫帶一個字串參數的建構子來建立新的物件，如果建構子拋出了異常，即表明使用者輸入無效。

注意

DefaultFormatter格式器預設採用改寫方式來處理使用者輸入，即當使用者在格式化文字方塊內輸入時，每輸入一個字元就會取代文字方塊內原來的一個字元。如果想關閉這種改寫方式，採用插入方式，則可通過呼叫它的setOverwriteMode(false)方法來實作。

MaskFormatter 格式器的功能有點類似於正規運算式，它要求使用者在格式化文字方塊內輸入的內容必須匹配一定的遮罩格式。例如，若要匹配廣州地區的電話號碼，則可採用 020-######## 的格式，這個遮罩字串和正規運算式有一定的區別，因為該遮罩字串只支援如下萬用字元。

- #：代表任何有效數字。
- '：跳脫字元，用於跳脫具有特殊格式的字元。例如，若想匹配#，則應該寫成'#。
- U：任何字元，將所有小寫字母對應為大寫。
- L：任何字元，將所有大寫字母對應為小寫。
- A：任何字元或數字。
- ?：任何字元。
- *：可以匹配任何內容。
- H：任何十六進位字元（0~9、a~f或A~F）。

值得指出的是，格式化文字方塊內的字串總是和遮罩具有相同的格式，連長度也完全相同。如果使用者刪除了格式化文字方塊內的字元，這些被刪除的字元將由占位符替代。預設使用空格作為占位符，當然也可以呼叫 MaskFormatter 的 setPlaceholderCharacter() 方法來設置該格式器的占位符。例如如下程式碼：

```
formatter.setPlaceholderCharacter('□');
```

下面程式示範了關於 JFormattedTextField 的簡單用法。

程式清單：codes\12\12.12\JFormattedTextFieldTest.java

```
public class JFormattedTextFieldTest
{
    private JFrame mainWin = new JFrame("測試格式化文字方塊");
    private JButton okButton = new JButton("確定");
    // 定義用於添加格式化文字方塊的容器
    private JPanel mainPanel = new JPanel();
    JFormattedTextField[] fields = new JFormattedTextField[6];
    String[] behaviorLabels = new String[]
    {
        "COMMIT",
        "COMMIT_OR_REVERT",
        "PERSIST",
```

```
        "REVERT"
    };
    int[] behaviors = new int[]
    {
        JFormattedTextField.COMMIT,
        JFormattedTextField.COMMIT_OR_REVERT,
        JFormattedTextField.PERSIST,
        JFormattedTextField.REVERT
    };
    ButtonGroup bg = new ButtonGroup();
    public void init()
    {
        // 添加按鈕
        JPanel buttonPanel = new JPanel();
        buttonPanel.add(okButton);
        mainPanel.setLayout(new GridLayout(0, 3));
        mainWin.add(mainPanel, BorderLayout.CENTER);
        // 使用NumberFormat的integerInstance建立一個JformattedTextField物件
        fields[0] = new JFormattedTextField(NumberFormat
            .getIntegerInstance());
        // 設置初始值
        fields[0].setValue(100);
        addRow("整數格式文字方塊 :", fields[0]);
        // 使用NumberFormat的currencyInstance建立一個JFormattedTextField物件
        fields[1] = new JFormattedTextField(NumberFormat
            .getCurrencyInstance());
        fields[1].setValue(100.0);
        addRow("貨幣格式文字方塊:", fields[1]);
        // 使用預設的日期格式建立一個JFormattedTextField物件
        fields[2] = new JFormattedTextField(DateFormat.getDateInstance());
        fields[2].setValue(new Date());
        addRow("預設的日期格式器:", fields[2]);
        // 使用SHORT類型的日期格式建立一個JFormattedTextField物件
        // 且要求採用嚴格日期格式
        DateFormat format = DateFormat.getDateInstance(DateFormat.SHORT);
        // 要求採用嚴格的日期格式語法
        format.setLenient(false);
        fields[3] = new JFormattedTextField(format);
        fields[3].setValue(new Date());
        addRow("SHORT類型的日期格式器（語法嚴格）:", fields[3]);
        try
        {
            // 建立預設的DefaultFormatter物件
            DefaultFormatter formatter = new DefaultFormatter();
            // 關閉overwrite狀態
            formatter.setOverwriteMode(false);
            fields[4] = new JFormattedTextField(formatter);
```

```
        // 使用DefaultFormatter來格式化URL
        fields[4].setValue(new URL("http://www.crazyit.org"));
        addRow("URL:", fields[4]);
    }
    catch (MalformedURLException e)
    {
        e.printStackTrace();
    }
    try
    {
        MaskFormatter formatter = new MaskFormatter("020-########");
        // 設置占位符
        formatter.setPlaceholderCharacter('□');
        fields[5] = new JFormattedTextField(formatter);
        // 設置初始值
        fields[5].setValue("020-28309378");
        addRow("電話號碼：", fields[5]);
    }
    catch (ParseException ex)
    {
        ex.printStackTrace();
    }

    JPanel focusLostPanel = new JPanel();
    // 採用迴圈方式加入失去焦點行為的單選按鈕
    for (int i = 0; i < behaviorLabels.length ; i++ )
    {
        final int index = i;
        final JRadioButton radio = new JRadioButton(behaviorLabels[i]);
        // 預設選取第二個單選按鈕
        if (i == 1)
        {
            radio.setSelected(true);
        }
        focusLostPanel.add(radio);
        bg.add(radio);
        // 為所有的單選按鈕添加事件監聽器
        radio.addActionListener(e -> {
            // 如果當前該單選按鈕處於選取狀態
            if (radio.isSelected())
            {
                // 設置所有的格式化文字方塊失去焦點的行為
                for (int j = 0 ; j < fields.length ; j++)
                {
                    fields[j].setFocusLostBehavior(behaviors[index]);
                }
            }
        });
```

```
        }
        focusLostPanel.setBorder(new TitledBorder(new EtchedBorder(),
            "請選擇焦點失去後的行為"));
        JPanel p = new JPanel();
        p.setLayout(new BorderLayout());
        p.add(focusLostPanel , BorderLayout.NORTH);
        p.add(buttonPanel , BorderLayout.SOUTH);

        mainWin.add(p , BorderLayout.SOUTH);
        mainWin.pack();
        mainWin.setDefaultCloseOperation(JFrame.EXIT_ON_CLOSE);
        mainWin.setVisible(true);
    }
    // 定義添加一行格式化文字方塊的方法
    private void addRow(String labelText, final JFormattedTextField field)
    {
        mainPanel.add(new JLabel(labelText));
        mainPanel.add(field);
        final JLabel valueLabel = new JLabel();
        mainPanel.add(valueLabel);
        // 為「確定」按鈕添加事件監聽器
        // 當使用者單擊「確定」按鈕時，文字方塊後顯示文字方塊的值
        okButton.addActionListener(event -> {
            Object value = field.getValue();
            // 輸出格式化文字方塊的值
            valueLabel.setText(value.toString());
        });
    }
    public static void main(String[] args)
    {
        new JFormattedTextFieldTest().init();
    }
}
```

上面程式添加了 6 個格式化文字方塊，其中兩個是基於 NumberFormat 產生的整數格式器、貨幣格式器，兩個是基於 DateFormat 產生的日期格式器，一個是使用 DefaultFormatter 建立的 URL 格式器，最後一個是使用 MaskFormatter 建立的遮罩格式器，程式中的粗體字程式碼是建立這些格式器的關鍵程式碼。

除此之外，程式還添加了 4 個單選按鈕，用於控制這些格式化文字方塊失去焦點後的行為。運行上面程式，並選取「COMMIT」行為，將看到如圖 12.59 所示的介面。

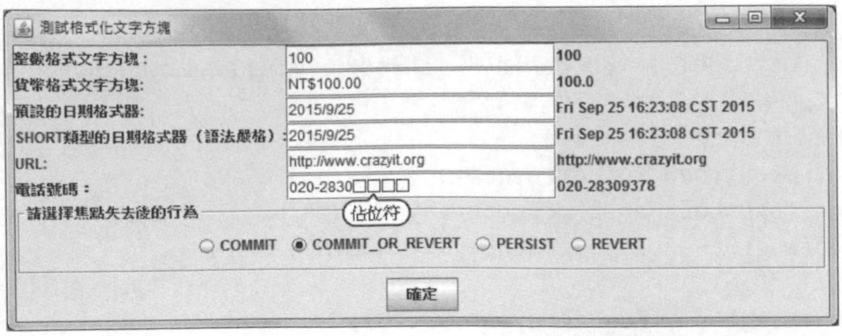

圖12.59　COMMIT行為下的格式化文字方塊

從圖 12.59 中可以看出，雖然使用者向格式化文字方塊內輸入的內容與該文字方塊所要求的格式不符，但該文字方塊依然顯示了使用者輸入的內容，只是後面顯示該文字方塊的 getValue() 方法返回值時看到的依然是 100，即上一個符合格式的值。

大部分時候，使用基於 Format 的格式器，DefaultFormatter 和 MaskFormatter 已經能滿足絕大部分要求；但對於一些特殊的要求，則可以採用擴展 DefaultFormatter 的方式來定義自己的格式器。定義自己的格式器通常需要覆寫如下兩個方法。

- Object stringToValue(String string)：根據格式化文字方塊內的字串來建立符合指定格式的物件。
- String valueToString(Object value)：將符合格式的物件轉換成文字方塊中顯示的字串。

例如，若需要建立一個只能接收 IP 位址的格式化文字方塊，則可以建立一個自訂的格式化文字方塊，因為 IP 位址是由 4 個 0~255 之間的整數表示的，所以程式採用長度為 4 的 byte[] 陣列來存放 IP 位址。程式可以採用如下方法將使用者輸入的字串轉換成 byte[] 陣列。

```
public Object stringToValue(String text) throws ParseException
{
    // 將格式化文字方塊內的字串以點號（.）分成4節
    String[] nums = text.split("\\.");
    if (nums.length != 4)
    {
        throw new ParseException("IP位址必須是4個整數", 0);
    }
    byte[] a = new byte[4];
    for (int i = 0; i < 4; i++)
    {
        int b = 0;
        try
```

```
        {
            b = Integer.parseInt(nums[i]);
        }
        catch (NumberFormatException e)
        {
            throw new ParseException("IP位址必須是整數", 0);
        }
        if (b < 0 || b >= 256)
        {
            throw new ParseException("IP位址值只能在0~255之間", 0);
        }
        a[i] = (byte) b;
    }
    return a;
}
```

除此之外，Swing 還提供了如下兩種機制來保證使用者輸入的有效性。

- 輸入過濾：輸入過濾機制允許程式攔截使用者的插入、取代、刪除等操作，並改變使用者所做的修改。
- 輸入校驗：輸入驗證機制允許使用者離開輸入元件時，驗證機制自動觸發——如果使用者輸入不符合要求，校驗器強制使用者重新輸入。

輸入過濾器需要繼承 DocumentFilter 類別，程式可以覆寫該類別的如下三個方法來攔截使用者的插入、刪除和取代等操作。

- insertString(DocumentFilter.FilterBypass fb, int offset, String string, AttributeSet attr)：該方法會攔截使用者向文件中插入字串的操作。
- remove(DocumentFilter.FilterBypass fb, int offset, int length)：該方法會攔截使用者從文件中刪除字串的操作。
- replace(DocumentFilter.FilterBypass fb, int offset, int length, String text, AttributeSet attrs)：該方法會攔截使用者取代文件中字串的操作。

為了建立自己的輸入校驗器，可以通過擴展 InputVerifier 類別來實作。實際上，InputVerifier 輸入校驗器可以綁定到任何輸入元件，InputVerifier 類別裡包含了一個 verify(JComponent component) 方法，當使用者在該輸入元件內輸入完成，且該元件失去焦點時，該方法被呼叫——如果該方法返回 false，即表明使用者輸入無效，該輸入元件將自動得到焦點。也就是說，如果某個輸入元件綁定了 InputVerifier，則使用者必須為該元件輸入有效內容，否則使用者無法離開該元件。

注意

有一種情況例外，如果輸入焦點離開了帶InputVerifier輸入校驗器的元件後，立即單擊某個按鈕，則該按鈕的事件監聽器將會在焦點重新回到原元件之前被觸發。

下面程式示範了如何為格式化文字方塊添加輸入過濾器、輸入校驗器，程式還自訂了一個 IP 位址格式器，該 IP 位址格式器擴展了 DefaultFormatter 格式器。

程式清單：codes\12\12.12\JFormattedTextFieldTest2.java

```
public class JFormattedTextFieldTest2
{
    private JFrame mainWin = new JFrame("測試格式化文字方塊");
    private JButton okButton = new JButton("確定");
    // 定義用於添加格式化文字方塊的容器
    private JPanel mainPanel = new JPanel();
    public void init()
    {
        // 添加按鈕
        JPanel buttonPanel = new JPanel();
        buttonPanel.add(okButton);
        mainPanel.setLayout(new GridLayout(0, 3));
        mainWin.add(mainPanel, BorderLayout.CENTER);
        JFormattedTextField intField0 = new JFormattedTextField(
            new InternationalFormatter(NumberFormat.getIntegerInstance())
            {
                protected DocumentFilter getDocumentFilter()
                {
                    return new NumberFilter();
                }
            });
        intField0.setValue(100);
        addRow("只接受數字的文字方塊", intField0);
        JFormattedTextField intField1 = new JFormattedTextField
            (NumberFormat.getIntegerInstance());
        intField1.setValue(100);
        // 添加輸入校驗器
        intField1.setInputVerifier(new FormattedTextFieldVerifier());
        addRow("帶輸入校驗器的文字方塊", intField1);
        // 建立自訂格式器物件
        IPAddressFormatter ipFormatter = new IPAddressFormatter();
        ipFormatter.setOverwriteMode(false);
        // 以自訂格式器物件建立格式化文字方塊
        JFormattedTextField ipField = new JFormattedTextField(ipFormatter);
        ipField.setValue(new byte[]{(byte)192, (byte)168, 4, 1});
        addRow("IP位址格式", ipField);
        mainWin.add(buttonPanel , BorderLayout.SOUTH);
```

```
        mainWin.pack();
        mainWin.setDefaultCloseOperation(JFrame.EXIT_ON_CLOSE);
        mainWin.setVisible(true);
    }
    // 定義添加一行格式化文字方塊的方法
    private void addRow(String labelText, final JFormattedTextField field)
    {
        mainPanel.add(new JLabel(labelText));
        mainPanel.add(field);
        final JLabel valueLabel = new JLabel();
        mainPanel.add(valueLabel);
        // 為「確定」按鈕添加事件監聽器
        // 當使用者單擊「確定」按鈕時，文字方塊後顯示文字方塊內的值
        okButton.addActionListener(event -> {
            Object value = field.getValue();
            // 如果該值是陣列，則使用Arrays的toString()方法輸出陣列
            if (value.getClass().isArray())
            {
                StringBuilder builder = new StringBuilder();
                builder.append('{');
                for (int i = 0; i < Array.getLength(value); i++)
                {
                    if (i > 0)
                        builder.append(',');
                    builder.append(Array.get(value, i).toString());
                }
                builder.append('}');
                valueLabel.setText(builder.toString());
            }
            else
            {
                // 輸出格式化文字方塊的值
                valueLabel.setText(value.toString());
            }
        });
    }
    public static void main(String[] args)
    {
        new JFormattedTextFieldTest2().init();
    }
}
// 輸入校驗器
class FormattedTextFieldVerifier extends InputVerifier
{
    // 當輸入元件失去焦點時，該方法被觸發
    public boolean verify(JComponent component)
    {
        JFormattedTextField field = (JFormattedTextField)component;
```

```
        // 返回使用者輸入是否有效
        return field.isEditValid();
    }
}
// 數字過濾器
class NumberFilter extends DocumentFilter
{
    public void insertString(FilterBypass fb , int offset
        , String string , AttributeSet attr)throws BadLocationException
    {
        StringBuilder builder = new StringBuilder(string);
        // 過濾使用者輸入的所有字元
        filterInt(builder);
        super.insertString(fb, offset, builder.toString(), attr);
    }
    public void replace(FilterBypass fb , int offset , int length
        , String string , AttributeSet attr)throws BadLocationException
    {
        if (string != null)
        {
            StringBuilder builder = new StringBuilder(string);
            // 過濾使用者取代的所有字元
            filterInt(builder);
            string = builder.toString();
        }
        super.replace(fb, offset, length, string, attr);
    }
    // 過濾整數字元，把所有非0～9的字元全部刪除
    private void filterInt(StringBuilder builder)
    {
        for (int i = builder.length() - 1; i >= 0; i--)
        {
            int cp = builder.codePointAt(i);
            if (cp > '9' || cp < '0')
            {
                builder.deleteCharAt(i);
            }
        }
    }
}
class IPAddressFormatter extends DefaultFormatter
{
    public String valueToString(Object value)
        throws ParseException
    {
        if (!(value instanceof byte[]))
        {
            throw new ParseException("該IP位址的值只能是位元組陣列", 0);
        }
```

```
        byte[] a = (byte[])value;
        if (a.length != 4)
        {
            throw new ParseException("IP位址必須是4個整數", 0);
        }
        StringBuilder builder = new StringBuilder();
        for (int i = 0; i < 4; i++)
        {
            int b = a[i];
            if (b < 0) b += 256;
                builder.append(String.valueOf(b));
            if (i < 3) builder.append('.');
        }
        return builder.toString();
    }
    public Object stringToValue(String text) throws ParseException
    {
        // 將格式化文字方塊內的字串以點號（.）分成4節
        String[] nums = text.split("\\.");
        if (nums.length != 4)
        {
            throw new ParseException("IP位址必須是4個整數", 0);
        }
        byte[] a = new byte[4];
        for (int i = 0; i < 4; i++)
        {
            int b = 0;
            try
            {
                b = Integer.parseInt(nums[i]);
            }
            catch (NumberFormatException e)
            {
                throw new ParseException("IP位址必須是整數", 0);
            }
            if (b < 0 || b >= 256)
            {
                throw new ParseException("IP位址值只能在0~255之間", 0);
            }
            a[i] = (byte) b;
        }
        return a;
    }
}
```

運行上面程式，會看到視窗中出現三個格式化文字方塊，其中第一個格式化文字方塊只能輸入數字，其他字元無法輸入到該文字方塊內；第二個格式化文字方塊有輸入校驗器，只有當使用者輸入的內容符合該文字方塊的要求時，使用者才可以離開該文字方塊；第三個格式化文字方塊的格式器是自訂的格式器，它要求使用者輸入的內容是一個合法的 IP 位址。

12.12.4 使用JEditorPane

Swing 提供了一個 JEditorPane 類別，該類別可以編輯各種文字內容，包括有格式的文字。在預設情況下，JEditorPane 支援如下三種文字內容。

- text/plain：純文字，當JEditorPane無法識別給定內容的類型時，使用這種文字格式。在這種模式下，文字方塊的內容是帶換行字元的無格式文字。
- text/html：HTML文字格式。該文字元件僅支援HTML 3.2格式，因此對網際網路上複雜的網頁支援非常有限。
- text/rtf：RTF（富文字格式）文字格式。實際上，它對RTF的支援非常有限。

通過上面介紹不難看出，其實 JEditorPane 類別的用途非常有限，使用 JEditorPane 作為純文字的編輯器，還不如使用 JTextArea；如果使用 JEditorPane 來支援 RTF 文字格式，但它對這種文字格式的支援又相當有限；JEditorPane 唯一可能的用途就是顯示自己的 HTML 文件，前提是這份 HTML 文件比較簡單，只包含 HTML 3.2 或更早的元素。

JEditorPane 元件支援三種方法來載入文字內容。

- 使用setText()方法直接設置JEditorPane的文字內容。
- 使用read()方法從輸入串流中讀取JEditorPane的文字內容。
- 使用setPage()方法來設置JEditorPane從哪個URL處讀取文字內容。在這種情況下，將根據該URL來確定內容類型。

在預設狀態下，使用 JEditorPane 裝載的文字內容是可編輯的，即使裝載網際網路上的網頁也是如此，可以使用 JEditorPane 的 setEditable(false) 方法阻止使用者編輯該 JEditorPane 裡的內容。

當使用 JEditorPane 開啟 HTML 頁面時，該頁面的超連結是活動的，使用者可以單擊超連結。如果程式想監聽使用者單擊超連結的事件，則必須使用 addHyperlinkListener() 方法為 JEditorPane 添加一個 HyperlinkListener 監聽器。

從目前的功能來看，JEditorPane 確實沒有太大的實用價值，所以本書不打算給出此類別的用法範例，有興趣的讀者可以參考線上範例 codes\12\12.12\ 路徑下的 JEditorPaneTest.java 來學習該類別的用法。相比之下，該類別的子類別 JTextPane 則功能豐富多了，下面詳細介紹 JTextPane 類別的用法。

12.12.5 使用JTextPane

使用 EditPlus、Eclipse 等工具時會發現，當在這些工具中輸入程式碼時，如果輸入的單詞是程式關鍵字、類別名稱等，則這些關鍵字將會自動變色。使用 JTextPane 元件，就可以開發出這種帶有語法醒目提示的編輯器。

JTextPane 使用 StyledDocument 作為它的 model 物件，而 StyleDocument 允許對文件的不同段落分別設置不同的顏色、字型屬性。Document 使用 Element 來表示文件中的組成部分，Element 可以表示章（chapter）、段落（paragraph）等，在普通文件中，Element 也可以表示一行。為了設置 StyledDocument 中文字的字型、顏色，Swing 提供了 AttributeSet 介面來表示文件字型、顏色等屬性。

Swing 為 StyledDocumcnt 提供了 DefaultStyledDocument 實作類別，該實作類別就是 JTextPane 的 model 實作類別；為 AttributeSet 介面提供了 MutableAttributeSet 子介面，並為該介面提供了 SimpleAttributeSet 實作類別，程式通過這些介面和實作類別就可以很好地控制 JTextPane 中文字的字型和顏色。

StyledDocument 提供了如下一個方法來設置文件中局部文字的字型、顏色。

- setParagraphAttributes(int offset, int length, AttributeSet s, boolean replace)：設置文件中從offset開始，長度為length處的文字使用s屬性（控制字型、顏色等），最後一個參數控制新屬性是取代原有屬性，還是將新屬性累加到原有屬性上。

AttributeSet 的常用實作類別是 MutableAttributeSet，為了給 MutableAttributeSet 物件設置字型、顏色等屬性，Swing 提供了 StyleConstants 工具類別，該工具類別裡大致包含了如下常用的靜態方法來設置 MutableAttributeSet 裡的字型、顏色等。

- setAlignment(MutableAttributeSet a, int align)：設置文字對齊方式。

- setBackground(MutableAttributeSet a, Color fg)：設置背景色。
- setBold(MutableAttributeSet a, boolean b)：設置是否使用粗體字。
- setFirstLineIndent(MutableAttributeSet a, float i)：設置首行縮排的大小。
- setFontFamily(MutableAttributeSet a, String fam)：設置字型。
- setFontSize(MutableAttributeSet a, int s)：設置字型大小。
- setForeground(MutableAttributeSet a, Color fg)：設置字型前景色。
- setItalic(MutableAttributeSet a, boolean b)：設置是否採用斜體字。
- setLeftIndent(MutableAttributeSet a, float i)：設置左邊縮排大小。
- setLineSpacing(MutableAttributeSet a, float i)：設置行間距。
- setRightIndent(MutableAttributeSet a, float i)：設置右邊縮排大小。
- setStrikeThrough(MutableAttributeSet a, boolean b)：設置是否為文字添加刪除線。
- setSubscript(MutableAttributeSet a, boolean b)：設置將指定文字設置成下標。
- setSuperscript(MutableAttributeSet a, boolean b)：設置將指定文字設置成上標。
- setUnderline(MutableAttributeSet a, boolean b)：設置是否為文字添加底線。

提示

上面這些方法用於控制文件中文字的外觀樣式，如果讀者對這些外觀樣式不是太熟悉，則可以參考Word裡設置「字型」屬性的設置效果。

圖 12.60 顯示了 Document 及其相關實作類別，以及相關輔助類別的類別關係圖。

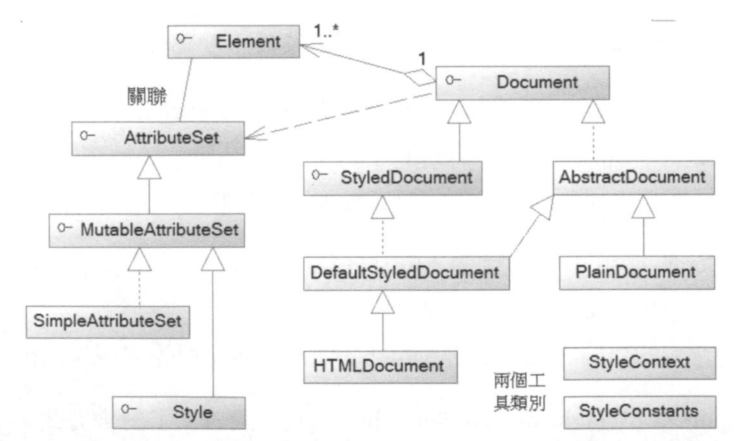

圖12.60 Document及其相關實作類別，以及相關輔助類別的類別關係圖

下面程式簡單地定義了三個 SimpleAttributeSet 物件，並為這三個物件設置了對應的文字、顏色、字型等屬性，並使用三個 SimpleAttributeSet 物件設置文件中三段文字的外觀。

程式清單：codes\12\12.12\JTextPaneTest.java

```
public class JTextPaneTest
{
    JFrame mainWin = new JFrame("測試JTextPane");
    JTextPane txt = new JTextPane();
    StyledDocument doc = txt.getStyledDocument();
    // 定義3SimpleAttributeSet物件
    SimpleAttributeSet android = new SimpleAttributeSet();
    SimpleAttributeSet java = new SimpleAttributeSet();
    SimpleAttributeSet javaee = new SimpleAttributeSet();
    public void init()
    {
        // 為android屬性集設置顏色、字型大小、字型和底線
        StyleConstants.setForeground(android, Color.RED);
        StyleConstants.setFontSize(android, 24);
        StyleConstants.setFontFamily(android, "Dialog");
        StyleConstants.setUnderline(android, true);
        // 為java屬性集設置顏色、字型大小、字型和粗體字
        StyleConstants.setForeground(java, Color.BLUE);
        StyleConstants.setFontSize(java, 30);
        StyleConstants.setFontFamily(java, "Arial Black");
        StyleConstants.setBold(java, true);
        // 為javaee屬性集設置顏色、字型大小、斜體字
        StyleConstants.setForeground(javaee, Color.GREEN);
        StyleConstants.setFontSize(javaee, 32);
        StyleConstants.setItalic(javaee, true);
        // 設置不允許編輯
        txt.setEditable(false);
        txt.setText("瘋狂Android講義\n"
            + "瘋狂Java講義\n" + "輕量級Java EE企業應用實戰\n");
        // 分別為文件中3段文字設置不同的外觀樣式
        doc.setCharacterAttributes(0 , 12 , android, true);
        doc.setCharacterAttributes(12 , 12 , java, true);
        doc.setCharacterAttributes(24 , 30 , javaee, true);
        mainWin.add(new JScrollPane(txt), BorderLayout.CENTER);
        // 獲取螢幕尺寸
        Dimension screenSize = Toolkit.getDefaultToolkit().getScreenSize();
        int inset = 100;
        // 設置主視窗的大小
        mainWin.setBounds(inset, inset, screenSize.width - inset * 2
            , screenSize.height - inset * 2);
        mainWin.setDefaultCloseOperation(JFrame.EXIT_ON_CLOSE);
```

```
        mainWin.setVisible(true);
    }
    public static void main(String[] args)
    {
        new JTextPaneTest().init();
    }
}
```

上面程式其實很簡單，程式中的第一段粗體字程式碼為三個 SimpleAttributeSet 物件設置了字型、字型大小、顏色等外觀樣式，第二段粗體字程式碼使用前面的三個 SimpleAttributeSet 物件來控制文件中三段文字的外觀樣式。運行上面程式，將看到如圖 12.61 所示的介面。

圖12.61　使用JTextPane的效果

從圖 12.61 中可以看出，視窗中文字具有豐富的外觀，而且還可以選取這些文字，表明它們依然是文字，而不是直接繪製上去的圖形。

如果希望開發出類似於 EditPlus、Eclipse 等的程式碼編輯視窗，程式可以擴展 JTextPane 的子類別，為該物件添加按鍵監聽器和文件監聽器。當文件內容被修改時，或者使用者在該文件內進行擊鍵動作時，程式負責分析該文件的內容，對特殊關鍵字設置字型顏色。

為了保證具有較好的效能，程式並不總是分析文件中的所有內容，而是只分析文件中被改變的部分，這個要求看似簡單，只為文件添加文件監聽器即可——當文件內容改變時分析被改變部分，並設置其中關鍵字的顏色。問題是：DocumentListener 監聽器裡的三個方法不能改變文件本身，所以程式還是必須通過監聽按鍵事件來啟動語法分析，DocumentListener 監聽器中僅僅記錄文件改變部分的位置和長度。

除此之外，程式還提供了一個 SyntaxFormatter 類別根據語法檔來設置文件中的文字顏色。

程式清單：codes\12\12.12\MyTextPane.java

```
public class MyTextPane extends JTextPane
{
    protected StyledDocument doc;
    protected SyntaxFormatter formatter = new SyntaxFormatter("my.stx");
    // 定義該文件的普通文字的外觀屬性
    private SimpleAttributeSet normalAttr =
        formatter.getNormalAttributeSet();
    private SimpleAttributeSet quotAttr = new SimpleAttributeSet();
    // 存放文件改變的開始位置
    private int docChangeStart = 0;
    // 存放文件改變的長度
    private int docChangeLength = 0;
    public MyTextPane()
    {
        StyleConstants.setForeground(quotAttr
            , new Color(255, 0 , 255));
        StyleConstants.setFontSize(quotAttr, 16);
        this.doc = super.getStyledDocument();
        // 設置該文件的頁邊距
        this.setMargin(new Insets(3, 40, 0, 0));
        // 添加按鍵監聽器，當按鍵鬆開時進行語法分析
        this.addKeyListener(new KeyAdapter()
        {
            public void keyReleased(KeyEvent ke)
            {
                syntaxParse();
            }
        });
        // 添加文件監聽器
        doc.addDocumentListener(new DocumentListener()
        {
            // 當Document的屬性或屬性集發生了變化時觸發該方法
            public void changedUpdate(DocumentEvent e){}
            // 當向Document中插入文字時觸發該方法
            public void insertUpdate(DocumentEvent e)
            {
                docChangeStart = e.getOffset();
                docChangeLength = e.getLength();
            }
            // 當從Document中刪除文字時觸發該方法
            public void removeUpdate(DocumentEvent e){}
        });
    }
    public void syntaxParse()
    {
        try
```

```
    {
        // 獲取文件的根元素，即文件內的全部內容
        Element root = doc.getDefaultRootElement();
        // 獲取文件中游標插入符的位置
        int cursorPos = this.getCaretPosition();
        int line = root.getElementIndex(cursorPos);
        // 獲取游標所在位置的行
        Element para = root.getElement(line);
        // 定義游標所在行的行頭在文件中的位置
        int start = para.getStartOffset();
        // 讓start等於start與docChangeStart中的較小值
        start = start > docChangeStart ? docChangeStart :start;
        // 定義被修改部分的長度
        int length = para.getEndOffset() - start;
        length = length < docChangeLength ? docChangeLength + 1
            : length;
        // 取出所有可能被修改的字串
        String s = doc.getText(start, length);
        // 以空格、點號等作為分隔符
        String[] tokens = s.split("\\s+|\\.|\\(|\\)|\\{|\\}|\\[|\\]");
        // 定義當前分析單詞在s字串中的開始位置
        int curStart = 0;
        // 定義單詞是否處於引號內
        boolean isQuot = false;
        for (String token : tokens)
        {
            // 找出當前分析單詞在s字串中的位置
            int tokenPos = s.indexOf(token , curStart);
            if (isQuot && (token.endsWith("\"") || token.endsWith("\'")))
            {
                doc.setCharacterAttributes(start + tokenPos
                    , token.length(), quotAttr, false);
                isQuot = false;
            }
            else if (isQuot && !(token.endsWith("\"")
                || token.endsWith("\'")))
            {
                doc.setCharacterAttributes(start + tokenPos
                    , token.length(), quotAttr, false);
            }
            else if ((token.startsWith("\"") || token.startsWith("\'"))
                && (token.endsWith("\"") || token.endsWith("\'")))
            {
                doc.setCharacterAttributes(start + tokenPos
                    , token.length(), quotAttr, false);
            }
            else if ((token.startsWith("\"") || token.startsWith("\'"))
                && !(token.endsWith("\"") || token.endsWith("\'")))
```

```
            {
                doc.setCharacterAttributes(start + tokenPos
                    , token.length(), quotAttr, false);
                isQuot = true;
            }
            else
            {
                // 使用格式器對當前單詞設置顏色
                formatter.setHighLight(doc , token , start + tokenPos
                    , token.length());
            }
            // 開始分析下一個單詞
            curStart = tokenPos + token.length();
        }
    }
    catch (Exception ex)
    {
        ex.printStackTrace();
    }
}
// 重畫該元件，設置行號
public void paint(Graphics g)
{
    super.paint(g);
    Element root = doc.getDefaultRootElement();
    // 獲得行號
    int line = root.getElementIndex(doc.getLength());
    // 設置顏色
    g.setColor(new Color(230, 230, 230));
    // 繪製顯示行數的矩形框
    g.fillRect(0 , 0 , this.getMargin().left - 10 , getSize().height);
    // 設置行號的顏色
    g.setColor(new Color(40, 40, 40));
    // 每行繪製一個行號
    for (int count = 0, j = 1; count <= line; count++, j++)
    {
        g.drawString(String.valueOf(j), 3, (int)((count + 1)
            * 1.535 * StyleConstants.getFontSize(normalAttr)));
    }
}
public static void main(String[] args)
{
    JFrame frame = new JFrame("文字編輯器");
    // 使用MyTextPane
    frame.getContentPane().add(new JScrollPane(new MyTextPane()));
    frame.setDefaultCloseOperation(JFrame.EXIT_ON_CLOSE);
    final int inset = 50;
    Dimension screenSize = Toolkit.getDefaultToolkit().getScreenSize();
```

```
        frame.setBounds(inset, inset, screenSize.width - inset*2
            , screenSize.height - inset * 2);
        frame.setVisible(true);
    }
}
// 定義語法格式器
class SyntaxFormatter
{
    // 以一個Map存放關鍵字和顏色的對應關係
    private Map<SimpleAttributeSet , ArrayList<String>> attMap
        = new HashMap<>();
    // 定義文件的正常文字的外觀屬性
    SimpleAttributeSet normalAttr = new SimpleAttributeSet();
    public SyntaxFormatter(String syntaxFile)
    {
        // 設置正常文字的顏色、大小
        StyleConstants.setForeground(normalAttr, Color.BLACK);
        StyleConstants.setFontSize(normalAttr, 16);
        // 建立一個Scanner物件，負責根據語法檔載入顏色資訊
        Scanner scaner = null;
        try
        {
            scaner = new Scanner(new File(syntaxFile));
        }
        catch (FileNotFoundException e)
        {
            throw new RuntimeException("遺失語法檔："
                + e.getMessage());
        }
        int color = -1;
        ArrayList<String> keywords = new ArrayList<>();
        // 不斷讀取語法檔的內容行
        while(scaner.hasNextLine())
        {
            String line = scaner.nextLine();
            // 如果當前行以#開頭
            if (line.startsWith("#"))
            {
                if (keywords.size() > 0 && color > -1)
                {
                    // 取出當前行的顏色值，並封裝成SimpleAttributeSet物件
                    SimpleAttributeSet att = new SimpleAttributeSet();
                    StyleConstants.setForeground(att, new Color(color));
                    StyleConstants.setFontSize(att, 16);
                    // 將當前顏色和關鍵字List對應起來
                    attMap.put(att , keywords);
                }
                // 重新增立新的關鍵字List，為下一個語法格式做準備
```

```
                keywords = new ArrayList<>();
                color = Integer.parseInt(line.substring(1) , 16);
            }
            else
            {
                // 對於普通行，將每行內容添加到關鍵字List裡
                if (line.trim().length() > 0)
                {
                    keywords.add(line.trim());
                }
            }
        }
        // 把所有的關鍵字和顏色對應起來
        if (keywords.size() > 0 && color > -1)
        {
            SimpleAttributeSet att = new SimpleAttributeSet();
            StyleConstants.setForeground(att, new Color(color));
            StyleConstants.setFontSize(att, 16);
            attMap.put(att , keywords);
        }
    }
    // 返回該格式器裡正常文字的外觀屬性
    public SimpleAttributeSet getNormalAttributeSet()
    {
        return normalAttr;
    }
    // 設置語法醒目提示
    public void setHighLight(StyledDocument doc , String token
        , int start , int length)
    {
        // 存放當前單詞對應的外觀屬性
        SimpleAttributeSet currentAttributeSet = null;
        outer :
        for (SimpleAttributeSet att : attMap.keySet())
        {
            // 取出當前顏色對應的所有關鍵字
            ArrayList<String> keywords = attMap.get(att);
            // 遍歷所有關鍵字
            for (String keyword : keywords)
            {
                // 如果該關鍵字與當前單詞相同
                if (keyword.equals(token))
                {
                    // 跳出迴圈，並設置當前單詞對應的外觀屬性
                    currentAttributeSet = att;
                    break outer;
                }
            }
```

```
        }
        // 如果當前單詞對應的外觀屬性不為空
        if (currentAttributeSet != null)
        {
            // 設置當前單詞的顏色
            doc.setCharacterAttributes(start , length
                , currentAttributeSet , false);
        }
        // 否則使用普通外觀來設置該單詞
        else
        {
            doc.setCharacterAttributes(start , length , normalAttr , false);
        }
    }
}
```

上面程式中的粗體字程式碼負責分析當前單詞與哪種顏色關鍵字匹配，並為這段文字設置字型顏色。其實這段程式為文件中的單詞設置顏色並不難，難點在於找出每個單詞與哪種關鍵字匹配，並要標識出該單詞在文件中的位置，然後才可以為該單詞設置顏色。

運行上面程式，會看到如圖 12.62 所示的帶語法醒目提示的文字編輯器。

上面程式已經完成了對不同類型的單詞進行著色，所以會看到如圖 12.62 示的運行介面。如果進行改進，則可以為上面的編輯器增加括號配對、程式碼折疊等功能，這些都可以通過 JTextPane 元件來完成。對於此文字編輯器，只要傳入不同的語法檔，程式就可以為不同的原始碼顯示語法醒目提示。

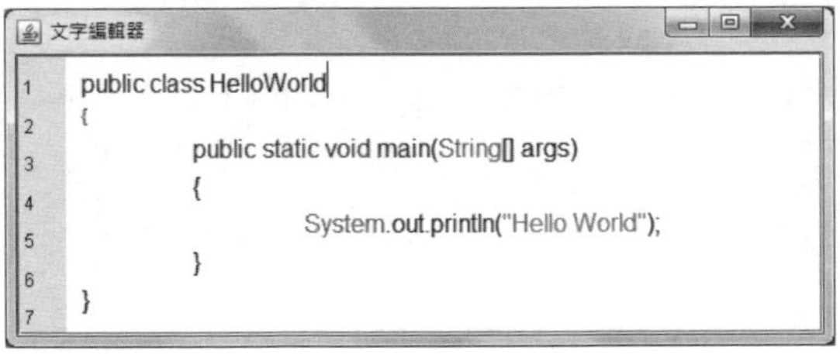

圖12.62 帶語法醒目提示的文字編輯器

12.13 本章小結

本章與前一章內容的結合性非常強，本章主要介紹了以 AWT 為基礎的 Swing 程式設計知識。本章簡要介紹了 Swing 基本元件如對話方塊、按鈕的用法，還詳細介紹了 Swing 所提供的特殊容器。除此之外，本章重點介紹了 Swing 提供的特殊控制項：JList、JComboBox、JSpinner、JSlider、JTable、JTree 等，介紹 JTable、JTree 時深入介紹了 Swing 的 MVC 實作機制，並通過提供自訂的 Render 來改變頁面 JTable、JTree 的外觀效果。

本章練習

1. 設計俄羅斯方塊遊戲。
2. 設計仿ACDSee的圖片檢視程式。
3. 結合JTree、JList、JSplitPane、JDesktopPane、JInternalFrame、JTextPane等元件，開發仿EditPlus的文字編輯程式介面，可以暫時不提供文字儲存、文字開啟等功能。

MEMO

讀者回函

讀 者 回 函

感謝您購買本公司出版的書，您的意見對我們非常重要！由於您寶貴的建議，我們才得以不斷地推陳出新，繼續出版更實用、精緻的圖書。因此，請填妥下列資料(也可直接貼上名片)，寄回本公司(免貼郵票)，您將不定期收到最新的圖書資料！

購買書號： **書名：**

姓　　名：＿＿＿＿＿＿＿＿＿＿＿＿＿＿＿＿＿＿＿＿

職　　業：□上班族　□教師　□學生　□工程師　□其它

學　　歷：□研究所　□大學　□專科　□高中職　□其它

年　　齡：□10~20　□20~30　□30~40　□40~50　□50~

單　　位：＿＿＿＿＿＿＿＿＿＿　部門科系：＿＿＿＿＿＿＿＿

職　　稱：＿＿＿＿＿＿＿＿＿＿　聯絡電話：＿＿＿＿＿＿＿＿

電子郵件：＿＿＿＿＿＿＿＿＿＿＿＿＿＿＿＿＿＿＿＿

通訊住址：□□□ ＿＿＿＿＿＿＿＿＿＿＿＿＿＿＿＿＿＿

＿＿＿＿＿＿＿＿＿＿＿＿＿＿＿＿＿＿＿＿＿＿＿＿

您從何處購買此書：

□書局＿＿＿＿　□電腦店＿＿＿＿　□展覽＿＿＿＿　□其他＿＿＿＿

您覺得本書的品質：

內容方面：　□很好　□好　□尚可　□差

排版方面：　□很好　□好　□尚可　□差

印刷方面：　□很好　□好　□尚可　□差

紙張方面：　□很好　□好　□尚可　□差

您最喜歡本書的地方：＿＿＿＿＿＿＿＿＿＿＿＿＿＿＿＿

您最不喜歡本書的地方：＿＿＿＿＿＿＿＿＿＿＿＿＿＿＿

假如請您對本書評分，您會給(0~100分)：＿＿＿＿＿ 分

您最希望我們出版那些電腦書籍：

請將您對本書的意見告訴我們：

您有寫作的點子嗎？□無　□有　專長領域：＿＿＿＿＿＿＿＿

歡迎您加入博碩文化的行列哦！

✂請沿虛線剪下寄回本公司

Give Us a Piece Of Your Mind

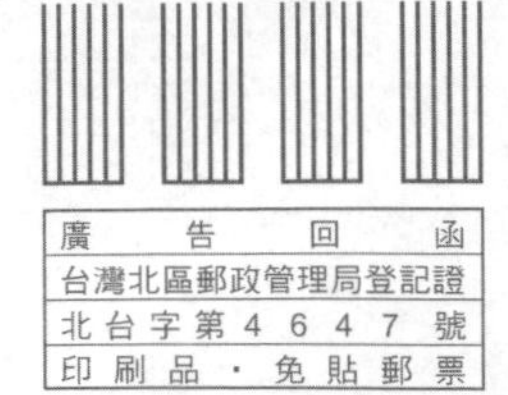

221

博碩文化股份有限公司 產品部

台灣新北市汐止區新台五路一段112號10樓A棟

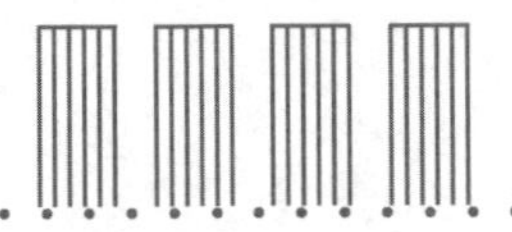